建筑师

空间思维训练

ARCHITECTURE
MASTER CLASS
SPATIAL THINKING

林煜杰 / 编著

广西师范大学出版社
· 桂林 ·

推荐序 1

活化思路的建筑解析之书

阿杰说，书写完了，要请我写推荐序，理由如下。

第一，我在公司都只骂他一个人。第二，我说：“阿杰，你不要每次都制造麻烦的设计。”

我和阿杰一起工作十多年，我热爱建筑设计，阿杰也是，只是我认为“做的要比说的更多”，而阿杰除了自己做设计，还在教大家做设计，所以“讲的也不少”。现在，他真的把书一字一字地写完了，这个算厉害。

这本书是要给未来的建筑师用的，我看完后的感想是，在职场中卡住的人也快点买一本吧！赶快提升你的“武功”，建筑的职场还缺很多人才。书的内容从看建筑、分解、绘图、题目思考、逻辑分析到图面设计，有完整的操作练习，还有一步一步的图面绘制过程。阿杰跟我共事了这么久，我百分百确定这本书很有用。

建筑师是需要智商和情商兼备的高难度角色，因为我们总是不停地在开发者、自我理想与购房者的三角关系中寻求不同的平衡点。开发者认为土地成本很高，希望获得最大利益；建筑师有对环境的理想和自我的期许；购房者也有其他的期待。这些期待大部分时候是相互冲突的，所以必须靠建筑师的智慧去解决。

建筑师需要认真执行操作层面的问题！我自认为是在操作层面比较贴近实际的人，阿杰也是，虽然我真的觉得他在做立面时，会制造让同事觉得麻烦的设计，但是，一个房子如果连我自己都没有想住在里面的意愿，又如何卖给消费者？这是违背良心的。

RECOMMEND

1

我们还要考虑何种建筑物才是适合这块地的面貌，将基地特性、建筑设计转化为影响生活的空间，因此建筑物的设计，必须同时是理性科学的商业计算和如同自然的生命体，从基地上很自然地“生长”出来。所以，建筑师就必须不断逼自己去认识环境、认识人群、磨炼头脑，决定建筑的形体比例与平面。形体与平面规划完美结合，才能忠实体现建筑的整体美感与气势。

努力的人都有共同的面貌，期待所有的建筑师，客观明白自己的任务与需要的实力，建立属于自己的建筑设计的专业知识库。

王克诚建筑师事务所

王克诚

推荐序 2

建筑的每一步
都是人类思想的展现

从事建筑工作越久，越觉得建筑意义与思考脉络的复杂性，远远超过文字、学科理论所能表达的，至少到现在，我还是觉得每天都有许多事情需要学习。

建筑，在很大程度上与“人”有关，不是“用平行尺往右一画：以上完全拆除！”这种主宰他人未来生活的纸上策略。

因为建筑不只有提案或概念呈现，它还必须被清晰地执行完成，引导人类活动、担任安全庇护、成为社会资产，未来还代表着地表的风格；我们要考虑的有看得见的对象与看不见的情感，加诸其中的活动，以及日后对人可能产生的影响，有句话说得很好：We build the building, and then the building builds us（我们建造了建筑，而它又在构建着我们）。所以，建筑师的世界不是只有用数值与建材围成的图面作业。

建筑，更是一门结合哲学、艺术、力学、功能、设计的科学，反映每个时代的价值观，从解构主义带来的全新逻辑、隈研吾的弱建筑与负建筑传达尊重自然的理念、路易斯·康的光线与建筑的演绎，到现在的线性设计，更显示出建筑的思想极致和艺术哲学分不开。建筑是环境中可以存在百年的目标物，作为建筑师，不能光想着自己，也要考虑建筑物能否跨越现代，能否成为跨时代共同的美学。

我个人的执业追求，就是往“减少”的方向思考，将那些可能是“非必要的”、现有的、制式的存在，转换、提升到另一个设计层次。

还有因应时代的重要安排，创造绿色建筑、节能建筑以及工程危机解除，都是建筑师必须要有的智慧，懂得越多，我们越会对环境

RECOMMEND

谦卑，越会对人尊重。

当然，在谈论超时代的设计前，各位学子还是必须先打好扎实的底子，也必须先通过建筑师考试，训练头脑进行逻辑性的思考。分出事情的轻重缓急，找到创新的方向，解决业主遇到的困难，这必须经过充分的训练，本书很适合担任初期阶段的辅导员角色，希望各位好好研读。

蔡达宽建筑师事务所
蔡达宽

推荐序 3

专业是“做自己喜欢的事，让别人也乐在其中”

对林煜杰建筑师来说，这本书的面世，源于他对“做建筑设计、考建筑师资格证”这些压力指数爆表的事的态度，目的是可以让人明白，专业是“做自己喜欢的事”，然后继续“让别人也乐在其中”。

其实，事情的一开始并非如此，事实上，他曾经历了一番辩证式的转折。在校时文化课及设计成绩优异的他希望以个人建筑设计的能力，在社会职场中有个专业的基本定位。当把考取建筑师资格证这件事变成一个目标后，事情虽然很单纯，但过程中出现了痛苦，那种深深引以为苦的感受，仿佛将原先一切的美好消磨殆尽。

于是，他被迫检视“自己要考建筑师”这件事情，在被痛苦侵蚀的当下，究竟还剩下些什么。这样的感知和理性思维风格、自我审视和反思习惯，其实在他的学生时代就形成了。

初见煜杰是 19 年前，在我进华梵大学教书第一年“理则学”的第一堂课的教室里。这是一门通识课程，选课人数只有 12 名。小班教学能让新手教师使出浑身解数——文氏图法、哲学方法论、俄勒冈式辩论比赛等，师生皆热烈投入，共享“知识的芬芳”和“知识的喜悦”。煜杰的逻辑推理能力在当时很强，后来他陆续选修了“思维方法”和“哲学概论”这两门很硬的通识课，似乎养成了在艺术创意中融入理性分析的习惯。独具风格的表现，早已青出于蓝。华梵大学的师生一向很自然地在课后保持着交流、互动的习惯，因此常会听到他谈参加登山社的拓荒、溯溪，或担任摄影社社长、办演讲活动等各种顺境、逆境的经验分享。印象中 10 元阿婆的故事就是闲聊中的一个令人动容且极为励志的话题——师生自期能尽己一份心力，帮助别人摆脱困境、渡过难关，即便是小小的尽力而为，也可以启动社会美好的“善循环”。

RECOMMEND 3

正是因为希望别人不要再和自己经历同样的痛苦，所以他在熬过苦境后，便产生了更多想法。他不只是享受考取资格证带来的快乐，还让自己原本在做的事，转成极具深意、极有价值感和成就感的事！

能为自己所做的事“赋予意义”，然后认真地对待每个细节，才能认真地对待别人。“进技于道”是让技术专业不会停留在“匠气”的一种转化，而且能造就“匠心独运”的极佳表现。

这本书对我来说，就和十多年前为了帮煜杰写研究生入学推荐信，看到令人惊艳的建筑作品集一样，他的专业成果有目共睹；但不一样的是，现在的他多了专业成长的动态历程，也多了成长专业的心愿，这些正在不断地发酵和扩散。美好的循环正在开始。

中国台湾华梵大学哲学系 / 人文教育研究中心
副教授 王惠雯

推荐序 4

我心中的人文建筑师

在建筑师考试中，建筑设计及场地规划属于快题，必须在短时间内理解题意并实时作答，因为需要手绘，再加上似乎没有标准答案，因此，想要在众多竞争者中脱颖而出，画出令人惊艳且合理的设计，获得阅卷老师的青睐，就有赖于专业老师的引导和与同行相互切磋来增强自己的实力。

虽然我不是建筑专业出身，但我对建筑设计非常感兴趣，并且充满热情。即使我是土木结构专业背景，我也在努力思考如何跨越自己的专业领域，了解建筑和空间设计之中的奥秘。但是，我没有选择去参加补习班，而是选择了参加林建筑师的读书会来提高自己的学习水平，弥补自己在建筑规划设计专业上的不足之处。经过短短两年，我通过参加读书会顺利通过了 4 小时的“场地规划”考试和 8 小时的“建筑设计”考试。这些都是得益于林建筑师精彩的讲解和与同行们交流分享工作经验。这些都是我成功跨越界限并考取建筑师资格的主要原因。

这本书共有 10 章，其中没有华丽的建筑照片（其实林建筑师在建筑立面设计方面的能力非常出色），然而，每张图及其对应的文字都是作者在读书会中为了解答疑难或说明问题而准备的成果。作者将备课内容去芜存菁，言简意赅地呈现在了这本书中，使得即使是非专业读者也能获得最大的启发。我个人非常敬佩林建筑师不断精进与传承的思想。

本书内容由浅入深，即使是非建筑专业人士也能按部就班地学习。内文详细介绍了基本的学习方法和逻辑思考方式，针对建筑基地周边环境、社会议题、使用需求、量体估算、量体配置、环境影响、动线安排、空间元素、开放空间、虚量体、立面设计等方面

RECOMMEND

都有独特而详尽的解说。此外，本书还归纳了快题设计所需的配置图、透视图、排版等的技巧和记忆口诀。通过阅读本书，我们可以深入了解建筑师如何规划构想一栋建筑，满足业主需求并符合法规要求，为使用者提供居住、工作和休憩的空间，甚至能够对国内外建筑大师的设计意涵有更深入的认识和理解。

我在读书会上按照内文的学习步骤，深刻理解了不少建筑的特色，如敦南富邦大楼的体量安排、北投农禅寺的开放空间以及新生南路公务人力发展中心的虚实结合等。此外，我还特意跟随作者前往日本关西地区，参加了一次以安藤忠雄为主题的建筑研修之旅。在万博纪念公园（大基地、自然森林）、司马遥太郎纪念馆（新旧共存、曲线檐廊）、光之教堂（开口光影、小基地）、天王寺站前公园（幼儿设施及商业空间）、天王寺万豪酒店（日建设计、地铁百货旅馆共构、空中平台花园）、兵库县美术馆（圆弧下沉空间、板状深出檐）、淡路岛的梦舞台（填海造陆、环境共生）、本福寺御水堂（入口动线、屋顶水盘山景影射、夕照格栅光影），以及淡路岛 TOTO 海风酒店（室内楼梯、大海借景、连接空桥）等地，我深刻感受到了空间尺度与环境融合带来的美感，这是非常难得的经验。在兵库县美术馆现场，我甚至巧遇了安藤大师的签名会，抱回了他的专著，还有他的亲笔签名和速写。

很荣幸能为这本书写序，林建筑师是我的良师益友。他不仅具备深厚的学识涵养，而且一直坚持不懈地在建筑领域精进。相信读者们也可以从这本书中获得有关建筑空间设计的知识，创造更加适宜的建筑空间与环境景观。

日本早稻田大学工学博士

建筑师 **沈里通**

自序

我心目中的建筑教育

我从 2008 年开始考建筑师，那时在公司担任设计总监。以那个年纪的我来说，已经达到自己想象中的人生高峰了：有车、有房、有妻、有子（有钱还是比较难）。

我会去考建筑师资格证的理由很烂。一个原因是老婆问我，未来孩子要在父亲的职业栏填“建筑师”还是“设计师”？另一个原因是老板讥笑地说：“你不是设计很强吗？为什么连个建筑师的证都没有？”我就这样被激怒了，开始研究怎样考建筑师资格证，也报名了当时建筑教育中最有影响力的机构，踏上了我人生教育的最后一里路。

我永远不会忘记上设计课的第一天要按能力分班，我在课堂上很认真地完全拿出在公司做简报和提案的功力，想让老师安排我到精英班。我带着无比的自信，将练习成果呈给老师，等待分班的结果。老师没多久就在图纸上写下了成绩，我得到了人生中第一个设计不及格的成绩，也被安排到基础班，从画树、画线条重新开始……

我带着谦卑的心面对事实，决定重新好好进修、好好打底。我进了基础班的教室，蹑手蹑脚地将肥胖的身躯塞进补习班窄窄的椅子里，摊开笔记，等待上课铃声。我的补习班生涯正式开始。

没多久就上课了，老师开始说常见的开场白，学生也开始展现最强的“习性”——迟到，手中抱着路上买的饮料和午餐，鱼贯进入教室。我用不屑的眼神打量这些人，心想，你们如果是我的员工就完蛋了！就在“完蛋”这句话在心里闪过的同时，我在那些人里发现一个熟悉的身影——我当时的助理！妈呀！我和自己的助理是基础班同学！

画了一个多月的人、车、树、直线、抖线、歪斜线之后，我终于升级了！以为可以开始做设计，就开心地买了一杯补习班楼下咖啡馆里最贵的庄园级手冲咖啡，想要一睹补习班名师讲设计的风采。

待我坐定之后，打开杯盖，咖啡香味飘散，热气在我眼前氤氲开来，好像大明星上场前的干冰烟雾。我啜饮一小口热咖啡，苦涩在嘴里化开，但我的心却凉了，因为走进来的人不是网络上看到的补教设计大师，而是一个小妹妹。她笨拙地打开笔记本电脑，支支吾吾地开口说：“同学们，我今天要讲画图的笔和工具。”此时，无言的情绪像瀑布一样把我推下深谷。一直不记得我在那个规模很大的建筑师补习班上一堂课是多久，但这一堂课我度日如年。课堂上的老师巨细无遗地介绍各个工具如何在图纸上运用，我只有怀着尊重台上老师的心情，慢慢等着那堂课的下课铃响，然后拎着空的咖啡杯，默默地离开教室。当然，这堂课的那一两个小时，只在我生命中留下“浪费生命”的遗憾。

一周后，我耐着性子继续去上课，在此期间学了楼梯怎么画（我本来就会），树木怎么画（我也不太差），字怎么写（我人生的悲剧，一直不好看），也策略式地画了几张考试规格的大图。

几周后，我终于盼到了那位建筑大师莅临课堂，这位老师的第一堂课便要大家呈上自己的练习作品，好让他展现自己作为名师的“高度”，我很期待这天。在老师评图的过程中，我完全不记得别的同学是如何被讲评的，但轮到我的时候，等老师开口的那几秒，真是让我心跳加速到每分钟 200 下，我比去建设公司面对董事长做简报还紧张。最后，他看了我的图，迟疑了一下（我屏气），然后说：“这张，会过。下一位。”

我再度崩溃，就这样，我放弃了补习班，决定自己的设计自己想办法。补习班，再见了。

拿不到建筑师资格证，并不等于你的设计能力不好

我从专科学建筑开始到大学毕业，整整十年，进入社会工作也混了很多年，严格来讲，考试前的人生有十年以上的设计经历！却因为败在考卷的图纸下，一切就得从基础做起，情何以堪？我反省了很久，到底是自己有问题，还是考试有问题。准备考试的那几年，我觉得是我有问题，因为找不出原因，只能说自己不够努力。但考上六七年之后，再教了五六年的“考试设计”，直到提笔写这本书，我才渐渐察觉到问题在于考试，不在于我。

很多人说我太自大、太猖狂，但我必须说，这个考试真的问题太大了。它影响人们对空间质量的定义和判断，但又无法引导大众更好地讨论与沟通整体社会空间，只是狭隘地要求空间专业人士交出必然的设计答案。考题预设的答案不仅没有客观的评析依据，也缺乏让人依循的操作逻辑，造成大量的专业人士每年都要像盲人摸象般，到处参加考试补习班、分享会，希望在茫茫“意见之海”中，找到让自己通过设计考试的“浮木”，这一切都在无形中影响他们在职场里面对真实世界的设计挑战与学习。

建筑师考试到底适不适合作为检测建筑教育的工具，这一直是业界争论不休的“小事情”。我认为建筑教育包含许多目标与范围，有人认为建筑学是科学，建筑师要有工程师的理性与精准；有人认为建筑师应该要像艺术家一样，感性处理这个世界的空间信息；有人认为建筑师是一种身价的象征，或者认为学建筑或做建筑的人，要有慈善家那样的济世远见。综观各方意见，加上自己在业界混了十几年的从业经历，也教了一些人考取建筑师资格证，我整理出一点小小的个人观点，希望让想从事建筑行业的朋友能好好体会建筑设计的乐趣，进而在充满考试和提案的人生旅途中，多得到一些协助。

CONTENTS 目录

ARCHITECTURE
MASTER CLASS
SPATIAL THINKING

第 一 章

CHAPTER ONE

开始当个建筑师

这里说的是态度——

讨论一个建筑师该有的心理素质

TITLE 1

打开书本前，先打开建筑师的眼、手、嘴、心

我相信每一个有志于从事建筑行业的人，都愿意从零开始。但是这个“零”的圆满程度及是否具备值得信任与尊崇的内涵，有必要讨论，更有责任改变。

开眼：和大脑同步

首先，教设计先教眼睛吧！但不是要让教学或学建筑的人多吃鱼油，而是希望正在学习建筑的人都能懂得敞开心胸看世界，让眼睛和大脑同步运作。在我教的学生中，有尚未工作过的菜鸟学生，也有快退休的资深前辈。菜鸟学生通常专注在建筑的美丑和建筑师这个身份的价值上；资深前辈通常是过于专注自己的设计经验，不愿抛开既定的设计观点。但是，建筑有趣的地方不就是让你拥有更敏锐的目光，去观察这个世界吗？相对来说，如果建筑教育少了带学生打开眼界、敞开心胸的功能，不就只是无聊的模型制造工作吗？

练手：练的是思考过程

数字化工具的功能，只是缩短脑子到完成建筑构造物的距离。但从脑子到概念成形的过程，只需要一张干净的白纸和一支简单的铅笔，就能形成连贯的、零阻碍的思考。所有正在学习建筑的人，希望你无论最后以何种方式呈现建筑构造物，其中间过程都能有大量的文字和画面，将你想到的、看到的小小信息，一点一滴地转换成空间语汇。

也希望在建筑教育第一线的人，可以更细致地体会每个建筑学生思考的过程，别让那些可能改变世界的想法和观念，不经意地在言语间溜走。

动嘴：把想法说成故事

在我这个小小的读书会上，有一个很重要的训练过程，我称为“文字分析”。有人说这很像是在练习和自己聊天，有人则说分析完还没画图，设计就做完了。这说明了一件

事——设计是动脑的工作，而表现脑袋思考最直接的方法，就是动嘴。“动嘴”会让脑中的片断想法开始连接和组织，最后变成一个故事，让做建筑的人变成可以用空间讲故事的人，这样的工作或教程，应该就不会是无聊的技术和流程了。

开心：享受画设计

“开心”可以指愉悦的心情，也可以指对事物的开放心态，两者都是学建筑和做建筑时该有的修行。

第一个需要“开心”的事就是学建筑不需要当画图高手，不要把建筑系当美术系来念，更不要觉得没有高学历，自己就不是做设计的料。严格来讲，画画是建筑人描述空间的方法，不需要高深的技法，会画简单的线条就可以享受用笔看世界、用笔想象空间的乐趣。教设计这么多年，让我最开心的教学对象有三个，两个是毕业很久的妈妈，她们的工作不是以设计为主，一直到孩子上大学才重拾画笔；还有一个是一位日本结构博士，平常在大学里工作，画画这件事更不可能在他的生活中有太大分量。

不过也许正是因为如此，他们才没有在建筑教育中受到太大的画图上的挫折，反而更能单纯地享受设计的乐趣吧！他们三人没有画图美丑的包袱，他们的建筑设计也从未面临过学术和职场既定要求的经验与压力。在准备考建筑师的过程中，无论是重拾还是初拿画笔，他们都能敞开心胸，在考试的虚拟世界中当纸上建筑师，尽情地用空间反映他们观察到的环境现象，用建筑构建环境样貌。他们就只是开心地学习设计，也许练习过程中有很多时间是在痛苦地反复磨炼基本功，但看着自己不断累积和成长，也获得了极大的成就感，最后甚至可以有效率地用两至三年，拿到建筑师这张“牌”。

但最让我开心的是，当他们离开考场，重回职场的时候，也能发挥在准备考试时养成的环境观察能力与空间手法，多棒啊！我也常常在课堂上说，请各位考生好好享受没有老师和业主干扰的时光，这可能是人生中唯一的机会和时间了。

当快乐的建筑师，从毕业那天开始

建筑师考试像是他们人生迟来的毕业考试，借此学会为自己努力，有更多能量追求人生的广度与高度。如果这个考试在未来变成单纯、客观的能力评判机制，进而成为建筑系的毕业资格考试，我相信将诞生更多能帮助社会的空间专业人士，而不是让业界的专业工作者，把大半生对建筑的热情与能量，耗在不太客观的考试制度上，空转了自己的人生。

TITLE 2

世界上只有一个考建筑师的理由

无论想成为建筑师是为了征服建筑场地，还是为了打造每个人最温暖的居所，都没有关系，因为背后都有你心目中的“成功”。只要唤醒自己的成功基因，懂得为自己努力，应该没有做不到的事。

当我还是学生的时候，有一大批刚从海外学成归来的老师，他们和没有留学背景的老师有很大的不同——充满自信、穿着不凡、谈吐生花，就是很厉害的感觉。那时候，台湾地区的城市景观开始第一次进化，很多人认为是这些海归建筑师带来的成果与影响。时至今日，这些当年被我们用崇拜眼神仰望的老师，也渐渐变成建筑专业领域的大师。

我们那时想当建筑师的原因，是希望可以跟这些老师一样帅气、自信，并且名利双收。没过几年，我们这群建筑系的毛孩子毕业后要进入职场，准备大展身手了，整个环境的变迁却像老天爷在开玩笑一样，掉进行业寒冬。这些老师赚不到大钱，纷纷关掉事务所回学校教书，当个专职的教书匠。他们少了发表作品的机会，眼神中原本的自信光彩，像是老旧的小灯泡，变得无力且黯淡。

我们的学弟、学妹还是受教于这些老师，但不再用崇拜的眼神看待学建筑、当建筑师这回事，而且不敢太快毕业，因为不想太快面对惨淡的设计工作。除了这些菜鸟设计师对职场未来感到茫然，还有一群人也感到无力，这群人离开校园四五年了，在设计的职场像浪人般浮浮沉沉，很清楚那些光鲜亮丽的大师付出的代价与得到的回报其实严重不成比例。这群人熟悉设计的每个过程与细节，但千篇一律的设计行政工作，让他们对未来的美好想象渐渐破灭，也因为要面对生活压力而开始对自己的生活感到无奈、不满，甚至失去了自信。

什么叫成功？

当学生的时候，觉得帅气的老师是成功范例；进入职场后，觉得很赚钱的老板是学习目标；终于有一天自己当老板了，反而羡慕朋友当小小上班族的自在生活。

人生每个阶段都在摸索成功的定义，有的人目标很大，给自己很大的压力；有的人只在乎自己的小小幸福会不会被抢走。其实，成功很单纯，某天我去上班的路上突然想到：

成功只是一个状态，一个可以让你觉得安心自在的状态。

刚满四十岁，有房子，有车，没贷款压力，可以让小孩常常出去旅行，不用加太多班，有时间陪家人，在工作与家庭之外，还有能力发展自己的兴趣，并且有不错的成果，我想这应该够好了吧，对我自己来说算是成功了吧。

上班前投资自己一小时，打造成功基因

“建筑师”这个头衔，对我而言在财务上没有太大的帮助，但有一个影响我一辈子的改变——“上班前，先投资自己一小时”。大部分人在经历懒散、没效率的校园生活后，会完全习惯当一个人生被安排的生活机器人：跟着课表上课、考试；跟着打卡机上下班，跟着日程表参加一堆不痛不痒的工作会议。然而，上课是为了当爸妈的乖小孩，考试是为了当老师的好学生，工作是为了当老婆（先生）的经济支柱，争取绩效是为了当老板的好员工。

但是为了考试，我学会了在“上班前投资自己一小时”。我找到了一个为自己好的方式，我在这一个小时里认真念书，准备考试，每天都能为考试、为自己做一点点努力。在考上建筑师后，我还是维持着“为自己努力一小时”的习惯，也成立了“建筑读书会”，帮助数百人考上建筑师。我用这一小时学习新的设计工具，不断增加自己在事业上的价值。这样的生活步调变成了我的生活习惯，让我充分感受到了自我成长的成就和满足。

没有人在考上建筑师的过程中是不需要用功、纯粹靠天分的，而“考上建筑师为自己增值”正是一个很好的目标，单纯又明确。能够为这个目标养成“为自己努力”的习惯，大概就没有任何事难得倒你了。

第二章

CHAPTER TWO

练习
有双建筑手

训练你的手和眼，
打开对空间的感知力

TITLE 1 设计基本功练习：选出透视临摹案例

建筑设计是眼、手、脑的共同活动，用“眼”看是**强烈的三维空间思考**，除此之外，还必须加入**复杂的文字和逻辑推理**。

我们在求学过程中比较欠缺将思考和手上功夫整合起来的思维训练。要达到这样的目标，必须像运动一样从基本动作开始练习和热身，而设计的基本动作就是临摹案例。临摹案例是一个纯粹的“输入”过程，没有太多复杂的判断或分析，只需要建立一个标准的临摹过程，这个过程就像计算机程序，它会告诉大脑该如何判断案例的组成与特殊元素。

当大脑有了“空间阅读”的习惯，只要面对不同的案例或真实的空间环境，马上就会强烈地感受到差异，这个差异将进一步刺激你产生思考与记忆。

然而，要养成练习的习惯并不容易，就算养成了，若是不幸中断，再找回练习的手感也不简单。这时候若能单纯地画图、有系统地临摹，就像大侠练功前要沐浴净身一样，可以很快将心境带回设计模式，快速找回设计思考的熟悉感。

NOTE

- 要有步骤地分析与临摹案例，不能照抄。
- 临摹案例有助于快速进入设计模式，找回设计的手感。

适合练习的案例三原则

虽然我身边的建筑没有受到太多关注，但其实有很多很好的案例。在开始找练习用的案例时，我们应该先关注三个原则：

❶ 量体单纯

❷ 有丰富的细节

❸ 量体层次清晰

我选了五个案例供大家参考。

精选案例

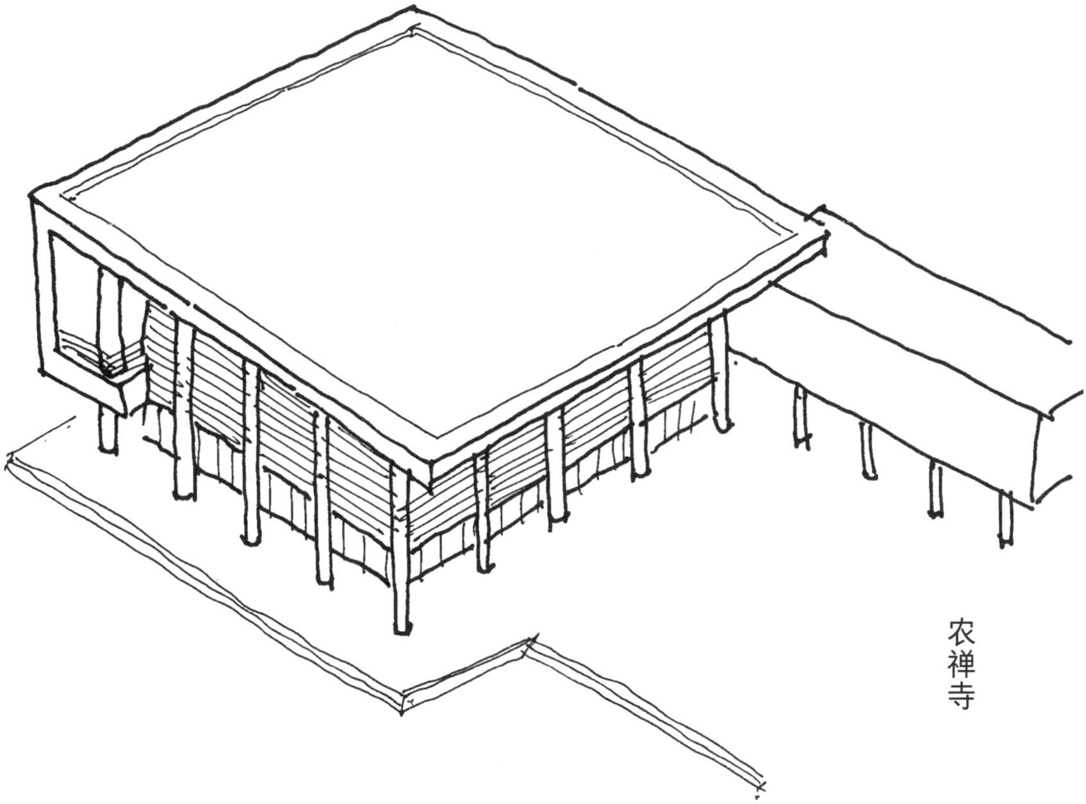

农禅寺

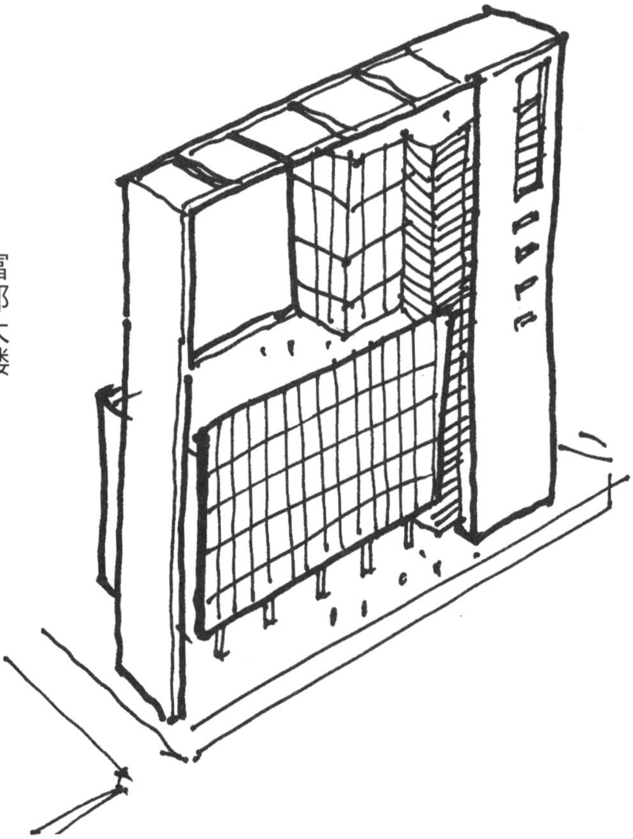

富邦大楼

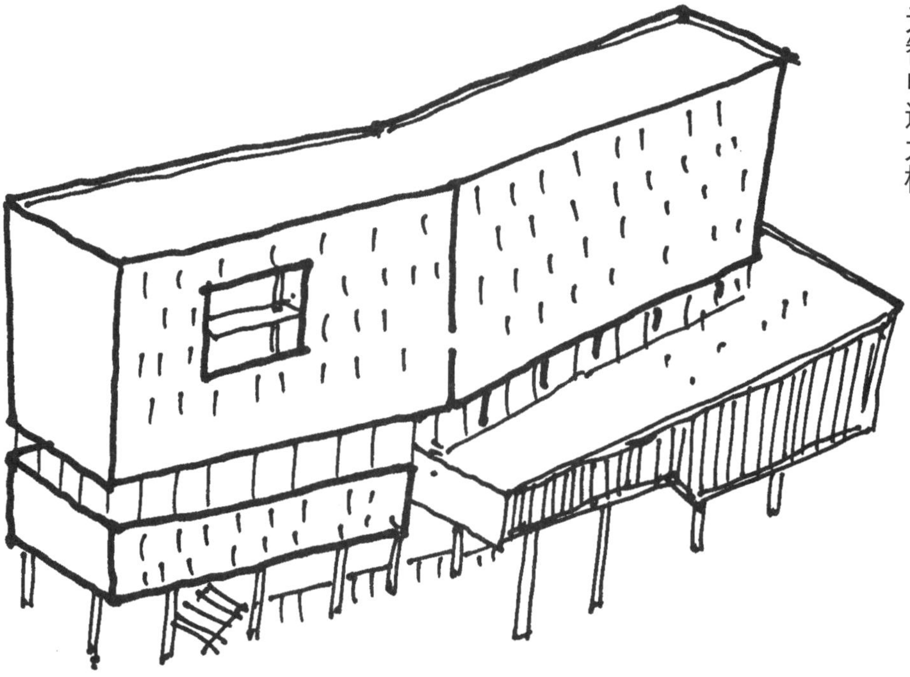

元智电通大楼

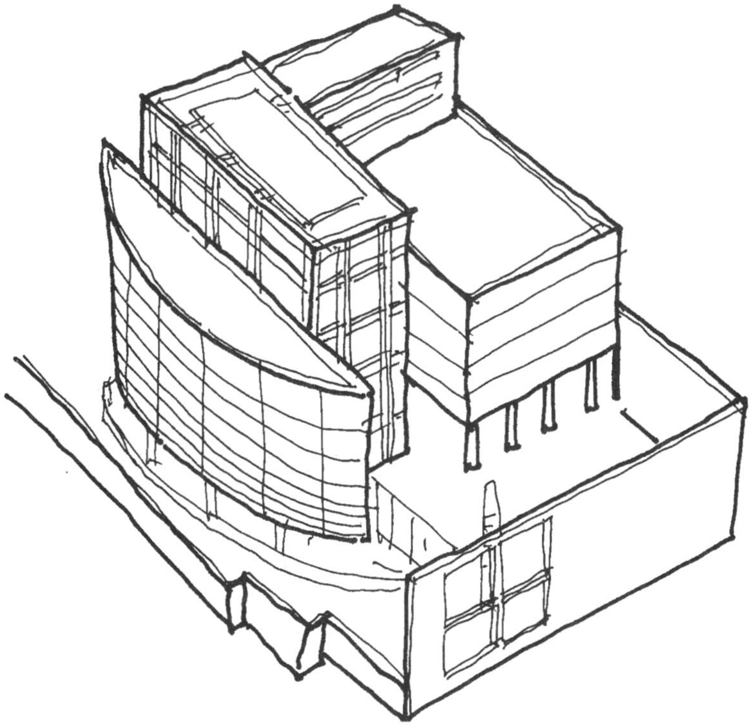

莺歌陶瓷博物馆

台湾实践大学

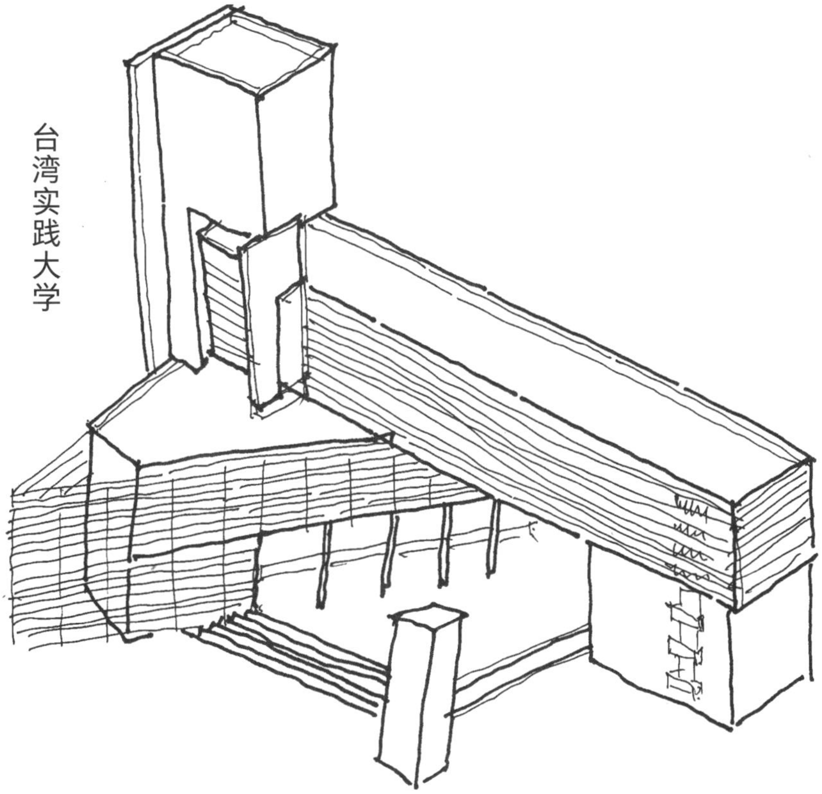

TITLE 2

分析案例量体构成，化整为零：分解出几何形状

案例是他人思考后的精华产物，分析时以简明直接的步骤将建筑物化整为零，也形同掌握核心概念。概念累积得多了，自然能培育出属于自己的发挥空间。

寻找美好的案例去临摹

每一个学设计的人应该都有一种焦虑，就是怕漏看别人看过的案例。在那个没有网络的时代，要对付这种信息焦虑症，最好的药就是那些外文书店的橱窗，只要一进书店，无论多贵都不是问题，只想找到“那本书”，就是别人没看过的那一本！省下买名牌牛仔裤的钱，只为了买那本又大又重的精装书，骑摩托车还要用大腿紧紧夹着，生怕过度震动会让书有丝毫损伤。

但这些购书的艰辛都不算什么，真正的灾难从回家之后才开始！先是兴致勃勃地翻了半天，竟然发现没有半张照片跟自己的设计作业有关，英文不好的人连里面的说明都看不懂。这时开始有点后悔，当时应该买牛仔裤的，于是决定弥补没买牛仔裤的遗憾，从中挑了一张漂亮的照片，通常就是让自己决定买这本书的那一张，而且整本书只对这一张有感觉。

在那个没有计算机辅助的时代，挑好照片之后除了亲自手绘，实在没有别的办法把这些宛如女神般的图片用在自己的版面上。没错，只能认命花很久的时间，把书里的美图转绘进自己的作业，心想：“牛仔裤，你死而无憾了！”再带着花大价钱的后悔心理，

把那张彻底临摹失败的手绘版美图，连同丑的模型一起带进评图教室。当所有同学都把自己的作品在评图台上一字排开时，你立刻在心中暗骂，原来另一位同学也翻到同样的案例，而且还是在廉价的装潢杂志上发现的，因为杂志廉价，所以不心疼，他就直接把图片裁下来贴在自己的版面上……他赢了，他的设计赢了，而且钱花得也少。

老师从来没教过怎么看案例、怎么运用，而当出了社会从事设计工作的时候，业主也不会让你有机会参考案例，而是“照抄案例”。我相信大家都听过“抄袭是创作的一部分”，这句话非常正确，但我想改成：“通过原汁原味地‘抄袭’（临摹）美好的作品，让手、脑、眼、心把作品的每一分都刻进你的身体，变成个人创作的养分。”有了这样的心情之后，就可以开始临摹案例了。

第一步 先找有案例全貌的鸟瞰照片

建筑师考试的透视图，着重图面说明能力，因此，太过具体的透视图不会是得分选项。若要有效运用案例，可以先从配有全区鸟瞰图的案例着手，这类图片最容易在竞图相关的期刊或网站上找到。

全区鸟瞰图的最大特色，是可以清楚看到建筑的量体安排、立面的细节分布、各个主从开放空间配置的连接与排列。在正式开始临摹案例前，你必须准备好资料，作为临摹前的分析与研究。

第二步 分析量体的连续几何构成

大部分建筑专业的人在学生时代都学过基本设计，而基本设计的原理与目标，是为了让设计人掌握图画里的各项绘图元素在比例、排列尺度、色调上的相互关系，用在建筑上，可以是建筑立面的体量、材料、细部等建筑元素的安排与设置。

在描绘建筑案例之前，应该先用平面、立面，甚至剖面等 2D 图画进行理性分析，因为建筑可以看成由几何形状连续形成，进而围塑出的有意义的空间。在示范如何临摹之前，请大家先看看下面的案例。

量体拆解练习题：

案例 CASE A —— 富邦大楼 立面拆解

①一个大门形框，框住整个建筑。

②门形框内有个漂亮的玻璃量体。

③玻璃块体被四根柱子架高，像飞起来一样。

④块体的后面有两面墙，成为有层次感的背景量体。

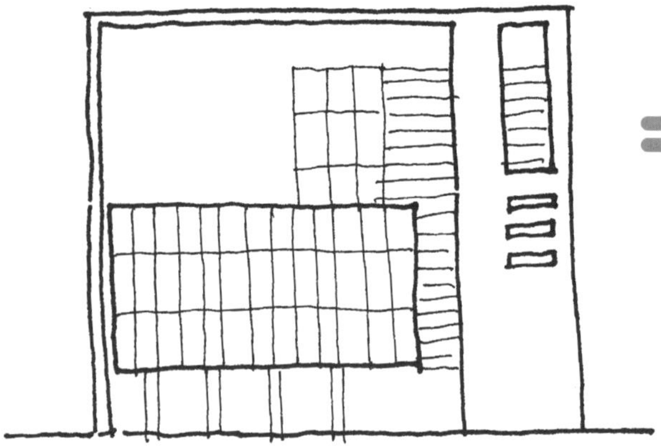

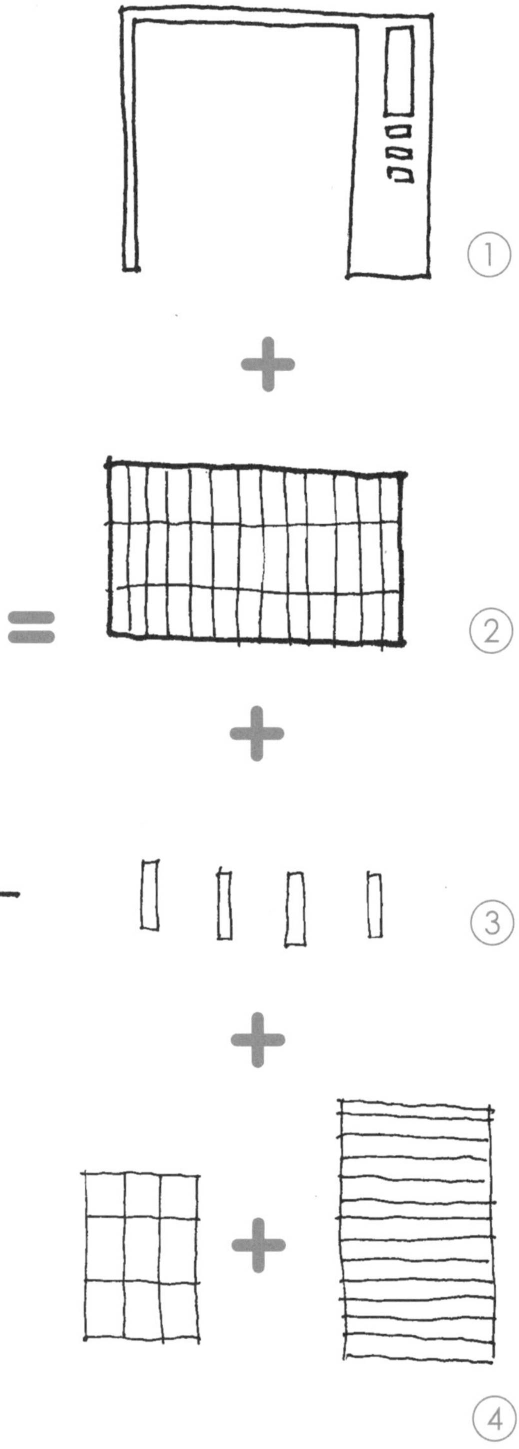

量体拆解练习题：

案例 A —— 富邦大楼 平面拆解

①大门形框，其实是一个中间镂空的框架。

②玻璃量体在平面里，其实是又大又笨重地卡在门形框里。

③产生层次感的量体背景，小小的，分为两个。

④玻璃量体化成薄薄的外墙。

⑤门形框上的格栅。

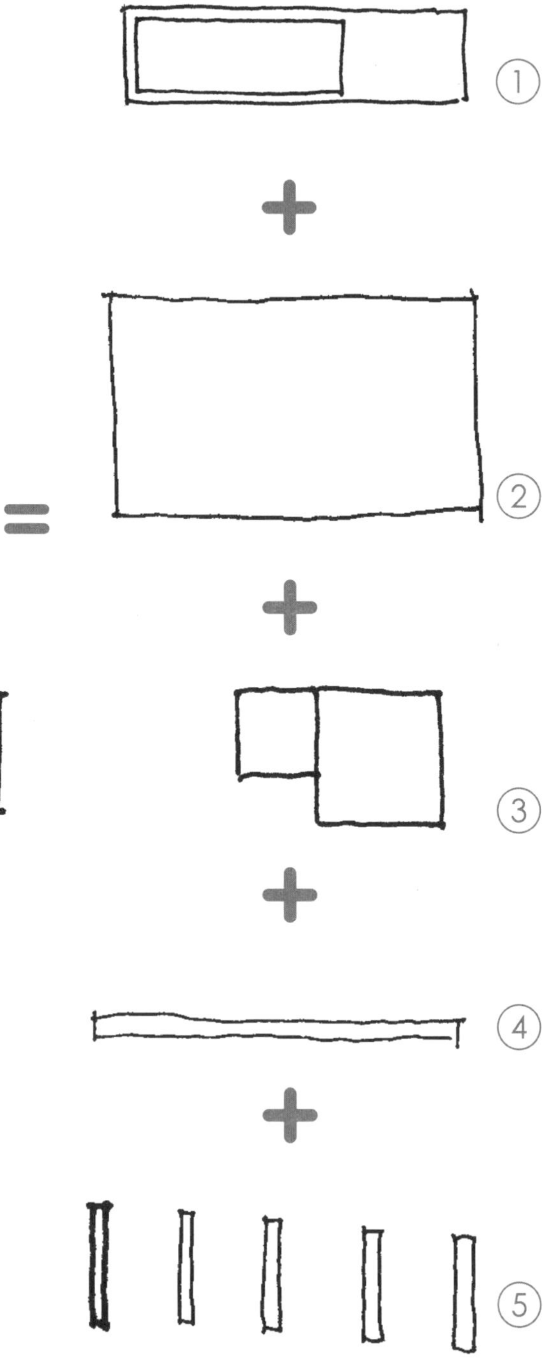

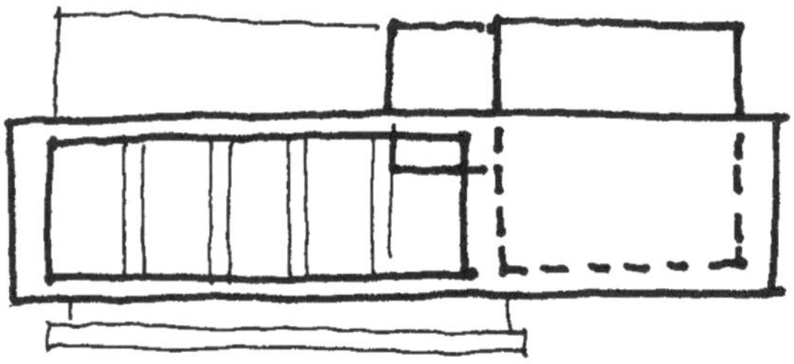

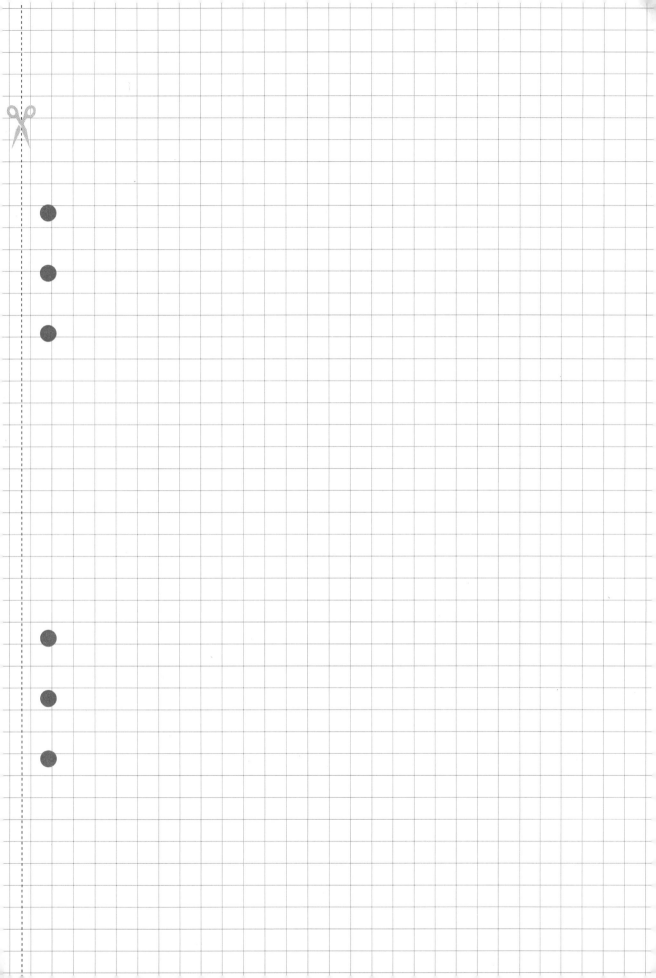

量体拆解练习题：

案例 B —— 元智电通大楼 立面拆解

① 最上层带有很多开口的量体加上一个空洞，像是挖了一个洞的洗碗布。

② 用几根牙签撑住上面像洗碗布的量体。

③ 再加一个洗碗布，但只有左半段。

④ 像美工刀刀片的量体。

⑤ 再加入几根牙签，中间有个平台和楼梯穿插。

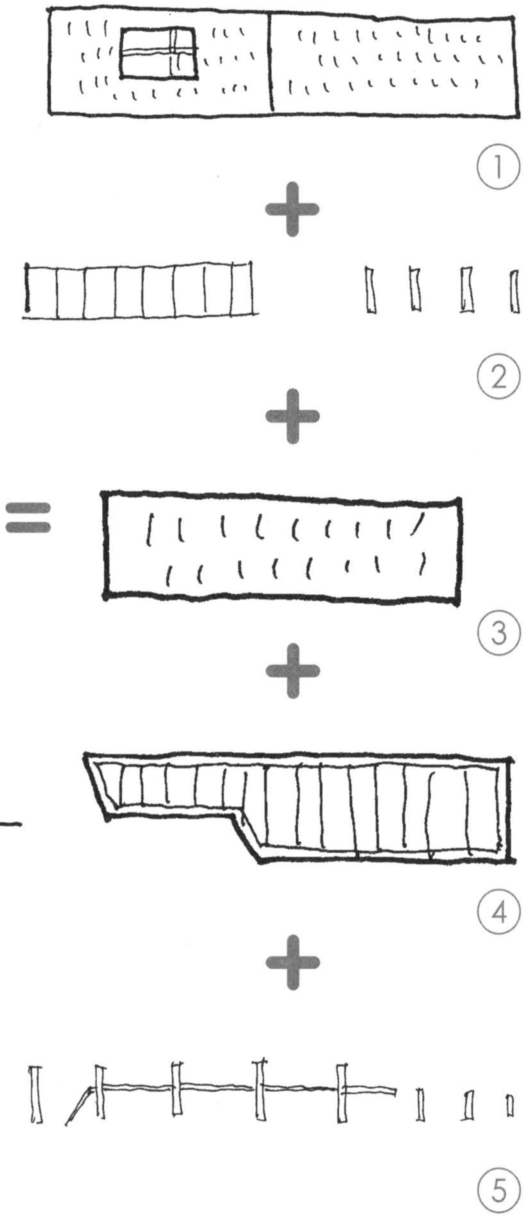

量体拆解练习题：

案例 B —— 元智电通大楼 平面拆解

① 弯弯的纸片构成平面的主量体，左边用虚线切一个破口。

② 像美工刀刀片的量体在平面上只是简单的方盒。

③ 左半边有一个歪斜的玻璃量体。

④ 穿过建筑中心的平台阶梯。

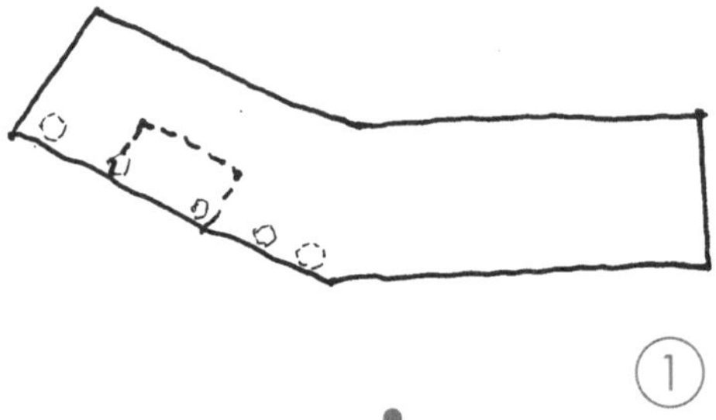

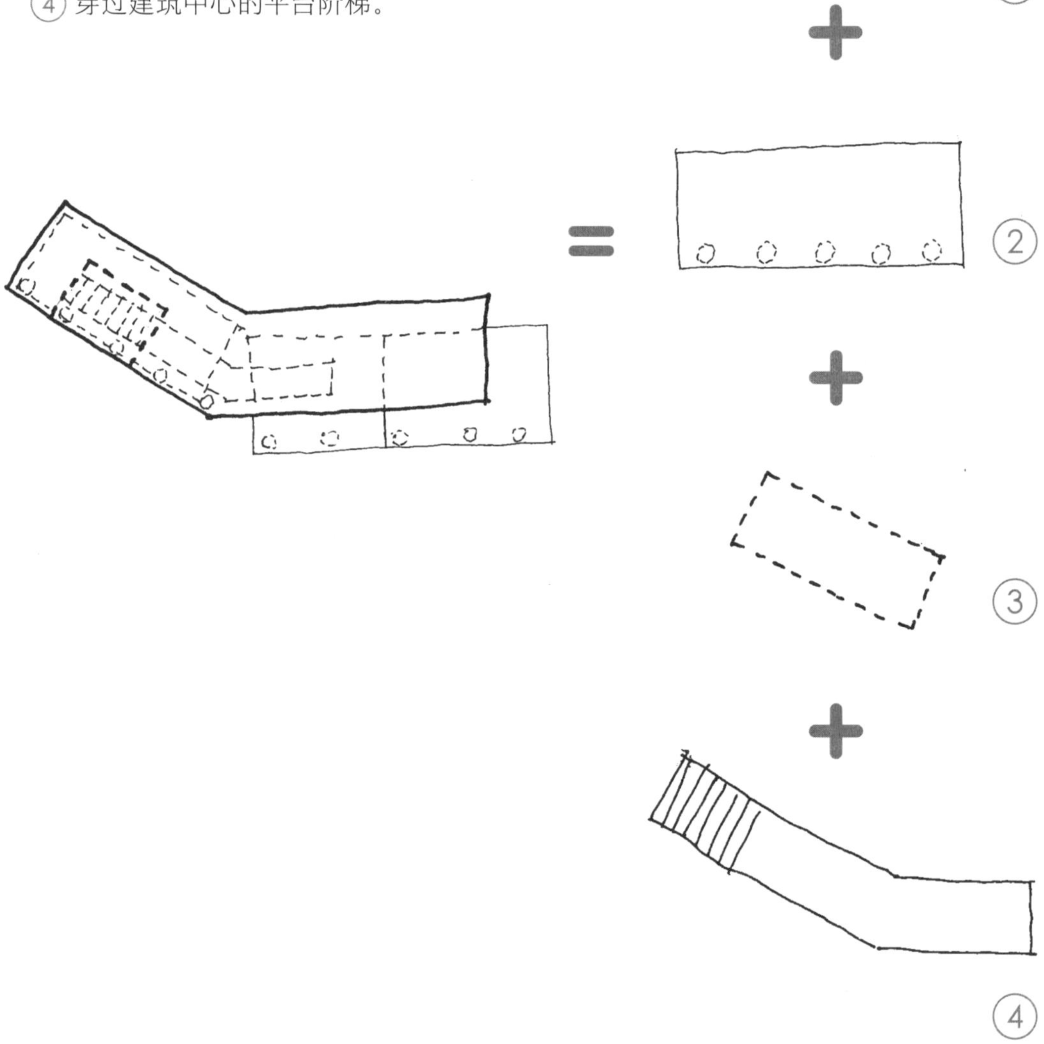

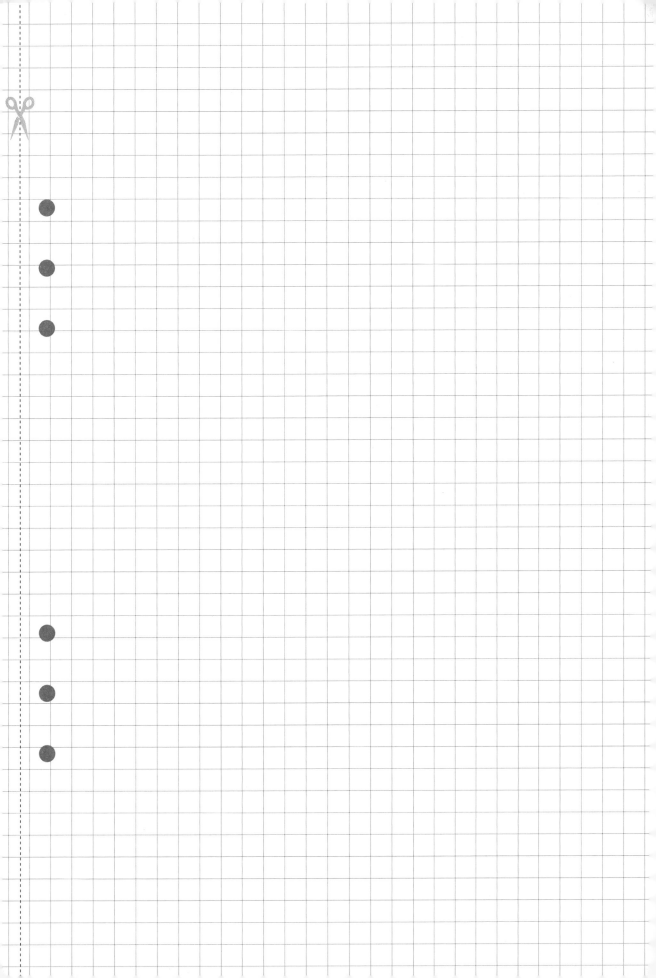

量体拆解练习题：

案例 C —— 台湾实践大学 立面拆解

① 水平的主要量体。

② 加入水平的分割线和两个小开窗。

③ 地面层的阶梯平台。

④ 右边的独立量体，加上两个小开窗。

⑤ 左边的水平量体，向上撑住第一个主要量体。

⑥ 加入水平的分割线。

⑦ 像菜刀的垂直量体，用两根棍子撑起来。

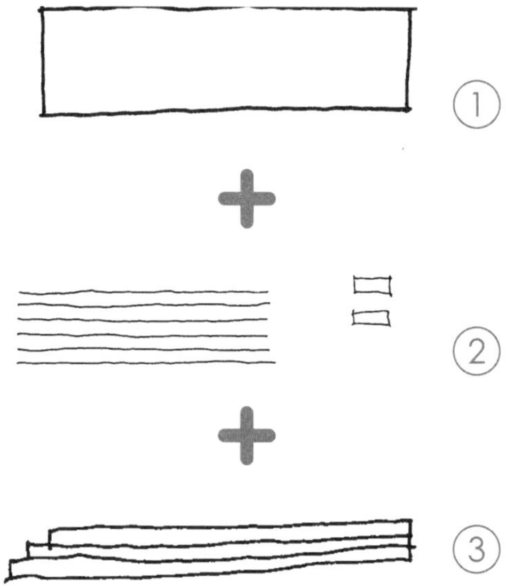

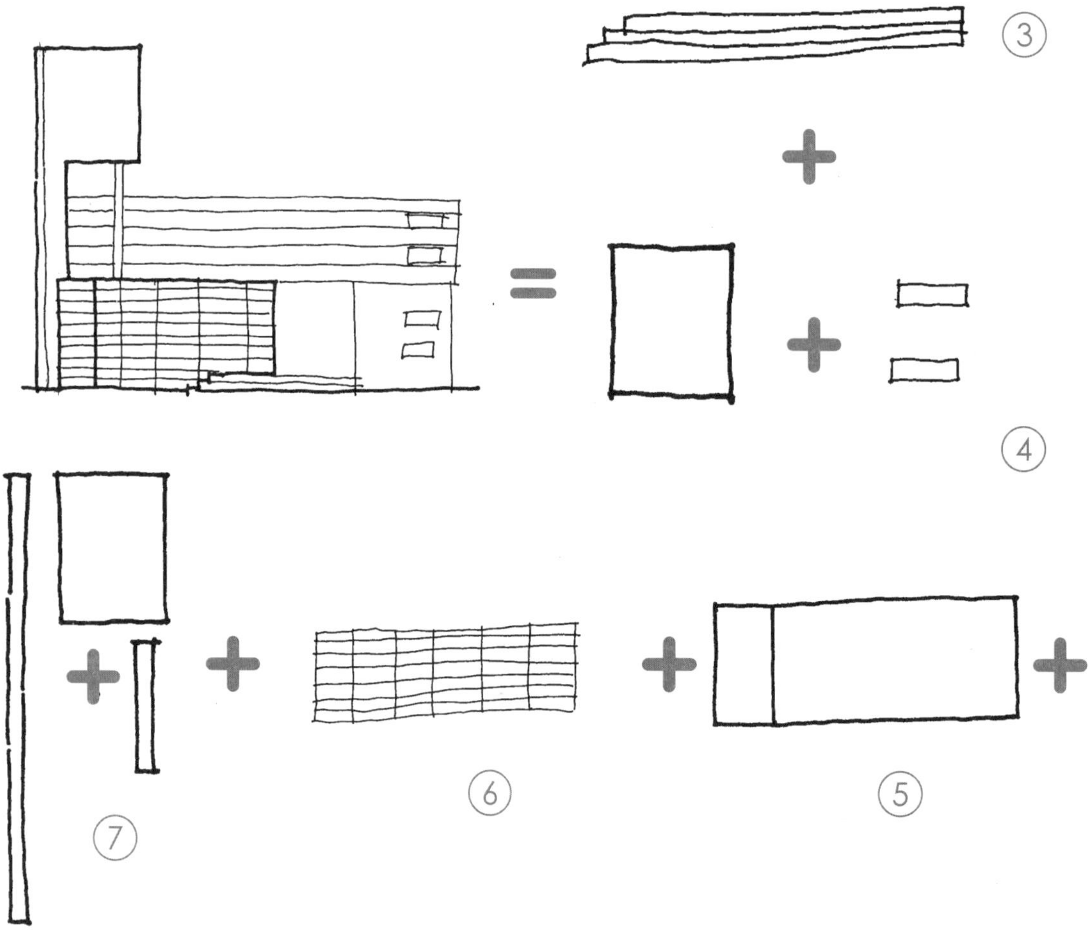

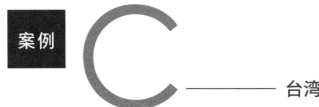

量体拆解练习题：

案例 C——台湾实践大学 平面拆解

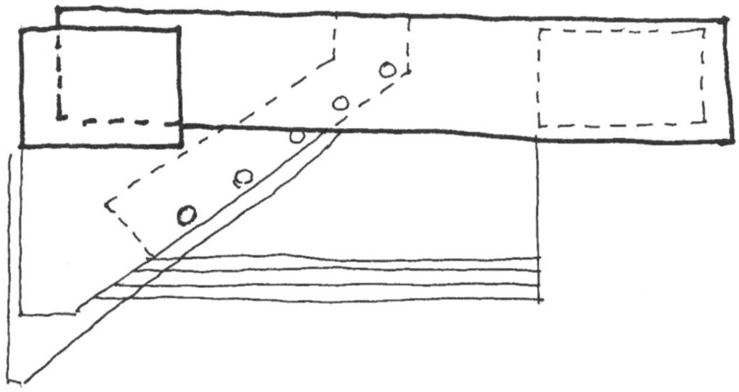

① 右边的小量体，像菜刀的垂直量体。

② 细长的主量体。

③ 很小的平面。

④ 阶梯平台。

⑤ 斜插入开放空间的量体。

⑥ 包覆在斜量体外的水平分割线。

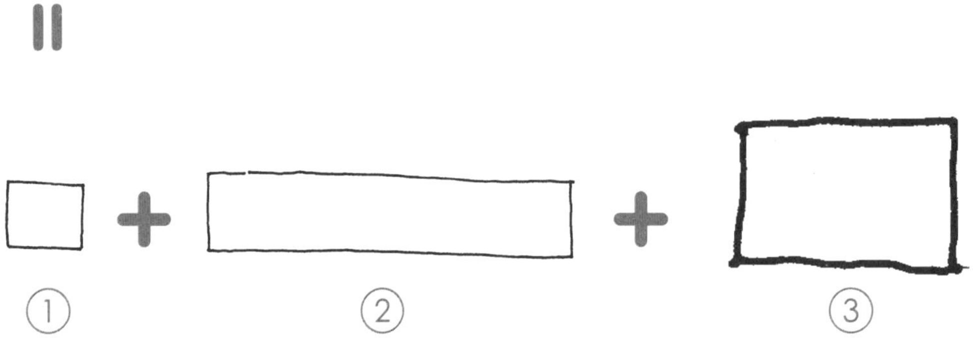

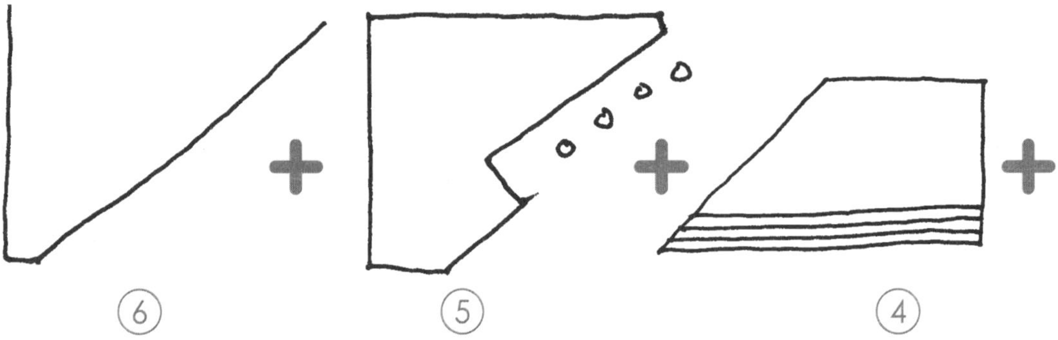

TITLE 3

等角透视图的四大完胜点

大家都知道做设计的人要看案例，但不能像前文那样只是傻傻地看，还需要用“可执行”的方法将案例输入脑子里。要做到“输入”，除了临摹，还有前面说到的，将案例解析成平面、立面，再转绘成透视图。这里要强调一点，透视图指的是等角透视图，不是灭点透视图，我来跟大家说明一下等角透视图的特点。

1 不能隐藏缺点

“等角透视”是现实中不存在的视角，既不能美化建筑，也不能隐藏缺点，只能老老实实地、完整地表现特定角度下的建筑。

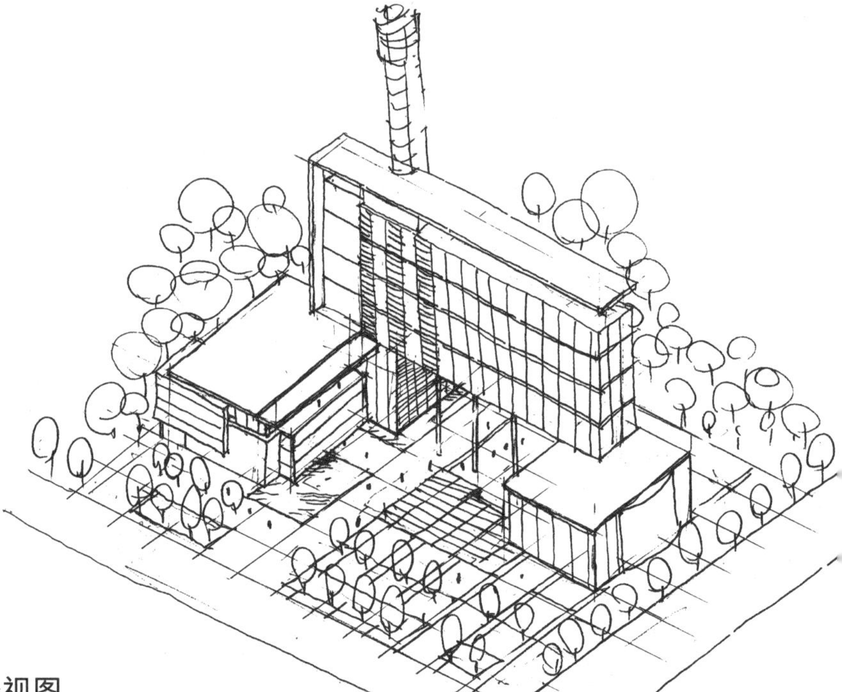

等角透视图

2 能够驱动绘图者思考

等角透视图其实是平面与立面的组合，并且是组合后的思考延伸。如果看一个案例时先分析平面和立面量体，那么在画等角透视图的时候，就是重新提出脑中的分析图像与结果，并加以组合。组合的过程除了能强化对案例的印象，也会找出最早画平面图、立面分析图与看华丽照片时没有发现的部分，也就是被视觉习惯蒙蔽的部分。当你发现这些有趣的隐藏角色与细节后，才算有了对这个案例的体会与观察。

灭点透视图

3 有助于思考建筑量体与环境的关系

灭点透视图最美的地方，是通过视点的移动，在图像上放大与压缩空间：既可以放大漂亮的部分，也可以压缩你没想清楚的地方，这通常会是设计思考最重要的部分——环境。但是在画等角透视图时，少了视点移动的优势，必须诚实地面对环境的特点与问题。

画平面图的时候，想的是地点与相邻环境的关系；画立面图的时候，想的是垂直方向上，功能与量体的关系。这些图纸思考很难带入立体的量体整合，如果在学习案例时能以等角透视的方式临摹绘制，就可以让脑袋提早习惯将整体环境带入设计思考。

4 可代表所有考试要求的图纸

无论考研还是建筑师考试，都会要求画很多设计图纸，如配置图、立面图、平面图。以我在读书会要求的设计操作流程来说，透视图会先于平面图、立面图和剖面图，这时，等角透视图会是最早完成的正式图面。在时间紧迫的情况下，具有尺度和比例的透视图，理论上可以作为配置图、立面图与设计说明的替代图纸。

NOTE

画等角透视的好处

- 显示所有的设计重点
- 驱动大脑图像化思考
- 完整结合建筑与环境的关联
- 可作为有比例与正确尺度的图画

等角透视技法实操：

案例 A

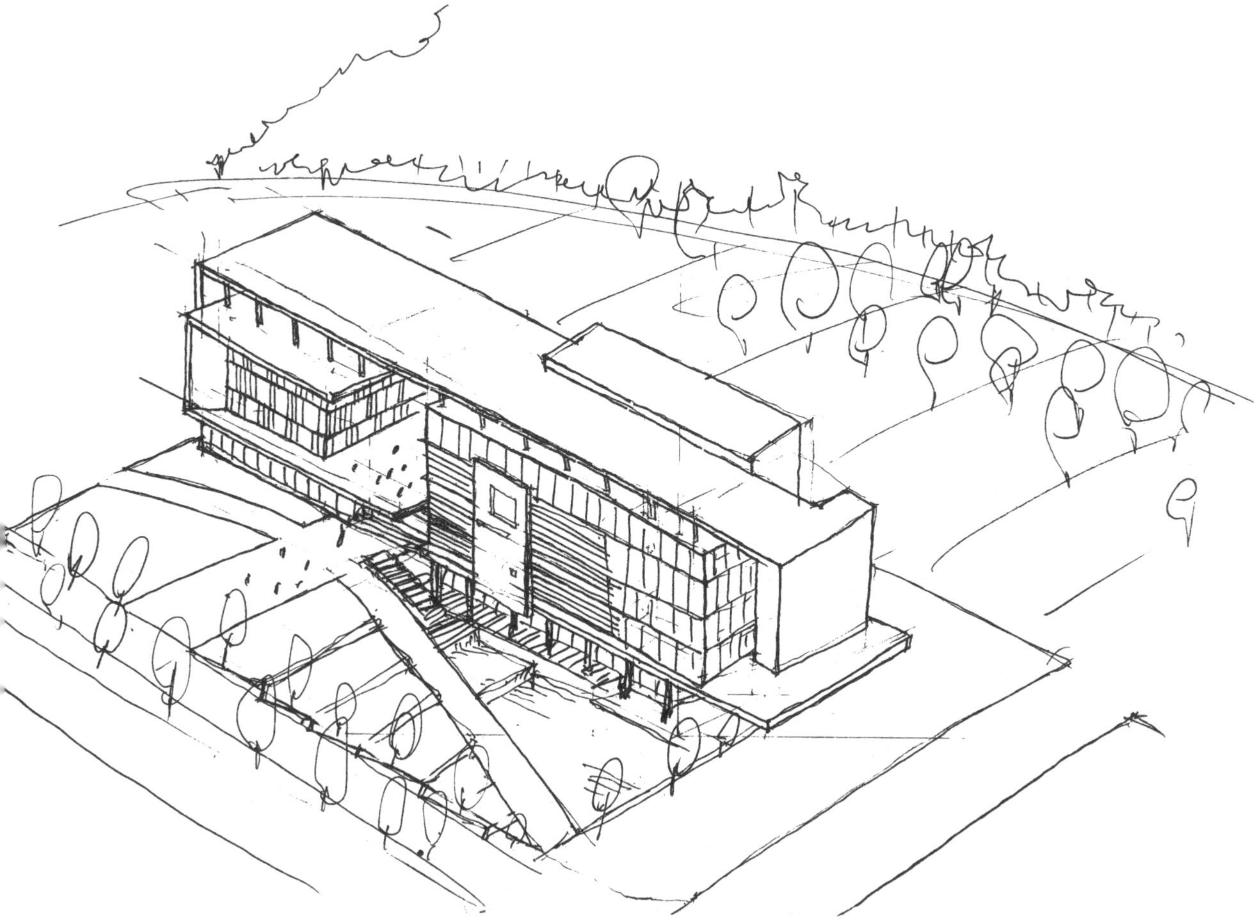

① 开始画等角透视图（轴测图）。

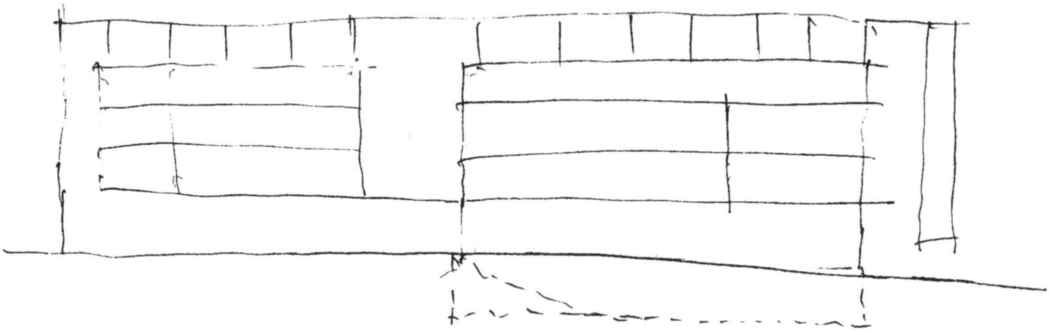

② 对案例照片的立面想象（请参考第 14 页的量体拆解）。

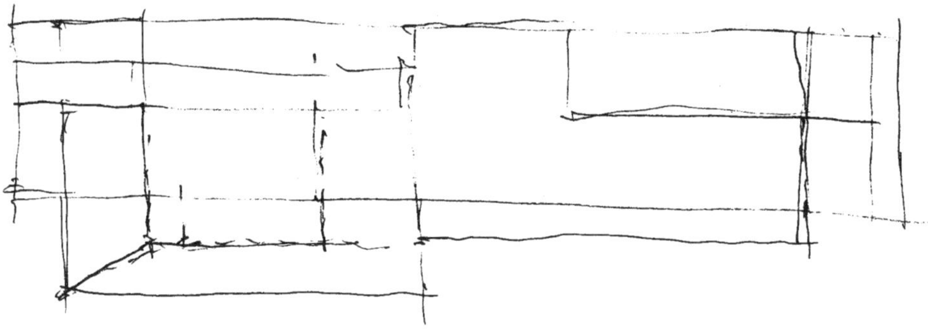

③ 对案例照片的平面想象（同上）。

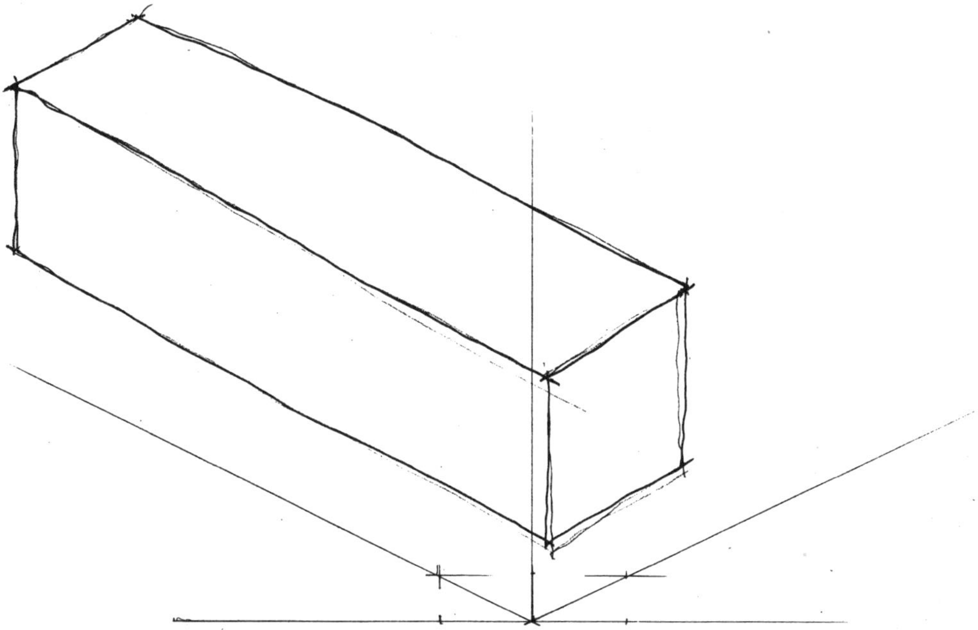

④ 画出笛卡尔坐标轴，这也是你画这张图的参考轴线，并且画出一个简单的量体。

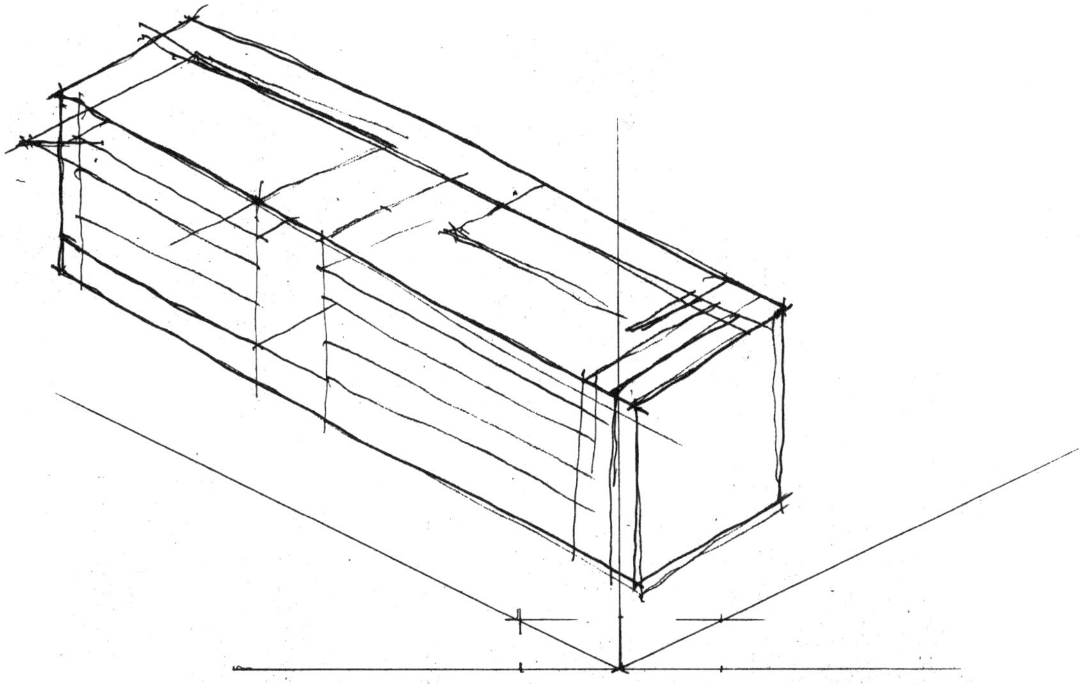

⑤ 把刚刚画的平面②、立面③，参考坐标轴④的角度换个方向，映射在简单量体④的立面和平面上。

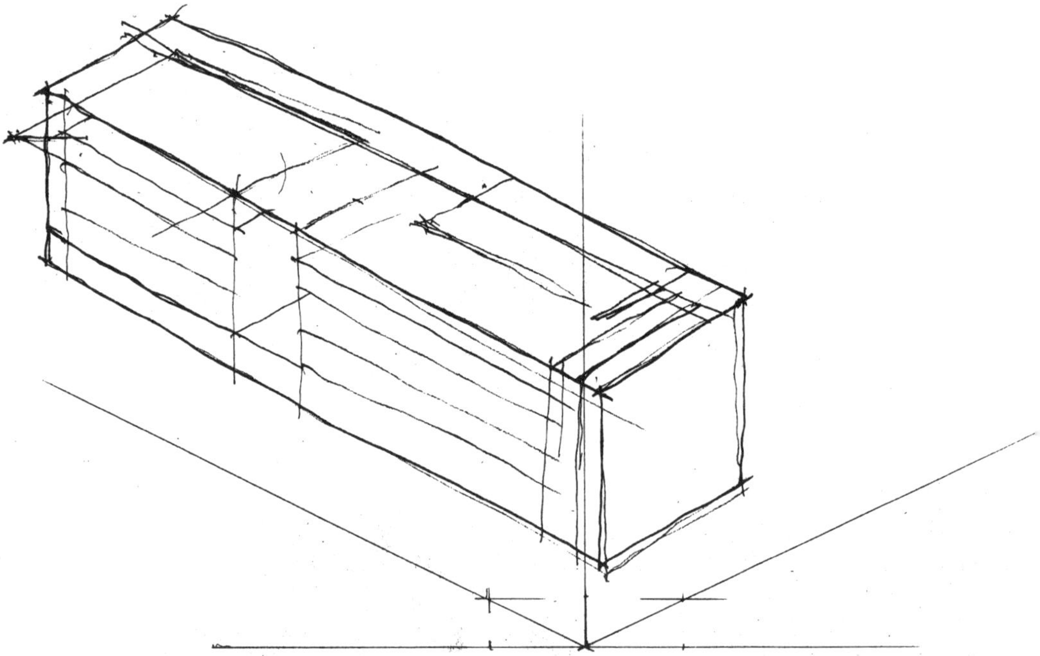

⑥ 同前面，加强一下轮廓。

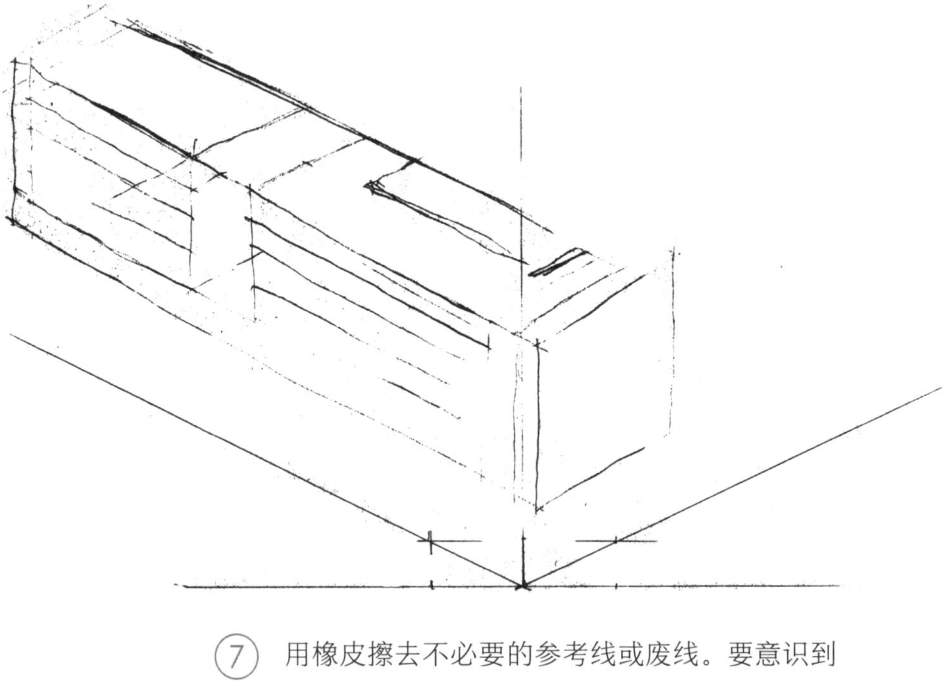

⑦ 用橡皮擦去不必要的参考线或废线。要意识到橡皮其实是画笔的一种。

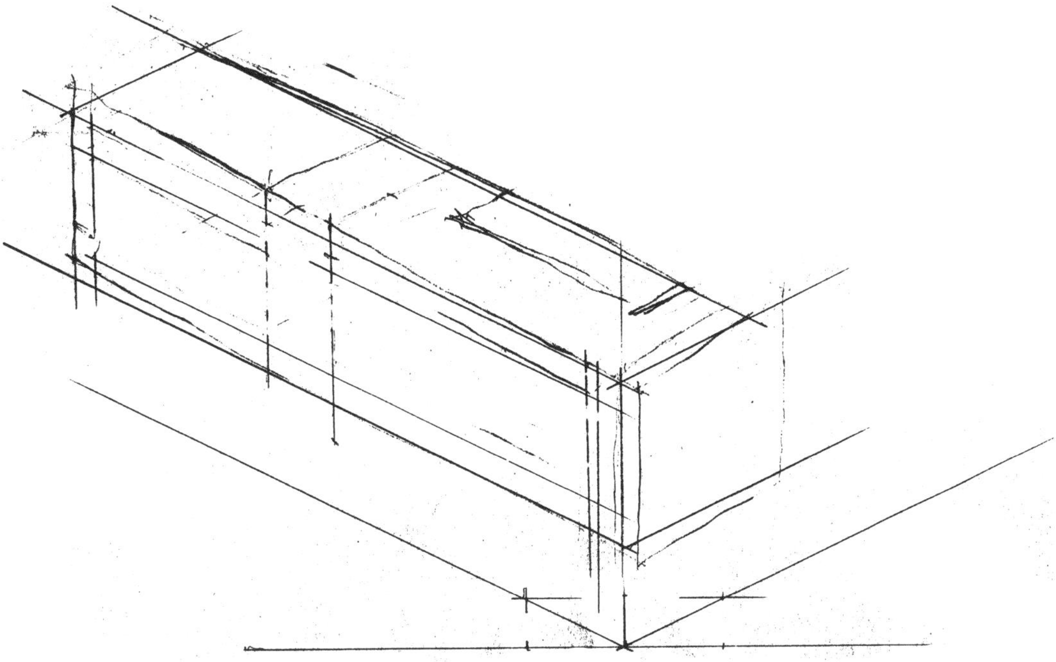

⑧ 再利用尺和坐标轴，为刚刚的图重新做水平、垂直的定位。

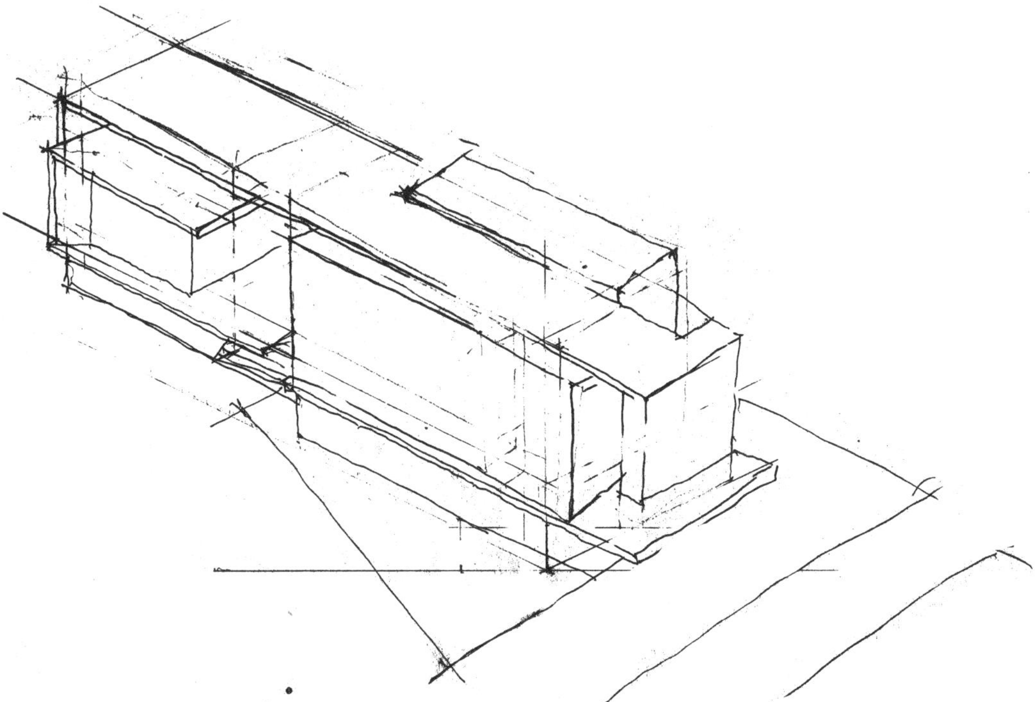

⑨ 有了正确角度的线段后，开始加入细节。

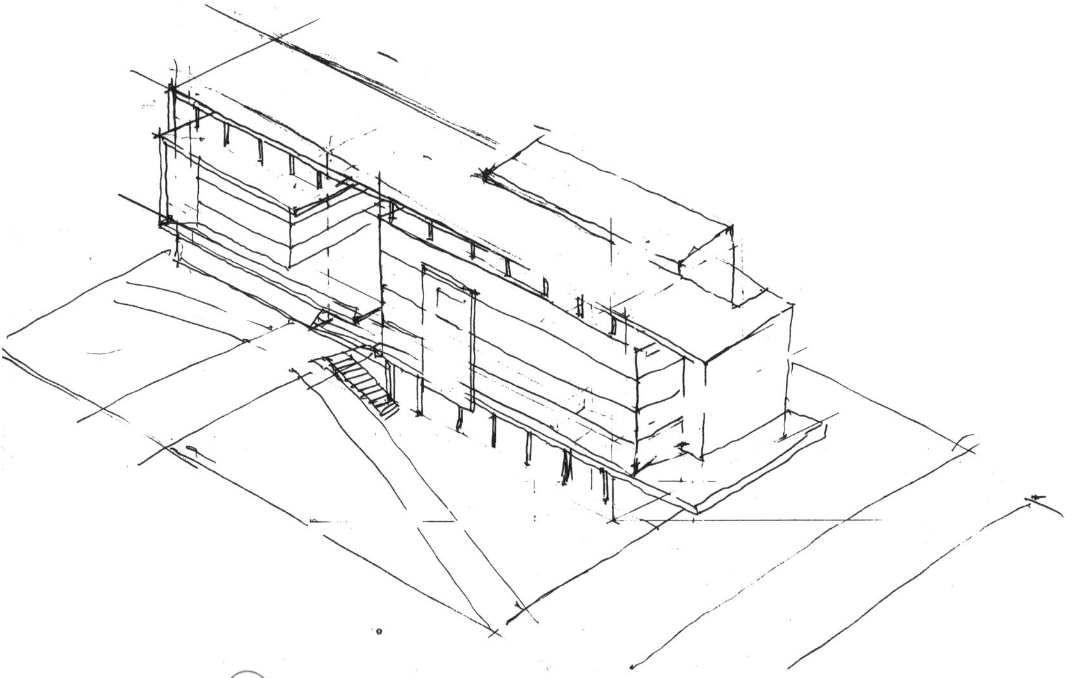

⑩ 加入楼层的分割线，加强图面的立体感。

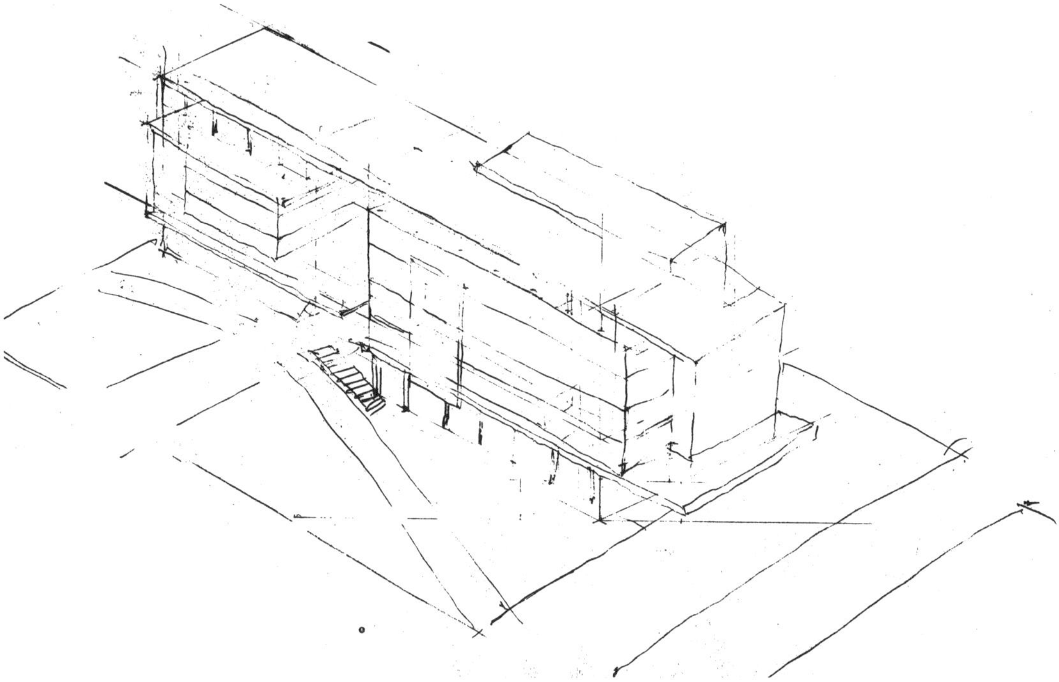

⑪ 再用橡皮擦去不要的线条，留下画面中有意义的线条。

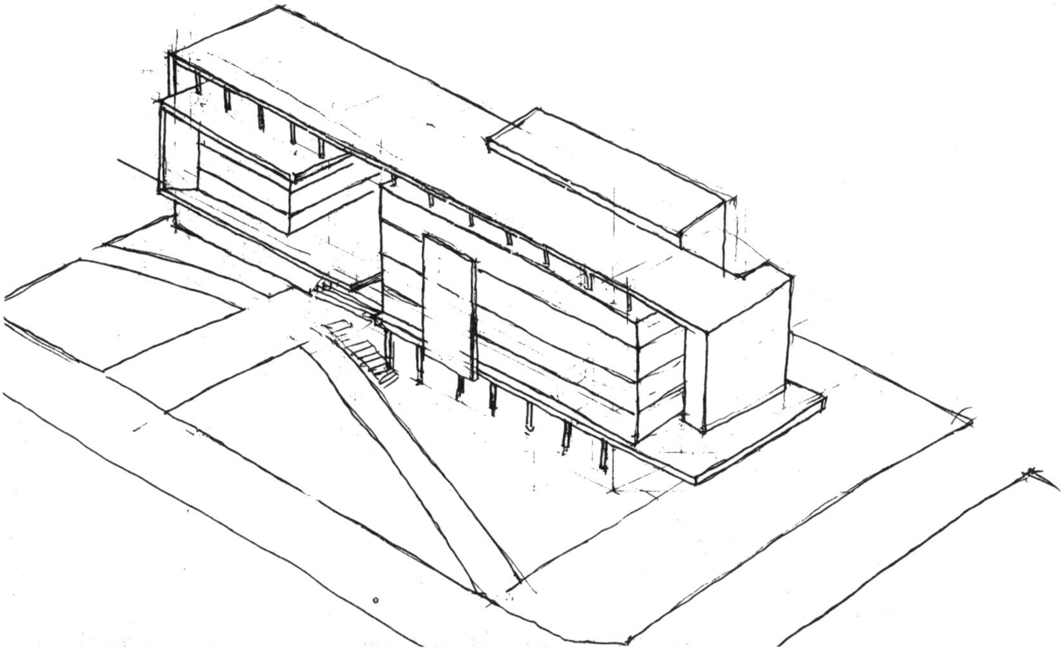

⑫ 重新描绘轮廓。

⑬ 加上些景观和建筑的细节。

等角透视技法实操：

案例 B —— 巴西 Sap 实验中心

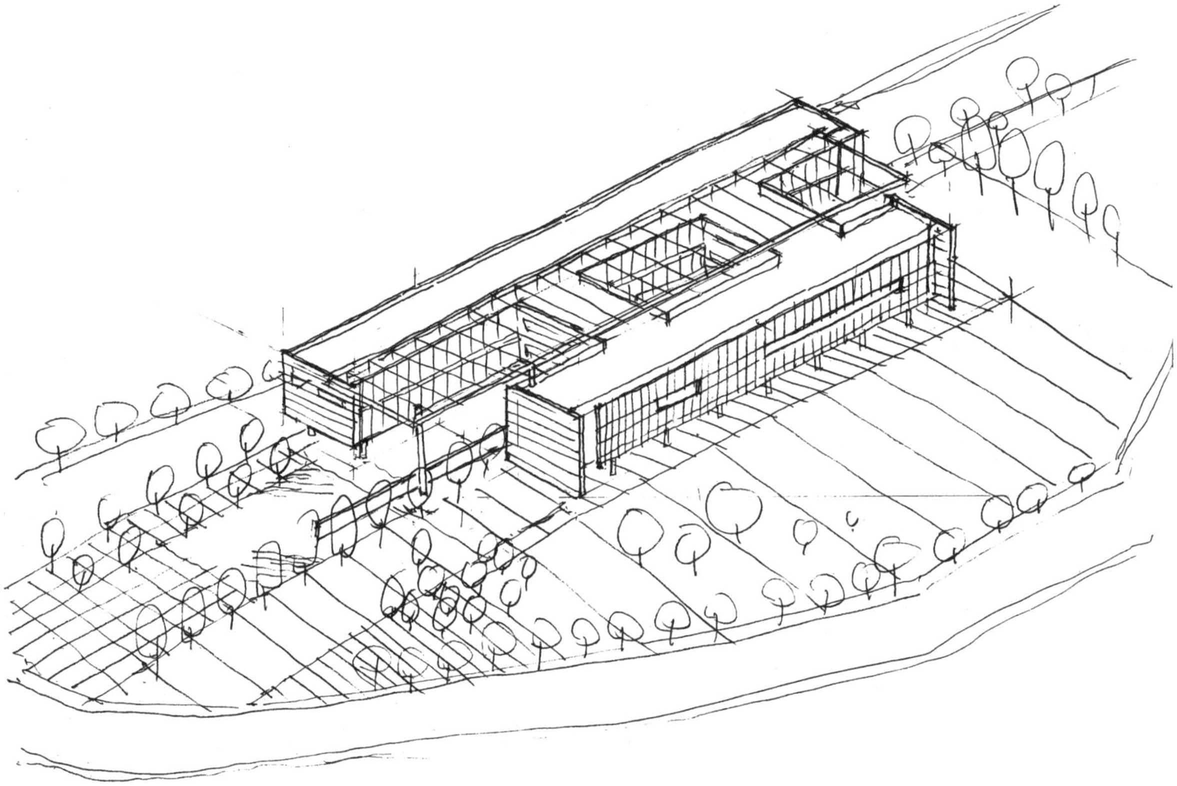

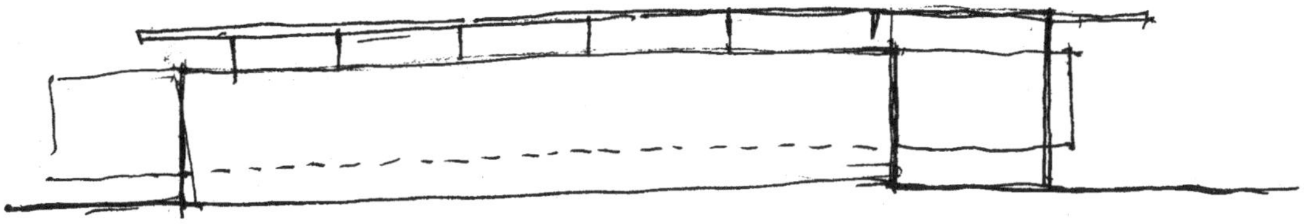

轻松画出的立面图

分析出它有薄薄的飘浮式顶盖和厚实的量体，以及用短柱支撑的空隙。

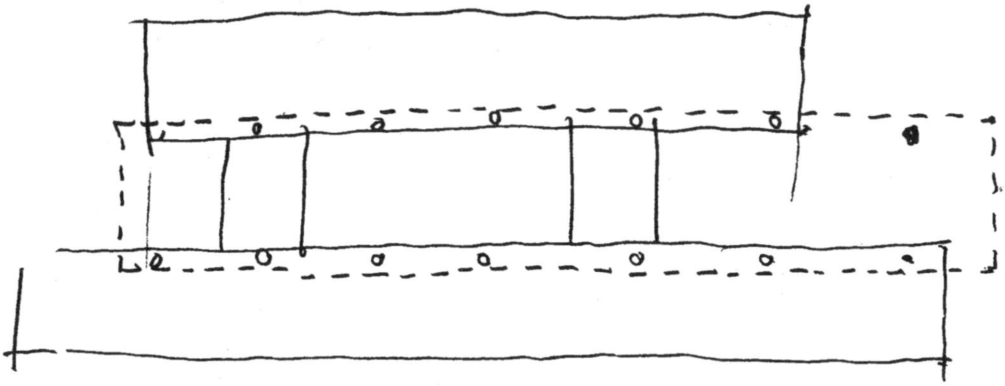

轻松画出的平面图

飘浮的顶盖其实是两个量体中间的半户外空间。

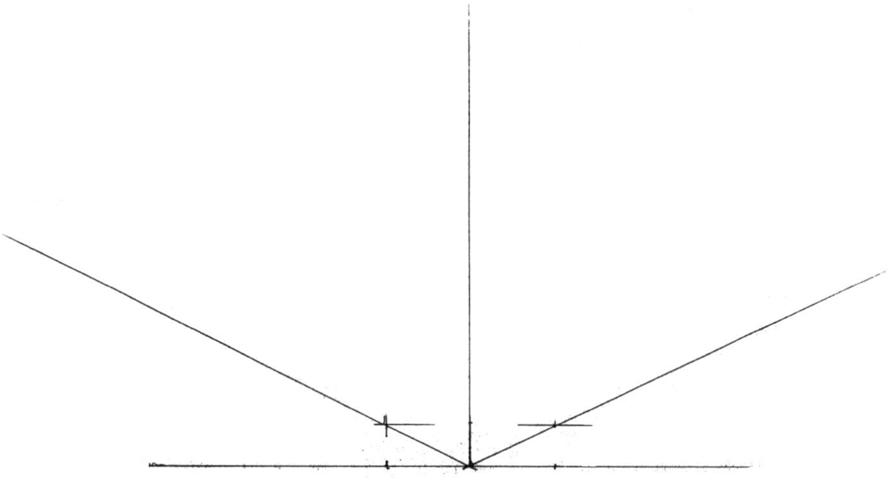

① 画出笛卡尔坐标轴，让自己知道，建筑物要跟着三条线跑。

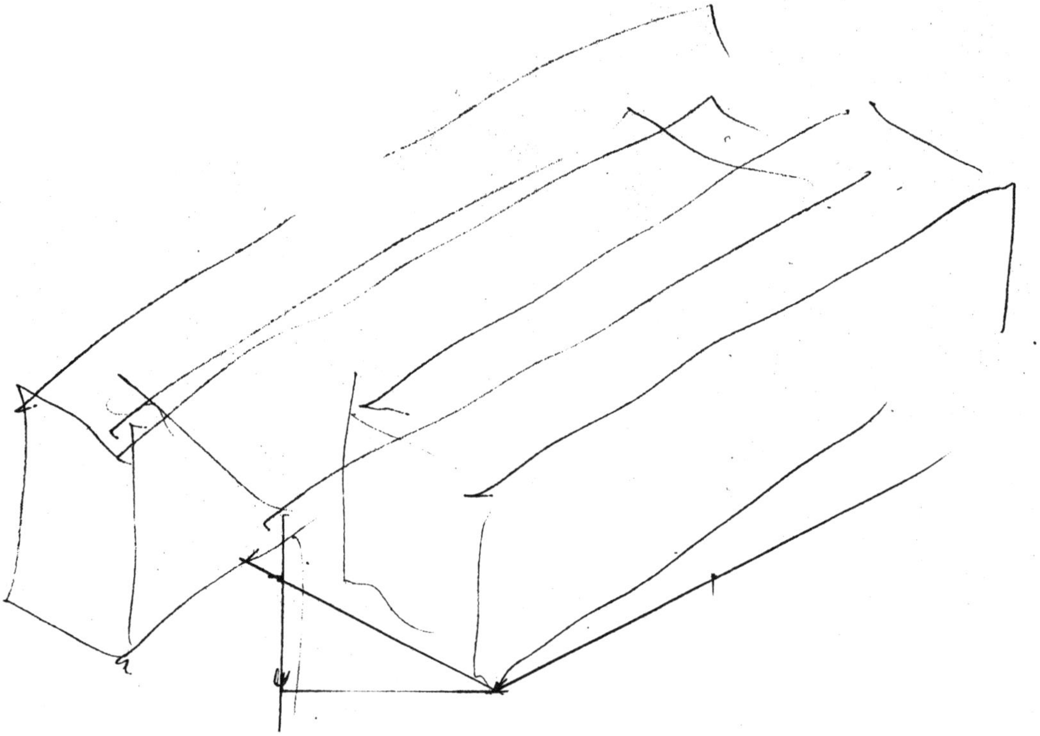

② 不要想太多，快速把你看到的、分析完的量体，沿着坐标线画出来。

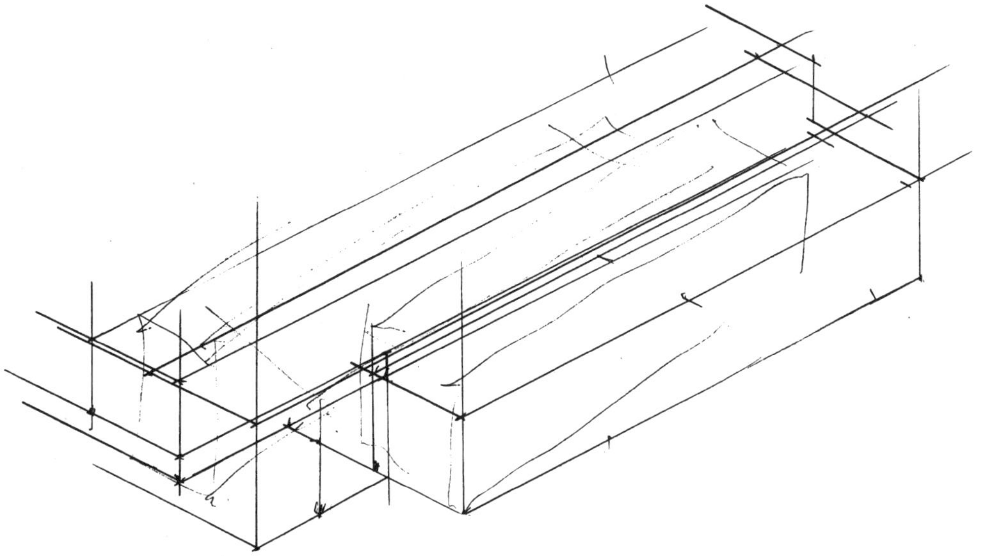

③ 乱七八糟的图，参考坐标线重新拉垂直线与平行线。

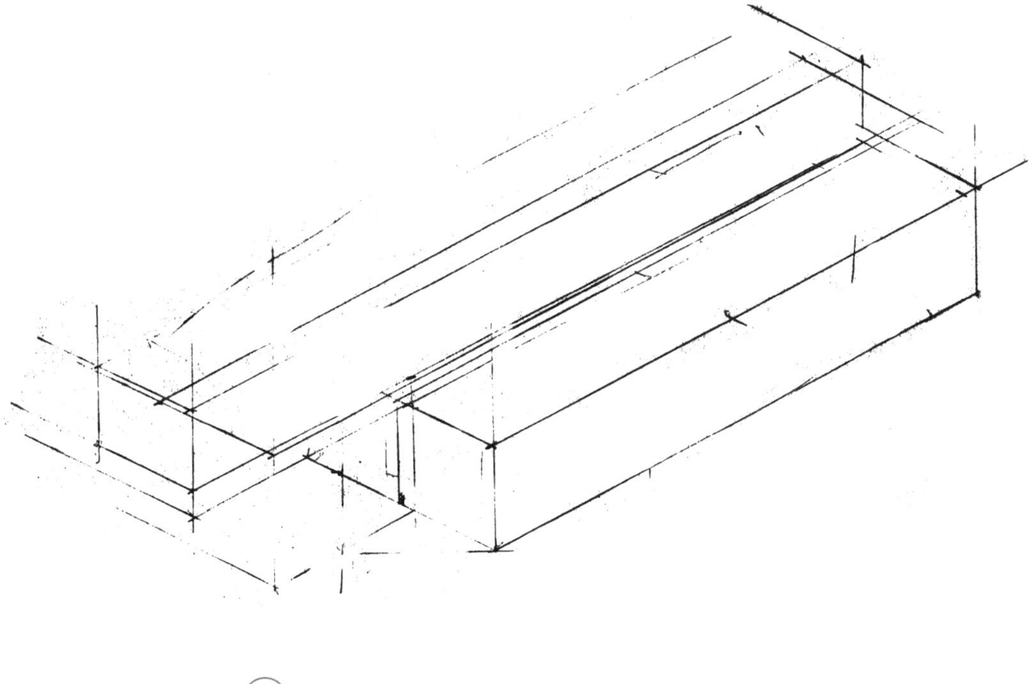

④ 用橡皮擦掉不要的线条，留下正确的线条。

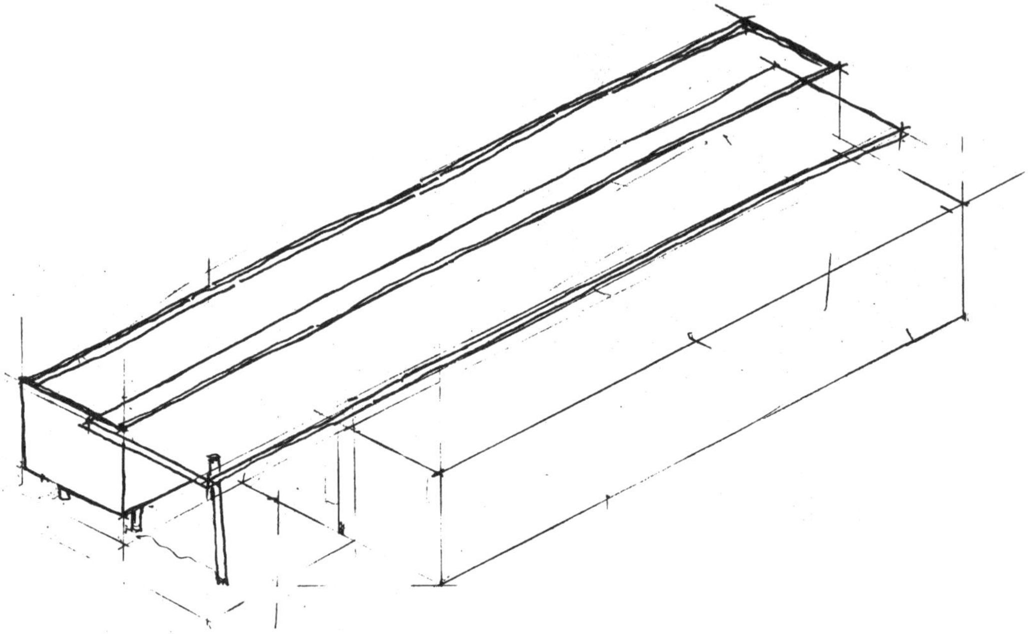

⑤ 把量体的外框用稍微加重的线条描绘出来。

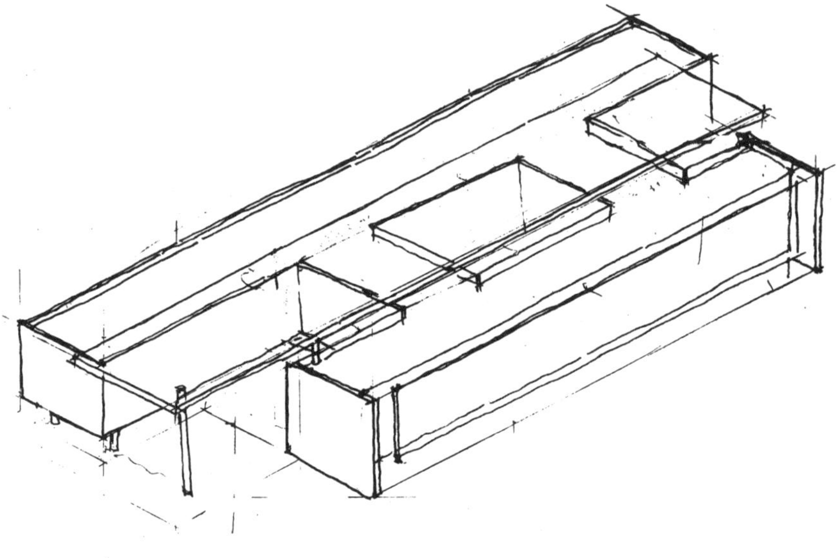

⑥ 在量体内画出不同进退变化的“次要小量体”与“层次”。

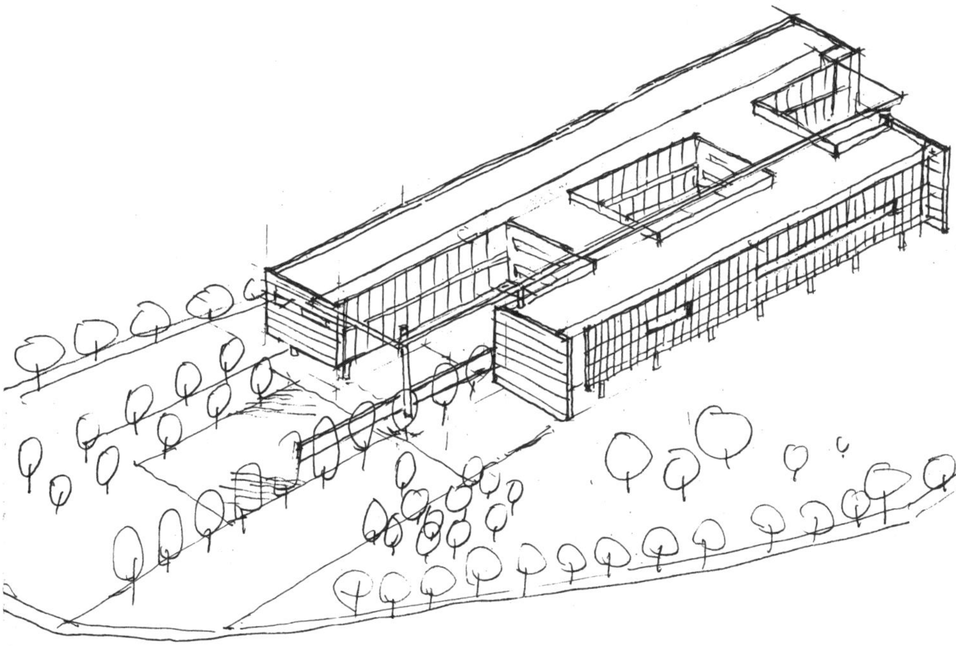

⑦ 加入地面的景观与立面的细节。

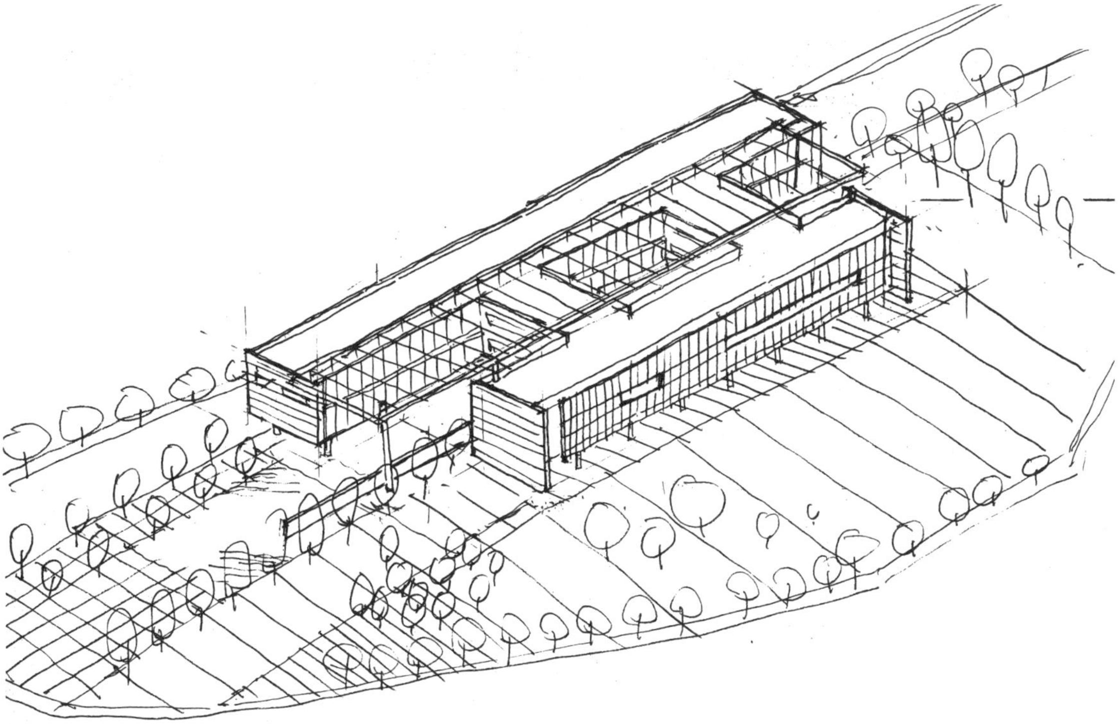

⑧ 加入地面细节和半户外空间的格栅，完成。

TITLE 4

案例转换与建立图面风格：拉升、推移、旋转、缩放

思考案例是在练习基本功，既然是基本功，就没有速成法，跟运动一样，要学好正确的动作，才能稳扎稳打。最后还要建立个人的建筑造型风格。

让大脑熟悉做设计的小动作

大脑就像一块肌肉，“做设计”就是像跑步、游泳一样的运动。运动时要练习一些基本动作，让肌肉记住运动的感觉；做设计也一样，若想要产生自己的设计风格，就要让大脑熟悉很多做设计的小动作，然后逐步将这些小动作串联成一个连续的过程。如果过程流畅，代表你已经有了自己的设计风格理念，就像一个厉害的设计运动员。如果画图时不顺畅，就会像动作不协调的运动员，熟练度可能比没运动过的“弱鸡”还差。

当遇到这种情况时，练习设计要像练习游泳一样，可以借由模仿来训练肌肉完成记忆动作。我们读书会有两个趣味练习，一个是案例变形，另一个是重复临摹。

拉升、推移、旋转、缩放

案例变形是挑出我们喜欢的案例，利用拉升、推移、旋转、缩放，使案例中的量体元素变形，并且与我们正在设计的目标做形体上的结合。这个练习做久了，会强化我们对建筑量块、形体的感受与反应能力。

重复临摹是一次将十个以上的设计案例套入同一个基地，让不同的案例在同一个基地里产生设计过程的变化。

这两个练习都像游泳、慢跑一样，动作学会了，速度和距离就会突然大幅提高，让你觉得自己不一样了。“哇！”的感觉是做设计很开心的成长经历。

接下来，我示范两个案例，教大家如何将“案例分析”转换成“自己的设计”。

转换示范 A 将案例的立面元素，转换成自己设计的立面。

案例原型

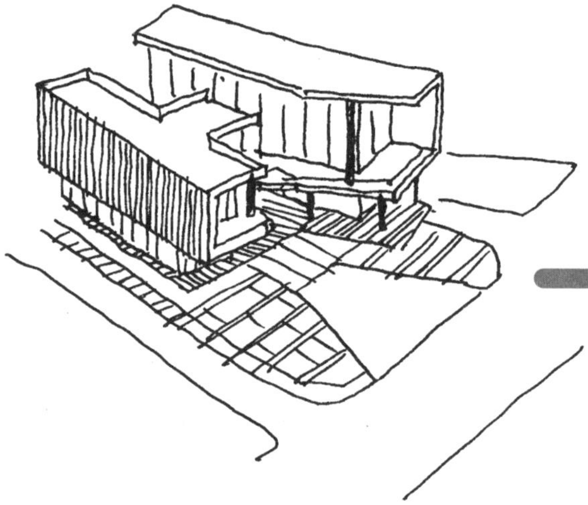

立面

待设计的量体

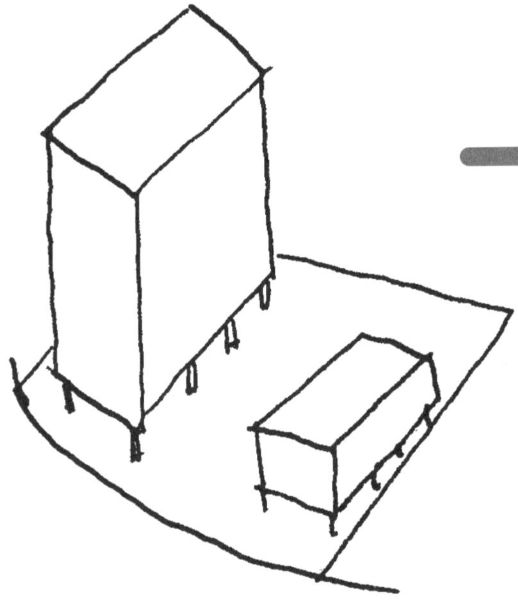

正立面

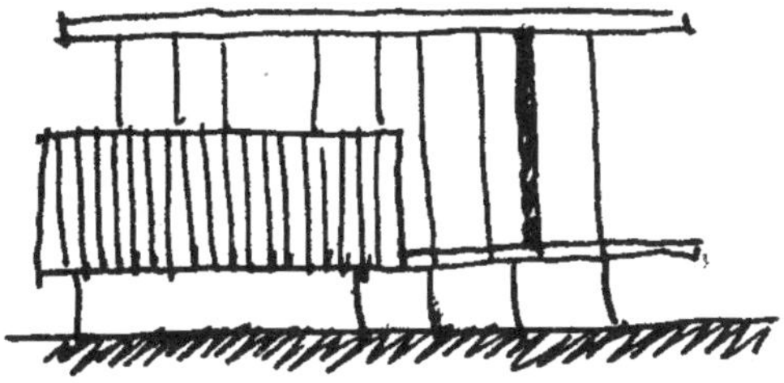

立面

侧立面

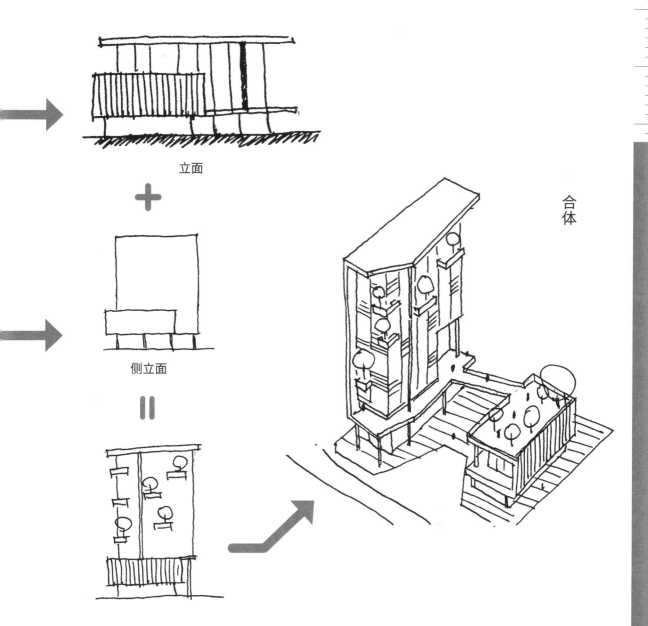

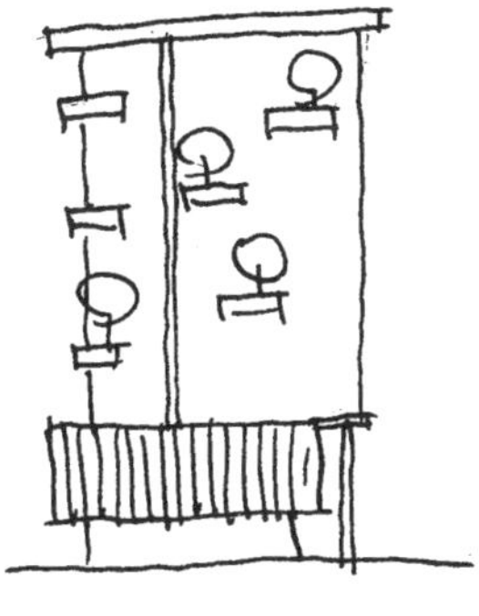

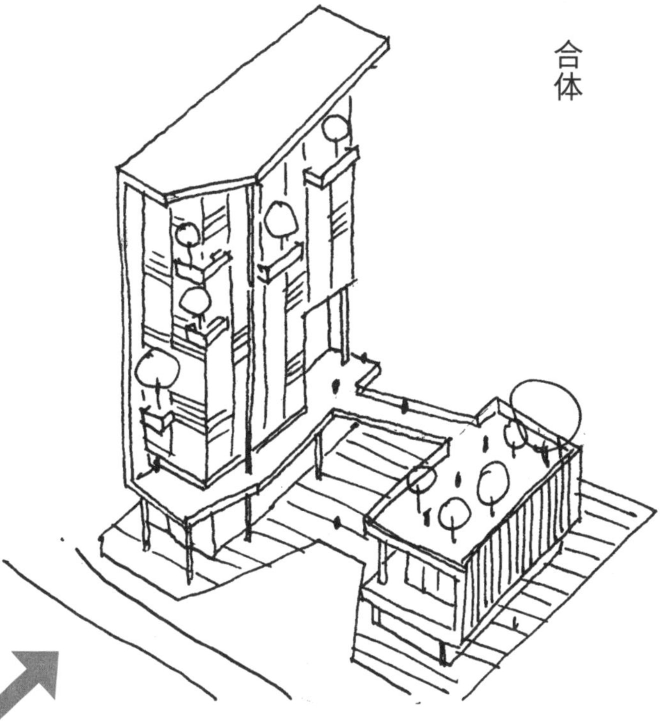

合体

转换示范 B 将案例的平面元素，转换成自己的设计元素。

案例原型

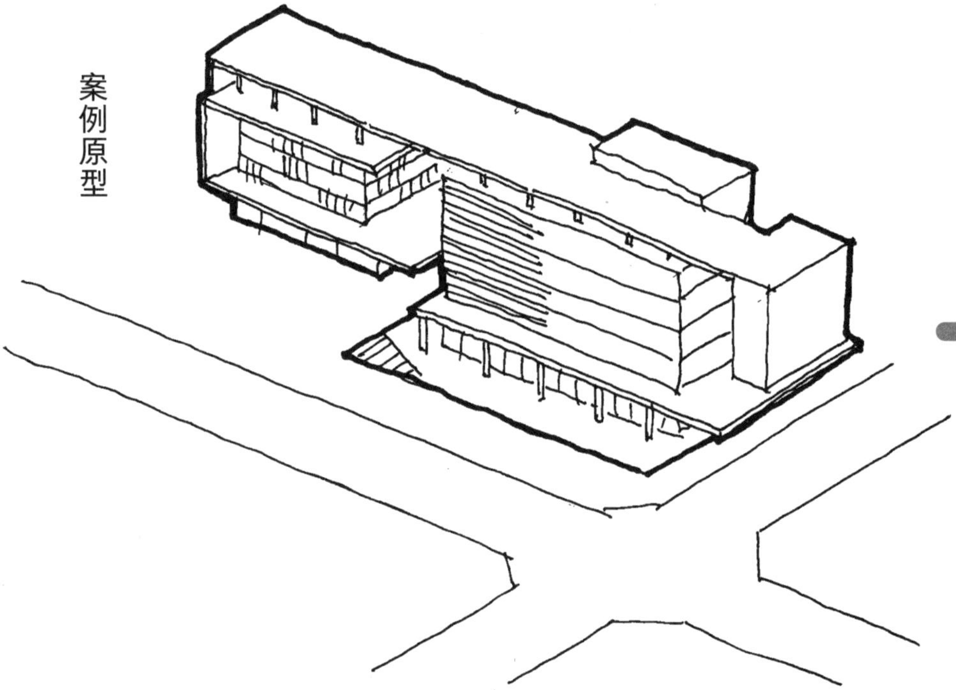

待设计的案例

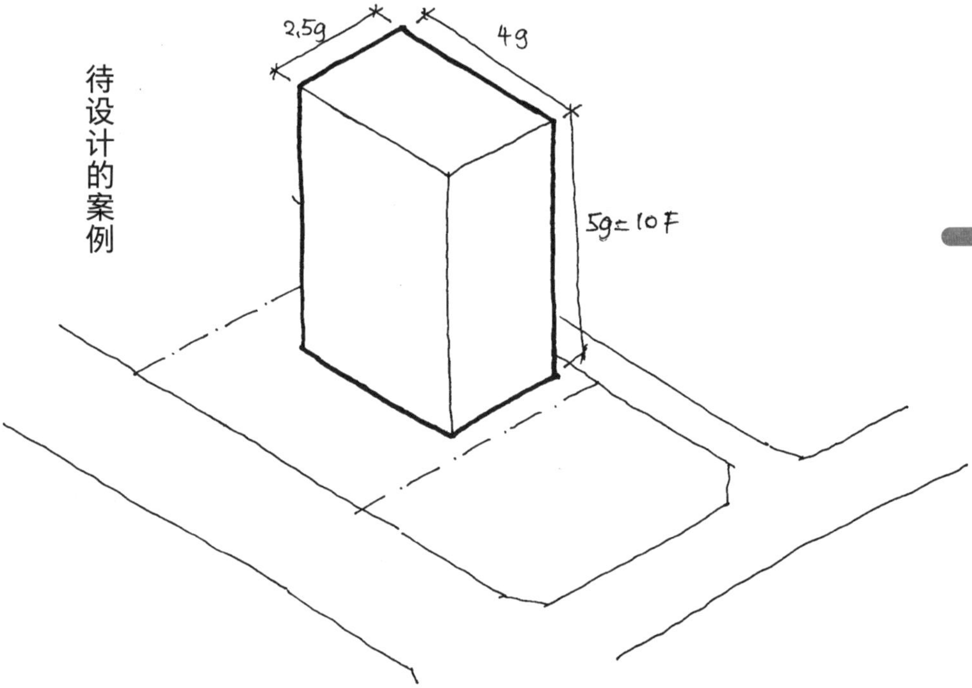

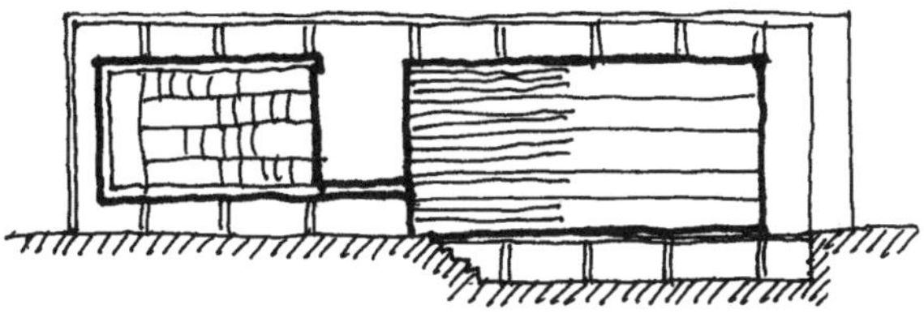

立面

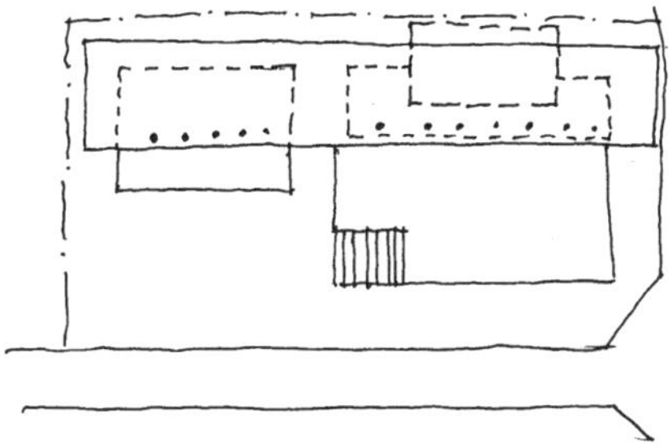

平面

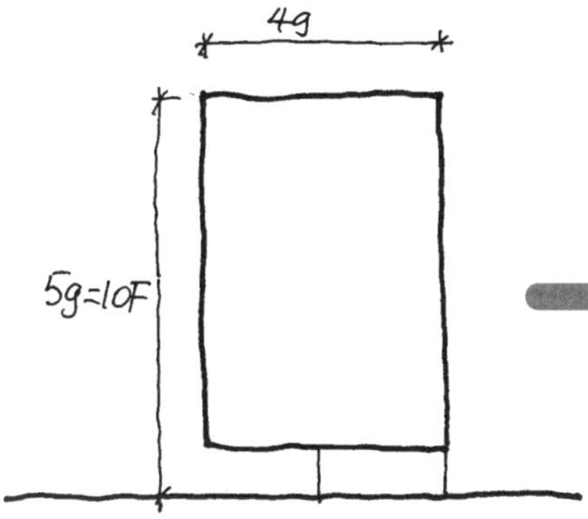

立面

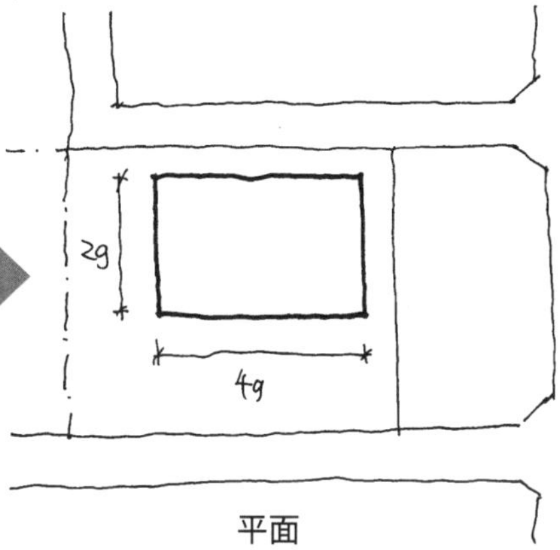

平面

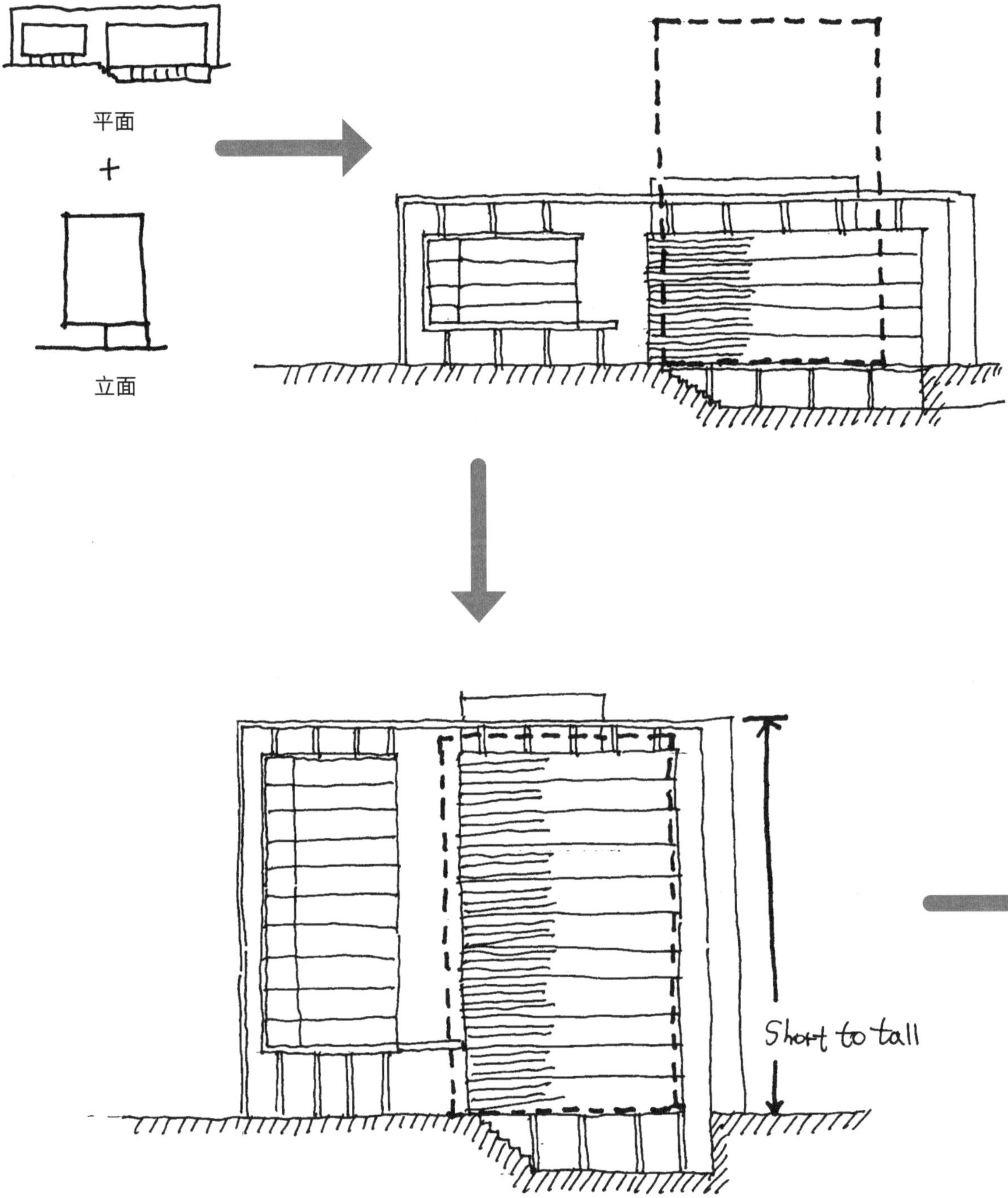

风格 ① 长高

风格 ③ 变形

风格 ② 变瘦

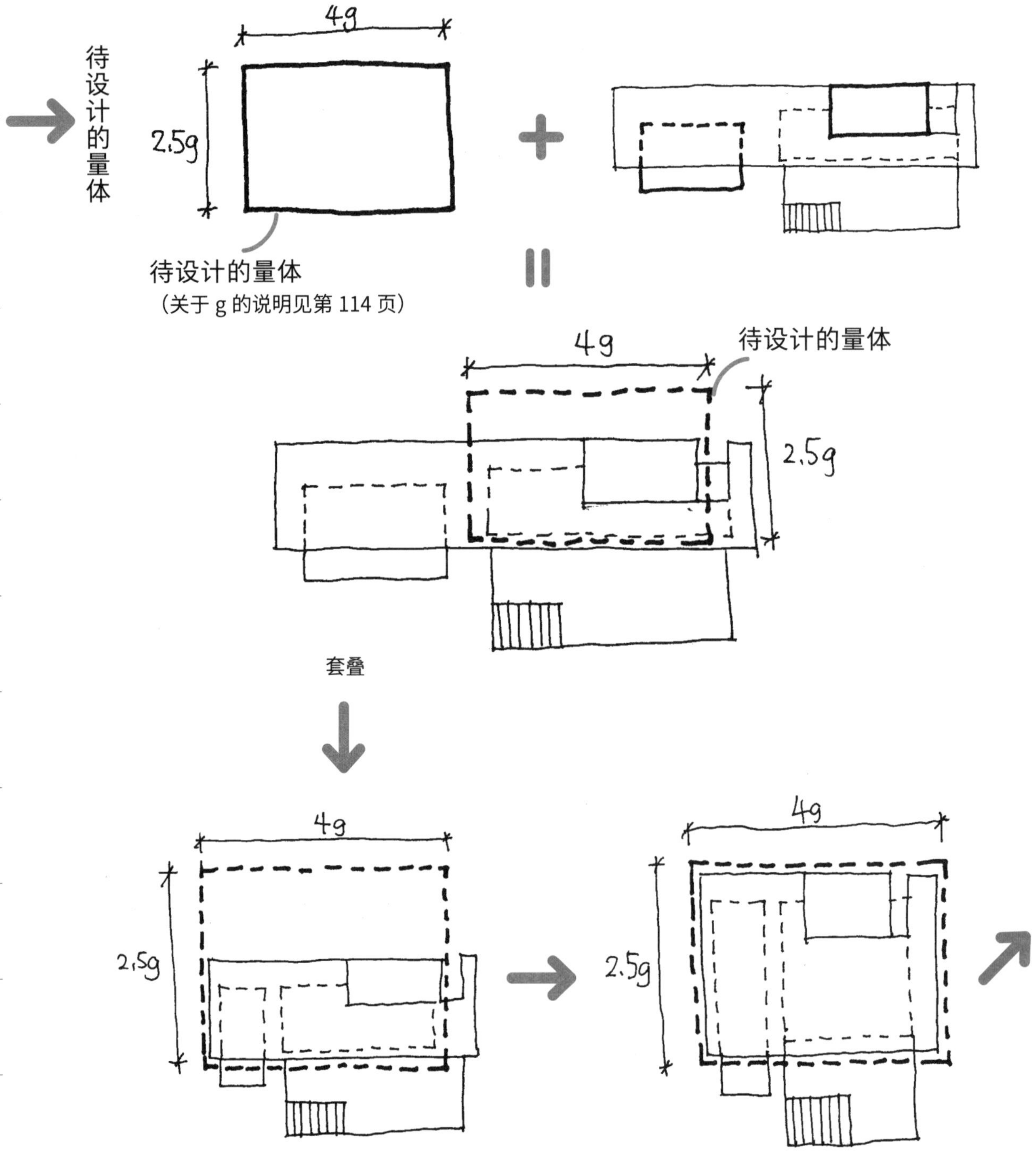
待设计的量体
4g
2.5g
待设计的量体
（关于 g 的说明见第 114 页）
4g
待设计的量体
2.5g
套叠
4g
2.5g
4g
2.5g

变窄

变深

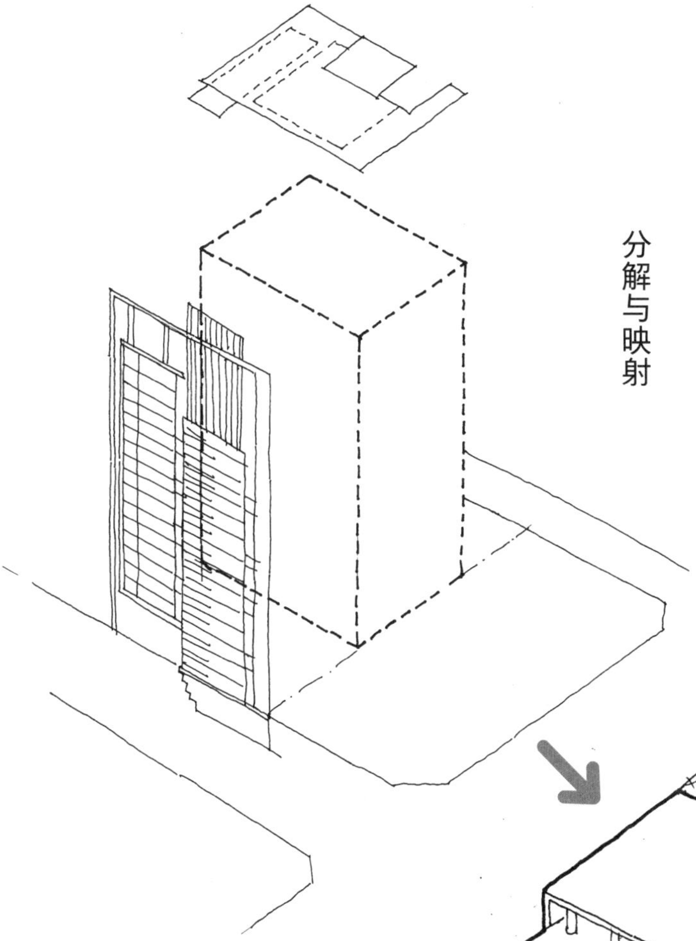

分解与映射

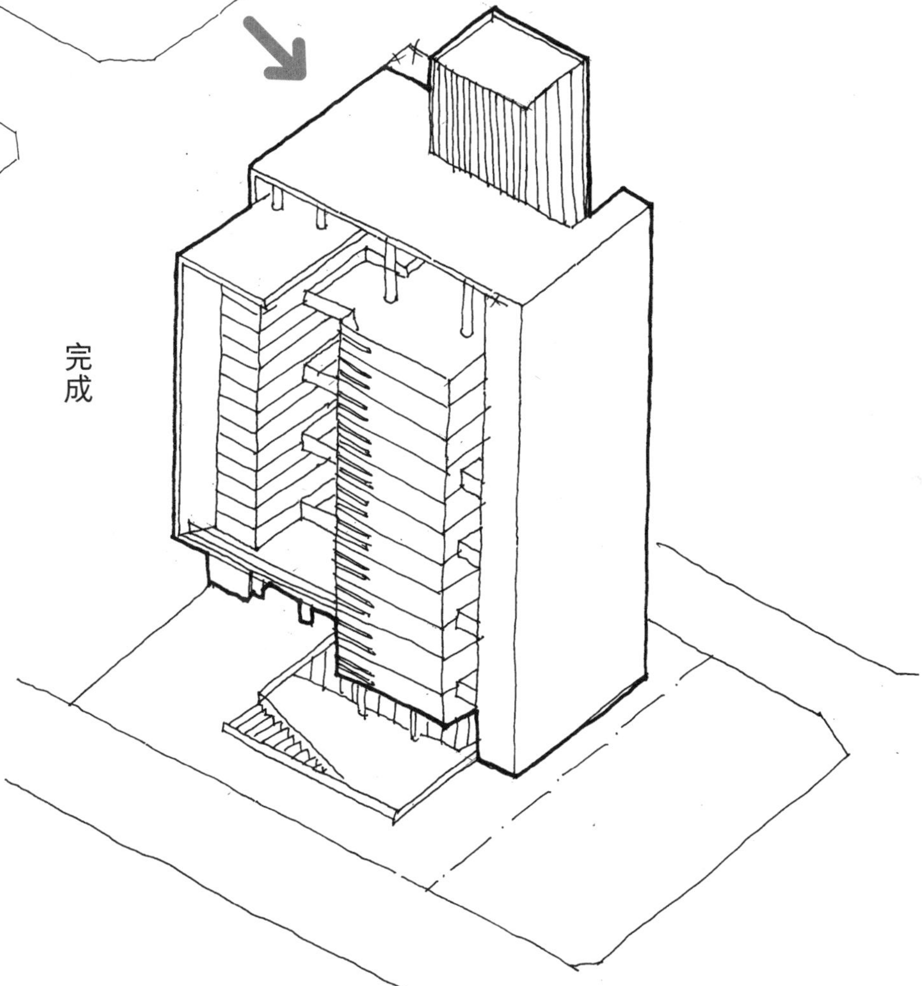

完成

TITLE 5

塑造你的绘图风格：神奇的视角与装饰元素

帮设计增加想象的图面装饰元素

任何一个设计如果没有人、树、车这些有趣的装饰元素，就好像一个少了灵魂的躯壳，只是一个不容易被看到、没有情感的小角色。这些小元素没办法在图面上复制，也不能测量，只能依靠直觉用手将脑中的图像呈现出来，所以，这些小元素最能直接反映设计者对一个空间的情感与想象，是表现手感与风格的好素材。

当然，这本书不是要教你变成设计或画图大师，而是要让你享受思考设计的乐趣。你看到我后面的示范，可能会很失望，因为都不是帅气、华丽的图面，只是一些好笑的简单元素的组合。我也不会说自己的手上功夫有多么了得，但我知道这些活在我图面中的小人、小树，是被我赋予灵魂、充满活力的神奇角色。

先了解三种不同的视角，才能进一步掌握自己的手绘零件小图。

鸟瞰

直视

透视

人

“人”的组合

很远的人

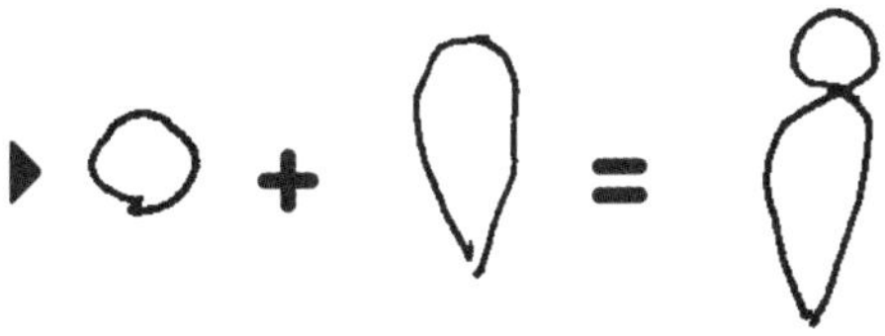

略远的人

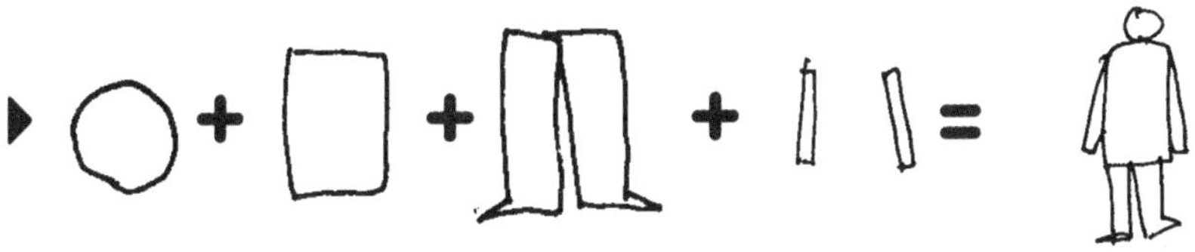

很近的人

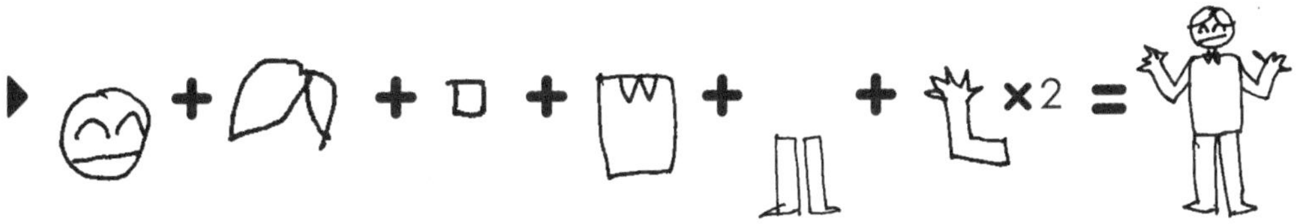

不同人数与距离

一个人　两个人　一家人　一群人

很远的人

略远的人

很近的人

车

透视

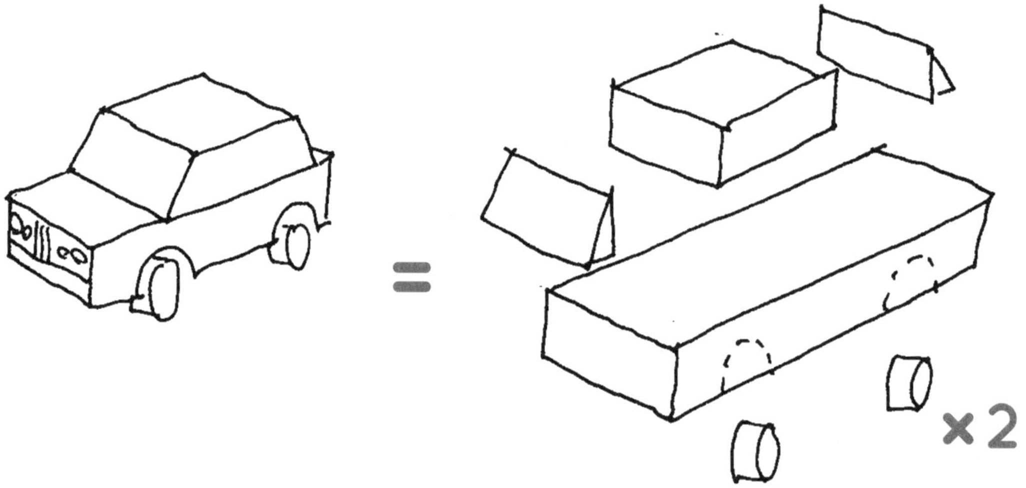

正直视

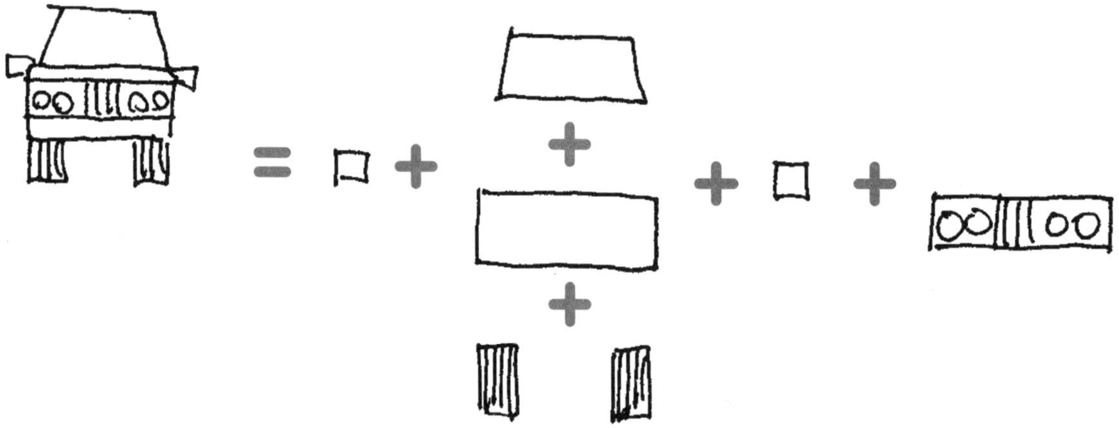

鸟瞰

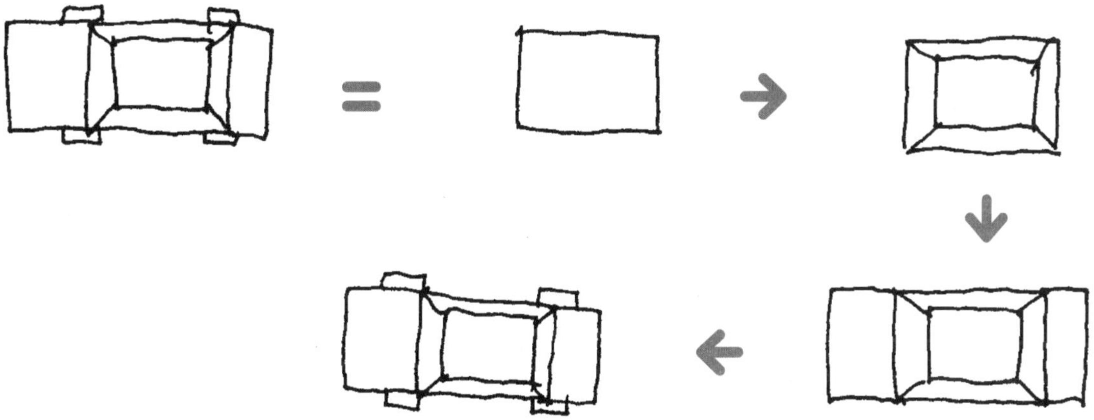

侧直视

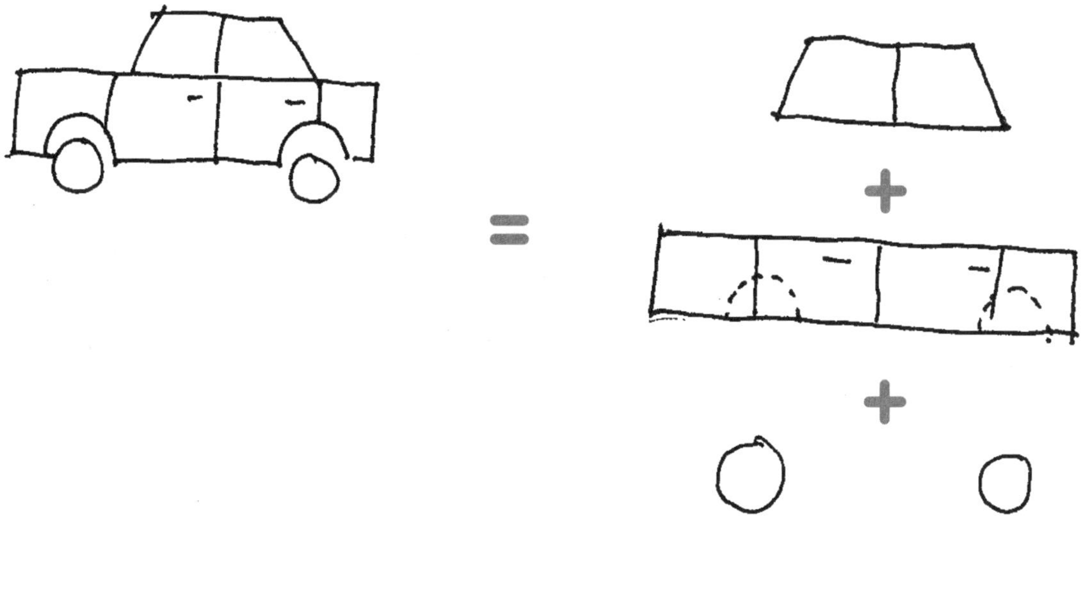

树

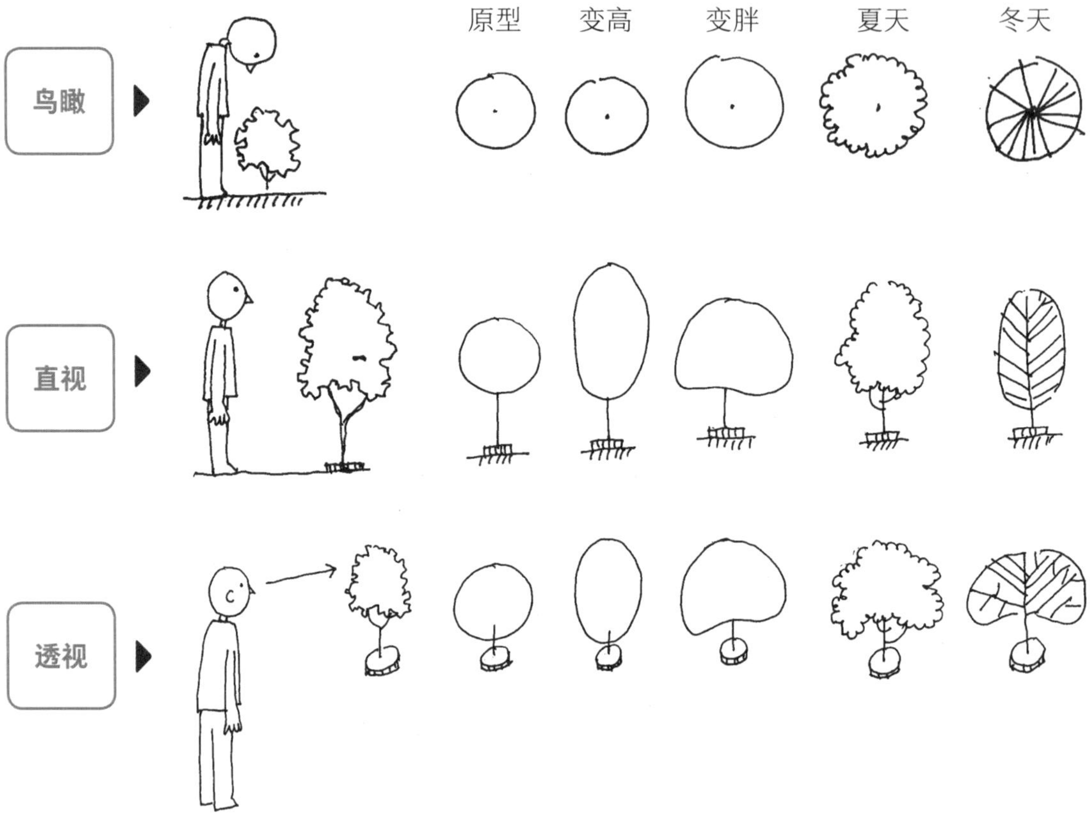

多棵树

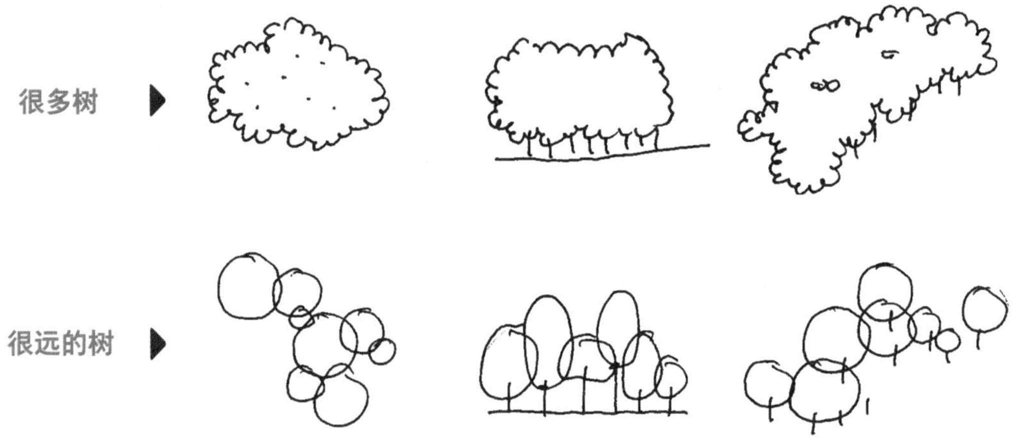

建筑中的零件细部

如何画一个帅气的格栅

① 画一个帅气的矩形，不能是正方形。

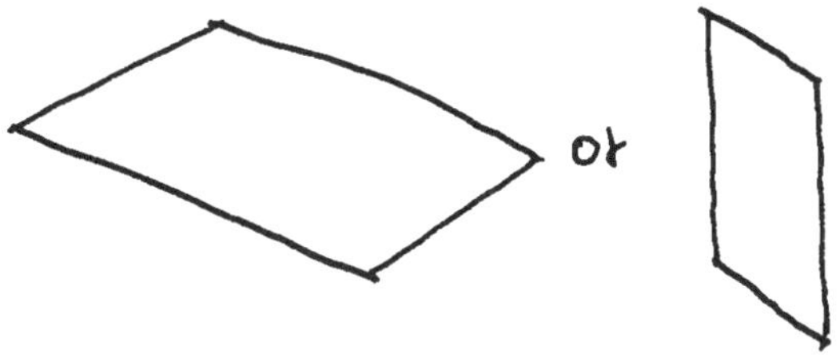

② 为这个帅气的矩形加一点儿深度。

③ 再加一个细细的框。

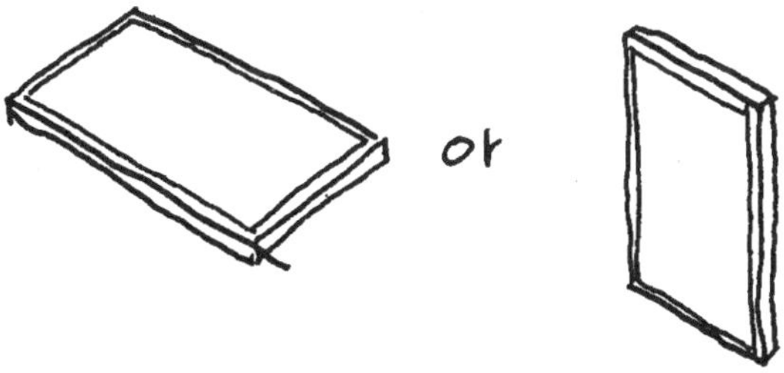

④ 加入随机的格栅线段和垂直的小线段。

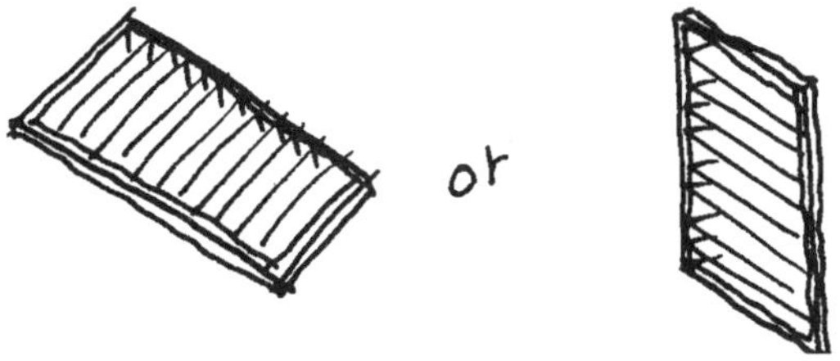

⑤ 保留格栅后面的线条，产生若隐若现的感觉。

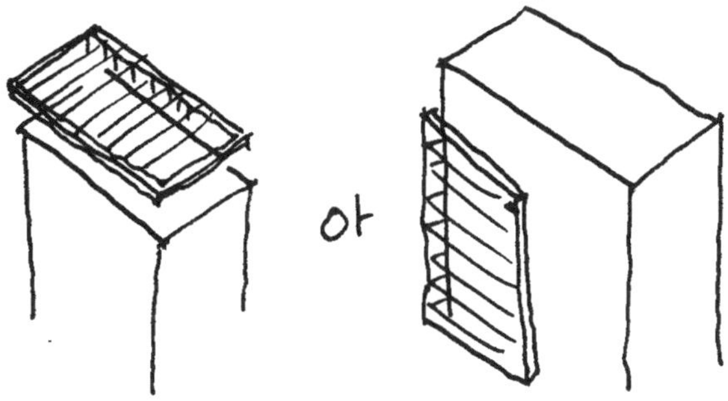

TITLE 6

临摹练习的 8 个注意事项

练习把时间控制在 30 分钟内

“老鸟”考生很清楚时间紧迫，得分秒必争，但大部分人，尤其是刚准备考试的“菜鸟”，很容易忘记控制时间。少了对时间的控制，有两个缺点。

缺点一：时间太长，精神容易涣散，不容易专注。念书的时间永远不嫌多，不专注就是浪费生命，还不如把时间用来看电视。

缺点二：画图是大脑肌肉的运动，做运动就需要有时间的节奏感。漫无目标地画图没办法建立大脑的节奏感，一旦少了节奏感，就很难让大脑有效率地一步步提出收在脑中的各种经验与信息。

如何练习

❶ 设定闹钟倒计时 30 分钟。

❷ 设定目标，如完成一张透视图或一张立面分析图。

❸ 开始画图与倒计时。时间一到就停笔并记录。

❹ 思考画图时影响进度的障碍。

❺ 调整目标，重新开始。

务必让自己在 30 分钟内完成目标图纸。

NOTE

- 根据不精确实验证明，1 小时最快可以完成 3 个案例的“平、立、透”的完整分析与临摹。

用笔的方法

❶ 挑一支重量适中的笔，可以利用笔身重量带出铅笔碳粉

画图的手应该是不用“出力”的，出力代表你的思维留在线条的质量上，而不是案例的组成上。且过度施力会在图纸上留下无法抹去的笔迹，容易让画面变得脏乱，进而影响你的思考。

因此，笔力要轻，在图纸上出现的是笔芯本身该有的浓淡，而不是太过用力，压迫笔芯产生更浓的色调。

❷ 学会把橡皮当笔用

很多时候，为了快速地用笔将瞬间思考记在图纸上，会出现不断重描的笔迹。也有可能是需要的线段较长，只好重复描绘让线条能连续起来。但最后成果常常是满纸的“狂乱”线条，完全无法构成图面，这时候你需要另一支可以帮你整理思绪、厘清线条的笔——橡皮。

橡皮在画图时的功能不是像修正带或修正液那样，它不能完全抹除错误的部分，它真正的功能是让正确的线条“浮出图面”。在使用橡皮时，请轻柔一点儿，轻轻擦拭“狂乱”的线条。用较重的力道，擦掉一些不喜欢的线条，再以较轻的力道，让正确的线条成为淡淡的笔迹，让你可以再一次描绘出漂亮的线条。

❸ 运笔要慢

用平静的心，稳稳地完成每条线段。画建筑的图，除了在想象阶段可以用比较写意的线条和笔触外，进入设计整合与分析阶段，线条应该是扎实而稳定的，这就要求放慢运笔速度。

每条线段的笔触，可以使你的思绪如同稳定的泉水，从可能的缝隙涓流而出。除此之外，稳定的线条也可以降低画面修正与擦拭的频率。

❹ 适当的图面大小。

因为构造的关系，手在画直线时会限制线条的长度。这里的长度指的是画出较直且稳定的线段。每个人画出来的较优线段长度不一样，而这个“不一样”也影响图面的大小。也就是说，当你画的图面太大时，为了追求线段的质量，可能会将注意力集中在线条，而不是空间的量块相合与环境线索上。

以建筑师考试而言，最适合的练习图面大小是半张 A4 纸。这样画出来的建筑虽然小，但可以让练习者学会如何适当地将图面填入版面区块，练习时也不至于花费过多心力在保证图面的质量上。

❺ 临摹的案例，每次都要“画两遍 + 两个视角”。

在临摹案例照片时，通常第一张会顺着案例的图片视角，将其转绘成我们需要的分析用的等角透视图。但这个视角很容易麻痹视觉，为了让自己的脑袋能够与眼睛脱钩，可以尝试换个透视的视角，逼脑袋以非惯用视角重新思考，当采用另一个视角时，该如何重现案例的形体与量块组成？（请参考第 61 页左图。）

也就是说，一个案例临摹两次以上，让脑子可以全面思考组成方式。

❻ 透视图夹角要能看到案例全貌。

等角透视图的透视夹角控制会影响图面的表达效果。建筑设计的图面重点是表达建筑与环境的关系，若透视夹角过大，会让图面显得以环境为主；反之，若夹角太小，则视线容易聚焦在建筑上，缺乏建筑与环境的关联。建议适当的角度为 1 ∶ 2 的边长关系。（请参考第 61 页右图。）

❼ 用白纸，不要用方格纸。

市面上有很多帅气又有气质的方格纸笔记本，方格纸是帮助你画出稳定线条的重要工具，但是方格纸会让你的手和脑变迟钝。如果用白纸练习，手与眼会专注在构成量体的点与点之间。

也就是说，为了完成脑中的空间组织，眼睛会不断地将图纸上相对的空间信息传给大脑，大脑将这些信息转化为给手的要求指令，让手指控制笔尖，完成空间中相对位置的“联机”。如果在方格纸上练习画图，眼睛追踪的就不是图纸的空间，而是密密麻麻的水平线和垂直线，那么大脑就少了对空间

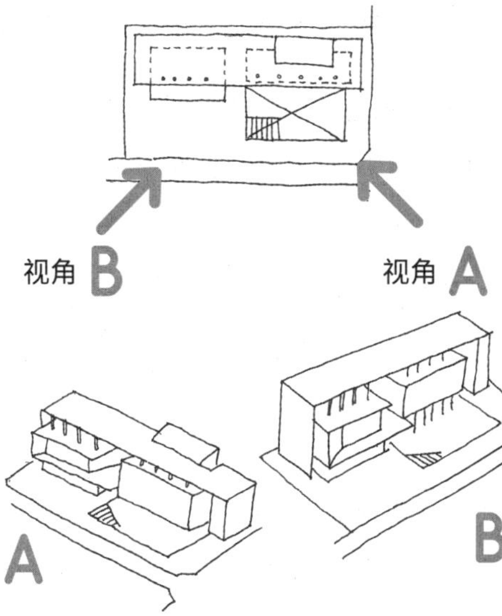

临摹的两个视角

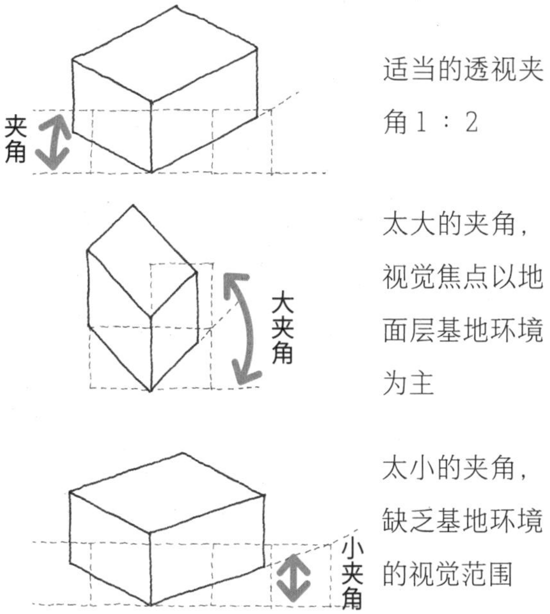

夹角
适当的透视夹角1：2
大夹角
太大的夹角，视觉焦点以地面层基地环境为主
小夹角
太小的夹角，缺乏基地环境的视觉范围

不同夹角比较图

的定位与判别。所以，若想要让大脑学会空间化思考，先从丢掉方格纸开始吧！

❽ 从形体简单的案例开始。

前面的章节说明了如何“观察”并“分解”案例。这两个动作是找出案例中的方形块体，用脑子思考方形块体的不同分布与高度。

在寻找案例时，应该以量体构成单纯、形状简单的为主，这样才不会在养成“分析脑”之前陷入分析失焦、下笔痛苦的窘境。

除此之外，量块与空间的关系，是一种对围塑程度的控制，很多形体复杂的案例，会因为建筑线条的视觉效果而削弱建筑与环境的空间感。

ARCHITECTURE
MASTER CLASS
SPATIAL THINKING

第三章

CHAPTER THREE

练习有个建筑师脑袋

刺激大脑，
将空间作为思考媒介

TITLE

1

刺激大脑的 5 个方法

外在的人、事、物如此多样，只聚焦关键的脑袋不会通盘吸收，大部分信息都会被过滤掉，包括你的灵感契机！先懂得打造“文字脑”，再练习切换成“空间脑”，你的设计才有机会成形登场。

❶ 让大脑开始对空间有感

讲难听一点儿，人的脑子只是一块肉，训练不足的话，还可能是白花花的松软肥肉，那该如何让它变成结实有用的肌肉呢？

小时候在做健康检查时，有一个奇怪的测验：医生拿一个小槌子，敲打你的膝盖，看你的脚会不会往前踢一下。这个测验是为了检查你的反射神经有没有问题，对外界刺激有没有反应。同样地，这个世界充满了各式各样的刺激，各种刺激会触动我们身上不同的感觉细胞和神经，有的时候，美食会激起大家的食欲，有的人对汽车造型过目不忘，有的人对美好的音符和声响有着敏锐的感受。

这些外在对象带来刺激，触动感觉器官，再由神经传导电流般的感觉给大脑，然后大脑下达指令，让其他器官行动。

上述都是外在世界的被动刺激，但是念书、学设计不能被动，要自己创造被刺激的机会。而且，最好有固定的刺激模式，让大脑在接受特定刺激时，能够自动产生感受，就像健康检查中的膝跳反射一样。当你把放在香车、美食、音乐上的外在刺激焦点，分一点儿给建筑空间与使用者时，就迈出成功的第一步了。

❷ 刺激大脑，从看人开始

当你进入一个环境、场域或空间，除了看帅哥、美女，也要多瞧瞧还有什么样的人，在那里停留、活动、生活。

人们除了聚在这里，也会因为空间状态表现出许多情绪与姿态。想想这些人在这里的心情与生活，想想他们为什么要在这里，想想有什么方法可以利用空间设计，提升他们在这里的活动与生活质量。

也许当你看了他们的样子之后，没有什么直接的感受，但至少记下了他们的样貌和周围环境特色，以及他们在这个场域、空间里的行为与活动。观察这些人、事、物，就像街头摄影师通过镜头和画面诠释他眼里的世界，只不过我们是用空间的手法来关怀场域中的所有角色和场景。当然，这些空间内的元素也会成为你日后的设计养分。

❸ 追踪文章里的空间关键词，逼迫大脑运转

读任何一篇文章，除了寻找自己关心的故事与活动，也请将眼睛聚焦于“空间”的相关字眼，让大脑习惯性地从文字堆里找出发生这些事件的“空间”。在找到这些“空间”的描述字眼后，第二步是找出这个空间的使用者，也许是文章或故事的主角，也可能只是配角或背景角色。在找到这两个要素之后，再去想想因他们而产生的是怎样的故事，“主题”是什么。

也许作者已经先定好主题了，也许没有。如果没有，你可以自己设定。

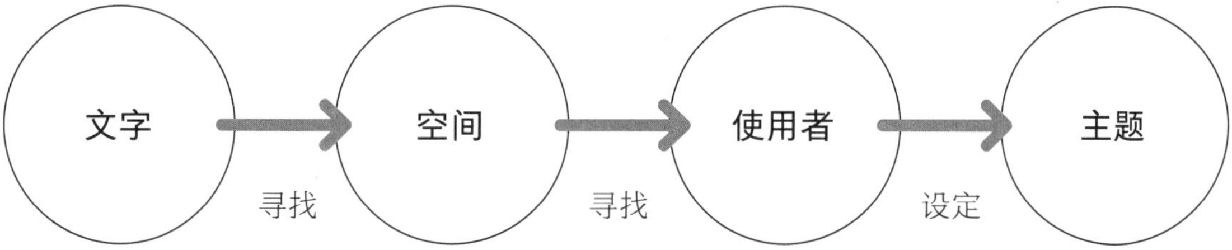

❹ 善用搜索引擎，找出特定文字的延伸信息

你会渐渐地把注意力从非空间转向空间，从空间中的帅哥、美女转为空间的使用者，从无聊八卦转为八卦背后的主题与组成。这些构成文章的信息，通过转换成为文字，储存在你的大脑里，成为瞬间记忆。

这时，请将这些文字化的信息丢进搜索引擎，让网络帮你寻找这个文字的延伸信息，结果可能是相关的新闻或研究，也有可能只是无聊的广告。当你在这些信息的海洋中寻找有用的数据时，你的大脑就已经开始反复处理观察到的文字化信息了。

恭喜，你开始思考了！

❺ 练习写自己的空间剧本

在后面的章节中，我会向大家介绍“五段式文字分析法”。这个方法会产生一个简单的程序，让大脑可以顺着这个程序，从文字推导出空间。

在这之前，你可以练习如何找出一篇文章提及的使用者、空间和环境特质，由这些东西组成的文章，就是你个人的“空间剧本”，可以作为你进入设计世界的坚实基础。

如果你像我一样，能够体会到所谓的建筑师该有的基本能力，我相信当你看到老师辛苦设计的题目时，一定能发现这都是为了让你知道面对题目时该回应什么东西，多么贴心的考试啊！

只要有这样的感悟，你就已经是建筑师了，而且会像我一样，想约出题老师出来喝一杯，好好谢谢他。

TITLE 2 建筑师的基本能力，也是面对人的 4 个任务

解析题目需求、提取关键词再提交答案，是考试的基本能力，但是当资格证到手的那一刻，请不要忘记拿出“建筑师的心”。你的每一个关键词、每一个设计变化，都将影响活生生的人，他们将带着喜、怒、哀、乐出入其中，走过你笔下的虚实量体。

我想从做设计的目的开始，和大家探讨做设计该有的成果与内容。

1 在题目中找出“4 种能力”的要求

教设计进入第 5 年，我渐渐体会到一件事：建筑师考试是有水平的。在身为考生的时候，常常会听许多前辈说考试是怎样折磨人，怎样没水平，完全无法测出专业水平，短短 8 小时与 4 小时，完全无法测出考生的设计能力。这些话，对我们这些考场的小人物来说，实在是沉重，这种沉重来自大家对它的批评和它对我们的束缚，而且无论情况多么差，我们还是得考。

为了这个考试，我奋斗了好几年，也在设计的“战场”上摸爬滚打了好几年，而考试时的练习与精神的投入，像开了瓶的红酒，加入了氧气，慢慢散发出迷人的香气。我渐渐体会到出题老师的用心，虽然我一直不知道出题老师是谁，如果有机会，很想请他们吃个辣炒脆肠配啤酒，跟他们说声辛苦了。

我是怎么化敌为友，突然体悟到考试的美好的呢

为了教这个“考试用设计”，我把每个题目都研究了 10 遍以上。在大量读题的过程中，我发现了题目的共同语法。从这个共同语法可以推导出 4 个重要的方向，我称之为“考试对考生的 4 个测试要求”，而这 4 个测试要求，还可以简化成建筑师的 4 个任务，内容如下。

考试对考生的 4 个测试要求		建筑师的 4 个任务
❶ 建筑师要能以“空间的手法”来面对社会议题。	→	❶ 处理社会议题。
❷ 建筑师要能感受环境中的空间信息。	→	❷ 处理环境的条件。
❸ 建筑师能对空间做出理性安排与感性形塑。	→	❸ 处理功能与空间的关系。
❹ 建筑师可以用很普通的方法让普通人也能了解他脑子里的想法。	→	❹ 会画图和写计划。

---

2 建筑师应具备的4 个基本能力

这 4 个任务，也是建筑师该具备的 4 个基本能力，无论在求学、工作还是考试中，都应该准确地展现出来。

如果你将自己的专业能力聚焦在空间、造型的美学上，那你顶多只能称为“空间造型师”；如果你擅长发掘社会问题，并以论述说明内心的观察与态度，你顶多只能是“空间的文字工作者”；如果你能用科学的方法，数字化分析环境的条件，那你可以称为“空间的科学家”；如果你能将关心社会、运用环境、熟悉空间、图面思考都表现出来，那你才称得上一个“建筑师”。

出题的老师如果要求建筑师具备这样的能力，那建筑师考试的题目就应该会在这个脉络下产生。而作为准建筑师的各位，如果要回应出题老师用心良苦设计的题目，就应该充分表现自己在这 4 个方面的能力。

TITLE 3

训练脑
看懂奇怪的文字组合

“看了没有懂”不是学习外语时的特有现象，熟悉的汉字到了考场，就仿佛和你素昧平生。你这时要做的，是重新建构阅读能力。通过声音与图像，逼迫大脑语言化思考。觉得念出声很不好意思吗？相信我，若考试时只能和试卷上的文字面面相觑，尴尬指数才真的“爆表”。

大声念出来，你才能看懂

请各位回想一下，上一次认认真真重复阅读一篇文章，或者咬文嚼字，像是要把每个字都咬出汁来的感觉是什么时候？如果我问自己这个问题，考建筑师不算的话，应该就是念初中的时候了吧！语文课本里符咒般的文言文，连意思都搞不清楚，更别说背下来了。

就这样，在反复的自我折磨与煎熬中，终于结束了初中 3 年的青春岁月。在那个有会考的时代，我的成绩一样惨不忍睹。但仔细回想，什么时候这种悲惨的“每个字都会念，组合起来却看不懂的‘情境’（注意，我指的是中文，不是英文）”，开始悄悄黏在我的生活中了呢？原来，小学的数学应用题，就是一个摧毁我学习兴趣的原因。不知不觉，我成了一个父亲，轮到自己的小孩要面临数学问题。题目如下：

买 2 张桌子和 5 把椅子，共花了 180 元；买同样的桌子 2 张和椅子 3 把，共用去 120 元，问桌子和椅子的单价各多少元？

我会，但我念了 3 遍题。

别说我太笨，也别跟我讲你瞄一眼就知道怎

么处理。麻烦在笑话我之前，先想想你理解这个题目时经历了怎样的心路历程。如果没意外，你的反应流程应该是这样的——

第一眼：花了 3 秒钟，眼睛像扫描仪一样扫过题目。心里只有一句话："这是什么鬼？"

第二眼：被逼着面对问题，只好认真多看 7 秒。现在总共花了 10 秒看题目，终于发现提问在最后面，心里想："怎么会这样？"

第三眼：这样下去不是办法，只好用笔尖点着每个字，一个字一个字地在心里嘀嘀咕咕地念着。

念完一遍才知道这是一个关于桌子和椅子的爱情故事（……妈呀）。再念一遍，终于发现它们之间微妙的数学关系。

最后一眼：你可能还是不会计算答案，但你知道题目到底在问什么了。

在这看了 4 眼的过程中，最终是什么原因让你了解了题目的意思？就是"念出来"这个关键动作。

建构大脑的阅读能力

大脑只是一块肉，功能是接收感知器官传递过来的信息，利用许多经验判断要做何反应，再通过身体各部位做出反射动作。

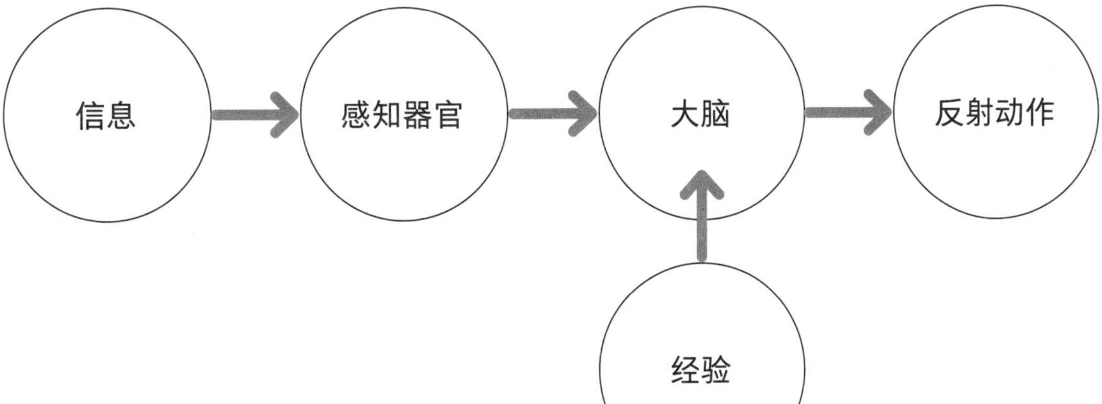

因此，眼睛看到文字，文字的视觉信息进入大脑，大脑指挥嘴巴念出文字，出声后的音频信息再通过耳朵重回大脑，大脑重新接收一次这篇文字的信号，并且开始辨别视觉信息与听觉信息的差异，这个差异策动了大脑的思考动作，使大脑产生了对文字的“经验反应”。

这个阅读思考的小理论，可以通过我们的成长经验再次验证。很多人都有补课的经验，补课老师跟学校老师通常有一个很大的差别。

学校老师在讲台上写板书、念课文，做学生的我们或眼皮沉重，或目光呆滞，上课内容像快速从眼前驶过的公交车广告，看了没有懂，徒留一连串乏味的声音，在耳边萦绕。

反过来再回想一下补课的经历，补课老师为了提升业绩，像相声演员般说学逗唱，努力与在座学生互动，无论语言还是动作，都会在学生脑中留下清晰的印记，考试时学生便能快速从大脑的“经验抽屉”中找出来运用。

因为不同的学习效果，所以大家很容易把“上学”当成自己应尽的义务在完成，而把“去补课”当成面对考试的唯一救赎……

NOTE

- 念出声音才能帮助思考，不要只是默念。

眼睛只是扫描仪

人长大后，念了一些书，觉得自己不是小孩了，就觉得读书念出声很丢脸，一点儿气质也没有，所以开始要求自己闭嘴。也有可能你身在优雅的咖啡馆，四周充满咖啡香气，还有研读深奥书本的顾客，于是你生怕开口念出声会有辱斯文，破坏了咖啡馆的美好氛围，所以你紧闭双唇，用眼睛浏览厚厚的文字资料，最后开始目光呆滞、眼泛泪光，然后目视远方，不知情的人还以为你正在深沉地思考，其实你只是在神游四方。

终于，你把一大堆文字浏览完了，但几乎与此同时立刻忘了上一秒眼球输入过哪些文字影像到大脑中。换言之，你一个字都没读进去，只是当了好几个小时的“蠢蛋”。所以，为了奋起当个有为的知识青年，请大声地念出来吧！

我们的眼睛把一堆信息传到大脑。而这个对学习充满挫败感与痛苦回忆的大脑，在接收到很多复杂的视觉信息后，会将许多不美好的经验传达给眼睛，不停地跟眼睛说：“这个不要，这个跳过，这个好麻烦。”

久而久之，眼睛也习惯了回避很多主人不喜欢的内容，从此开始陷入“阅读障碍”的深渊，进而影响你的思考。慢慢地，你考试找不到关键词，开会也抓不到重点，人生就这样失去未来。

不要觉得我危言耸听，若想要夺回人生的主导权，请从“念读”开始。不要再让眼睛这个快速扫描仪影响你的未来了。

NOTE

如何念读

1. 善用食指指尖或笔尖。
2. 指着你想要念读的字眼。
3. 逐字移动指尖或笔尖，带动眼球去凝视每个字。
4. 念出被凝视的字眼，在听到念出来的声音后，才将指尖或笔尖移往下一个字。
5. 不要在会吵到别人的地方练习。
6. 一个题目念 10 遍。
7. 念完第 1 遍，画出重点。
8. 念第 2 到第 9 遍时，换干净的题目纸。
9. 念第 10 遍时再画一次重点。
10. 比较两遍画的重点的差异。

TITLE 4

对付考试的重要武器：五段式文字分析法

快速进入考题核心的第一步是找到关键词，解析后再将其发展为空间。关键词看似简短，成功提取的背后需要对人、事、时、地、物扎实的思考逻辑。一旦掌握了这个武器，你的考试就事半功倍了。

文字转换的流程

利用思考流程来解读描述空间的文字，我称之为五段式文字分析法。

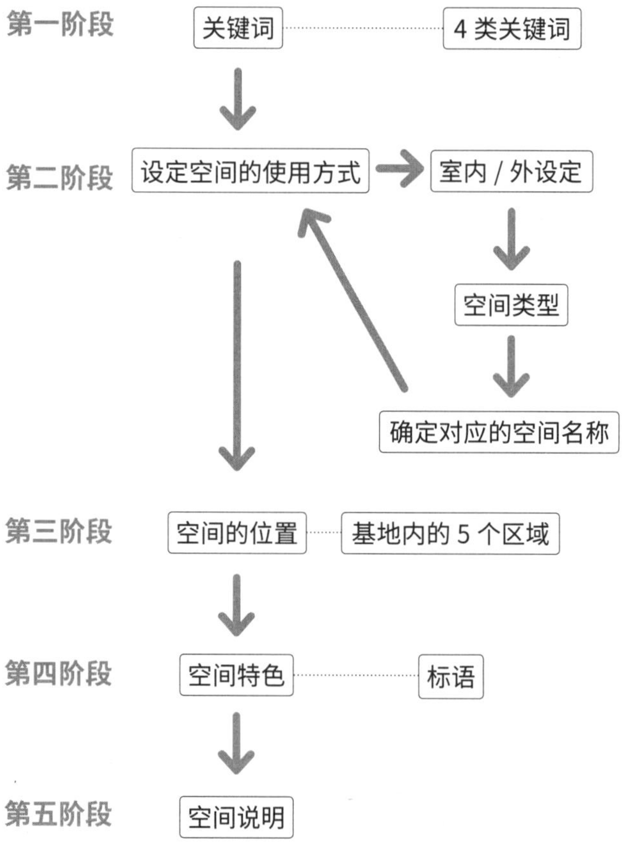

第一阶段：关键词

1　4 类关键词

❶ 议题类关键词

日常生活中的设计关键词，可能是材料、法规、销售的术语。而在建筑师考试的设计世界，这些关键词通常是题目里的“环境问题”“社会议题”“设计责任”，例如：

都市边缘旧城区
人口老龄化、少子化
住房困难
与环境融合
建筑师责任
老旧建筑

这些字眼在真实的设计工作中，总是被平效、高度、结构等“有意义”的专业术语掩盖。然而，建筑师考试攸关国家城乡建设质量，不能只是从实用角度要求建筑从业人员，让他们最后只能为建筑图纸盖章。

考生通常会直接忽略这些抽象的词组，认为这是老师和学生在研究的事，考试时只要把空间大小画对，排进图面就好。如果只是这样想，设计就会被局限成平面的排列，而不是有意义地反映问题，进而改善问题。

❷ 环境描述关键词

除了上述很难反映在空间与图面上的抽象关键词外，还有其他类型的关键词，譬如用来描述环境特色的关键词：

缓坡 1 ： 10
现存树木
地铁站出口
污物流线
快速道路
湿地

❸ 空间功能关键词

也有更直接一点儿的关键词叫空间需求，例如：

行政空间 120 m^2
教室 6 间
集会空间
学习空间
住宅
图画空间

❹ 操作步骤关键词

最后，还有一类关键词，就是操作步骤的关键词，例如：

场地环境分析
空间定性定量
空间友好策略
创意概念与构想

综合上述关键词说明，可以得出一个结论：这些关键词皆呼应前面讨论的“建筑师应具备的 4 个基本能力”，也就是说，我们得从语境（题目）中找出和这 4 种能力有关的关键词来发挥设计。

议题类关键词	抽象处理问题与意图
环境描述关键词	描述环境特色
空间功能关键词	说明设计中必要的空间项目
操作步骤关键词	要求设计者呈现观者结果与设计者想法的项目

考试要求	关键词
关注社会议题	
环境条件掌握	
空间组织能力	
设计操作能力	

（自己写写看）

2 找出题目中的重点关键词，作为文字分析的发展依据

知道了建筑师考试的核心目标，就知道老师会把这 4 个要求放进题目里。作为建筑师考试的应考人，拿到题目后的第一件事，就是“找出题目里和 4 个要求有关的关键词”。我们在读书会称这个为第一步骤，而一般来说，大部分人会称之为“破题”。

我不喜欢“破题”这个词，感觉带有一些侵略性，我喜欢称这个步骤为“找关键词”。这个过程有点像和出题老师对话，跟老师聊聊他在乎什么，而我们该做什么。

如果你还是学生，那么做设计时可以把这 4 个要求，变成你发展设计的“空间剧本”或方案。如果你是设计从业人员，那这 4 个目标，可以成为说服客户的有力工具。

练习“找关键词”的方法

❶ 大量阅读历年真题，培养文字敏锐度

把手边所有真题都翻出来，按照特定的要求，在每一题中找出相关的关键词。因为大量的阅读，你会开始对重复出现或类似的字眼非常敏感。

❷ 和别人比较

把别人标出关键词的题目纸拿来做比较，找出差异，并且一起聊聊标出这些关键词的理由。每个人在意的点不同，很多时候通过他人的眼睛，可以看到更多可能性。

❸ 限制关键词的字数

用荧光笔画下题目纸上的关键词，关键词的字数最好控制在 7 个字以内。限制关键词字数有两个理由：

· 逼自己思考，留下真正有意义的字句。
· 圈选出来的短句关键词可以作为之后操作步骤的标题。

3 4 类关键词的发展架构

❶ 议题类关键词

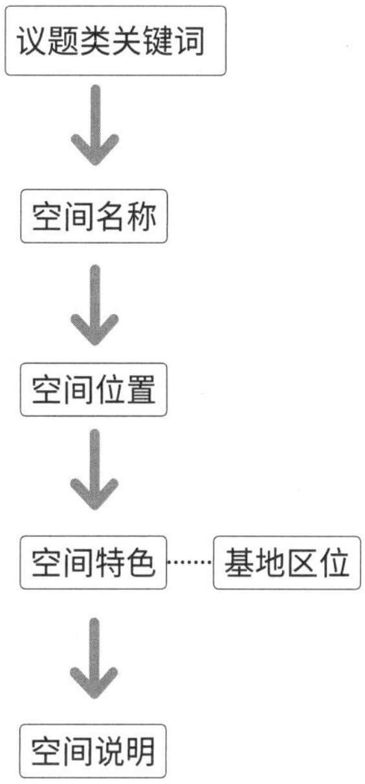

环境问题、社会问题、设计责任被我们归为议题类关键词，这类关键词希望专业人士用建筑与空间的方法去面对并解决。因此，我们必须用最快的时间，将它们与空间内的功能连接起来，也就是创建一个被赋予名称与功能的空间。

找到一个功能的空间名称去对应议题关键词后，便可以根据空间的性质，找出该空间在基地里的区域位置，并进一步赋予该空间一个有趣的主题标语，让空间的使用者或图面的阅读者，通过清晰、明确的空间标题快速了解该空间的特色。

在吸引了大家的目光后，你才能进一步做空间说明。

❷ 环境描述关键词

环境描述关键词

↓

基地区位

↓

可能结合的空间

基地周围的不同环境条件，影响着基地内各个区域的特色和性质。因此，无论文字上的环境描述，还是地图、基地现状图里显示的环境信息，我们都要有将其转换成基地内相对应的特性区域的直觉。在后面的章节中，我们会重新归类各种不同区域，在目前的阶段只需要了解区域的性质与活动的强度有关就可以了。因为区域性质和活动强度有关，我们可以初步配对基地的特性区域和功能空间名称，如此完成环境描述关键词的分析发展。

NOTE

·基地内的五个特性区域

❶ 动态区　❹ 入口区

❷ 静态区　❺ 停车区

❸ 核心区

❸ 空间功能关键词

空间功能关键词

↓

地板面积

↓

可能的基地区位

分析进行到了空间功能关键词，通常我把它归类到业主或题目所提出的基本空间要求中，我把他们都当成非空间专业人士，所以才会来找我们这些建筑师解决问题。因为假设业主没有要求设计师对其简单的空间做深入研究，作为专业人士的我们先单纯地帮他们算好空间，知道如何发展设计，并且和基地区位做初步结合就好。

❹ 操作步骤关键词

操作步骤关键词

↓

考试要求的图面内容
（业主要求的图面需求）

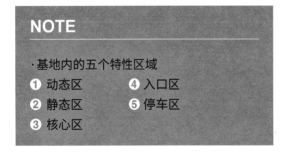

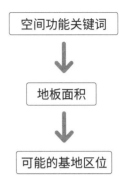

业主在合同中的图面需求或题目中的图面要求，很多时候都是不完整、不合理的，作为一个空间设计专业人士，帮他们想出事前没

想到的、可以更有效说明设计的图面，是必备的技能之一。这些被遗忘的图面，都藏在业主的语言或者题目的文字里。

第二阶段：设定空间的使用方式

1 思考空间的性质与运用

在对应关键词时，会用什么行动达到关键词的要求，或解决关键词的问题？这个行动可由空间的使用者或关系人来延伸思考。

❶ 举例

与邻为善的建筑师 ………… 关键词

↓

建筑师与社区居民 ………… 用户

↓

倾听社区的困难，
以空间设计给予帮助 ………… 行动

❷ 举例

向社区开放 ………… 关键词

↓

社区居民 ………… 用户

↓

社区居民自家外的第二个客厅 ………… 行动

❸ 举例

街角老树 ………… 关键词

↓

社区居民 ………… 用户

↓

保留老树以延续社区记忆 ………… 行动

❹ 举例

慈善团体善款使用 ………… 关键词

↓

慈善团体与受助居民 ………… 用户

↓

重建过程记录 ………… 行动

根据题目的文字意思与关键词，提出对应的行动策略，进一步影响对空间类型的判断，接下来即将进入实质的空间设计。关于这个步骤，可以通过阅读新闻来累积行动策略，并且提升设计思考的反应速度。

2 何“使”何“用”——判断这个空间在室内还是室外

属性：室内还是室外

任何人类活动都是在空间内完成的，没有人可以脱离空间独立存在。因此，有了活动的使用假设后，就可以快速地为这个活动设定相对应的空间。

在没有存在问题的物理空间，我们可以将空间都简单分为室内与室外。任何活动转换成空间的第一步，都是确定这个活动是属于室内活动还是室外活动。

建筑师考试的题目，通常就像我们在事务所的工作一样，要根据业主的空间需求，画出很多大小不一的正方形或长方形框框，并将这些框框依照空间性质去排列和组合。

这些空间需求，就是我们前面所说的关键词，我们也有固定的方法将关键词转化成用户和活动，然后开始做室内或室外的设定。讲起来简单，但还是有一些基本的判断规则，以室内设定为例：

是否有固定家具和设备？

⟶因为怕日晒雨淋。

是否供特定使用者或活动使用？

⟶因为需要明确的出入口做功能分区。

是否需要结构体保护用户或活动？

⟶建筑物最原始的功能就是保护在里面的人。

排除上面的因素，剩下的活动，大概都会发生在室外的空间。

3 室内空间的类型

属性：有 / 无墙壁的室内

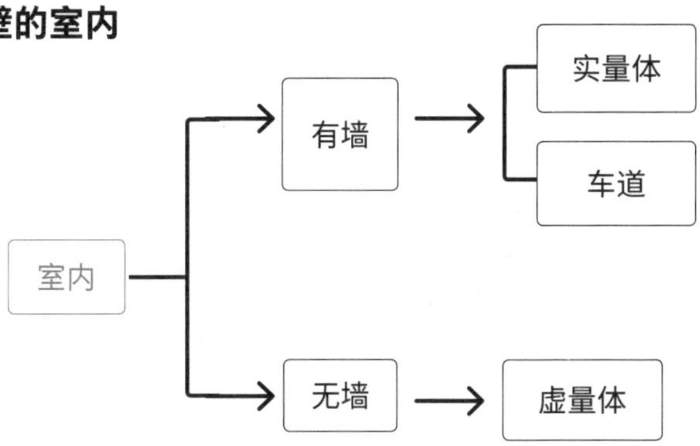

虚量体 = 没有墙壁的室内空间

如果根据活动将需求设定为室内空间，下一个反射动作就是思考要不要有墙壁。你可能会觉得奇怪，没有墙壁就不是室内了，为什么还要多此一举呢？虚量体这个词有很多种解释，我在读书会将之解释为介于室内、室外之间，有顶盖的半户外空间。这个空间有如下几个特点。

❶ 空间使用管理限制层级较低

很多室内活动的使用设定，是希望对外开放的，如此可以允许更多基地周围的相关人士进入空间、参与活动，这时，一个有顶盖且无外墙的半户外空间，便成为最佳的活动行为容器。

这个问题可以用 2014 年的考题——设计“与邻为善的建筑师事务所”来说明。这个题目设定的主角是刚开业的建筑师事务所，希望这位建筑师通过专业设计，与周围邻居做建筑专业上的交流，提升小区的空间质量。因此，这家事务所除了包括大家习以为常的工作空间外，还需要一些具有活动与交流性质的空间，这时就很适合选用虚量体这样没有外墙的顶盖空间。

❷ 明确有意义的户外空间

一个有顶盖的半户外空间，能比一个无顶盖的户外空间，更强烈地宣示该区域的特殊意义，也可以与一般开放空间产生差异，凸显某个特定活动或行为的独特性。例如，一个露天的音乐表演舞台，如果舞台区是有顶盖的，就能用最快的速度区分表演区和观众区。

❸ 连接室内与室外空间

不同空间的连接与转换，无法单纯地像开关门那样切换与过场，必须先考虑空间中使用者的活动状态和心理条件，再设计空间与空间的转换过程。

以我做住宅建筑的经验，从工作场所回到家中，我们会设定出一连串的路径，穿过水景、门厅、花园，为的是将外面的工作情绪，逐步调整为适合居家状态的情绪。

再请各位想想，日本旧民居常会用到的檐廊，在动画片或电视里是什么样的空间角色？有时是家人坐下来吃西瓜、夏日纳凉的场景，有时是主角睡午觉的空间，有时是小朋友追逐游戏的空间，有时是爷爷奶奶读报冥想的空间。这个空间的薄薄的，只有一个稍微架高的地坪与屋檐，不像室内生活空间那样正式与纯粹，也不像室外空间那样简单与缺乏重点。

这样的空间，常常是承载了主要活动以外的、最重要的想象与安排，可以大大提升整体空间的质感。

❹ 虚量体的延伸

虚量体可以是凝聚的活动空间，可以是连接室内与室外的转换空间，也可以是具有简单限制的管理空间。有了这些特质，我们可以整理出几种构成虚量体的空间形式。

· 顶盖式大棚架
· 顶盖式廊道
· 阶梯广场
· 下沉式地下广场
· 空中平台

后面的章节有更清楚的描述与运用说明。平常在做案例观察与临摹练习时，也可以针对这些空间做记录、写体会，增加对空间运用的想象，以扩充大脑的空间经验数据库。

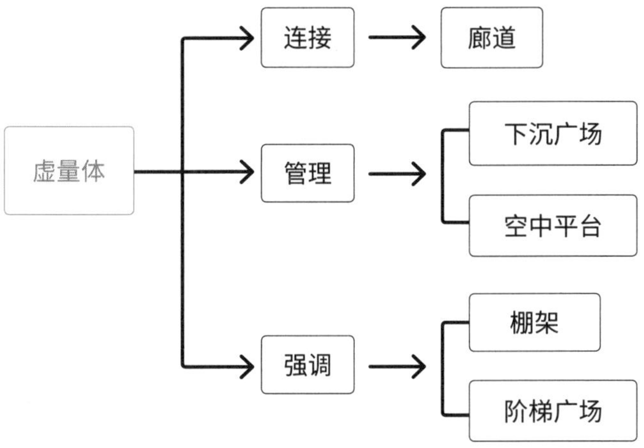

车道 = 不让人进入的区域

车道是唯一不希望有人进入的室内空间，代表着危险与不安定。因此，必须安排车道或停车空间远离人群与活动空间，需要思考的是如何将停车空间与主要使用空间做安全的连接。

实量体 = 承载功能的室内空间

我把有具体墙面与入口的室内空间，称为实量体。

实量体是建筑设计最基本的要求，反映出业主或出题老师的空间需求，也是多数人对建筑设计的主要思考目标。会这样想的人，多半认为做建筑设计就是要设计这个实实在在的建筑量体。

这些功能虽然占建筑计划或考试题目很大的篇幅，很容易成为设计者主要的操作项目，但在设计之初，请单纯将之视为承载功能的方盒子，应该被理性地配置在基地中的合适地点。有时候，它甚至是负面的构造物，可能会影响基地中的微气候，也有可能阻碍区域活动的形成。

4 户外空间的类型

室内空间之外——室外开放空间

过滤完关键词里的室内部分，剩下的关键词应该是属于室外活动空间。这些室外空间，我们称之为开放空间（以下图表中简称为O.S.），顾名思义就是较不受管理与限制的空间，对于非特定使用者也有较大的包容度，允许内部环境与周围环境连接。开放空间可以置入强烈的空间议题，也可以只是某地边缘的附属空间，仅仅提供过路与边界的功能。

室外开放空间的特点：

❶ 低管理与低限制
❷ 允许外来者进入
❸ 具有欢迎与接受的内涵
❹ 与外在环境连接

在确定了某个空间属性是非室内后，便可以简单地将之归类为室外空间，也就是我们所称的开放空间。根据开放空间的特性，又可以将其分成以下几种类型：入口开放空间、主题开放空间、次要开放空间。

接下来，我们来说明这些空间类型。

类型 a：入口开放空间

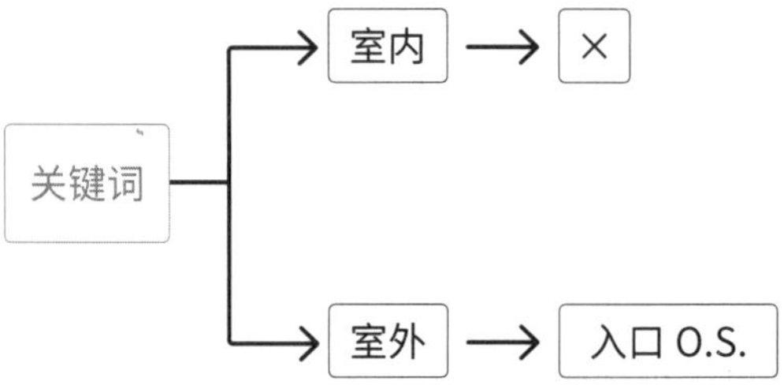

这种空间创造出了基地内主要步行动线的起点。因为是起点，关键词必须是基地周围最主要的人流产生处，也可以说是希望特定人群最容易进入基地的地方。除此之外，入口开放空间必须有连接建筑物入口的最佳路径，同时要远离车行动线，减少通行冲突。

类型 b：主题开放空间

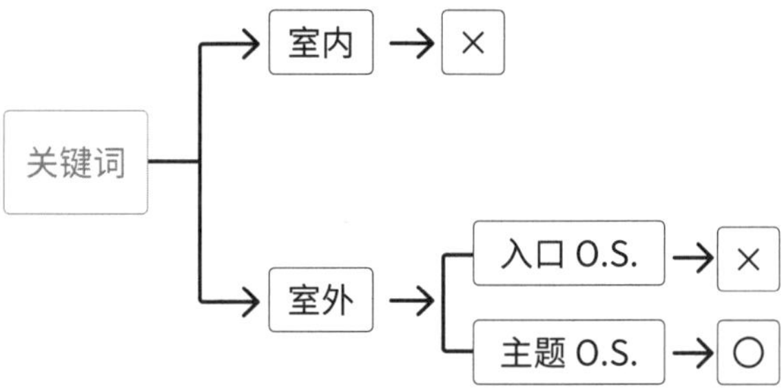

这是一个基地最重要的开放空间，最重要的活动在这里被注视并且开展。这个空间通常与重要的室内空间结合，可以延伸与放大重要的室内功能。它通常是被“包围”或称“围塑”的，因为需要快速地被空间使用者了解与熟悉，所以除了会有清晰的边界外，也会有清晰的道路，让使用者能够快速地从入口开放空间到达这里。有时候可以用明显的地坪形式，让它从图画中凸显出来。

NOTE

- 被建筑量体或设施围塑，产生明确的区域。
- 可以结合重要功能，凸显主题。
- 位于基地内最重要的区域。
- 有清晰的路径，连接入口开放空间与建筑。

类型 c：次要开放空间

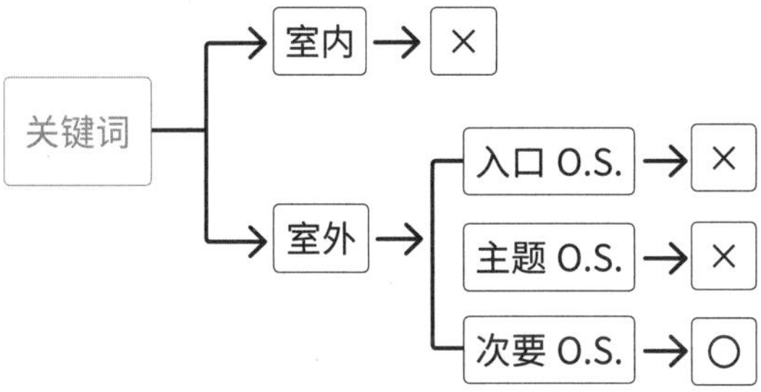

在扣掉前面讲的空间后，剩下的就是次要开放空间。但它不能只是一个剩下的空间，仍然应该有相对应的关键词来说明空间特点，不是一处无意义的空间。

5 确定对应的功能空间名称

前面已经产生了许多的空间想法与观察，并且做了许多分析。我们要做的是赋予这些待解决的空间问题一个功能空间名称，让业主或评卷老师知道，你能用什么空间来达到他的要求。

第三阶段：空间的位置

基地因为环境的条件不同而产生许多区域特性，也让每个室内空间有了位置上的设置依据。

第四阶段 + 第五阶段：空间特色说明

空间特色说明除了是建筑师可加以利用的结构硬件外，很多时候也是营销与文案相关人员策划出来的有趣的空间活动与使用说明。如果在阅读的时候多留意文章中对空间的描述，我们就更有机会强化建筑的空间质量与内涵。关于这些空间的特色，读书会的会员从报纸、杂志中整理了一些案例，可以让大家快速使用。

空间特色说明案例集锦（感谢读书会会员 Ansen 佳仑协助处理）

老建筑

- 老宅风格咖啡馆
- 庙前看戏
  ⟶ 文化记忆表演广场
- 文青店铺进驻老街
- 旧舍展演回廊
- 旧城生活体验空间
- 旧城生活节
  ⟶ 生活文化展演舞台
- 老屋醒过来
  ⟶ 旧建筑功能调整再利用
- 历史故事屋
  ⟶ 老屋说书空间

市场

- 专业食品安全把关
  ⟶ 幸福城市“心”市场
- 走读市场
  ⟶ 市场精品化、文创化

智能建筑

- 知识零距离
  ⟶ 城市酷云：云端知识管理中心 / 数据库

公园绿地

- 生态沟渠
  ⟶ 引用地下水，再造环境生态
- 小草地、大客厅
  ⟶ 绿地空间容纳在地生活、文化、物品

亲子

- 为孩子补充能量
  ⟶ 爱的料理课后空间
- 亲子参与
  ⟶ 特色公园

土地

- 食农教育

  ⟶ 农场小学
- 屋顶果园、食物森林、小区农场

  ⟶ 弱势群体自足活动
- 农村共学

  ⟶ 废校再生、共学再生

养老

- 老人社区服务网络

  ⟶ 乐龄关怀与健康工作站
- 多余校舍活动中心
- 数字机会中心

  ⟶ 活到老、学到老
- 失智症咖啡店 D café

  ⟶ 失智症老人、家属、医护的减压与交流空间

  ⟶ 共同照顾的空间
- 福乐学堂

  ⟶ 老人幼儿园，日照、日托
- 社区老人共餐食堂

  ⟶ 老年志愿者人力运用

  ⟶ 与小区居民一日用餐、不孤单
- 爷孙共享幸福学院

  ⟶ 三代共学、亲子交流

产业空间

- 创意产业商业化

  ⟶ 文创市场空间
- 城市创客基地

  ⟶ 创意产业发动机
- 文创聚落

  ⟶ 集合产业活动与展示
- 产学实验室

  ⟶ 产业与校园结合
- 南方创客基地

  ⟶ 创客空间，共同工作空间，公共友谊空间
- 创新重镇

  ⟶ 旧校舍再利用

居住

- 分享生活

  ⟶ 共享厨房与餐厅
- 居住银行

  ⟶ 提供低价与充足的居住空间与管理中心
- 社区营造工作站 / 聊天室

  ⟶ 融合小区居民与地方意见

  ⟶ 新旧居民结合
- 宴席广场

  ⟶ 吃吃喝喝的开放空间
- 社区改造（城市更新）推动师蹲点工作站

  ⟶ 深入小区推动城市改造
- 老屋重生

  ⟶ 闲置房屋转作公营住宅
- 走读城市

  ⟶ 城市教育开放空间
- 分享厨房与餐厅

  ⟶ 共餐、共食生活空间

河岸空间

- 河岸城市细品味
- 流动城市——河岸好好玩

  ⟶ 河岸游乐园
- 与萤火虫共舞

  ⟶ 城市生态河岸步道
- 滞洪空间

  ⟶ 平时为休闲空间（湿地生态）
- 草泽湿地

  ⟶ 不受人为干扰的陆域鸟兽栖息地
- 多层次生态绿坡

  ⟶ 湿地的缓冲区
- 绿川轻旅行

  ⟶ 河岸与巷弄生活空间结合

异乡人空间

- 台湾囝仔

  ⟶ “回家”记忆广场
- 多语菜单、多元文化

  ⟶ 家乡味宴席空间
- 异乡文化交流空间
- 打工仔图书馆

  ⟶ 读书让打工仔有未来
- 新定居家庭服务中心

  ⟶ 教育、文化、卫生的全心照顾

文艺空间

- 音乐星光、浪漫谈情
  → 音乐故事咖啡馆
- 夏日梅亭
  → 赏画品乐展示空间
- 玩空间、享互动
  → “藏”创意咖啡馆
- 行动音乐厅
  → 即兴的音乐表演空间
- 乐赏音乐空间
  → 听音乐的虚量体

公园 / 绿地空间

- 城市小日子、公园虽小
  → 家中的外客厅、小区客厅空间
- 市民参与、城市就是我的菜园
  → 幸福的城市小农空间
  → 城市农场
- 大众一起运动
  → 城市健身房（公园）
- 城市散步绿廊
- 绿光计划
  → 绿化拥挤的城市

TITLE 5

五段式文字分析法 操作范例

前面讲的内容是为了让大家掌握设计需求与设计发展方向，最后落实成下面这张很像建筑计划的文字说明稿，这个稿子会成为后面其他步骤的重要发展依据，让你顺利地将文字见解转换成说明空间的图面。

特别说明：O.S. =开放空间
FLA =建筑面积
RD =道路
N.S.E.W =北南东西
B =砖造
R =钢筋混凝土
V =容积／建筑密度
A =基地面积

以 2016 年的一道考题做文字分析

	关键词	类型 ＞ 相关分析
1-1	图书馆	空间
1-2	社区公共空间	空间
2-1	人口城市化	议题 ＞ 核心区 ＞ 主题 O.S. ＞ 城市填充 ＞ 加入有机的生活空间
2-2	住宅区组织	
	日常生活基调	议题 ＞ 出租商店 ＞ 动态区 ＞ 生活空间可持续经营，并活化核心区
2-3	老旧住宅区简陋	议题 ＞ 图书馆 ＞ 静态区 ＞ 补足老旧区域的设施不足

	关键词	类型 > 相关分析
3-1	老旧住宅区	议题 > 图书馆 > 静态区 > 补足老旧区域的设施不足
3-2	N.10m RD 巷	环境 > 静态区 + 车道
3-3	S. 15m RD 街 / 地区性街道	环境 > 动态区 + 入口
3-4	沿街零星商店	环境 > 动态区 > 结合出租商店
3-5	周围老旧集合住宅	环境 > 核心区 > 主题 O.S. > 呼应 2-1
3-6	东南幼儿园	环境 > 动态区
3-7	A：5680 m^2	空间 > FLA
3-8	公园用地 $\frac{1}{4}$	空间 > FLA
		环境 > 静态区
3-9	建筑用地 $\frac{3}{4}$	空间 > FLA
3-10	基地内分出两个区域	环境 > 动、静分区
		操作 > 基地环境分析
3-11	V：$\frac{40}{100}$	空间 > FLA
3-12	退缩 4m 人行步道	环境 > 动、静态区
3-13	地界 3m 退缩	环境 > 动、静态区
3-14	常年东风	环境 > 静态区
3-15	S 噪声	环境 > 动态区
3-16	绿化乔木保留	环境 > 绝对领域
		环境 > 动态 + 入口

4-1 社区图书馆

a. 信息、亲听
b. 儿童阅览
c. 成人阅览
d. 多用途集会
e. 行政、卸货

→ 空间 > FLA

4-2 出租商店

a. 二手书店
b. 简装咖啡
c. 超市

→ 空间 > FLA

关键词 ········> 类型 > 相关分析

4-3 停车场
摩托车车位 40 个，汽车车位 20 个 ··> 空间 > FLA
行动不便

4-4 共享单车 20 辆 ········> 空间 > FLA

4-5 户外空间
五种不同的使用方式 ········> 五种虚量体
a. 幼儿园户外活动 ········> 环境 > 动态区域
b. 周末跳蚤市场 ········> 空间 > 动态区域

4-6 空量自定义
（标准容积的 90% ~ 100%）········> 空间 > FLA

4-7 图书馆面积大于 70% ········> 空间 > FLA

4-8 设计目标 ········> 操作 > 议题与使用分析

4-9 环境议题 ········> 操作 > 基地环境分析

4-10 基地分析 ········> 操作 > 基地环境分析

4-11 空间需求 ········> 操作 > 泡泡图

4-12 运营管理机制 ········> 操作 > 议题与使用分析

5-1 空间留白 ········> 议题 > 主题 O.S. > 核心区 > 城市留白有机再生空间，或老旧拥挤的住宅区，留下有意义的开放空间

5-2 基地内建筑与开放空间关系 ········> 操作 > 泡泡图

5-3 建筑与周边环境界面处理 ········> 操作 > 泡泡图

5-4 基地做催化剂，为空间注入活力 ········> 议题 > 同 5-1

5-5 改善老旧住宅区品质 ········> 议题 > 同 2-3

5-6 诠释日常活动与小区空间关系 ········> 操作 > 泡泡图

5-7 绿色建筑与环保 ········> 操作 > 绿色建筑操作

5-8 建筑空间与开放空间延伸概念 ········> 操作 > 泡泡图 > 五种虚量体

5-9 书架与阅览区平面，含尺寸 ········> 操作 > 平面图

5-10 无障碍 ········> 操作 > 无障碍操作

5-11 两性平权 ········> 操作 > 两性平权设计

关键词 ············ 类型 > 相关分析

5-12 空间领域层级 ············ 操作 > 基地环境分析

a. 静态⟷动态

b. 私密⟷公共

5-13 图面要求

a. 主配 $\frac{1}{400}$ ············ 操作 > 图面

b. 全剖 $\frac{1}{400}$ ············ 操作 > 图面

c. 各层平面 $\frac{1}{200}$ ············ 操作 > 图面

d. 双剖面 $\frac{1}{200}$ ············ 操作 > 图面

e. 外墙剖 ············ 操作 > 图面

f. 全区透视 ············ 操作 > 图面

6-1 N.2B 老屋 ············ 环境 > 高度发展参考

6-2 N.10m 巷 ············ 环境 > 静态

6-3 N. 8m 巷 ············ 环境 > 静态

6-4 W. 2B 老屋 ············ 环境 > 同 6-1

6-5 W. 5~7R 老屋 ············ 环境 > 同 6-1

6-6 E. 3~5R 老屋 ············ 环境 > 同 6-1

6-7 N.E. 乔木 ············ 环境 > 动态区域

6-8 S. 乔木 ············ 环境 > 动态区域

6-9 S. 幼儿园 ············ 环境 > 动态区域

6-10 S. 4~7R ············ 同 6-1

6-11 巷道 ············ 同 6-1

6-12 15m 街道 ············ 环境 > 动态区域

TITLE 6

建筑与城市思考：环境、人本、友善、人文

现实环境中有很多因素会影响建筑形态，从一座城市为其市容定下的法规，到不可抗拒的自然气候条件，再到比较多元且复杂的人的因素；从公私产权的权益沟通，到无障碍空间的适宜性与友好协调性，再到两性平权的空间考虑，样样都考验着建筑师的能力。

1 谈建筑的量体规模与城市的空间思考

我们先谈法规对建筑物高度的规定，可以从几个方面深入研究，首先是对道路的规定。按照“削线”规则的逻辑，面对的马路越宽阔，房子可以盖得越高，反之则越矮。用相同的观念延伸思考，那么建筑物越靠近道路边缘，其量体就越低矮；反之，建筑物离道路越远，对它的高度限制就越宽松。

法规是死的，但我们可以反过来思考，为什么要这样规定建筑物的高度限制？我们也可以想想生活环境中所见的是否真是如此。答案似乎是否定的，尤其住在老旧小区的人感受更强烈。

建筑量体该多大？——谈论城市的视觉质量

在我们生活的地方，建筑管理的法规有个很重要的转变，就是“容积管制”。像我这个年纪或者更年长的前辈，应该都有过“六米巷”与“四五层老公寓”的生活体验。在那

个维系人与人关系不用通过电子产品的美好年代，六米宽的巷弄空间拉近了所有人的距离，舒服的步行空间与街道尺度，串联起城市每个角落。进入 20 世纪 70 年代，经济活动高速发展，车辆开始占据街道两侧，每户人家过度消费的物资也越来越多，常常得利用公共空间当仓库。

到今天这个时代，开始用容积率来控制城市里的建筑高度和环境的视觉质量，希望借由调整建筑物高度，来提升开放空间的公共性与品质，也因此，我们才能在许多新规划区看到舒适宜人的人行空间与城市绿地。

回到设计实务，我们归纳上面的内容，得出两个简单的结论。

❶ 建筑高度要让城市有美好的视觉景观，所以建筑量体不能太突兀，否则会破坏原有的环境特色。

❷ 在建筑高度限制放宽后，地面层的开放空间也必须因为建筑高度提升而放大，以增加公共性与公益性。

如何进行下一步操作，将在后面的章节说明。

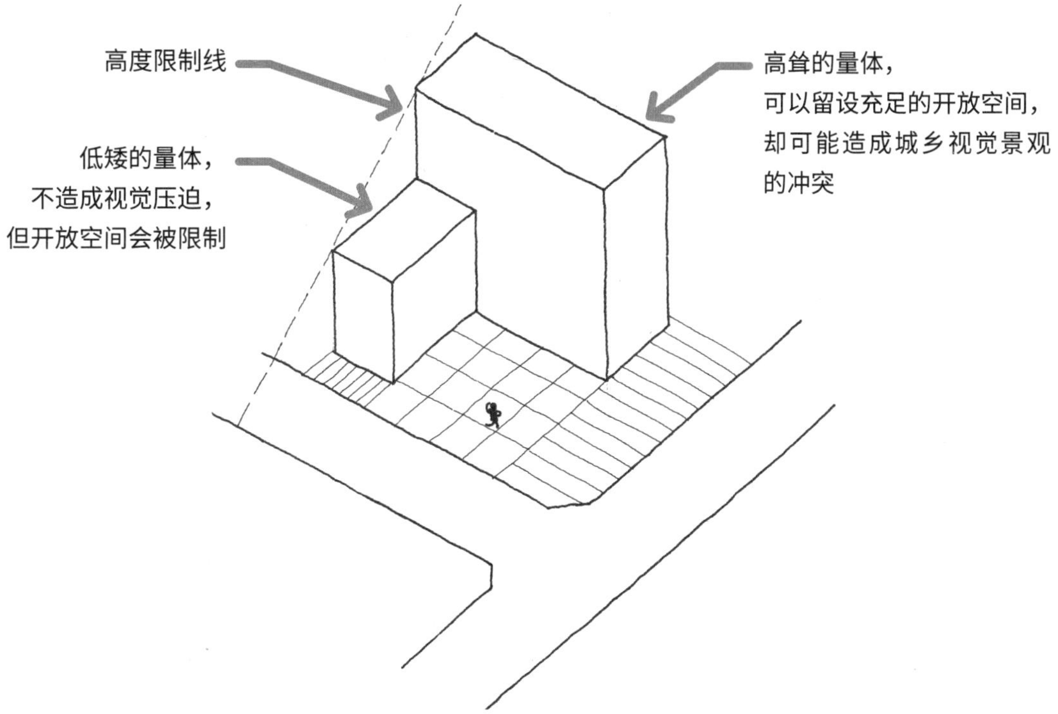
高度限制线
低矮的量体，
不造成视觉压迫，
但开放空间会被限制
高耸的量体，
可以留设充足的开放空间，
却可能造成城乡视觉景观
的冲突

2 题目里的季节问题——季风不是建筑配置的主要理由

二十年前，初中毕业后，我进入专科学校念建筑专业，还没学到太多的设计理论和建筑思考，老师便开始要求我们画平面图和配置图。我们这些设计菜鸟都慌了，完全不知道要如何下手。这时候，班上几位跟师兄、师姐关系不错的同学，搬出了一系列建筑师考试的快题设计练习题，这个系列传承了好几届，据说是从当时很权威的补习班（现在仍是）流传出来的。

面对"热气腾腾"的经典设计练习图，最先映入眼帘的是左上角大大的"Diagram"（示意图）和"Concept"（概念）。我心想，这就是我要的，这就是生命的出口，终于可以交作业了！眼神接着往下移，看到了一张令人心旷神怡的图画。画中小小的太阳从东边升起，渐渐往西边移动，画出一条优美的孤线，横过设计基地上方。有些可爱的女同学还会卡通化这个小太阳，令图画充满文艺风格。图画的左下角以优雅的箭头带入徐徐微风，扬起一丝夏天的空气感，让人不忍快速移开目光，只想在这些箭头上多停留一会儿。然而，图画的右上角却是粗箭头加上乌云与雨水的图像，就像冬天的凛冽寒风撕裂着阅图者，好似青春年华里脆弱的感情世界。天哪！这张图几乎包含了设计者心中的整个世界。

有了这张图（或是当时我们心中认定的Diagram），我们开始大胆地将建筑的主要量体设置在基地右上角，心中默默告诉自己："这样一定没错，建筑放在这里可以抵挡冬天的东北季风，绝对不会让老师想起年少时让他心碎的后座女同学。"心满意足之余就开始留设开放空间："没错，夏天有徐徐的西南气流，可以让改图老师感受到我们设计的用心；让空间的使用者在微风中享受美好的开放空间。"

上面那堆废话，相信是许多建筑人求学时常遇到的经历，甚至是直到从事设计工作或者参加建筑师考试，都还会运用的设计策略。但这通常都不是最佳的配置策略。

建筑配置如何应对季风

如果今天我们要设计的建筑物位于某个有山有水，但没有邻居（邻房）的好地方，也就是没有相关人造设施的环境，这样简单的"风水"配置策略当然是切入配置的好方法。但这种等级的设计题目应该只会出现在本科一年级阶段，对于解决人口稠密的城市问题或应对专业考试，这是绝对行不通的。按照我们的思考逻辑，这更有可能是出题老师默认的配置陷阱。

之所以把话讲得这么严重，是希望身为准建筑师的各位可以尽快醒悟。接下来，我们讨论如何运用这个好东西。首先，我们要分析建筑在基地的位置，根据题目的线索寻找建筑物最佳的落脚点；其次，是思考如何利用这个位置，发挥建筑物在“风水”环境中的特色。

东北季风 VS 西南气流

首先，如果建筑物有幸被配置在基地的东北方，那便能顺理成章地阻挡东北季风对基地的侵害。但如果不幸碍于各种原因，只能配置在没法阻挡季风的位置，也不要灰心，你只需要在基地东北方加入美丽的乔木林。这些美丽的乔木在夏天是人们活动时遮阳的天然顶盖，冬天还能阻挡凛冽的东北季风，是调整区域微气候的好工具。

除了东北季风会影响基地的环境质量外，还有一个常被提到的气候条件——夏季西南气流，这是有益环境的“好”气候条件。如果经过分析后将建筑物配置在基地东北方，那么基地的西南区域便成为能够改善微气候的开放空间，可以减少室内环境对空调设备的需求。反之，如果建筑物不幸必须设置在基地西南方，阻挡了西南气流，这时可以增加建筑开窗，并在地面层设置半户外开放空间，作为人工风道，这样就解决了季风的问题。

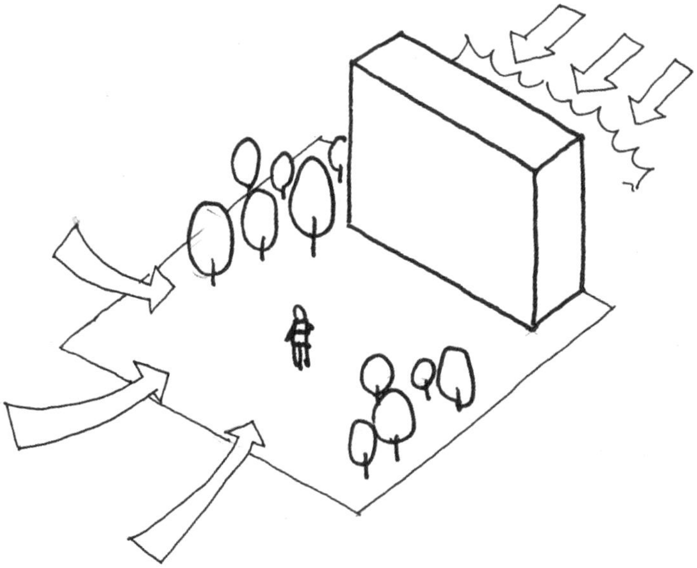

好的配置可以解决气候问题
东北角建筑挡风
西南角开口迎风

好的设计应顺应气候问题
东北角树林阻挡季风
西南角开口迎风

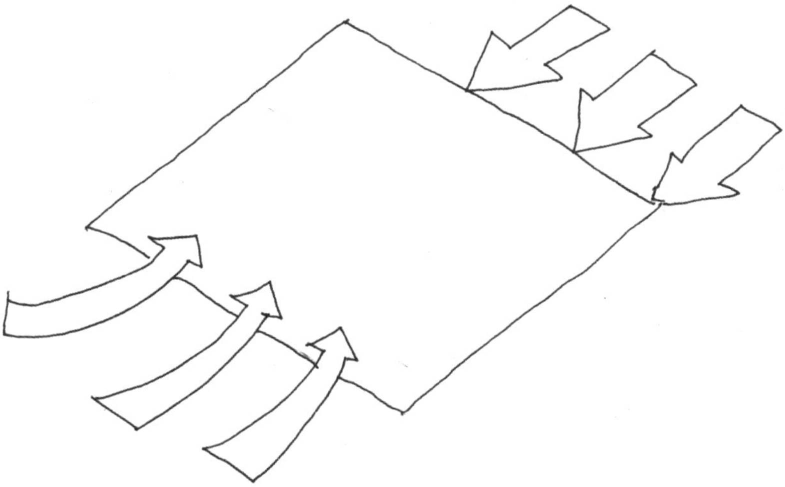

没有设计
“坏风”与“好风”都挡不

3 与邻地关系的空间思考——公有和私有产权的处理

Q 如何处理邻地或邻房

A

❶ 这里的建议只适合用在考场，并不适用于真实世界。

❷ 主要判断依据：产权。

❸ 几种可能会发生的情况如下所示：

a. 题目的基地：公有、公共设施。
邻地现状：公有空地。
处理方式：扩大设计范围至邻地。
理由：充分利用公有资产，使城市环境更加美好。

b. 题目的基地：公有、公共设施。
邻地现状：私有空地。
处理方式：只能提供文字上的互惠构想，不能是建筑设施。
理由：尊重私人产权。

c. 题目的基地：公有、公共设施。
邻地现状：私有建筑。
处理方式：美化邻地开放空间。
理由：打造友好环境，照顾他人。

d. 题目的基地：私有、私人设施。
邻地现状：公有空地。
处理方式：美化开放空间。
理由：避免公共资源浪费。

e. 题目的基地：私有、私人设施。
邻地现状：私有、私人建筑。
处理方式：界线清晰，不可侵犯。
理由：尊重私人财产。

4 无障碍的空间思考

友好的无障碍空间

议题一：室外无障碍通路如何融入开放空间？

策略 1→以虚线表现无障碍通路（室外），从主题开放空间延伸至建筑的主要出入口。

策略 2→户外阶梯表演空间加设轮椅使用者空间与陪伴者空间，此位置必须无异于其他观众。

议题二：室外如何让行动不便者更容易进入基地？

策略→主要入口处设置临时无障碍停车位（画虚线）。

议题三：室外如何让行动不便者受到更全面的照顾？

策略→设置无障碍服务柜台，广泛设置无障碍服务铃。

方式→专人服务。

议题四：室内如何方便用户使用无障碍设施与设备？

策略→切实设置无障碍设施与设备，如楼梯、电梯、剧场座位空间、卫生设备等。

方式→请在图上画这个符号，让老师知道你对  无障碍设计的用心。

NOTE

技巧：

1. 无障碍停车位要画在电梯或出入口旁。
2. 所有展现无障碍设计的部分都要画出来。
3. 无障碍通路除了要具有连续性，还要串联起重要空间。
4. 熟悉楼梯、车位、厕所的标准图示。

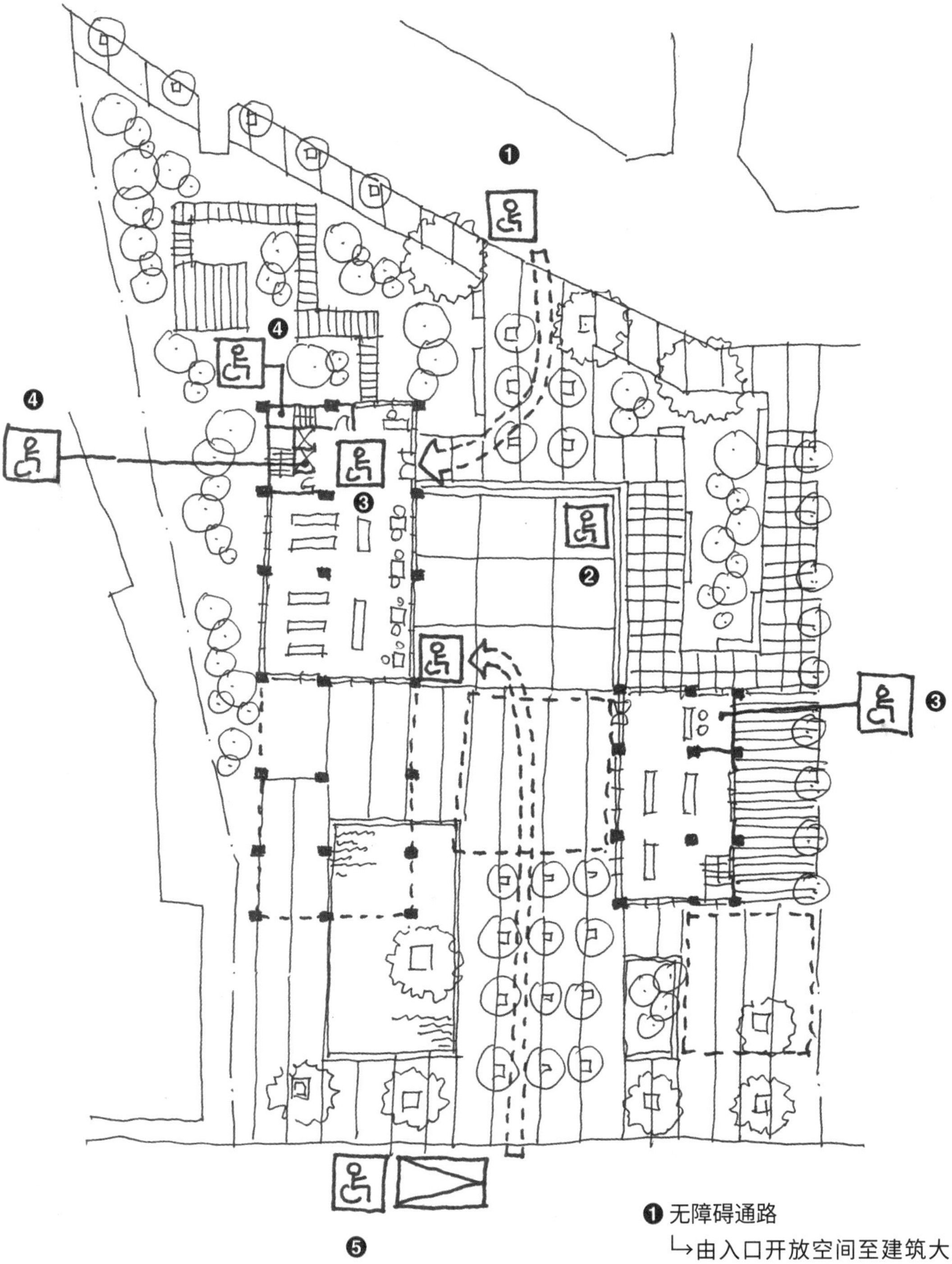

❶ 无障碍通路

└→由入口开放空间至建筑大厅的路径

❷ 无障碍观众席与陪伴空间

❸ 无障碍服务柜台

❹ 无障碍电梯

❺ 临时无障碍停车位

5 两性平权空间思考

这是一个性别权利高涨的时代，但我们生活的空间从有人类以来，就因为性别的关系而产生了空间里的不平等问题。在这个人类文明高度发展的时代，如何让空间在性别上获得同步的文明进步，是许多专家学者的研究重点。

我们不是性别专家，但我们是空间的专家，我们的责任是让不同性别的人与群体，在任何空间中都能感到自在、舒适、安全。

❶ 自在的两性空间

有很多空间在文化上被归类成特定性别使用的空间，例如，亚洲社会普遍认为厨房是女性的空间，这是对女性的偏见。有时候，也有对男性不公平的观念，如认为车库、地下室、应急楼梯是男人“做坏事”的空间。作为新时代的空间创作者，我们可以打破这些空间在人们心中的既定印象。

> **你可以这样做**
>
> **如果是一个用餐空间的题目，试着将厨房设置在平面中最重要的位置，让厨房空间成为核心空间。**

❷ 舒适的两性空间

在一些有偏见的空间，如厨房、厕所、工作空间的周围，加入一些具有休闲性质的家具，提升这些空间的使用品质。这些在提升方面的巧思说明了你是对这些小空间有责任感的建筑师。

❸ 安全的两性空间

这是最重要的议题，大部分会让人产生不尊重性别的感觉的空间，都是对性别不友好甚至造成疑虑的空间，尤其是管理上存在死角空间。这时候，我们可以用科技与管理的手段来减少安全上的隐患。

最近这几年，我们在公共运输设施上，看到很多女性专用空间，就是利用监控系统，加强对某个场所的管理，这也是我们在做设计方案时可以为两性平权做出贡献的地方。

两性平权空间

安全监控系统

❶ 妇幼安全空间→安全保障
❷ 性别平权空间→自在使用
❸ 妇幼友好空间→友好使用

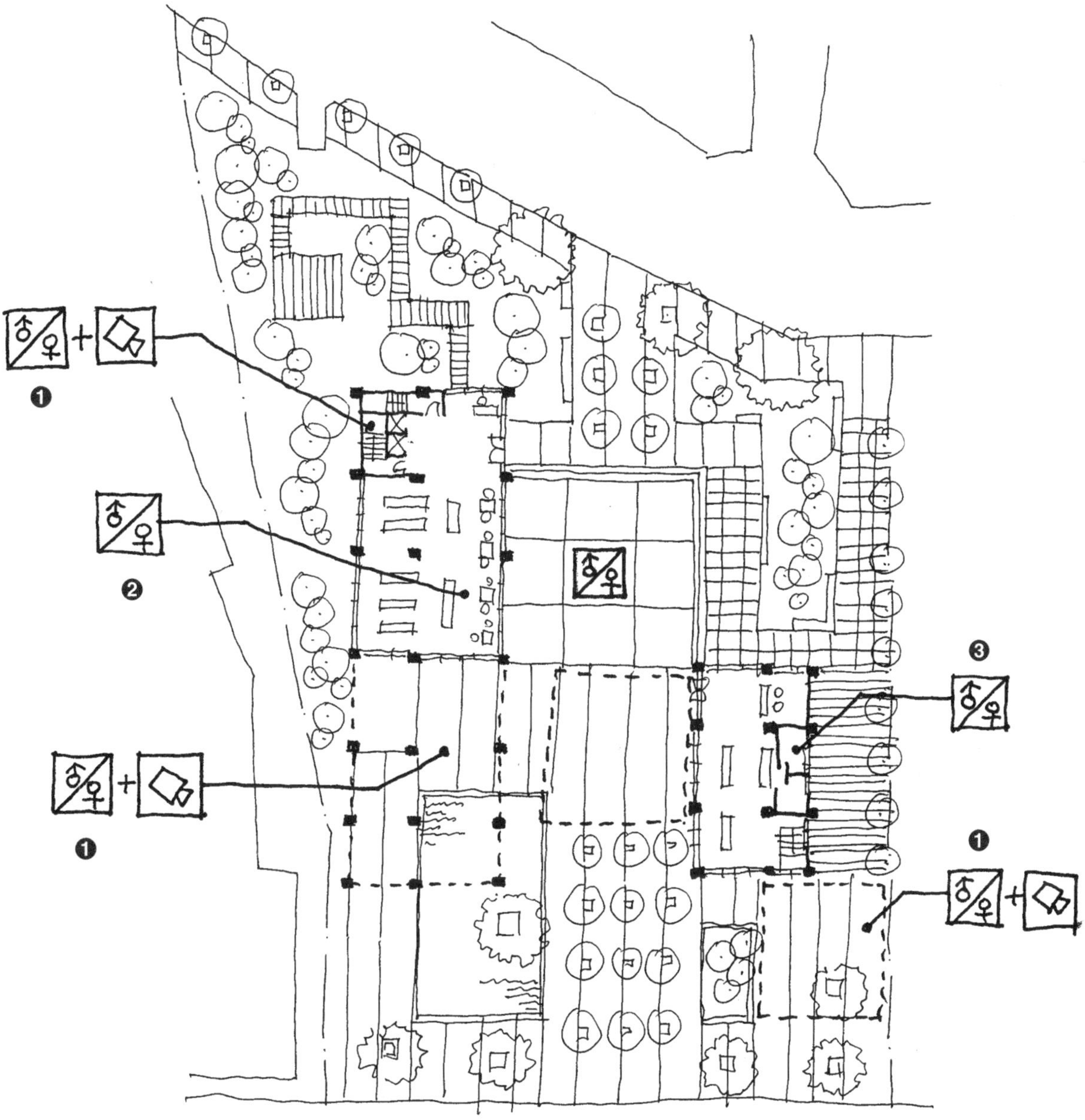

6 绿色建筑的空间思考

建筑的开发营造，就像 2013 年的一道建筑考题——都市填充的内容一样，它是对环境的强烈冲击，会破坏原有的自然与生态的平衡状态。因此，如何在开发建筑物的同时，形成环境系统中的良好基因，应该是我们这些空间与建筑专业人士特别注重的地方。绿色建筑就是可以让我们简单运用，且效果卓绝的好方法。

由于本书讲的是简单的设计概念的养成，因此，我们不讨论深奥的建筑工程技术，我们只需要在做设计时将这些指标要求体现到图面中即可。

这些指标包括：

❶ 生物多样性

在你的设计里留下适当的空间，作为生物栖息地、绿地。

❷ 绿化指标

建筑物的平面和立面、里面和外面都尽可能地加入绿化的元素。

❸ 基地雨水管理

在建筑的各种平面上（如屋顶、铺装、露台）设置水资源存储设备、涵养水源。

❹ 日常节能

选择能够节能的设备，尤其是空调、外立面设备、照明。

❺ 减少二氧化碳排放

使用让建筑物的结构更合理及轻量化的配置，并使用耐久、可再生的建材。

❻ 减少废弃物排放

营建自动化过程，并减少空气污染与废弃物产生。

❼ 室内环保

让室内的空气、隔音、装修、采光可以更适合生活。

❽ 节约水资源

减少并回收建筑用水，鼓励选用节水器。

❾ 污水处理

污水与垃圾集中处理，减少对景观环境的影响。

绿色建筑标识

绿化、生态

雨水管理、水资源、污水

日常节能

减少垃圾

室内环保

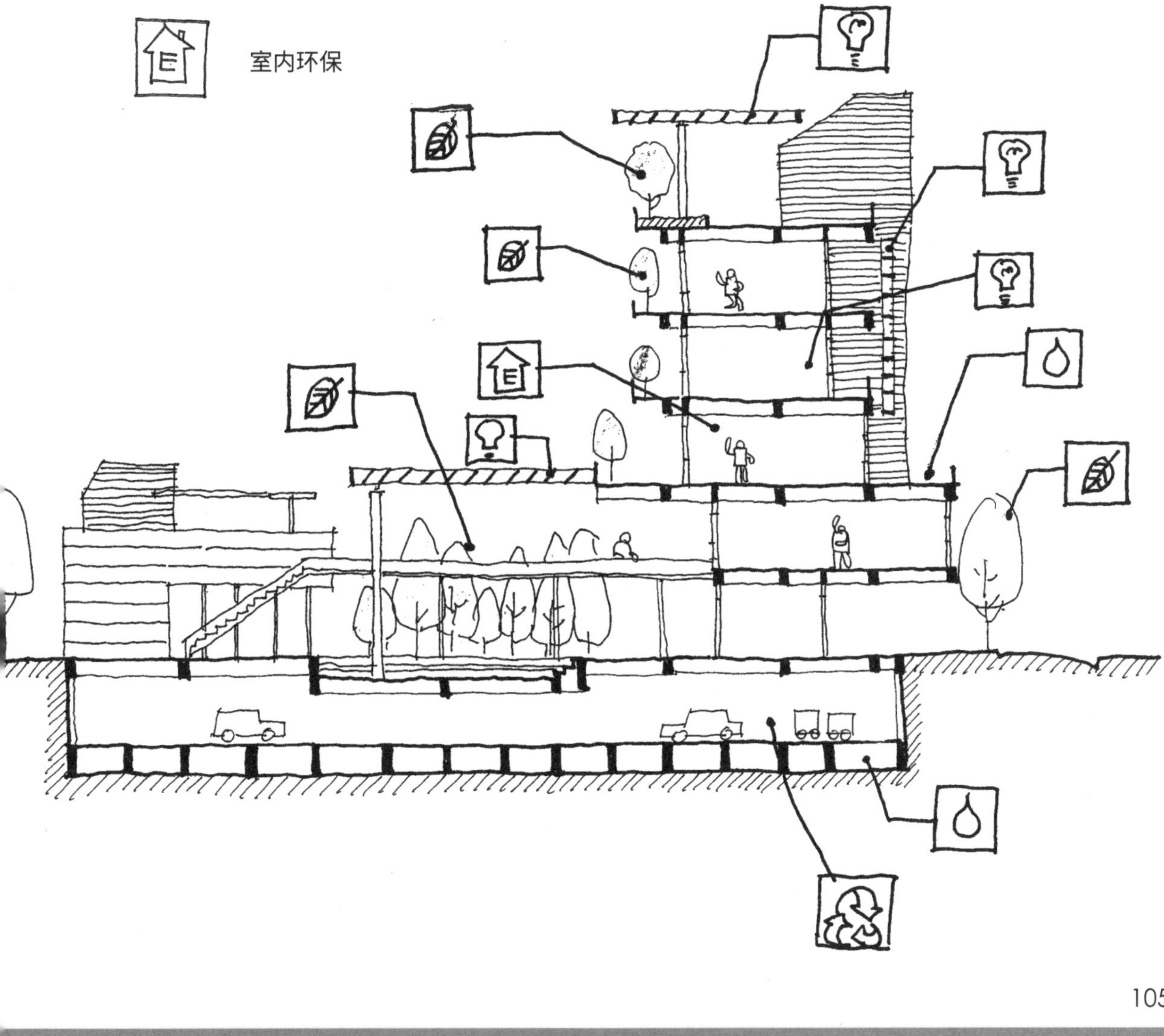

7 智能建筑的空间思考

智能建筑是这几年新兴的名词，发明这套系统的学者专家认为，智能建筑可以让建筑更安全，同时还防灾、健康、舒适、贴心又便利，最重要的是可以节省能源。

做一个建筑师，要上知天文、下知地理，左通法规、右懂结构，现在又多了一个智能建筑，我只能叹气说：我们还得懂网络和计算机。（这真的超出我的学习能力了！）

对于智能建筑，有几件事你得了解：

❶ 不管新旧建筑都有机会成为智能建筑。

❷ 要有一个房间容纳很多计算机和传感器设备，随时监控所有空间的安全和能源状态。

❸ 要有一个管线空间，向外连接一堆我们搞不懂的设备，如光纤，这些线又要连接许多神秘的地方，构成一个只有电气工程专业的人才懂的神秘系统。

8 历史建筑再利用的空间思考

根据文化资产相关保护法规，跟历史有关的建筑可以分为两种，一种叫古迹，另一种叫历史建筑。

简单点理解就是，古迹里没有发生过伟大的历史故事，也没有历史人物在这里做过什么大事，而历史建筑则有。也就是说，古迹只是一种单纯的建筑物，不经意地就跟环境完美结合，而且展现了当时人们的生活文明。

正因为如此，当设计的环境或基地里有古迹的时候，绝对不能去变动它，破坏它。如果有历史建筑，因为它产生的背景和伟大的故事或人物有关，所以可以再利用，但利用的时候记得要跟这些人物或故事产生关联。

除了上面的利用限制外，还有管理维护的要求：

❶ 日常保养、维修。

❷ 使用、再利用经营管理。

❸ 防盗、防灾、保险。

❹ 紧急应变计划。

建筑设计方法上能做的事情

❶ 良好的安全措施——监控设备

❷ 良好的通风和排水——微气候运用

❸ 主动消防措施——消防设备

❹ 保养、维修——结构安全监控与补强

智能建筑

- 基础设施
- 安全监控设备
- 网络整合
- 生活便利
- 健康舒适

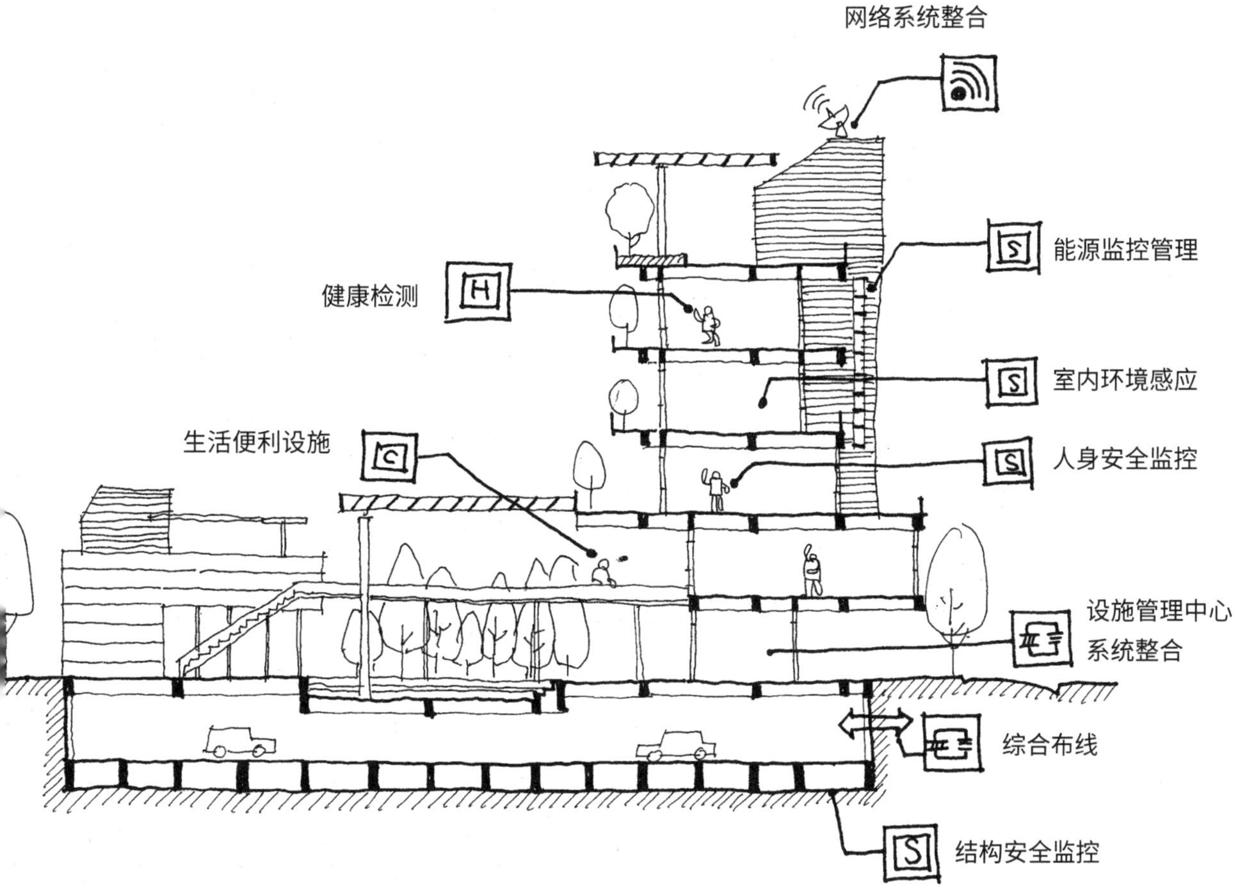

ARCHITECTURE
MASTER CLASS
SPATIAL THINKING

第四章

CHAPTER FOUR

建筑师的武器

建筑空间规划

量化的空间

TITLE 1

空间规划的内涵：建筑是有趣的行为观察

建筑的空间规划——讨论文字的空间化

建筑规划的工作是将使用者的各种需求，配以适合的空间单元与大小，再将这些空间单元组织成一个有序的整体空间。因此，规划成这样的空间形态和结构，事实上是为了容纳需求所延伸的活动与行为、用途或功能，换言之，是将抽象化的需求，转为适宜的概念性空间。

用户需要的有序组织因而必然与其空间组织相吻合，而组织化的空间就具有该有序组织所含有的意义，空间的组织和社会文化的内部组织一样，可视为由具有独特角色（或地位）的空间单元和其间的关系所构成的整体，其所具有的功能，在于满足某种需求所延伸的特定活动与行为或用途。

各空间单元之间的关系就是这个整体的内部结构网络。它决定了某种活动与行为或用途在整体中的空间位置与彼此的关系。确定角色与关系是组织空间时必然的过程，即空间如何组合或分化，而后如何发生关系。

——摘自 2011 年台湾地区专业人员考试建筑规划与设计科目

上面这段文字对我的建筑设计生涯影响至深，它让我觉得我参加的建筑师考试是很有水平的（当然我还是很在意没水平的评分方式）。这段文字说明了一件事，建筑设计不是单纯由结构技术堆砌而成的学问，它同时也在探讨人、行为、角色与空间之间的关系。但这段文字对于久未阅读的我们来说，实在是很难“读进”脑袋，接下来我就和大家简单说明一下。

TITLE 2

舒适的记忆：感受空间的尺度

建筑不只是纸上冰冷的图面，身为建筑师，一定要记得用身体感受空间。无论活泼、庄严，还是优雅，当你的建筑能够让人第一眼就产生无法言说的感性共鸣，而非“说不出来的不舒服”时，**建筑的生命力便产生了。**

要在建筑师考试里选出最让大家苦恼的一件事，应该是“空间定性定量”吧，这个深刻的问题在考试的设计世界被放大了很多倍。

事实上，这个问题并不是只有在建筑师考试的时候才会出现。开会的时候，业主会要你评估空间的规模；念书的时候，老师会要你说明怎么定义这些设计里的空间。遇到这种状况，如果对象是业主，那只能摸摸鼻子，从脑袋里“变”出一点儿数字给他；如果对象是老师，有可能连他都说不出所以然来。虽然你没业主，不用念建筑专业，也不用考建筑师资格证，但你有可能要租房子，甚至买房子，当你遇到这类问题时该如何面对呢？

累积空间经验

我们每天从早上起床、吃早餐、喝咖啡、赶公交车，到踏入公司，整个过程都不停地在各个空间移动，而每次与不同空间的相遇，都是我们累积空间经验的最佳机会。

吃早餐的时候可以感受桌椅的尺度、颜色、质感；在咖啡馆喝咖啡时，除了灯光和音乐让咖啡的香气更加浓厚以外，咖啡馆的窗台高度、吊灯位置、墙壁材质和质感、地板的样式，甚至空间高度，也都左右着我们享受咖啡时的美好体验。当然，除了美好、正面的空间体验，有些时候（对悲观的人而言可能大部分时间是如此），空间也会带给我们不好的、负面的体验。例如，我儿子讨厌整齐排列的升旗操场，他觉得这代表着空旷、冷漠、制式。我老婆讨厌生意好的面包店，为了几个不起眼的面包，得挤进 75 cm 宽的“面包走廊”里，再加上昏暗的灯光和甜腻的面包味，尤其是在炎热的盛夏，短短 5 m 的路程可以破坏她一天的好心情。对我这样卑微的上班族而言，最糟的空间体验应该是跟业主开例会时的会议室：老旧大楼里老派装修的会议室，长约 10 m、宽约 5 m、高不到 3 m，距离远得让与会者要像骂人一样提高嗓门，大声发表高论（其实他什么都不懂）；低矮的天花板加上下沉的投影机，像佛祖的大手，压住我们这些来开会的“猴子”建筑师，让人“生不如死”。

除了我和家人的这些空间体验，再聊聊大家的集体记忆吧。想想我们的学生时代：放暑假前，空气闷得像是不含氧的有毒气体，四五十个血气方刚、正值花样年华的少男少女的白色制服上露出半湿的汗印，让衣服呈现出半肤色的状态；距离我们 3 m 高的吊扇，叶片旋转着，发出频率固定、声调低沉的嗡嗡声；不被老师喜欢的“坏学生”，坐在距离他最近的教室垃圾前面，和相距不到 75 cm 的隔壁桌同学交换每周一期的画报杂志。

数值化 + 情感

空间是人们生活的容器，这个空间容器因为每个人不同的活动，而引发不同的空间记忆。你作为塑造空间的人，可以记下这些构成记忆的尺度，将其运用在你即将创造的图面中。

再回头看看我在前面的描述，如果那是一篇文章，我作为一个空间的艺术家，负责的工作便是为这些语句加入“数值化的尺度”，再为这些抽象数字加入一些情感上的人性意义。就好比音乐家重新排列音符，把它们转化成动人的乐章。

建筑师考试的空间要求，则是少了人与人之间的尺度，多了城市内空间与空间之间的尺度。想要掌握最小尺度，可以从我们最熟悉的“教室空间”开始练习，后面我们将利用这个约 8 m×8 m 的方形教室说明如何结合空间与结构。

TITLE 3 数值化：空间感受

“空间格”是表达空间面积的尺度单位，可能影响空间面积的因素有很多，有时是已经存在既有空间，大小不可变动，有时还可能以使用人数或活动目的为主要考虑方向，而本节将说明设计实务与考试设计中可能会出现的 4 种思考要求。

1 直接说出空间的面积需求

遇到直接的空间量化描述，例如，展示空间 600 m^2、友谊空间 480 m^2 等，代表出题者认为建筑师的工作是整合各个空间的关系。空间大小由假定的业主根据自身经验提出，出题者不在乎设计师的空间想象，但希望你忠实地将这些单纯的空间名称，通过建筑师有意义地组合，变成一间好用且实在的房子。

你可以这样做

前面我们提到过，构成一个空间的基本尺度是一间 8 m×8 m 的方形教室。题目简单说明了空间面积需求，你只需要快速将其换算为“基本空间格”。

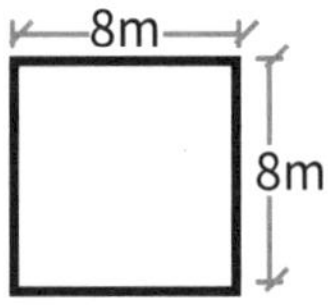

- 基本空间格　1g（格）=8m×8m=64m^2
- 展示空间　600 m^2 ÷ 64 m^2 ≈ 10 g
  →代表展示空间约为 10 间 教室大，也可以说是 10 个基本空间格
- 友谊空间　480 m^2 ÷ 64 m^2 ≈ 7.5 g

2 以空间的使用人数，说明空间面积的需求

业主最容易以使用人数评估空间使用方式和效益，就算不是专业人士，也可以用这个方法来设定一个空间的规模。但是，我们是受过专业空间操作训练的专业人士。业主若是用这样的方式提出基本的空间想象，我们该如何回应？

业主：“嗨！建筑师你好，我想盖一家可以坐满一百人的餐厅。”

建筑师 A：“啊！所以这空间要多大？”

建筑师 B：“嗯！很好，我觉得你的想法很明确，这可以是一家很高级的餐厅，大概需要 150 m²，约 8 m × 20 m 就够了。”

这时，建筑师 B 比量了一下他们所在的空间，轻松地说，大概是这间会议室的两倍大。若以此方式假设，那大部分的空间都可以用人数来估算空间需求。

如果你是业主，你会用哪一个建筑师？不用讨论都应该选 B。但是为什么呢？其中有句最主要的话——“大概要 150 m²”，你应该会很好奇这句话产生的背景和理由。假设建筑师不是专业的空间规划师，可以这样大胆设定——如果同样都在一个空间内：

- 只有人，没有桌子
  →每人需要 1 m²

- 几个人共用一张桌子
  →每人需要 1.5 m²

- 一人用一张桌子
  →每人需要 2 m²

上面的建筑师 B 面对的空间案例须容纳 100 人，且几个人一桌，所以推测每人要 1.5 m²，100 × 1.5=150 m²，因此，该餐厅适合 8 m × 8 m × 2.5（约两间半教室）的空间尺寸。

你可以这样做

如果某个题目或者业主提出要求：

· 多功能会议室 100 人

· 200 人餐厅

· 50 人教室

❶ 100 人功能会议室

↓

演讲厅

↓

一人一把椅子，没有桌子

↓

一人 = 1 m^2

∴ 100 人多功能会议室

= 100 人 × 1 m^2

= 100 m^2

→ 100 m^2 ÷ 64 m^2 ≈ 2 g

❷ 200 人餐厅

↓

很多人一张桌子

↓

一个人 = 1 m^2

∴ 200 人餐厅

= 200 人 × 1.5 m^2

= 300 m^2

→ 300 m^2 ÷ 64 m^2

≈ 5 g

❸ 50 人教室

↓

一人一张桌子

↓

一个人 = 2 m^2

∴ 50 人教室

= 50 人 × 2 m^2

= 100 m^2

→ 100 m^2 ÷ 64 m^2

≈ 1.5 g

3 以比例说明各个空间的分配比重

当业主或出题老师以比例表达各个空间的使用需求时，你应该感到庆幸，因为这等于直接告诉你即将兴建的项目中哪里是重点空间。但这样会衍生另一个问题——总建筑面积要多大？

回顾一下什么叫“以比例说明各个空间的分配比重”。我们以 2012 年的一道设计考题为例。考题是“儿童图书馆设计”，题目是这样的：

空间需求

❶ 图书阅览空间
（约占总建筑面积的 $\frac{1}{5}$ ）

❷ 亲子游戏空间
（约占总建筑面积的 $\frac{1}{10}$ ）

❸ 多功能展演空间
（约占总建筑面积的 $\frac{3}{20}$ ）

❹ 亲子学习空间
（约占总建筑面积的 $\frac{3}{20}$ ）

❺ 行政管理空间
（约占总建筑面积的 $\frac{1}{10}$ ）

❻ 其他空间
（约占总建筑面积的 $\frac{1}{10}$ ）

在建筑师考试中，有一个很重要的要求，就是希望通过考试的建筑师在未来从事建筑设计时，能够从整体环境考虑基地的角色。而以比例说明空间的面积需求，则是希望建筑的设计者可以先提出有益城市空间的建筑量体。在设定正确的量体后，再根据各个空间的重要性与差异性，进入细部设定。

你可以这样做

请参考建筑的量体规模（见第 96 页）来确定试题中建筑的规模，再根据各空间比例，定义出不同的空间面积。

4 只有空间需求，请设计者提出面积建议

这种问题常常让我想起大学时上的设计课，老师要我们做建筑设计，光是思考如何设定空间面积，就会耗掉我们大部分时间，那时我们总会抱怨：我就不相信老师真的知道怎样评估空间面积！为什么不能把设计课的时间用在构思空间、多画图、多做模型上呢？

有了这么多年教设计的经验，我渐渐体会到一件事：作为一个空间的创造者，如果不能掌握空间的基本尺度和需求容量，哪里有资格进一步探讨空间的质量？作为一个空间的艺术家，请一定好好面对这个基本、单调，却又影响深远的问题。

回头看一下前面 3 个估算空间面积的方法，这里建筑师的责任是将使用者的需要转换成具体且具有尺度的空间。如果定义空间面积的责任落在建筑师身上，我们可以用倒推的方式找出答案。

你可以这样做

---

❶ 方法一：

最适合环境的建筑量体

+

根据空间的重要性，

在建筑量体内进行比例分配

---

❷ 方法二：

用教室作为想象的比较基础，进一步模拟想象不同空间的可能大小。

例如：

诊疗室 = $\frac{1}{3}$ × 教室

∴ 诊疗室 = 20 m^2 ≈ $\frac{1}{3}$ g

方法二很适合用在对我们来说功能较为陌生的考题上，大家可以试试将常常驻足的空间和教室做比较。

TITLE 4

法定建筑
面积的运用

容积率是怎么来的?

什么是容积率？这本书是要大家从空间的角度培养对空间的思考。如果用深奥的法律规定名词说明，就违背了本书的初衷。简单讲，通常会用百分比表示一块土地能盖多大面积的建筑，譬如 240% 的容积率，代表每 1 m^2 的基地面积，可以盖出 2.4 m^2 的建筑面积。当然，若要认真研究，还有一堆空间定义的问题，我们不在这里多做说明。

先思考一下容积率是如何制定出来的。

老实说，我不知道，但能想象一个画面：一群学者专家凭着学术上对不同地方的调查，想象出一个能被“科学量化”的数值，再根据相关的政治与经济利益，验证数值的正确性，土地价值数据化的结果，也就反映了财富的走向。

当然这只是我个人偏激、不负责任的想象，而且是充满情绪的推测。

好的，假设真的就像我讲的，容积率的制定无关空间是否美好，无关城市是否宜居，那么身为建筑师或者空间创作者的我们，就是要将这个莫名其妙的数值，“美好”地反映在土地上。

有了这个核心的思考方式，我们可以产生一个简单的目标，就是无论容积率的规定或要求为何，都要创造一个美好的空间才对得起自己，尤其是在做不需要精准面积的设计时。

该不该把容积率用完？

我的主要业务是集合住宅设计，服务的业主多半是开发商，也就是大家口中的建设公司。对他们而言，容积率就是赚钱的工具，每一平方米都反映了财务报表上的商业目标，所以“把容积率用完”是必然要件。

集合住宅设计是台湾地区建筑设计产业的核心，久而久之，“把容积率用完”便成了建筑师的基本工作。但是反过来思考，什么时候不需要把容积率用完呢？

❶ 业主的预算不够。
❷ 业主不需要那么多空间。
❸ 业主想分阶段把容积率用完。
❹ 针对基地既有建筑物进行再利用，只需要整理、维修就好了。

没错，就只是这些简单的理由，才不会把容积率用完。在面对建筑师考试的题目时，请把自己当成业主，思考该如何利用题目中的基地，该如何决定容积率的使用程度。

NOTE

你可以这样做

- 建筑师不是唯利是图的开发商，你思考的方向应该要有利于城市发展，而不是有利于开发商的利益。
- 城市发展应该是和谐有序的，因此在决定容积率时，建筑量体不能太过突出，不要高过其周围的量体。
- 过度的容积（建筑面积），容易造成城市开放空间不足。设计时可以先设定合适的建筑密度，再决定适当的容积率。
- 可以考虑再利用基地内的既有建筑，减少过度开发。
- 法定的容积率与建筑密度，规定了基地开发的极限，但不是美好设计的标准。

TITLE 5

空间规划与建筑量体设定

空间规划有 4 个思考流程：建筑高度、空间属性、空间分布位置与室形。每一种考虑都有其出发点和经验基础，不过，这也是建筑有趣的地方，因为在每一环思考架构之中，仍有创意与翻转的可能性。

了解基础，站稳脚步之后，未来的建筑师们，请尽管以自己的姿态，大步向前吧！

1 建筑物高度与规划

总建筑面积 ÷ 30% 建筑密度的建筑面积 = 所需楼层数

在上面的公式中，每个数字代表的意义，都和现实生活中的设计不太一样。现实生活的建筑面积是用很多复杂公式算出的，就像有些专业人士抱怨，建筑师的工作已经沦为数学计算，不是做设计。没错，做这个工作 10 多年，我一直搞不懂怎么算出正确的面积，所以要想在考场上（或初步）找出合适的建筑面积总量，就不能用实际工作中的计算方式来处理。

除此之外，在早些年的时候，建筑师前辈或设计补习班，总是教我们把建筑物画得很小，完全不成比例，好让整个基地充满活泼的开放空间，以获得评审老师的赏识。这样操作的结果，就是常常出现图面中的厕所比重要空间还要大的窘境。

在这个日新月异的时代，人的眼睛早就被计算机的准确性养“刁”了，看到上面那些没有根据的图面，只会让人觉得不专业。因此，如何让你的图展现出经过全面理性分析的成果，才是建筑师该有的基本功。

从建筑密度反推建筑物高度

在此，我们省略计算建筑面积的复杂过程，仅以“总建筑面积”作为建筑规模的发展依据，也就是“容积率 × 基地面积”。这样的数值结果除了计算简单之外，还有另一个重要意义，就是象征了土地的使用强度，单纯以此作为设计标准，最能表现设计与环境的关系。

至于 30% 建筑密度的设定，就是要应对以前把建筑画得太小的问题。在进入城市规划的时代后，规划地区内不同分区都被赋予了不同的使用强度，也就是我们常常听到的容积率与建筑密度。前面的章节我们说过建筑密度和容积率的运用，这里再强调一次，建筑密度与容积率是一个基地的开发上限，不是必须达到的目标。也许容积率攸关土地的使用效率，需要最大化使用，但建筑密度影响的却是完全相反的问题，代表城市里开放空间的比例与质量。

一些前辈为了释放更多开放空间，曾经教我们缩小建筑量体的规模。在这个求精准和讲道理的时代，我们也得用科学、理性的方法达到这个目标。这个方法就是找出一个“最佳建筑密度”，而这个建筑密度的参考值就是 30%。

当我们在思考建筑量体规模的时候，可以先以 30% 为标准设定一个楼层的最大建筑面积，再反推建筑物的楼层数与高度。然后，画一个简单的量体透视，审视量体与开放空间的比例。这个小的量体透视图，还能用来评估各个空间在基地中可能的位置与楼层。

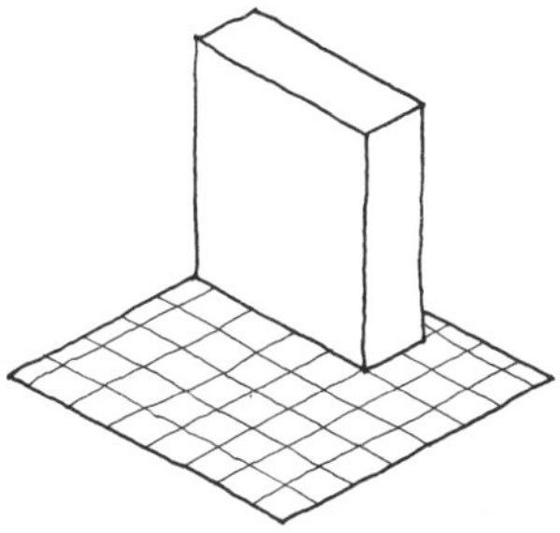

30% 好

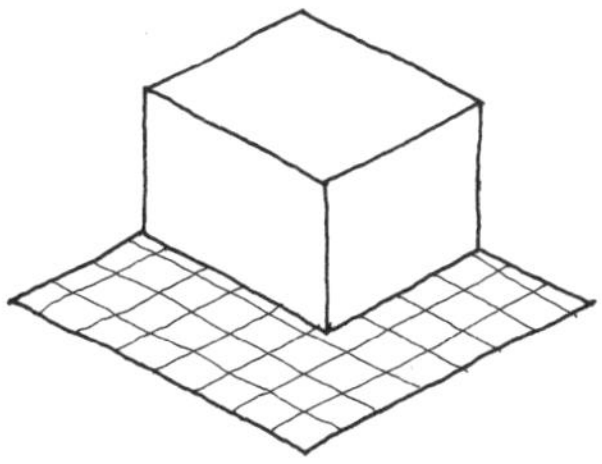

40% 差

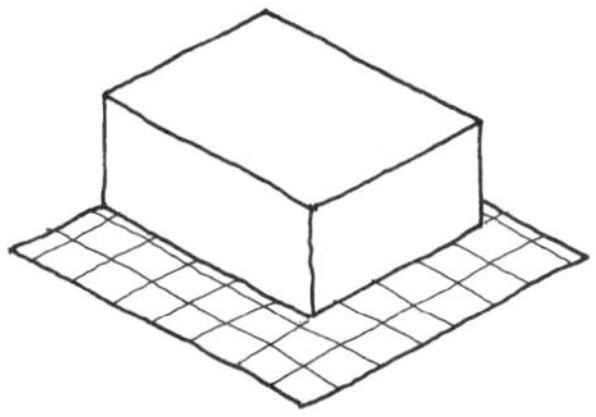

50% 非常差

我们讨论过如何利用基地位置和周围环境条件来设定建筑物的高度限制，当确定这个限制后，我们就能从建筑密度的角度找出友好环境的开放空间比例与尺度。最后，再用基础的容积限制设定建筑物的楼层数。

讲到这里，需要帮大家建立一个概念。

建筑物高度←→城市景观质量
建筑物楼层数←→使用强度

高度与楼层数不是绝对关系，而是相对关系。

12 m 高
- → 4 层 ×3 m
- → 3 层 ×4 m
- → 2 层 ×6 m

从上图中可以看出它们的关系。有时候，我们被要求的功能较多、建筑面积较大，这时可以降低楼层高度，以达到某个建筑高度的要求。但有时被限制楼高，就会无法达到基本空间量的要求。当遇到这个问题时，还有一个“量体地下化”的策略。

量体地下化

遇到这个问题的状况应该是这样：

- 功能与建筑面积（↑）：越大
- 建筑高度（↓）：越低
- 建筑密度（↓）：越低

这时，可以考虑将部分量体设置在地下室，并且安排地下广场空间延伸至地面层的开放空间，加强开放空间的趣味与质量。

2 空间属性：室内的动与静

在分析环境的时候，我们会用关键词分析基地里的 3 个区域：核心区、动态区域和静态区域。这 3 个区域分别反映出基地外部的环境与空间性质，所以在基地内以动态、静态作为响应的策略，也设定了基地内不同区域的性质。

接下来，我们将分析的尺度从大环境渐渐拉回建筑本体，而这个建筑本体本身又是另一个微小的“大环境”，因为这里面充满复杂的功能，这些功能除了要满足题目或业主需求外，还要适当地与外部环境产生关联。这使得建筑内部的空间系统，呈现出令人崩溃的联动关系，这可能是让我们作为建筑人最痛苦的一个部分——排平面。

这是个千头万绪的工作，我们需要一个美好的开始，就从为这些空间设定属性开始吧！我们延续前面的操作逻辑，别把事情搞得太麻烦，为这些空间做动态跟静态的设定就好。各位同学，也不要把动态、静态想得太复杂。简单讲，会吵的，有人走来走去的，就是动态的；反过来，如果里面的人都安安静静的，又不太动，甚至人很少，那就是静态的。

动态室内空间

1. 有活动。
2. 会吵闹。
3. 人很多。
4. 需要和外界互动。

静态室内空间

1. 没什么特别活动。
2. 安静。
3. 人少。
4. 使用独立。
5. 需要被管制。

3 室内空间的楼层位置

在确定了每个室内空间的动、静属性后，脑中应该对它们有了初步的了解。接下来，要设定这些空间在 Z 轴的位置，也就是楼层位置。

跟区分动态、静态一样，这也不是什么困难的事。越需要与人群和开放空间结合的活动，楼层应该越接近地面层；而使用越独立，越需要被管制的空间，通常就会被放到高层。

低楼层室内空间

1. 需要贴近人群、活动。
2. 不太需要被管理。

高楼层室内空间

1. 使用性质独立。
2. 进出需要门禁。

很多人可能会觉得这些是骗稿费的废话，但越是废话，越有机会表现出你的想法和别人不同。如果能善用这些大家眼里的废话，就能产生让人眼睛一亮的设计概念。

这些室内空间都是“硬邦邦”的功能空间，很容易全部被归类到无聊的静态室内空间。如果你能为这些空间找出转变为“动态室内空间”的可能性，那代表你找到了一种新的使用可能性。套用一句内行话，这就叫“创意空间”。反之，那些大家都认为适合活动的空间，如多功能展演空间、儿童游戏空间等，如果你能为这些空间想到静态的可能，那就产生了优质而有趣的动静空间转换，你的设计也就和大家有不一样的创意了。

让空间有创意的方法

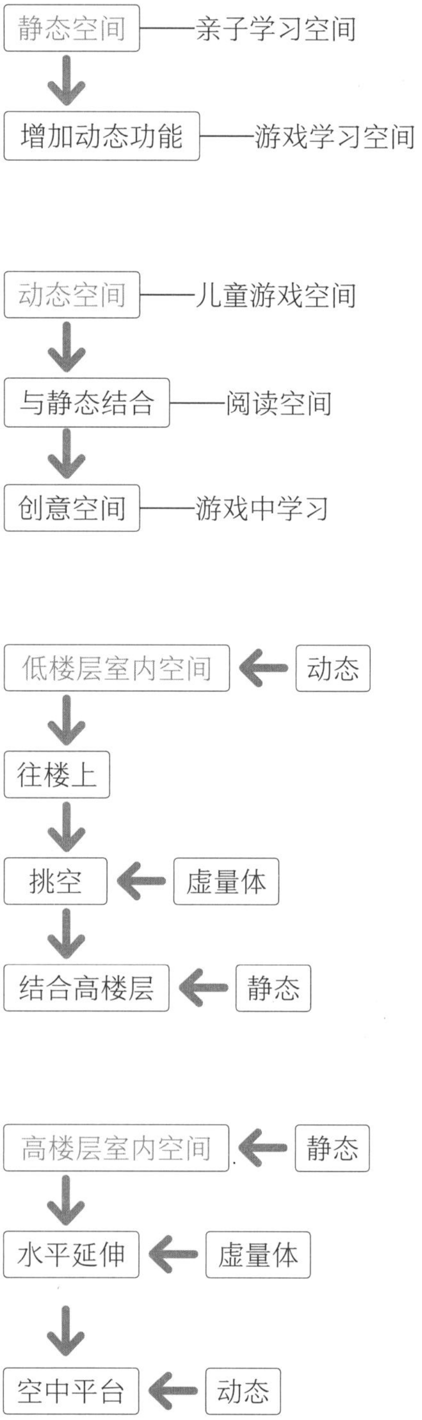

补充思考：为何二楼算是一个可静可动的楼层位置？

4 设定“室形”

室形——使用功能的“身材”

每个人都有自己的专长与价值，很多时候，这些专长与价值会反映在个性、表情，甚至身材上。我是个建筑师，常常要动脑，并且久坐，常常因为“以为”吃糖可以帮助思考，所以咖啡和糖永远不离嘴，所以，我很胖。

建筑师 → 独特角色
↓
动脑想设计 → 使用与功能
↓
傻笑、吃甜食 → 空间特征与质感
↓
肥胖 → 室形

就像人一样，空间也有属于它们的功能、个性、角色和形状。表演空间是胖胖的，工作空间可能是瘦长的。有了这些简单的想象，还要搭配我们最爱的空间格“g 值”，1 g 是 8 m×8 m，一个简单的展演空间，其室形应该是 2 g×3 g。一般来说，如果不是特殊的空间，它们的空间室形可用短边长 1 ~ 1.5 g 作为标准，在长边做变化。

举例

若阅览空间 270 m^2 ≈ 4.5 g

→ 1.5 g × 3 g

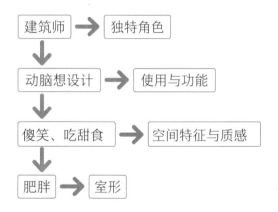

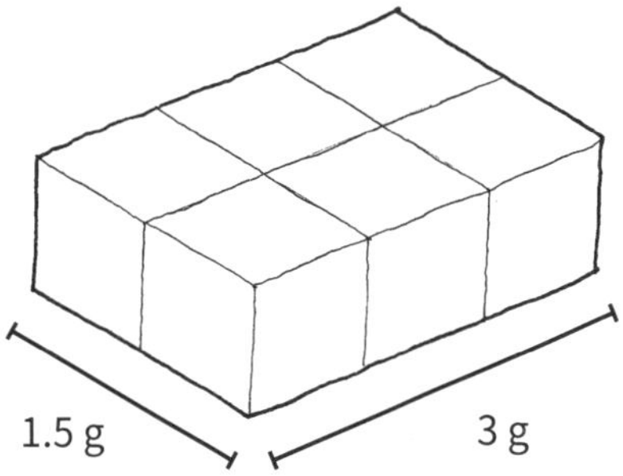

完成室形的设定，就完成了初步的平面单元定义。有了这样的基础分析，才可以产生有系统的平面组成。

TITLE 6

基本建筑规模与量体呈现

建筑的最基本形状——长方形量体

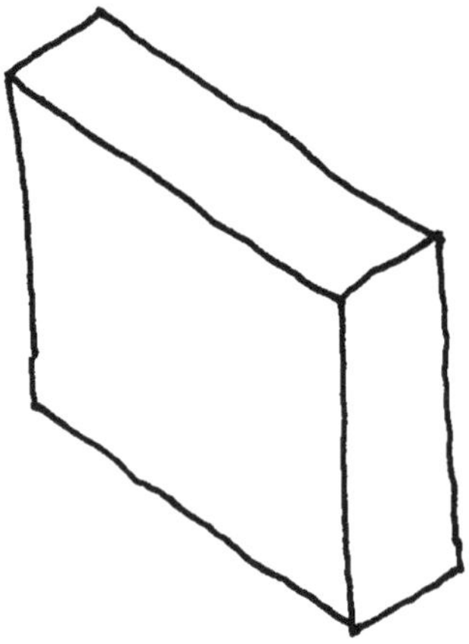

Q1：为什么不是圆形

A：圆形是一个很“符号”的形状，“符号”代表某种东西，是专属于某个事物的。如果一个形体本身有很强烈的个性，就代表这个形体可能无法和周围环境融合，在密集的环境下，很容易变成影响地景的视觉怪物。所以，建筑的基本形状不能是圆形。

Q2：为什么不是正方形

A：正方形缺乏正面，令人难以明确辨识出入口位置。

任何一个建筑物都会有入口，虽然不一定在正面，但绝对会在有一定识别性的地方。也就是说，建筑物一定有主入口，并且入口会设置在容易让人知道位置的那个立面。相对来说，这个有入口的立面，就是该建筑的重要立面之一。由此可证，建筑物的量体有方向性，每个立面都该有方向上的意义，而正方形四边都一样长，较难表现出哪个方向是较为重要的立面。相反，长方形的长边就很容易让人了解建筑量体的正面在哪里。

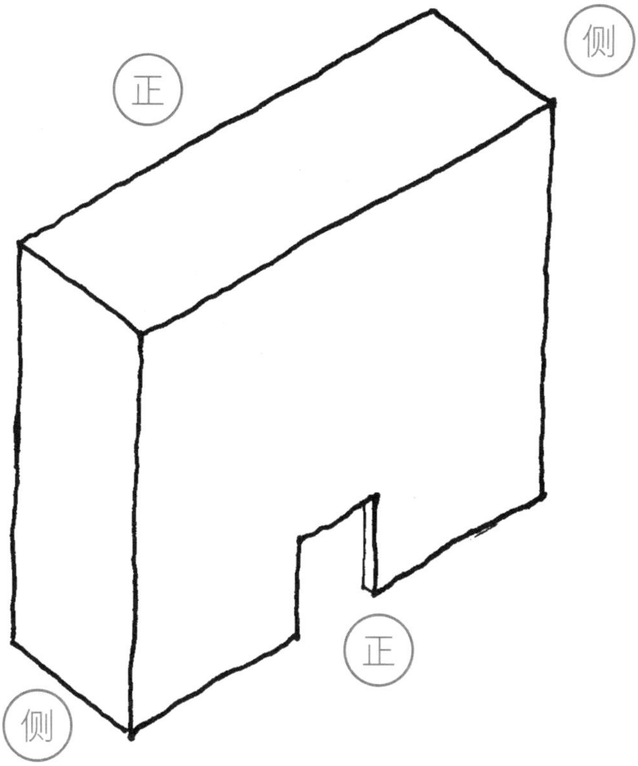
正
侧
正
侧

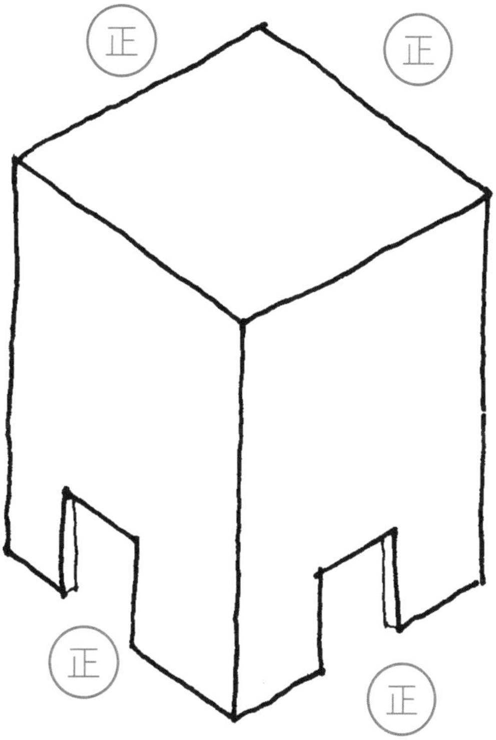
正
正
正
正

TITLE 7

建筑量体规划的操作示范

建筑量体规划操作流程说明

1 读题目、找空间

找出可以构成建筑量体的室内空间，并将这些空间项目以条目的形式列出来。

2 设定空间大小与尺度

用前面说明的各种方法设定各个空间的大小与尺度，再将其转换成 g 值。

3 大致设定“室形”

用换算好的 g 值进一步设定各个功能空间的形状，设定的结果就是“Xg × Yg”。

4 设定楼层位置

各个空间因活动强度而被配置在相对应的楼层。楼层有 4 种：

- 地面层
- 二层
- 三层及以上
- 地下层

❶ 地面层

可以在此设置活动强度最高的空间，一般是最需要与主题开放空间结合的空间。

❷ 二层

如果基地因为面积或形状，无法将需要与地面层开放空间结合的空间设置于地面层，则可以设置在二层，通过大型阶梯将它与地面层连起来。

❸ 三层及以上

扣除需要与开放空间结合的空间，剩下的空间都应该往三层及以上的楼层放。一来这些空间可能需要保证私密性，或需要较强的管制，如办公室、教室、住宅；二来可以避免压缩开放空间的面积。

❹ 地下层

和二层类似，我们也可以将地下广场与地面层结合，避开大型空间对主建筑结构系统的影响。这是一个处理大型量体空间的好方法，但如果设置得不好，就会影响人流在开放空间的顺畅性。

❺ 合计总楼地板面积（= 总格数）

加总所有空间的 g 值，准备进一步设定建筑物的量体。

❻ 设定建筑物可能的高度

· 参考周围建筑层数，作为被设计建筑的层数与高度。

· 参考基地所在区域，设定建筑物的楼层数。

城市中 ➔ 8 ~ 15 层，或 15 层以上。

城市边缘 ➔ 4 ~ 7 层

乡村 ➔ 1 ~ 3 层

· 8 ~ 15 层、4 ~ 7 层、1 ~ 3 层是 3 个合理的楼层数区域，都可以运用。

❼ 用“最佳建筑密度”，以总 g 值反推楼层数

最佳建筑密度为 30%，一个建筑与空地最适宜的比例。

❽ 比较 ❻ 和 ❼ 决定建筑高度

以 ❻ 为优先，倘若差距太大，以 ❻ 为主。

❾ 绘制简单量体

须将基地边长换算成 g 值，使大脑能够感受基地的大小与尺度。

范例 2008 年考题：跨国企业员工度假中心

量体规划步骤示范表

列空间		设定大小		设定室形		设定楼层
❶ 度假小屋（30 间）	→	非设计内容	→	无	→	1F
❷ 学员宿舍（30 m^2/10 间）	→	5 g	→	1 g × 0.5 g × 10	→	2F
❸ 学习教室（48 m^2）	→	1 g	→	1 g × 1 g	→	2F
❹ 创意工作室（18 m^2 × 10）	→	3 g	→	1 g × 3 g	→	2F
❺ 器材准备室（24 m^2）	→	0.5 g	→	1 g × 0.5 g	→	2F
❻ 讲师办公室（24 m^2 × 2）	→	≈ 1 g	→	1 g × 1 g	→	2F
❼ 交流空间（自定）	→	3 g（假设与餐厅一样大）	→	1 g × 3 g	→	1F
❽ 娱乐空间（乒乓球空间 48 m^2、台球空间 36 m^2、游戏空间 36 m^2、健身空间 90 m^2）	→	合计 210 m^2 ≈ 3 g → 1 g × 3 g	→	1 g × 3 g	→	1F
❾ 餐厅（120 人）	→	120 m^2 ≈ 2 g	→	1 g × 2 g	→	1F
❿ 行政（96 m^2）	→	1 g	→	1 g × 1 g	→	2F

5 合计总楼板面积

二层以上：12 g

+　　一层：10 g

----

22 g

6 楼层设定

- 乡村区 → 三层以下

7

- 基地尺度与建筑密度思考

  → A：150 m × 160 m≈18 g × 18 g

  →18 g × 18 g × 0.3

  ≈ 97.2 g

  →本设计空间需求为 22 g，小于建筑物面积（30% 建筑密度）97.2 g

  ∵ 只需于地面层设置建筑量体即可。

8

假设可能的量体规模。

↳ 1 g × 11 g × 2 幢 = 22 g

1 g × 6 g × 4 幢 = 24 g

9

量体示意图。

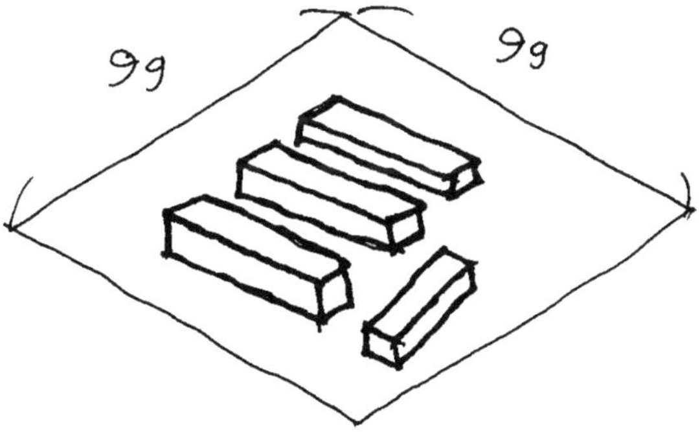

ARCHITECTURE
MASTER CLASS
SPATIAL THINKING

第五章

CHAPTER FIVE

建筑师要对环境充满想象与关怀

切配置，
找出基地里具有不同特色的区域

TITLE 1

配置 是“切”出来的

配置的安排可以根据题目里的关键词，用不同比例“切”出基地内的不同区域。“切”是精确且明快的动作，因为此时还不需要加入太多创意，先根据环境条件与题目需求，找到边界、主要活动区和核心区，形同建筑物落定的雏形，再慢慢加入各种变化。

开始画配置

学生时期在画平面时，我们总是太在意细微的尺度，怕做出不能用的空间，显出自己不专业；而进入建筑业后，又被很多法规、数字限制，想做出不受拘束的美好设计，又束手束脚，无法完整表现脑中的想法和概念。这一切都是因为你的脑袋中只有数值，没有空间的尺度。要解决这个问题，先从“切”配置开始。

对“切”本身不需要带任何顾虑，只是单纯的动作。要思考的就是为何而切，如何下刀。要为每一刀下定义、做判断，根据题目的每个字句来思考定义和判断。

找出题目里最重要的关键词——找出基地的正面

有一句很重要的话——确定基地中最重要的边界，这个边界就是基地的正面。但有时，这句话很抽象，很难和图面中的基地配置图联想到一起，这个时候就是一个很好的思考训练机会，利用关系的联想，提升大脑的思考能力。

有些题目强调环境问题，例如，当题目说

“城市太拥挤”，你就很容易联想到，把基地周围最拥挤的地方当成重要边界，再以设计手法解决拥挤问题。

有些题目则希望建筑师能“与邻为善”，那基地中最重要的边界就是有最主要邻居的那个边界。

有的题目在乎与现有建筑的关系，那最重要的边界便会紧靠这座现有建筑。

有的时候，影响重要边界产生的关键词不在题目的文字里，而在题目的基地现状配置图里，譬如奇怪的老房子、有意义的历史建筑等，下笔切配置的时候，就得将重要边界向它们靠拢。

找出发生主要活动的区域

基地左边有正在经营中的历史建筑，同时也是未来设计的经营单位，所以重要的边界为左边地界

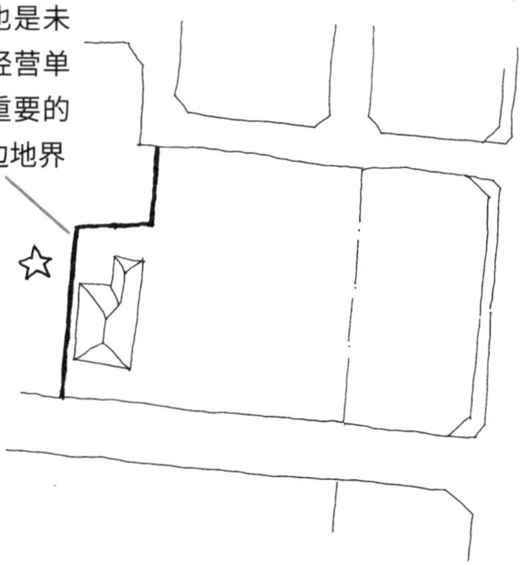

2013 年考题，建筑设计：都市填充

最重要的关键词：环境描述关键词 ➔ 基地内的既有历史建筑，现由基金会经营。

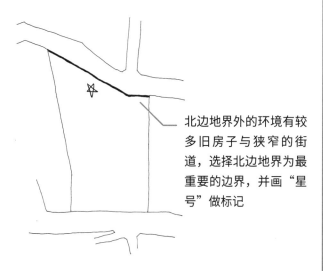

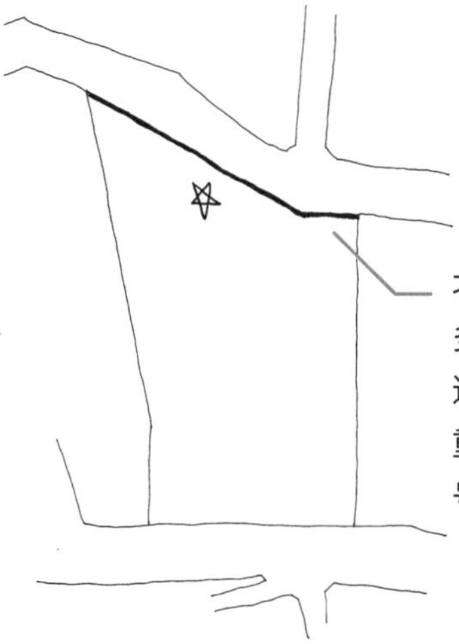

北边地界外的环境有较多旧房子与狭窄的街道，选择北边地界为最重要的边界，并画“星号”做标记

2016 年考题，建筑设计：小区图书馆设计

最重要的关键词：议题类关键词 ➔ 老旧拥挤的城市。

2015 年考题：敷地计划

最重要关键词：

环境描述关键词 ➔ 基地内的两棵大树

基地周围没有太特殊的东西，使得基地既有的大树成为重要的设计影响因素；右边的地界为重要边界。

2011 年考题：建筑设计

最重要关键词：

(1) 环境描述关键词➔公园

(2) 议题类关键词➔共生

公园为基地周围最有共生条件的设计因素；基地左侧边界为最重要边界。

❶ 画星星找重要边界

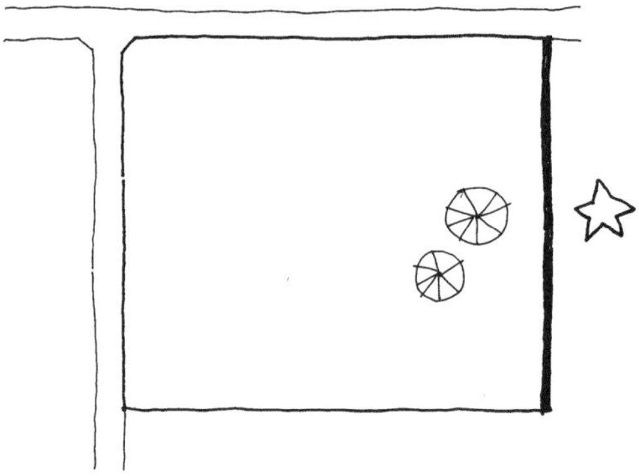

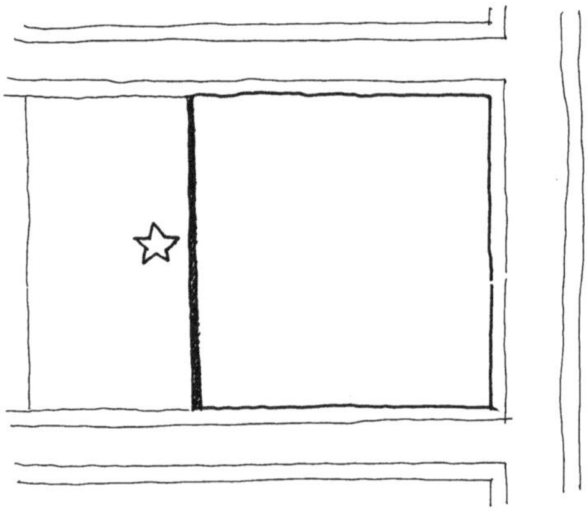

❷ 垂直于最重要边界的纵深三等分

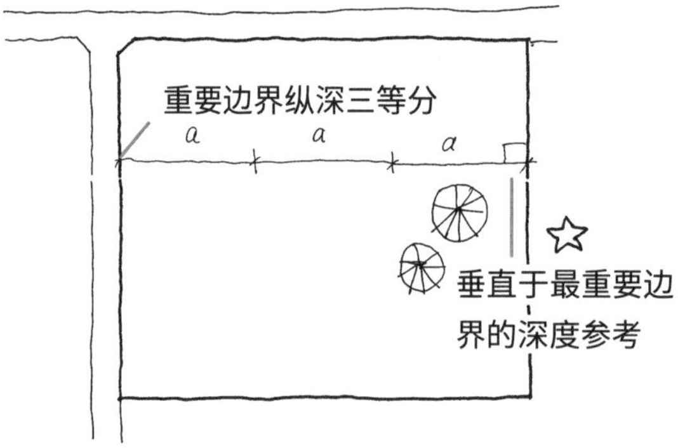

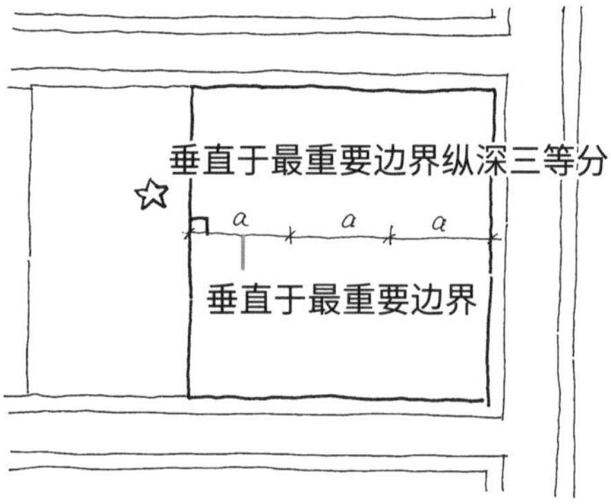

❸ 分出重要与不重要的区域

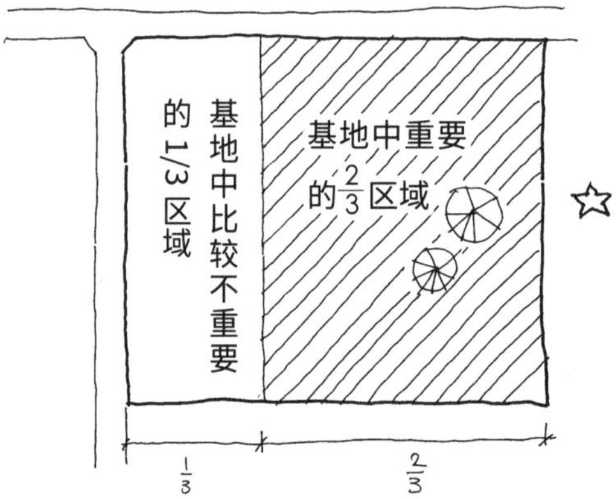

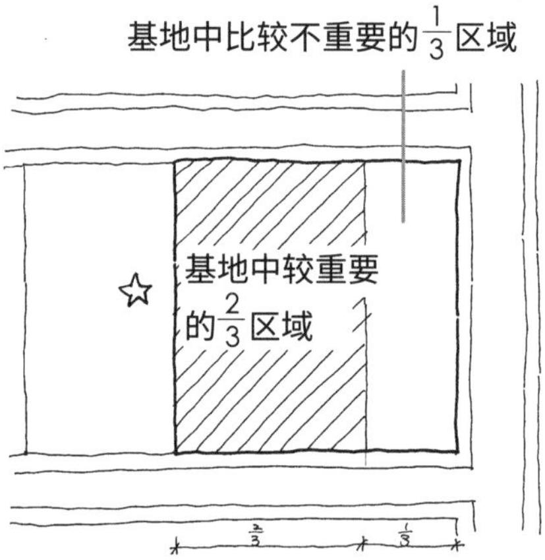

重要 2/3 活动区

确定了基地的重要边界后，就可以进行下一步：找出基地内的主要活动区域，我称之为"重要$\frac{2}{3}$活动区"。先初步说明什么是"重要$\frac{2}{3}$活动区"，就是在这个区域内，未来会产生设计里的主题开放空间（请参考之前对五大区域的说明）。

不过，到现在为止，我们还没有足够的参考线索来明确界定主题开放空间的范围，因此只能做第一阶段的区位定义。然而，这个$\frac{2}{3}$是什么？它是垂直最重要边界的基地深度。三等分后，邻接重要边界的$\frac{2}{3}$范围。

室外开放空间

室外开放空间也采用一样的处理方法，可以在切配置的阶段将配置图视为开放空间的系统图，单纯地以矩形回应环境与题目的设计条件与解题线索，还不用加入创意的形体思考。

接下来，你会产生第二个疑问：不是强调要矩形吗？这时候怎么又变成正方形了？没错，当你认同这时的配置只是开放空间的系统图，所有区域应该只是简单的矩形后，我们来了解一下矩形和正方形的差异。

矩形 VS 正方形

正方形是矩形的一种，差别在于边长比例不同。狭长的矩形长宽比大，给人一种流动的、不稳定的感觉；正方形的长宽比是 1，没有特定的方向感，给人稳定而聚集的感觉，因此很适合作为表示目的地的空间领域。这样讲大家应该就能理解了。但单纯的正方形，确实也容易沦为呆板的形式，为了增加空间的趣味与创意，应该在完成开放空间的系统图后，以有趣的形式为空间增加特色。

在$\frac{2}{3}$活动区里找出正方形
——找出基地里的“核心区”

在上一个步骤里，我们找出了基地里的主要活动范围，接下来还得找出这个区域的重要正方形，即基地里的核心区。之后，除非量体太大或太小，否则这个核心区应该就是题目世界里的主题开放空间。

接下来，说明如何找出这个正方形。“重要的$\frac{2}{3}$活动区”会有一个较短的基地边界，请以此作为正方形的其中一边，画出一个完整的正方形。有的人会问，为什么是正方形？不能是圆形、长方形或别的不规则形状吗？

如果你也有这个疑问，不妨这样想想：我们通常用矩形作为初步规划建筑室内平面的图画形状，而不会用特殊形状去画室内空间的平面。在置入创意概念前，这个平面图只是一堆矩形的组合，并不是最后的完成图，这个阶段说是平面的系统图也不为过。等到设计的概念与创意想法成形，才会将这些圆的、扁的轮廓加入矩形的平面，让平面产生有趣的边缘。

2014 年考题：敷地计划

❶ 最重要边界

关键词：河岸绿带

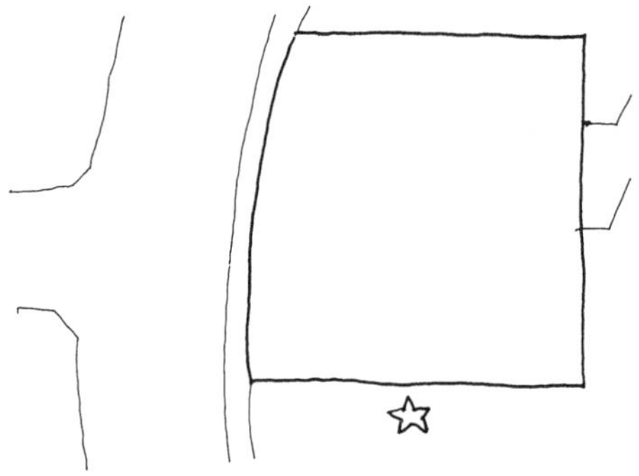

❷ 垂直于最重要边界纵深三等分

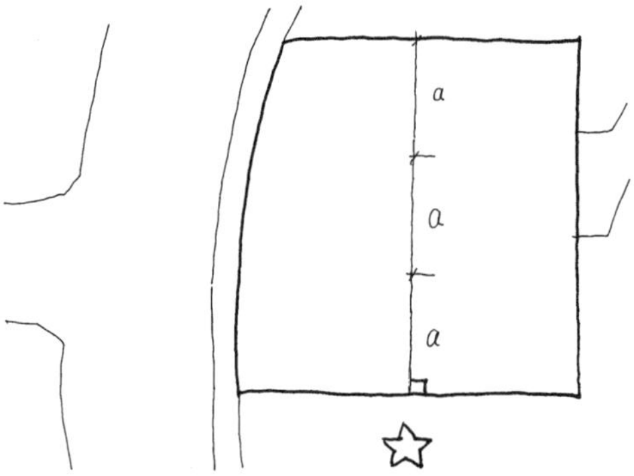

❸ 找出重要的$\frac{2}{3}$活动区

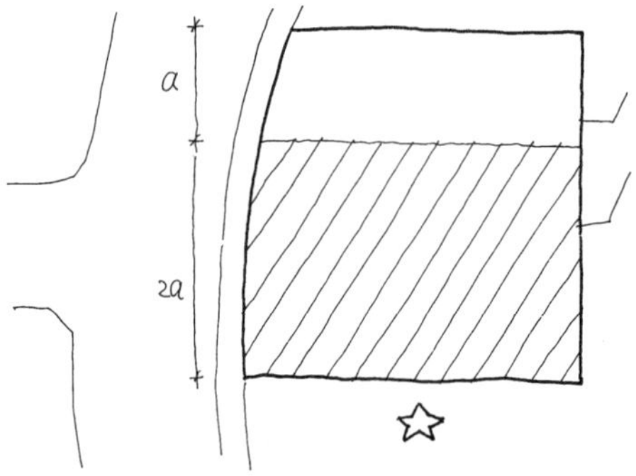

❹ 在重要的$\frac{2}{3}$活动区内，找出短边 $2a$，进而以 $2a$ 宽度找出 $2a \times 2a$ 的正方形

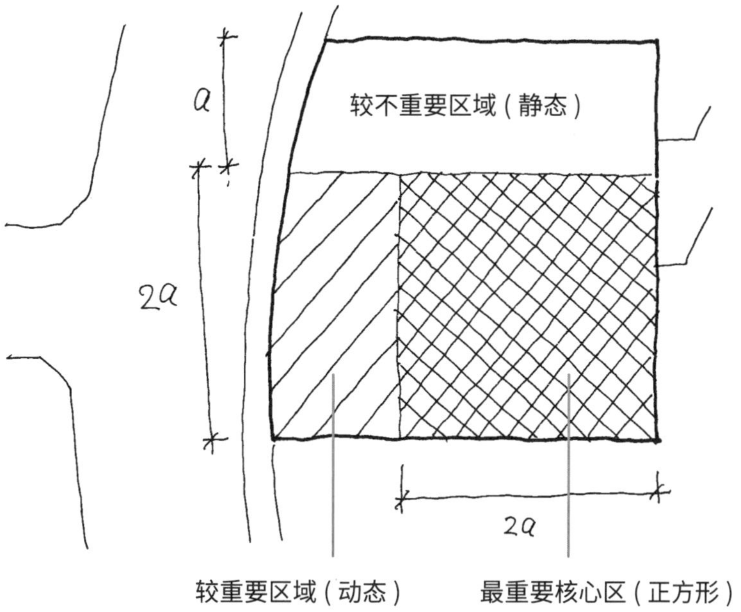

TITLE 2

产生正方形的核心区

用关键词找出核心区的位置

我们在前面利用最重要边界的纵深产生基地的“重要的 $\frac{2}{3}$ 活动区”，然后知道要用正方形去定义整个基地的核心区。但核心区只是“重要的 $\frac{2}{3}$ 活动区”的一部分，因此，位置很可能是浮动的。延续前面的观点，我们一样需要利用关键词来设定核心区的位置。

这个关键词影响的范围，只针对“重要的 $\frac{2}{3}$ 活动区”，且这个关键词可能不会出现在题目的文字里，而是出现在基地现状配置图中。因此，除了在题目里搜索可以运用的关键词外，最好还能为关键词列表，因为列表这个动作可以给你留下深刻印象，让你快速地从关键词中找出可以运用的对象。

如果你懒得为关键词列表，至少得完整地在图纸上清晰复制基地现状，才能得到充足的设计线索。

核心区的定义

这里我们略去找关键词的过程，开始讨论核心区的定义。以 2007 年的一道“设计文史工作室”的题目为例，有以下 4 个重要关键词：

❶ 北：绿地与公园
❷ 东：有意义的旧建筑街区
❸ 西：新建的集合住宅社区
❹ 南：老屋图书馆

先假设题目中重要的关键词是“小区意识强烈，希望保存历史建筑”，那么我们可以将最重要的基地边界与南边的小区图书馆结合，因此，最重要边界为南边的地界。由南边地界往北边纵深 $\frac{2}{3}$ 区域内为主要活动区。

接下来，开始找可以定位出核心区的线索。前面我们讲过的例题已经用掉了与“小区意识强烈”和“南边有老屋图书馆”相关的关键词，剩下的最能响应有历史意义的建筑的关键词应该是“东侧有意义的旧建筑街区”。这句话影响的范围在重要的 $\frac{2}{3}$ 区域的右边，也就是说，如果核心区是正方形，那么该区域往右靠则连接南边老屋与东边街区，可以同时发挥基地东侧与南侧的重要历史建筑价值。这样，我们便找出了基地中的核心区及其位置。

❶ **最重要关键词**

历史建筑社区图书馆

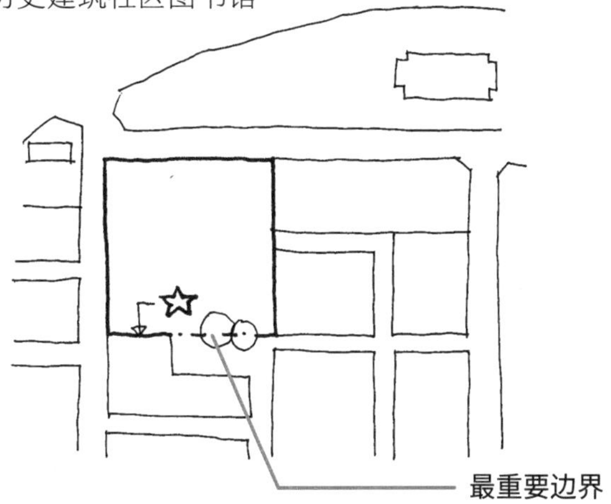

❷ **找出重要的 $\frac{2}{3}$ 区域**

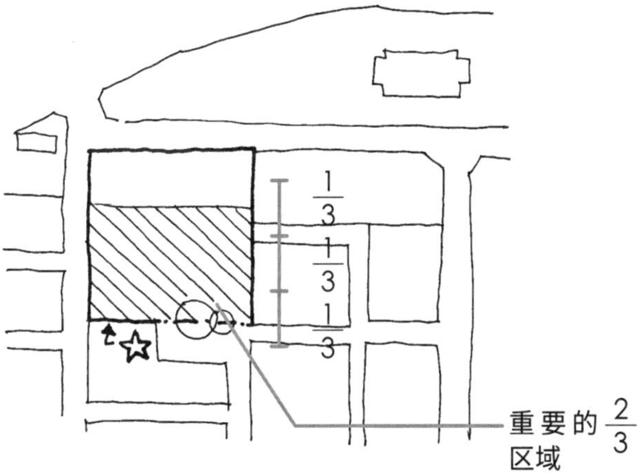

❸ **次要边界关键词**

东侧有意义的旧建筑街区

东边地界为次要边界

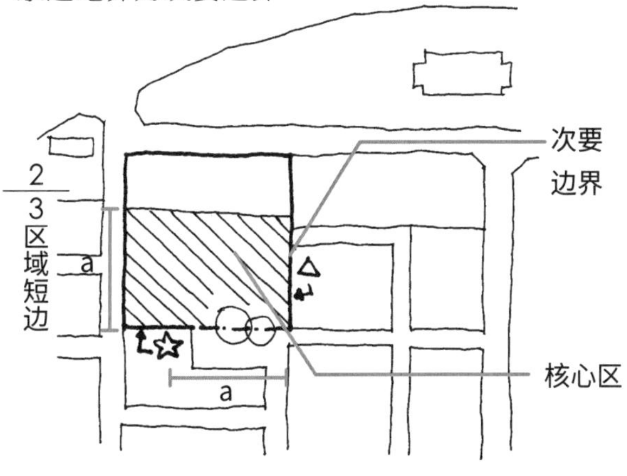

❹ 最重要的核心正方形

向次要边界靠拢，使核心正方形同时连接南边与东边。找出核心正方形的位置。

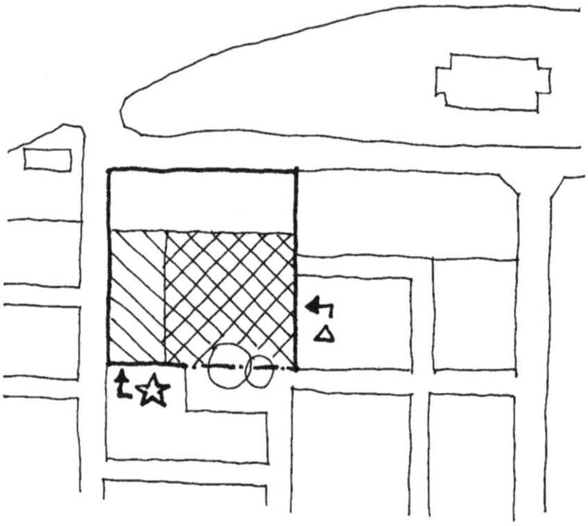

为核心区做批注
——在图面上加入文字分析

在设计发展的过程中，每个步骤都应配以关键词与文字分析来说明，还要有每个图面产生的原因与对应策略。在前面讲切配置时，我们不断强调，通过最重要的关键词产生最重要的基地边界，然后找出基地里的重要区域与核心区。图面画到这里，我们已经用了几个关键词，而选用这些关键词，都有让我们费尽心思的理由，现在就是运用这些想法和理由的最好机会，因为这些理由能让基地分出不同区域与不同个性。

我们可以用下面的方式表现各个关键词的运用策略：

空间名称

☐关键词

└→策略

基地核心区

☐ 小区意识强烈

☐ 南边老屋图书馆

☐ 南边老树

　└→ 以基地南侧区域作为主要活动区

　└→ 延续老屋使用与小区记忆

在图面上，可以用引线与基地配置连接，就会成为有力的设计思考说明文字。

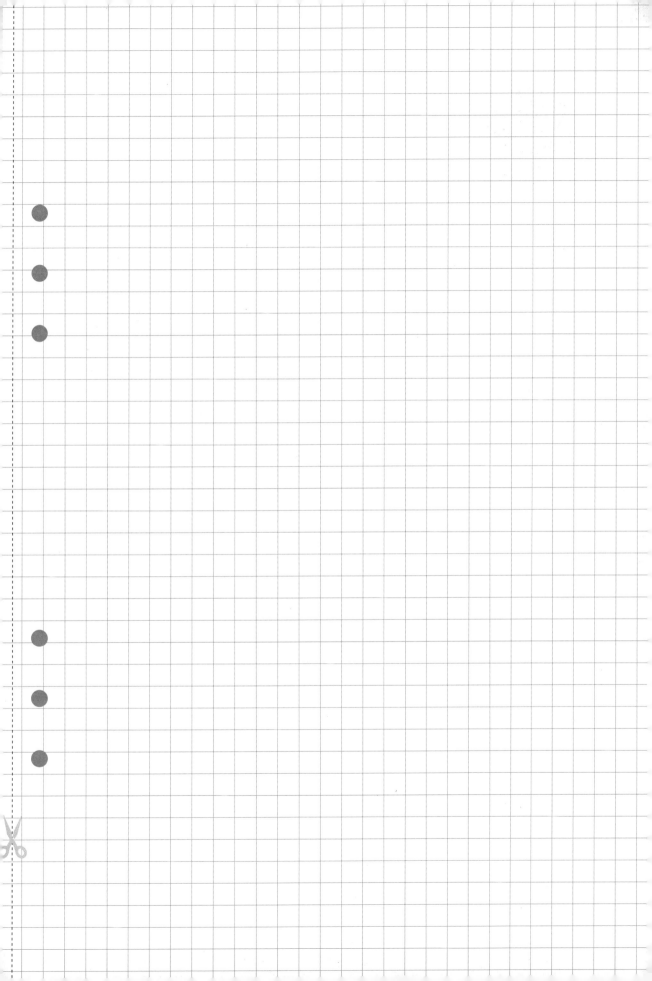

TITLE
3
找到 入口与车道

在空间成立之后，第一个在其中流动的是人，第二就是车了。人是多是少，是分散进出还是大量出入，背后有环境因素的影响，契合环境才能诞生符合需求的设计，千万不要只看表面的流动情形。而车辆的流动情况也是该地车速与道路宽窄的表现，在规划车辆进出的同时更要顾及人行安全。

基地的入口开放空间——环境人流分析

这里要讨论人流如何进入基地。在我们的学习过程中，关于基地周围环境的人流分析，很容易沦为箭头符号的人流方向记录，而忽略了人流如何影响我们对基地的分析。这不是我们脑袋有问题，而是我们忘记了对这个再普通不过的环境因素做一个明确的分析目标设定。

对基地环境中的人流进行分析，我们要先思考这个分析项目是为了在设计上呈现什么结果。简单来说，就是思考人群如何进入我们即将设计的基地。回到基地最原始的状态，人要进入基地只有一个方法，就是穿越基地的边界。

我们在前面的章节一直强调如何利用基地的边界设定基地的不同区域，现在同样要利用边界找出基地与人流的关系：人流分析就是找出人穿越边界，进入基地的可能方法。

我们可以用时间长短区分进入基地的方式，简单分为以下两类：

- “瞬时集中”穿越边界
- “常态分散”穿越边界

“瞬时集中”的人群

思考一下，什么时候会有人群突然拥出、同时移动呢？日常生活中这种场景最常发生的地点就是校园、地铁站出入口、表演场所，这些地点会瞬间产生大量的人群往某些特定或非特定的方向移动。如果我们要设计的建筑，要求是开放且希望吸引人群的，那我们就得善用这个人流特色，在基地里留设相对应的空间来容纳人群。

相反地，如果要设计的建筑是封闭的，且不希望被干扰的，如住宅、养老院等，那设计时就得为其配置适当的入口与建筑量体，避开人群的干扰。

“常态分散”的人群

如果我们要设计的基地，有一个多户数集合住宅小区，这个小区的人进入基地，通常是不定时也无特定目的，就可以将这些人视为常态而分散的人群。另一种状况可能是，基地周围有商业区或沿街的骑楼建筑，这些区域很容易吸引人群，但这些人群通常是分散且流动的。

1 如何处理人群

大家都知道，要留设入口开放空间来对应人群，但我们还可以用更进一步的方法来归类与处理。

瞬时集中 → 点对点

常态分散 → 线对线

❶ 点对点

这一点也不难想象。当基地外部有同时移动的集中人群时，我们可以在基地内设置一个入口点，让人群有目的地往基地移动；相反，如果我们不希望人群干扰基地，可以用点式的隔绝空间，明确做出反向响应。当然，在考试的设计世界中，大部分都是要求充分开放或连接户外环境，以便对整体环境与空间有善意的回应。

❷ 线对线（带状）

如果基地有完整的边界，且与某些邻地或公共设施相邻，则人群通常会以分散的状态，零散地进入基地，也就是说整个基地边界如同带状的入口空间，让人没有方向限制地进入基地。

有时候，是城市中的骑楼空间，向基地延伸，因为骑楼从邻地延伸而来，因此，人群也会随着骑楼往基地流动，骑楼就是一个明确的带状入口空间，让人群自由穿越边界。

有种比较麻烦的状况，就是当基地隔着道路，与相邻设施或绿地对望时，人群会呈点状还是带状进入基地呢？

第一层思考：**道路宽度**

如果道路很宽，当然可以考虑让人遵循红绿灯过马路进入基地；如果是小巷道，可以改变道路的铺面，做相邻基地的连接。如果是通过红绿灯进入基地，那就是点对点的方法；如果是后者，则可以把道路当成绿地的一部分，以带状开放空间吸引人群进入。

第二层思考：**对面的设施**

对面的设施的使用人数与活动强度越高，基地越有机会以固定范围的点对点入口面对邻地；如果对面的设施是低密度、低强度地被使用，则可选择较低调的空间氛围，也就是平和的带状空间来应对。

NOTE

说到这里，我们可以简单地定义基地的入口开放空间。它分为点状和带状，而在这个阶段只需要定义入口开放空间的形状，不需要确定表现的空间范围。入口开放空间的明确范围，可以在最后画配置铺面时再进一步设定。

点状

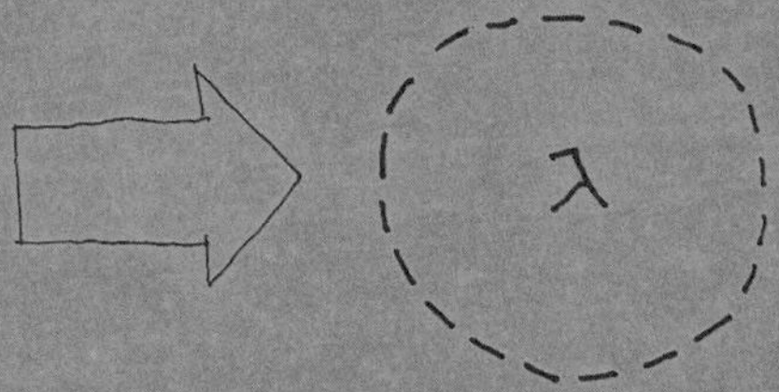

带状

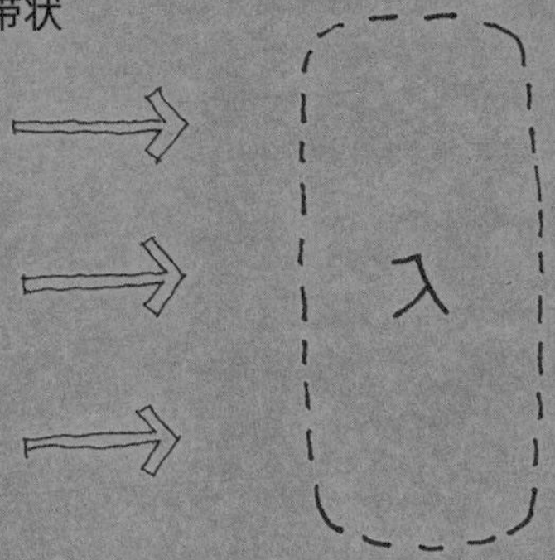

考题范例

2014 年场地规划

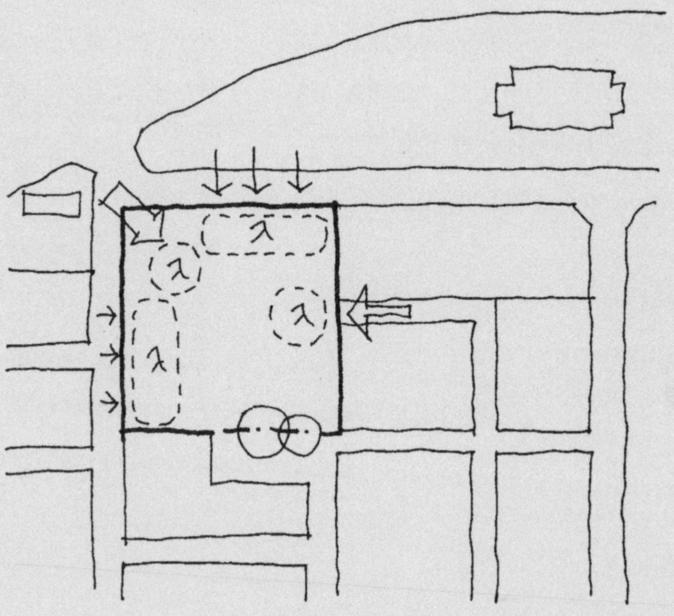

2007 年建筑设计

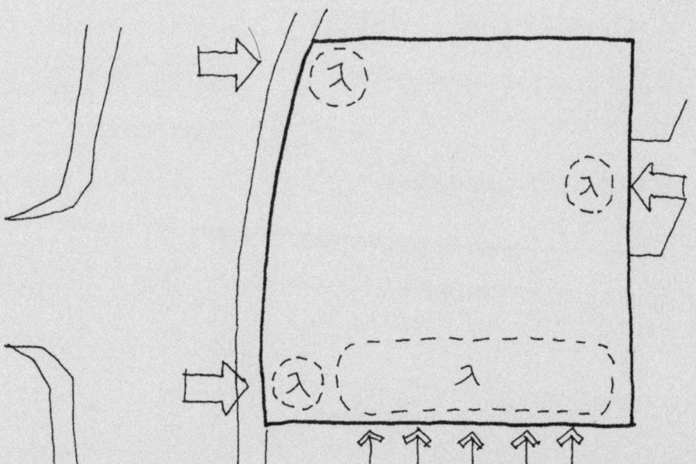

2 基地中的停车入口空间——基地环境的交通分析

基地环境的交通通常不是文字介绍的重点，但是它会影响基地每个边界的安全与使用舒适度，是建筑设计中的重要影响因素。能敏锐判断交通对基地的影响是对一个建筑师的基本要求，我们可以通过街道宽度和街道两侧的使用性质做简单判断。

判断的目标是定出道路的使用强度，基地针对不同的使用强度有相应的设计策略。我在设计操作的步骤里，将道路分成 3 个简单的层级。

❶ 快速车流
❷ 中速车流
❸ 慢速车流

说到这里，你可能还是会觉得这是跟没讲一样的废话，难道自己买了一本废话之书？没错，我总是认为建筑就是一门再简单不过的废话学问，只要善用这些简单的废话，就可以做出满足生活基本要求的好设计。我们继续讨论如何运用这门废话学问吧！

车流❶ 快速车流

快速车流代表当车辆通过这条道路经过基地，不太会受到阻碍。

人行动线与快速车流的关系是对立的，面对有速度需求的道路，人的行为需要避免干扰车流，否则会降低区域间交流连通的质量。

在基地内遇到这种道路也是相当痛苦的，因为你得防止小朋友误闯马路，发生意外；你得种很多大树来吸一吸它们最爱的废气，并且让树群帮你隔绝讨厌的噪声；你得留设足够的人行空间，让改图老师感受到你对人车分离的用心。

车流❷ 中速车流

中速车道不是说车子开在这条路上就会自动慢下来，而是因为路上有很多保障行人安全穿越的红绿灯，车子会因此减速。这是我们生活环境中最常见的道路，因为有明显的道路交会，所以也有清晰的人流会集。这样的人流会集点，如果不是主要开放空间，也该是美好的“人行道路开放空间”。别忘了，建筑师的社会责任是为城市空间创造友好的角落与美好的使用体验。

这种车流也代表一个重要的可能，就是它可以作为基地停车空间的出入口。为什么呢？因为每次车辆进出基地，都会影响原有的车行或人行的连续性。简单来讲，停车出入口设在快速道路上会影响车流，设在重要人行道路上会影响行人安全，因此，适合设置在中速车流的道路上。

车流❸ 慢速车流

至于多慢才叫慢，大家可以回想自己体验过的空间：开车时搞错了路，把车子开进车辆禁入的地方——夜市。这些开进夜市里的车子，就像把没有四轮驱动的轿车开到沙滩上，举步维艰，动弹不得。

如果一条路，会让车子必须礼让行人，我们就可以判断这条路为慢速车流。

会出现这种道路的原因只有两个：第一是路太窄；第二是人很多。尤其是很多城市在路太窄的情况下，可能道路两边还停满了自行车和摩托车，司机为了避让障碍，车速就慢。而车速一慢，行人就会更放心地漫步其中，根本不管有没有汽车被堵住。

另一个情况是人太多，所以当然要减速慢行。但是我们要注意造成人多的原因。例如，可能是因为道路两边有热闹的商业活动，也可能因为邻近校园，有很多学生在路上行走。

路窄、人多让汽车必须降低车速来避让行人，因此在设计时可以大胆将这样的街道视为基地内的开放空间，与基地整体结合，除了可以加强基地与外部环境的联系，还可以提升基地内部开放空间的品质。

交通分析的结论

快速车流

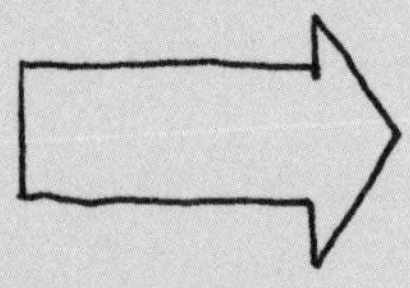

- ☐ 路宽 > 15m
- ☐ 区域性连续道路

└→ 有噪声 ⟶ 绿化带设施，隔绝或远离
└→ 有废气 ⟶ 绿化带过滤
└→ 影响人行安全 ⟶ 设置步行通路，使人车分离
└→ 影响基地内使用 ⟶ 以树阵广场围塑开放空间
└→ 影响基地与外部环境连接 ⟶ 可以做步行桥连通

中速车流

- ☐ 路宽 8 ~ 15m
- ☐ 有斑马线供行人穿越

└→ 车辆移动受信号灯管理 ⟶ 设置停车出入口，不影响原有车流
└→ 路口交叉处，人群会集 ⟶ 可设置人行开放空间，环境友好，与基地内的非核心区、重要区相连，不可设置停车空间

慢速车流

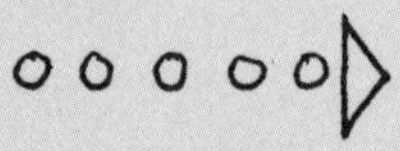

- ☐ 路宽 < 8m
- ☐ 道路两侧有热闹的商业活动
- ☐ 既有巷道

└→ 车速缓慢 ⟶ 可作为基地范围的延伸，扩大开放空间范围
└→ 以行人为主 ⟶ 可在配置上改变铺面形式，强化行人路权

图例

2016 年建筑设计

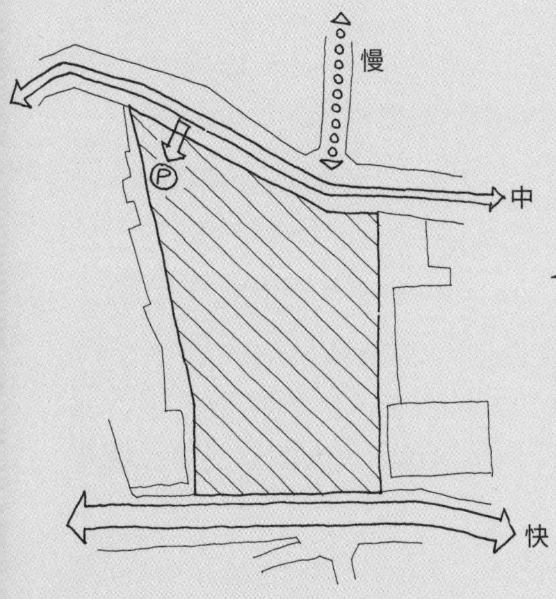

2014 年敷地计划

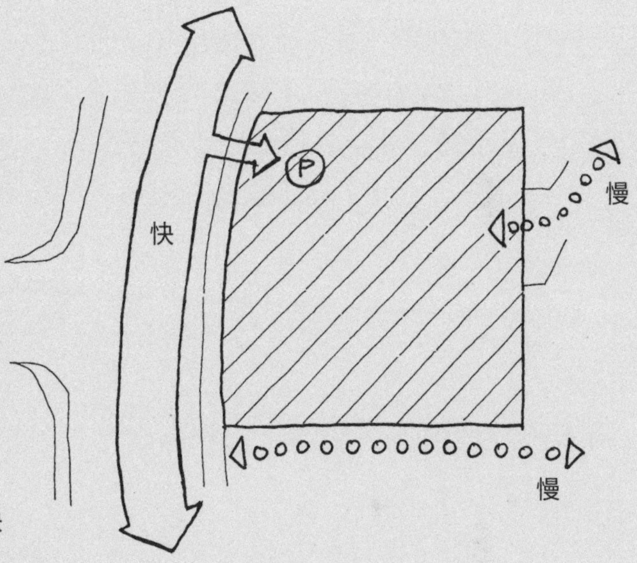

我称上面的步骤为“切配置”，在考场可视为基地环境分析的步骤。以往都是把基地环境分析当成设计完成后的补充说明，以符合题目的作答要求，但现在可以更积极地将其视为整个设计过程的思考起点，不要只把它当成一个要求的图面。如此可以让我们更有效地利用每个图画做设计思考，提升设计的准确度。

如果把“切配置”当成设计思考的一部分，在做完交通分析之后还有一个步骤，可以提高基地环境分析的完整度，也就是背景填充。

TITLE 4

背景填充

在完成“切配置”和基地环境分析之后，加上背景填充就能让人一眼看出每个空间的特性。不用复杂的文字说明，只要用疏密不同的线条就能点出用意，像是建筑人的快速密语。

填入还没运用的关键词，加强各分区的特质

在前文中，我们用题目里最重要和次要的关键词确定了重要的$\frac{2}{3}$活动区和核心区，利用道路和人流确定了停车和入口空间。但通常还有很多关键词没有用到，这些关键词可以对应相关位置，变成各个区域的有力的说明文字，为各个分区加入更有说服力的论点。有时候可以为次要开放空间赋予不输主题或“入口”开放空间的特殊空间主题。

为不同区域加入有方向感的背景填充

在完成整个基地环境分析的图面与文字后，每个分区都只是空白的矩形方块。虽然方块区域与方块区域之间有不同尺寸、比例和形状，能够体现彼此的差异，但还是不能让读图的人直观地感受到空间特性。也许你有丰富的文字说明，但读图的人可能没有充足的时间去细读每个字，因此，在图面上加入代表不同含义的背景填充，就可以解决这个问题。

背景填充也有 4 种形式

- 平行线
- 格子线
- 较密的平行线
- 较密的格子线

不同区域上的背景填充，也有简单顺序可以依循。

❶ 核心区（格子线）

↓

❷ 次要活动区（平行线）

核心区外的 $\frac{2}{3}$ 区域

↓

❸ 没有邻接道路的其他区域（较密的格子线）

↓

❹ 有邻接道路的其他区域（较密的平行线）

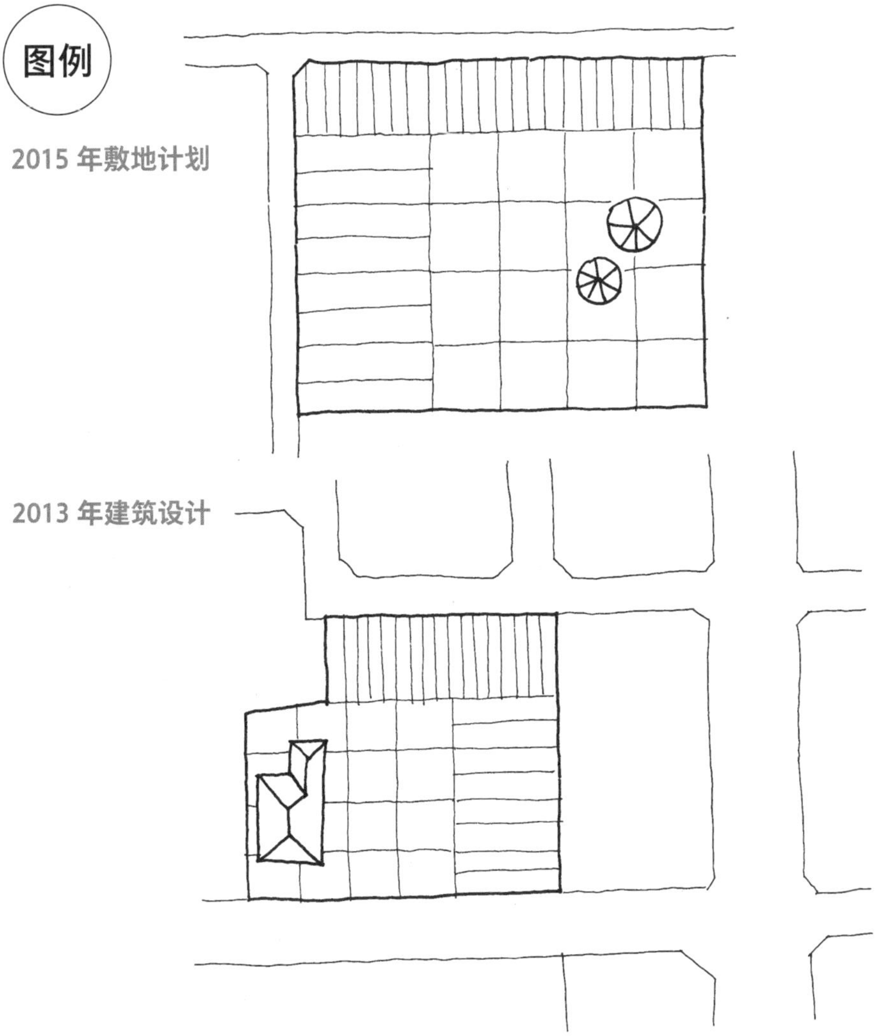

❶ 核心区：格子线

我们找到的核心区是个正方形的区域，加上格子背景填充后，让人在视觉上能够停留与聚集；在空间上，则有围合与凝聚的空间感，正好适合核心区的空间特色。

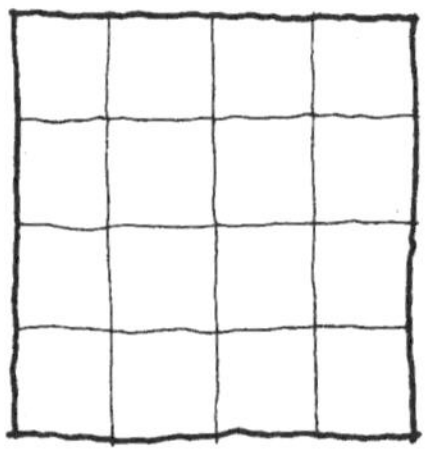

❷ 次要活动区：平行线

次要活动区是$\frac{2}{3}$区域非核心区的部分，在空间的特性上是核心区的附属。在图形的表现上，可以用有方向感的平行线，并参考人流的方向，绘制平行于人流方向的平行线。产生将人牵引入核心区或其他区域的效果。

❸ 没有邻接道路的其他区域：较密的格子线

所谓较密的格子线，指的是线与线的间距是前面平行线的$\frac{1}{2}$，这能让两个区域产生很大差距，希望利用这种间距的视觉差异，来凸显空间性质。利用疏密变化也可以加强重要区域的视觉存在感，如间距大，在画面上就会产生留白的效果，图面内容容易被凸显出来。而对于没有邻接道路的其他区域，我们以较密的格子背景填充来表示，是为了加强这个区域的边界感，使视觉动线有结束的效果。

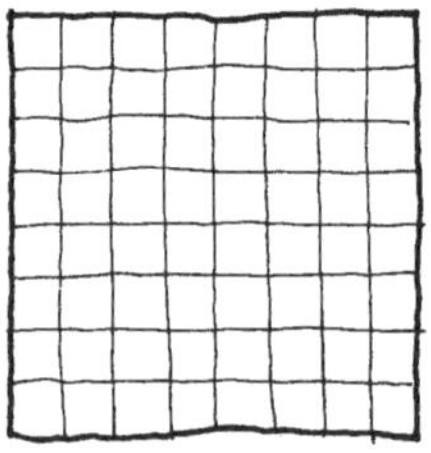

❹ 有邻接道路的其他区域：较密的平行线

这个区域除了是基地边缘，也因为邻接道路而带有引导人群方向的功能，因此用较密集的平行线来表现，线条的间距和第 3 点的区域一致。

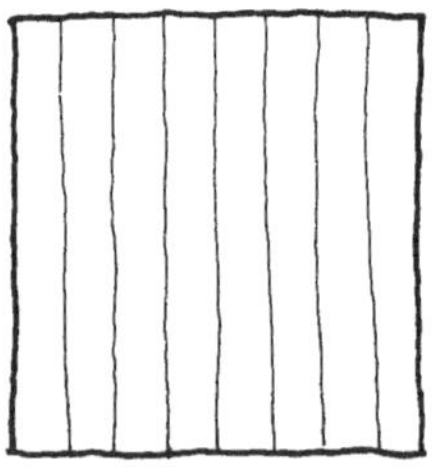

第六章

CHAPTER SIX

建筑师的头脑要像科学家一样具有逻辑性

画泡泡空间，
架构空间系统

TITLE 1

新品种的空间泡泡图

泡泡图是用于空间次序铺排的基本概念工具，传统泡泡图或许因为功能有限，随着建筑方案复杂性的提高已经很少使用，但是建筑师的基本功可不能因此缺失。所以，是时候认识新品种泡泡图了。泡泡图结合空间格的做法，可以让它再次成为设计者的逻辑好帮手。

重新了解与熟悉泡泡图

2011 年的一道设计题目“儿童图书馆”中，有一段话很经典：“用户的有序组织必然与空间组织相互吻合，而组织化的空间就具备该有序组织所含有的意义。”

这句话说白了，就是我们念书的时候，老师要我们画的泡泡图。泡泡图由很多大小不同的圆圈组成，并且由简单的连接符号相互串联。这样的串联能够表现出空间圆圈之间的关系。

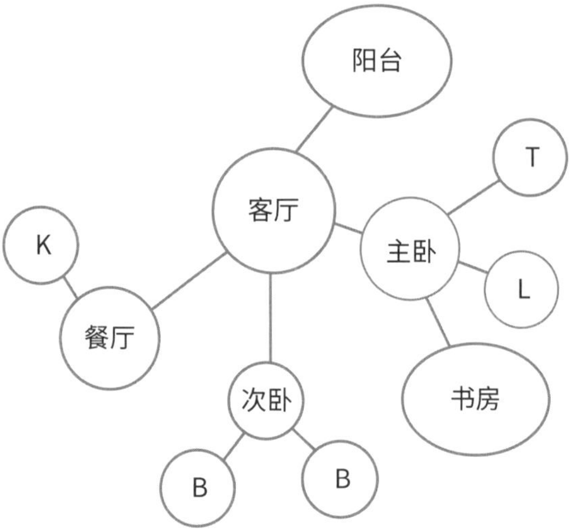

上图是简单的小家庭空间组合，显示居家空间的四种功能层级——餐厅、主卧、次卧、阳台。这是我们很熟悉的日常生活空间形态。

随着年岁渐长，我接触的设计类型越来越广泛、复杂，也越来越难以用单纯的空间经验来组织空间系统。不过，相信多数设计师到了这个阶段，也渐渐冷落了这个基本的分析工具，连带就忘了“空间有序组织”对建筑的影响。泡泡图不是帅气的图面，很多时候甚至被当成过时的图面。别这样想，它不仅会陪你走过入门建筑的前几年，在未来的日子里，还可以做你设计上的战友。

认识新品种的泡泡图

传统的泡泡图是用很多大小不同的圆圈和连接线段表现各个空间之间的关系，但仅能表现出空间重要程度的差异。其实，为了便于后面各个设计操作的发展，我们可以引入空间格。

将泡泡图直接转变成类似的平面形态，将泡泡图的圆形图改成矩形图。

从本页最下方的图中可以看到，这个矩形不是四四方方的普通矩形，它的四个角是圆滑的弧线。我们将尖角画成圆角，是因为尖角很容易引发建筑人无聊的绘图美学要求，我总是担心被这样小小的美学要求打断了思路。如果将尖角改成圆角，可以让设计者像画圆圈一样，快速地一笔画出，这样下笔的速度才跟得上脑袋和眼睛运转的速度。

产生泡泡群

在空间规划的阶段，我们区分出各个室内空间的动态、静态属性，并将其安排在基地内的特定动态、静态区域。因此，基地内的各个分区便产生了不同空间的集合，我称之为“空间泡泡群”。

因为动态、静态差异，空间泡泡群在基地内可能是一个集合的大群体，也可能是许多分散的独立小群体。回到建筑设计的说法，我们可以将这个过程视为是否“分栋”的思考过程。

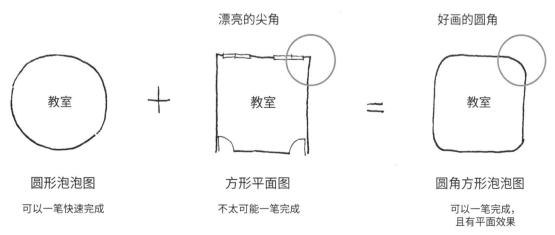

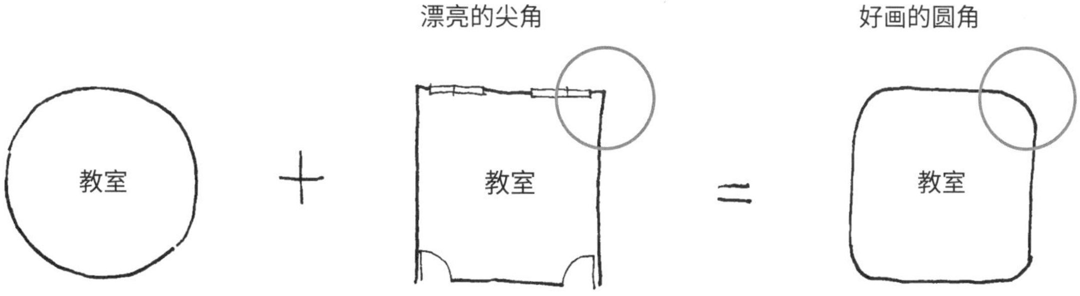

圆形泡泡图
可以一笔快速完成

方形平面图
不太可能一笔完成

圆角方形泡泡图
可以一笔完成，
且有平面效果

图例 2011 年考题：儿童图书馆设计

- 图画阅览空间 ⟶ $\frac{2}{10}$ FLA ⟶ 静
- 亲子游戏空间 ⟶ $\frac{1}{10}$ FLA ⟶ 动
- 多功能展演空间 ⟶ $\frac{1.5}{10}$ FLA ⟶ 动
- 亲子学习空间 ⟶ $\frac{1.5}{10}$ FLA ⟶ 静
- 行政管理空间 ⟶ $\frac{1}{10}$ FLA ⟶ 静
- 其他 ⟶ 公共设施（$\frac{3}{10}$）

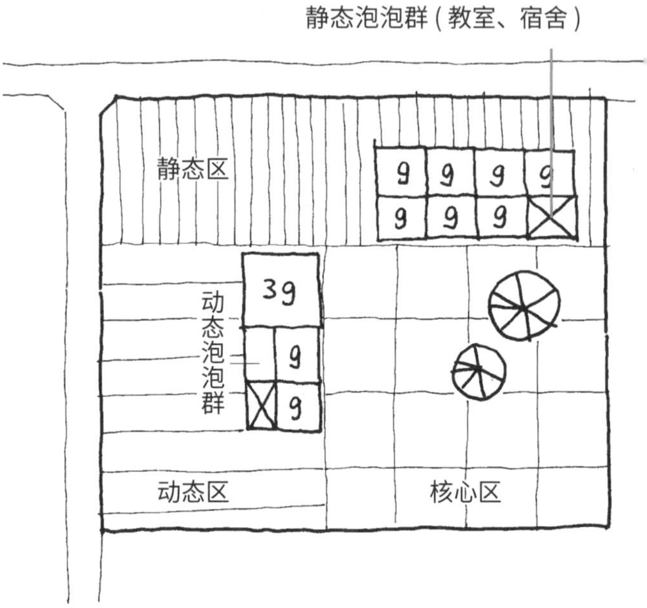

泡泡群的总量与高度

我们在前面的空间规划中将每个空间都设定 g 值，到了这个产生泡泡群的阶段，便可根据这些先前设定的 g 值，得出精确的总建筑面积。同时，我们还得利用基地环境分析时设定的高度限制，倒推泡泡群的楼层数。

静态泡泡群

FLA ⟶ A × 1.2=5070

总建筑面积（FLA）

⟶ A × 1.2=5070 m^2

❶ 图画阅览空间建筑面积

⟶ 5070 × $\frac{2}{10}$ =1014 m^2

⟶ 1014 ÷ 64 ≈ 16 g

换算空间格

⟶ 1014 m^2 ÷ 64 m^2 ≈ 16 g

❷ 亲子学习空间面积

⟶ 5070 ×（$\frac{1.5}{10}$）≈ 760

⟶ 760 ÷ 64 ≈ 12 g

❸ 行政管理空间面积

⟶ 5070 ×（$\frac{1}{10}$）=507

⟶ 507 ÷ 64 ≈ 8 g

∴ 此泡泡群总 g 值

⟶ 16+12+8=36 g

假设经过分析，量体的适当高度为 15 m，约为 4 个楼层，可得出静态泡泡群的每个楼层约为 2 g × 5 g（或 2.5 g × 4 g）的平面空间量。

> **★结论：这个静态泡泡群的量体约为 2.5g×4g×4F。**

小思考

Q：**为何不是 1g × 8g 或 3g × 3g？**

A

❶ 假设一个楼层的平面形状为 1g × 8g，平面会变成

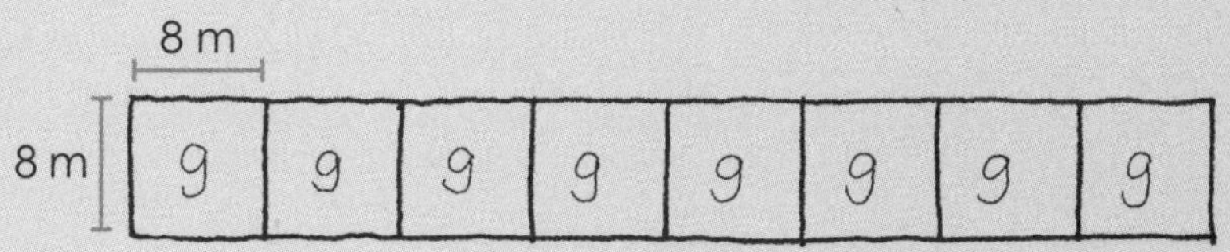

这种结构系统不好，也不容易配置楼梯间、走廊、厕所等公共设施。

❷ 如果是 3 g × 3 g，会有一个很长的边，在平面上容易产生暗房。

且形体均质，不容易围塑开放空间。

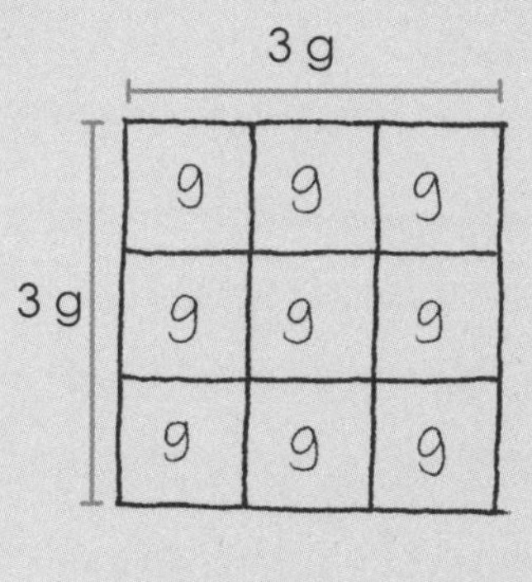

找出泡泡在基地内的位置

决定好泡泡群的量体规模后，可以进一步将这个立体的泡泡群放在正确的位置上，这个位置跟它所属基地的分区边界有密切关系。我们最早在“切配置”的阶段，利用比例观念将基地分出不同区域。

- 核心区 ——→ **主题开放空间所属区域**
- 动态区域 ——→ **动态室内空间与活动所属区域**
- 静态区域 ——→ **静态室内空间所属区域**

除了分出不同的区域外，也因为这些分区而产生了很多基地内的区域分界线。这些分界线不只界定每个区域的范围和大小，还有一个很好用的功能——作为建筑物放在基地内的定位参考线。每个基地内的动态、静态分区，都至少有如下四个方向的边界。

- 第一边界：**临核心区的边界。**
- 第二边界：**具有特殊意义的边界。**
- 第三、第四边界：**较无特殊意义的边界。**

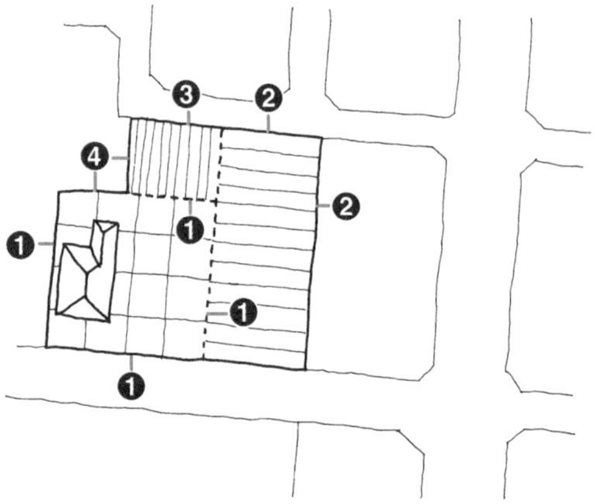

❶ 第一边界：临核心区的边界
❷ 第二边界：有特殊意义，没有临核心区的边界
❸ 第三边界：临街但较无意义的边界
❹ 第四边界：未临街，也较无意义的边界

在根据不同的分区确定各自的边界后，即可根据泡泡群各自的性质让它们靠在边界上。记住，是“靠”在边界上。强调这个字眼是为了让设计者有操作上的思考程序，而且结合感受，这些设计程序能够成为直觉动作，不要花太多时间去做模糊的决定。

如果一个泡泡群的空间属性适合靠近核心区（未来的主题开放空间），那这个泡泡群就会靠在第一边界：临核心区的边界。反之，则靠在离核心区较远的边界。

决定好要靠哪条主要轴线后，通常还要思考：是要接近有意义的边界还是无意义的边界？如此也会让泡泡群量体往不同方向移动，与环境更紧密地连接。

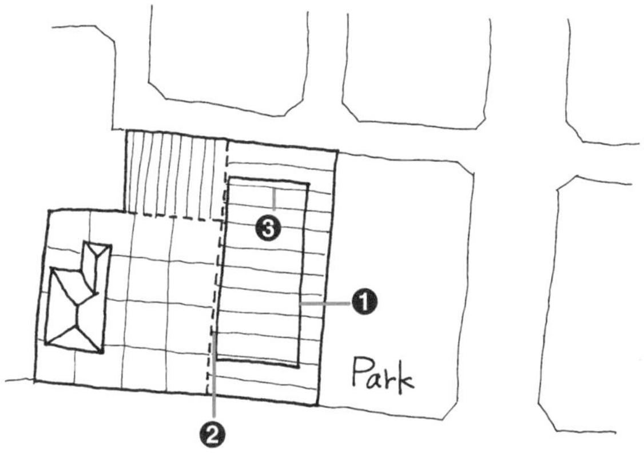

❶ 根据分析，将建筑量体置于相对应的基地分区内
❷ 让建筑量体靠近核心区的第一边界设置
❸ 此时仅是靠近正确边界，但位置未确定

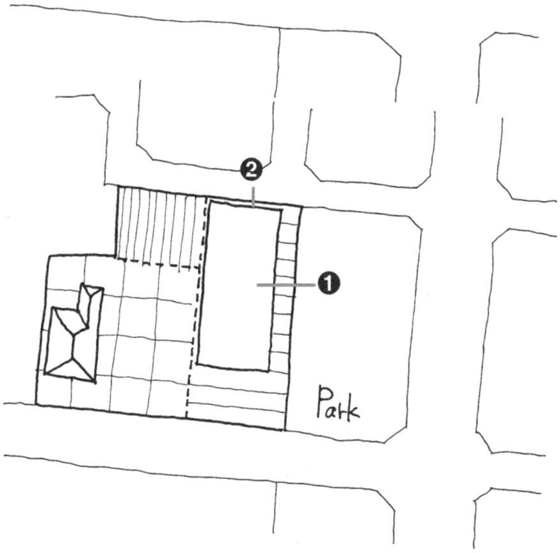

❶ 建筑物往北靠向第三边界
（为了给南边留出连接公园的开放空间）
❷ 建筑量体设定完成

考虑基地分区的面积尺度与泡泡群大小

分区大小与泡泡群大小的关系也要考虑，一般有三种简单的状况：

分区“中”与量体“中”——2014 年场地规划

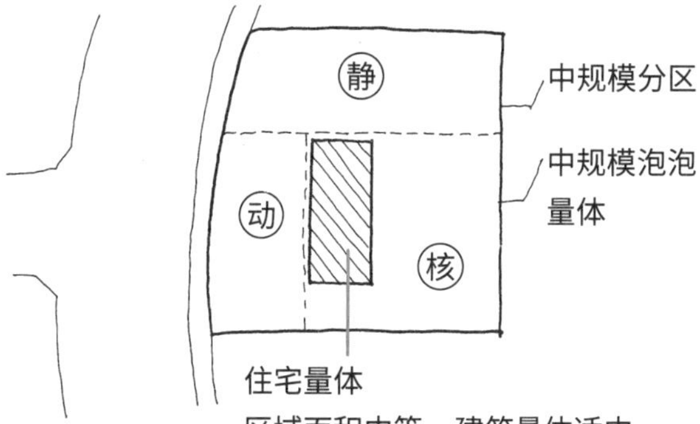

区域面积中等，建筑量体适中

这种情况形成了美好的状态，在将建筑泡泡群置入基地后，围塑出漂亮的主题开放空间，并且留下适当的零散空间作为过道。

分区“小”与量体“大”——2013 年建筑设计

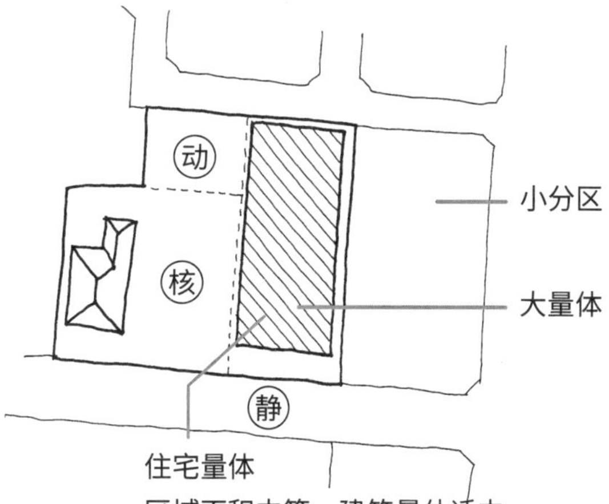

区域面积中等，建筑量体适中

这是最糟的状况，需移动边界线或改变建筑泡泡量体的形体，来符合分区大小。

分区“大”与量体“小”——2015 年场地规划

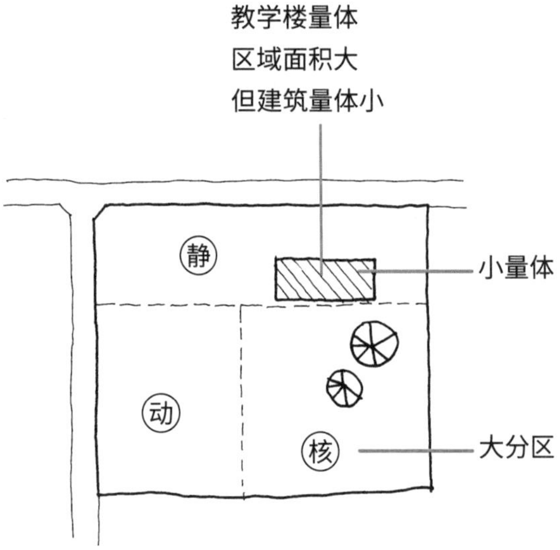

这也不是很好的状况，虽然可以毫无顾忌地置入建筑泡泡群，但置入后留下很多开放空间，这代表之后要花很多心力处理景观的问题。

不过别紧张，还有很多有趣的设计程序，可以解决这些问题。

泡泡之间的关系

我们在前面找出了泡泡群在一个楼层里能运用的大小和范围。在完成这个步骤后，我们要将各个室内空间的泡泡，置入不同楼层的平面范围。除了和传统泡泡图一样，要用线段表现出各个空间的关系，最好再一同设定好泡泡在该楼层平面的位置，降低日后规划平面的复杂程度。

如果需要既能表现空间泡泡之间的关系，又能作为初步的平面架构，该如何处理呢？

范例 2015 年考题：场地规划

❶ 泡泡的大小要有比例

泡泡大小要结合分析时的 g 值，使其具有一致性。

如以下两种情况：

a. 教室 6 间

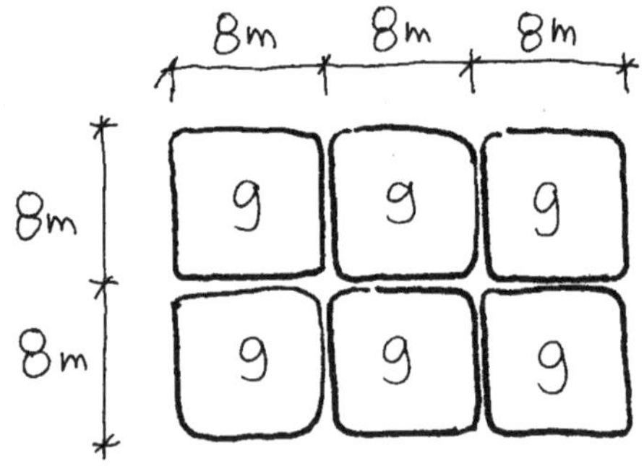

b. 图书馆≈ 16 g

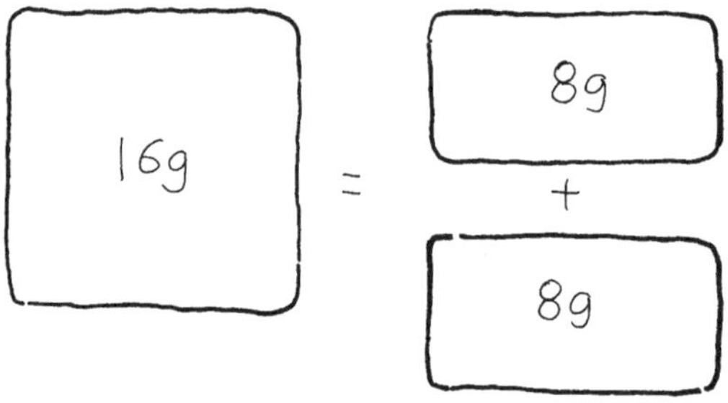

❷ 泡泡要紧密相邻

传统的泡泡图用箭头或线段来说明泡泡之间的关系。

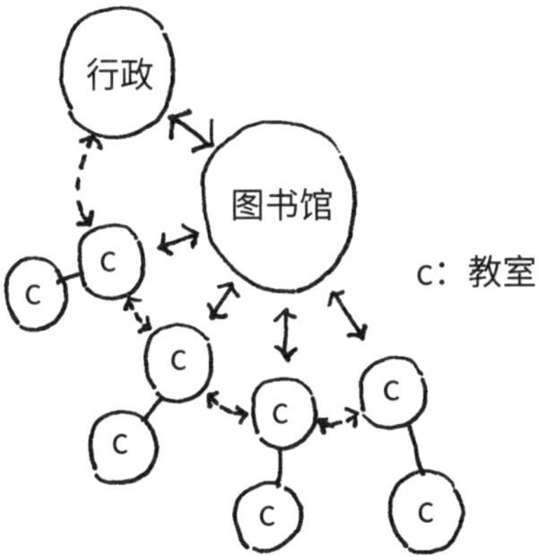

但这样真的只能表现泡泡之间的关系。我们可以利用相邻泡泡的紧密程度来表现关系的发展。

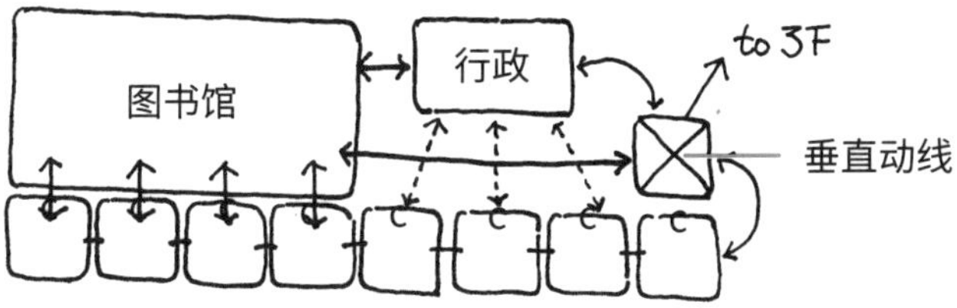

❸ 加入公共设施

加入走廊、楼梯间、厕所等公共设施。使一个楼层的平面功能完整。

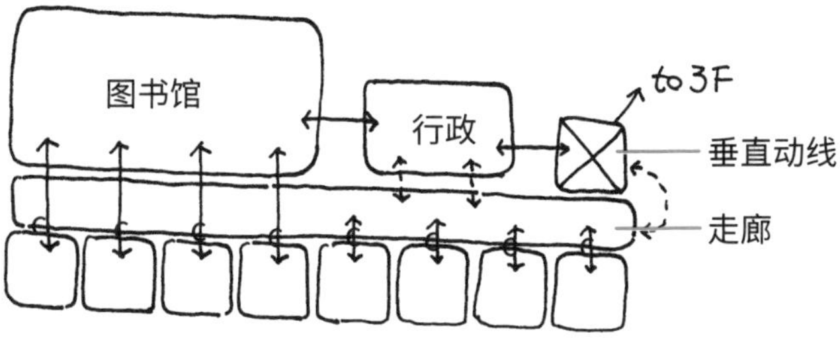

❹ 最好一开始就在设定好的平面范围内操作

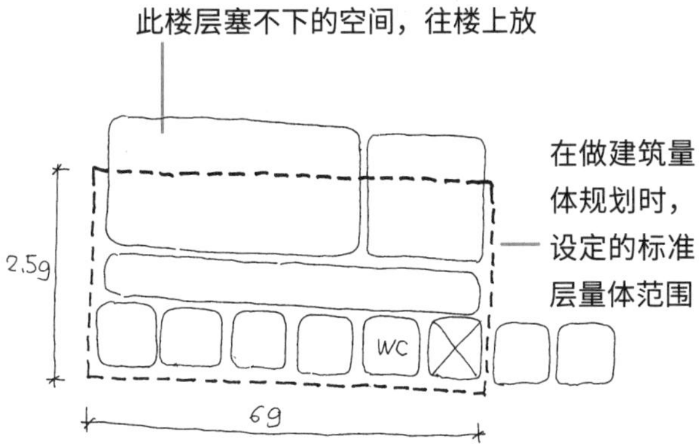

TITLE 2

产生初步的 建筑平面

利用模块化空间格架构出平面，从空间用途、比例到适宜的相对位置。在这里要将各种空间思维高度逻辑化，不仅是为了让图面漂亮、合理，更是要高效地利用在考场作答的时间。

快速设计中的空间规划

操作目标

❶ 有效利用答题纸上的方格纸，进行有系统的空间排序。

❷ 利用不同题目的操作练习，建立对空间组合的概念，对空间组织做出正确的判断，以免在图纸上涂涂抹抹，浪费时间。

❸ 合理设计题目所要求的空间形态与空间量，减少呈现过度松散的空间量体。

❹ 模块化空间排列，井然有序地呈现结构系统，并减少排列结构的操作时间。

❺ 进一步训练五大区域与功能空间的关系组合。

操作方式

1

在列出题目要求的空间与空间量，并加入自己对题目的解读后，通过原创设计产生空间项目，共同列出合理空间量。

2

根据题目对图纸的比例要求，设定空间格的单元尺寸。例如，当题目要求比例为 1 ： 400 时，则每个 2 cm × 2 cm 的方格尺寸代表 8 m × 8 m 的空间，因此，要在图纸上的方格面积代表 $8\ m \times 8\ m = 64\ m^2$ 的前提下，为题目要求的空间量做倍数增减规划。

例如：

- 套房 → $30\ m^2 \approx 64\ m^2 \div 2 = 0.5$ 格

↓ 需求为 6 间

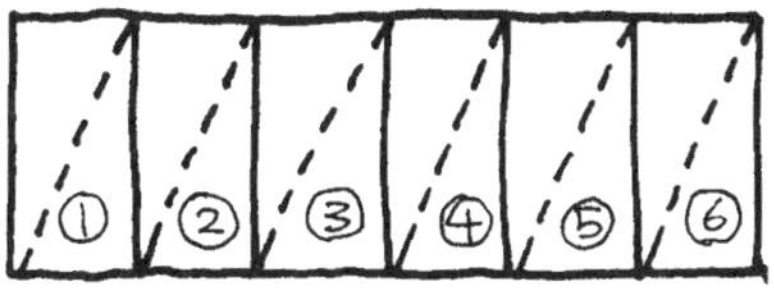

- 餐厅 → $100\ m^2 \approx 64\ m^2 \times 1.5$ 格

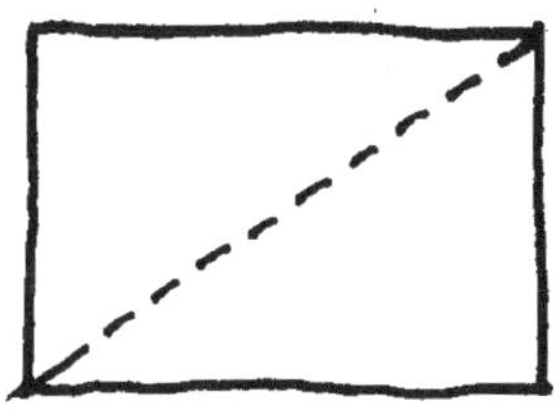

- 最后完成成果

套房 $30\ m^2$

（3 格 = 0.5 格 ×6）

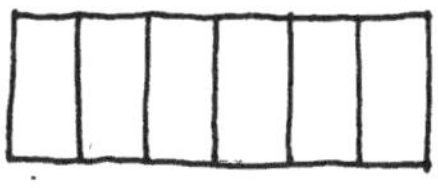

餐厅 $100\ m^2$

（1.5 格）

入口门厅 $50\ m^2$

（1 格）

> **NOTE**
>
> - 此页练习为第四章第七节的延续，请复习。

3

根据基地环境分析设定的五大区域，与建筑量体的可能楼层数与量体大小，将空间格配置到基地中。建议以1 ：1000 的比例或在成比例的基地范围内完成，便于后续透视图与平面图的绘制。

直接将空间格置入已经规划好的五大区域，此时没有造型、没有伟大的概念，只是合理地将功能配置于基地中。

范例 无障碍福利中心

- 入口门厅 □ ×1
- 行政空间 ▯ 0.5 格 ×3
- 联谊空间 □ ×1

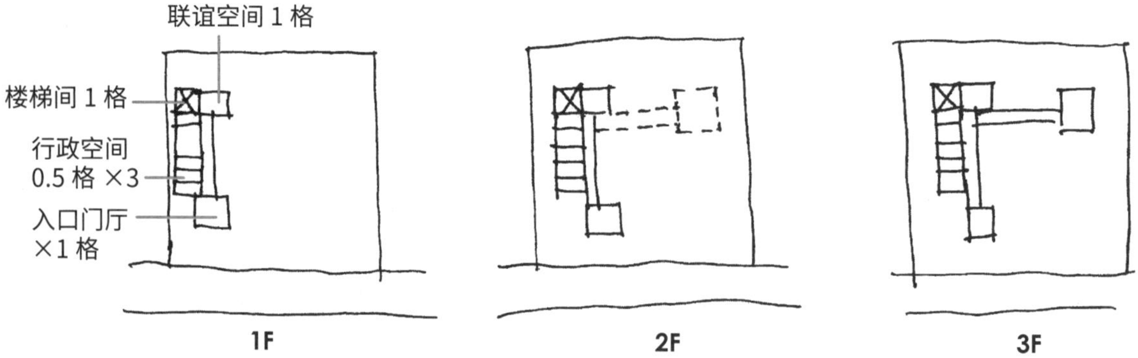

→ 进一步排列结构

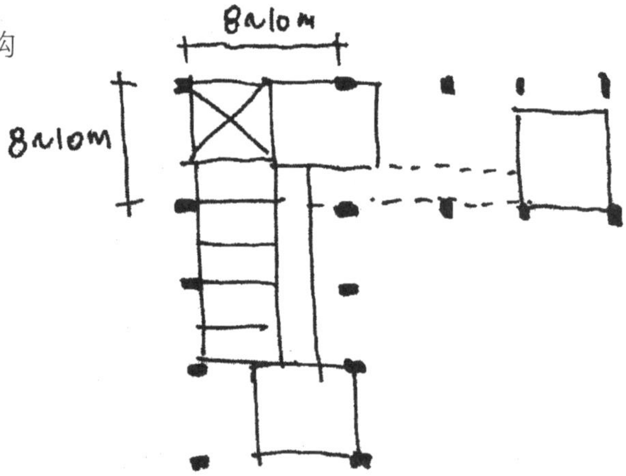

4

模块化空间格的延伸使用（一）

前面的操作步骤大量使用模块化空间格的方式，排列出合理的空间架构，这种操作方式又称为画泡泡图，只不过我们将这些泡泡模块化、方格化，便于在规划初步平面时能有明确的绘图方式和参考依据，让我们可以顺利地画下去，从而快速完成最终的透视图和平面图。在此操作策略下，我们练习时可以事先制作好一些常用的空间方格，如垂直楼梯间、套房、餐厅、公厕等。

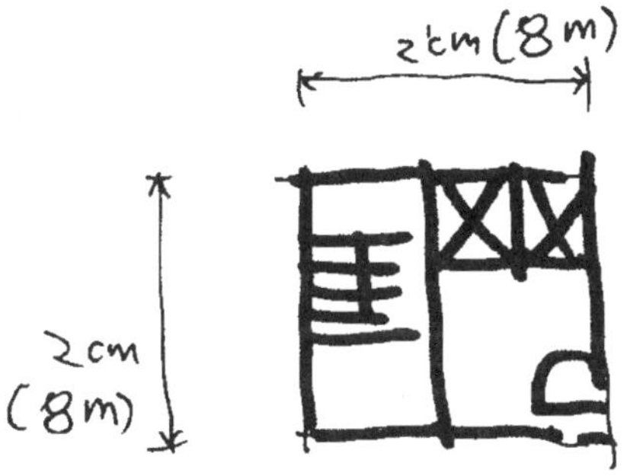

楼梯间

S: $\frac{1}{400}$

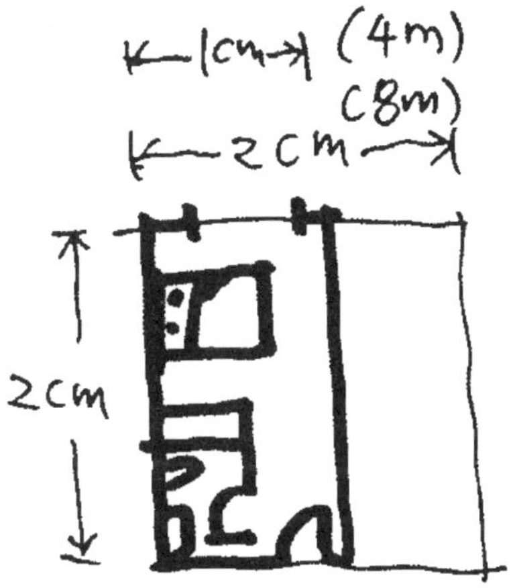

套房

S: $\frac{1}{400}$

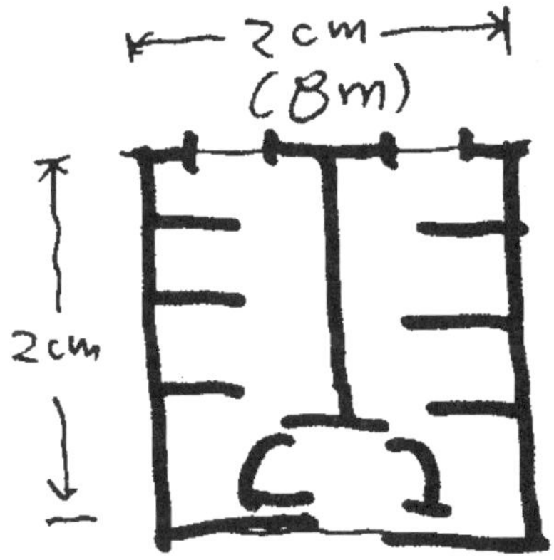

公厕

S: $\frac{1}{400}$

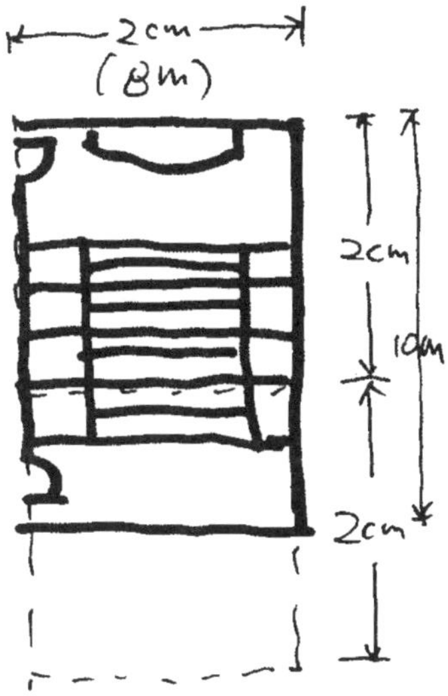

展演空间 / 会议厅

S: $\frac{1}{400}$

这些常用的模块化空间格说明，只有在平时充分掌握基本的空间尺寸，进入考场才能有效率地设计，减少摸索平面的时间。

“模块化空间格”的延伸使用（二）——一楼的门厅空间

标号说明：

（a）→垂直楼梯间　　（b）→入口接待区

（c）→厕所　　（d）→入口等待区

4 种门厅类型　　可以搭配的建筑量体

A

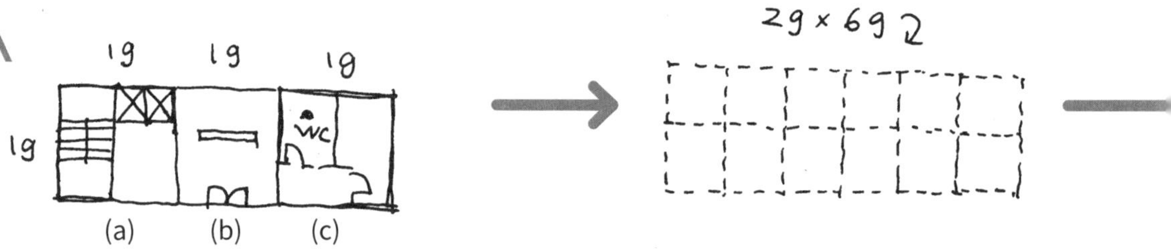

B

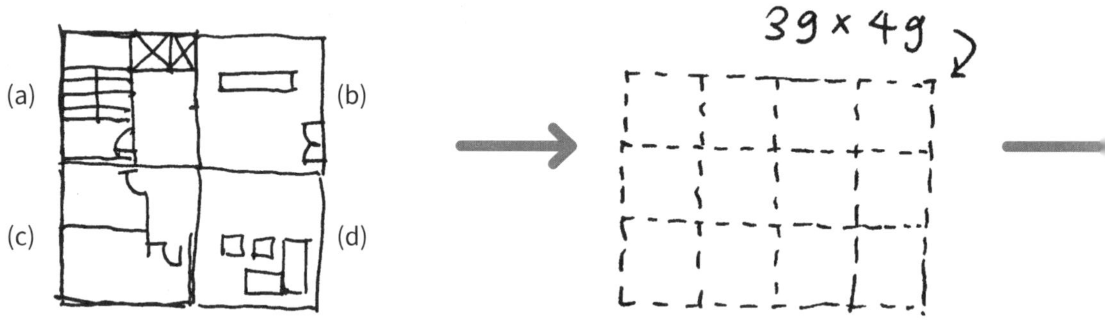

C

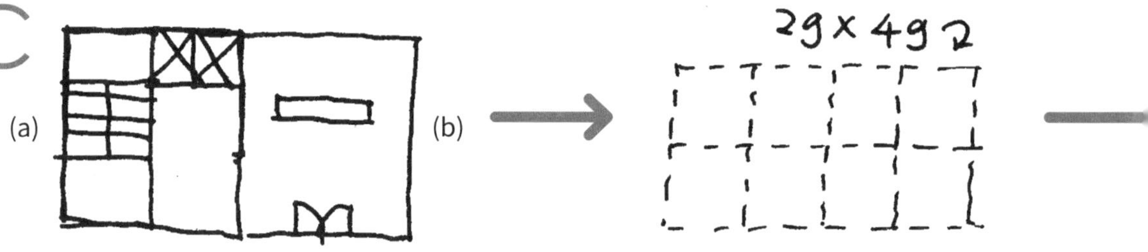

D

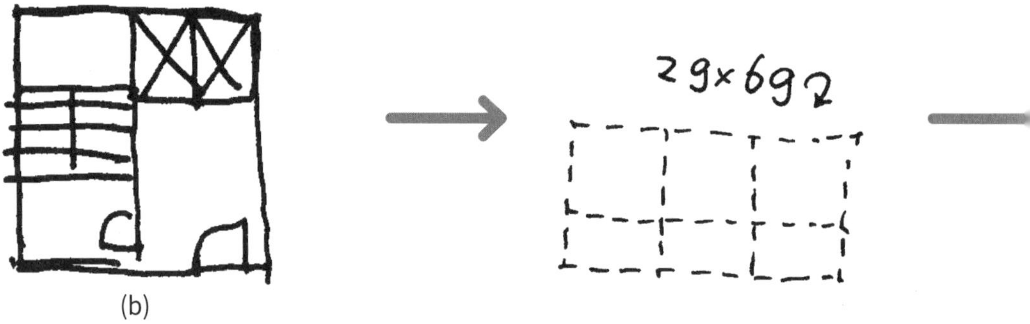

尝试将门厅 A 至 D，搭配 2 层以上实量体形成方案甲至丁。

与建筑量体搭配的结果

可能的变化

搭配
方案（甲）

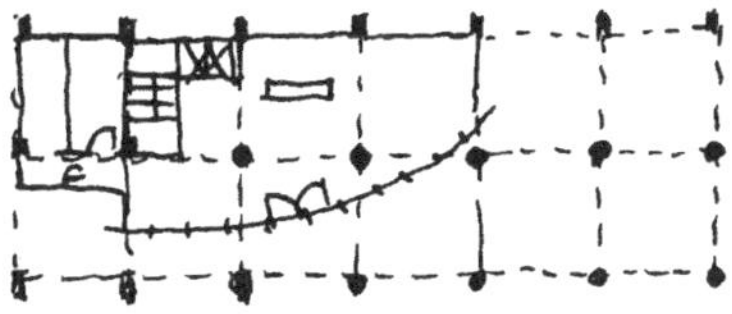

搭配
方案（乙）

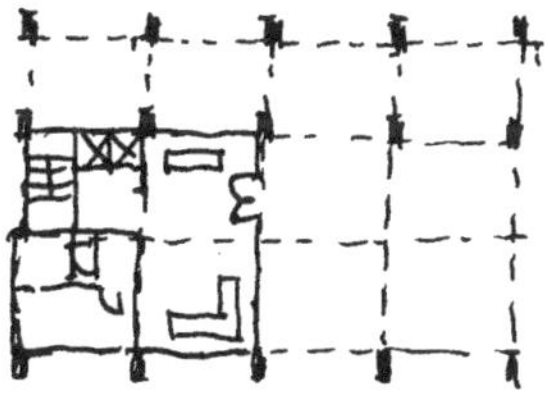

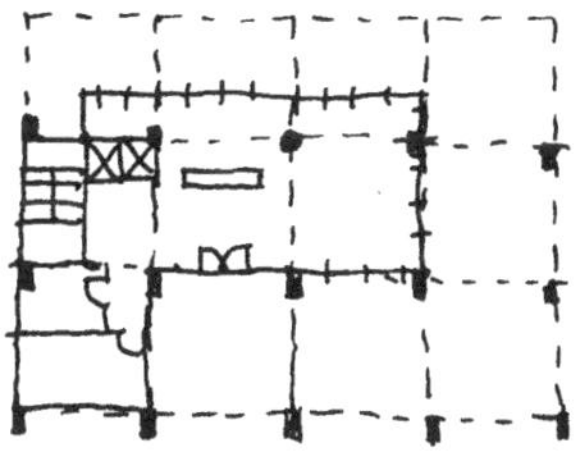

无柱子，上方量体悬挑

搭配
方案（丙）

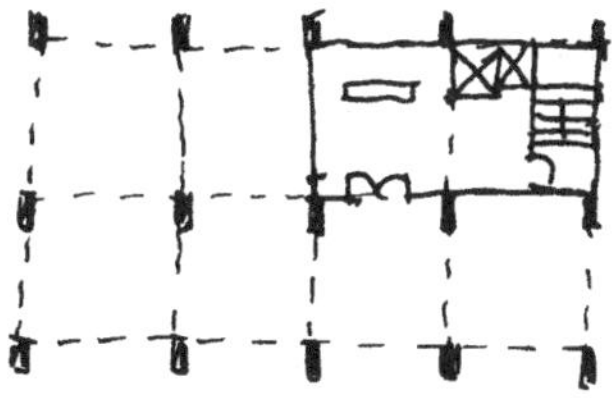

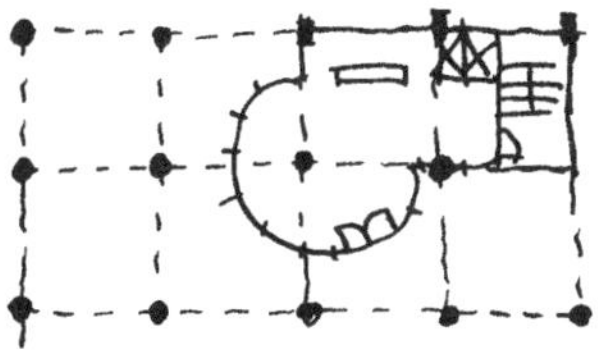

自由的平面形状

搭配
方案（丁）

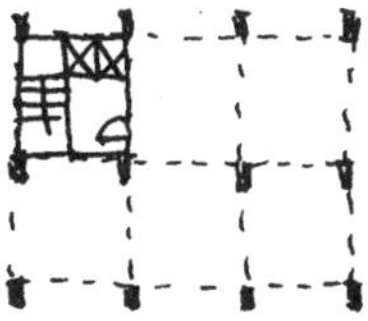

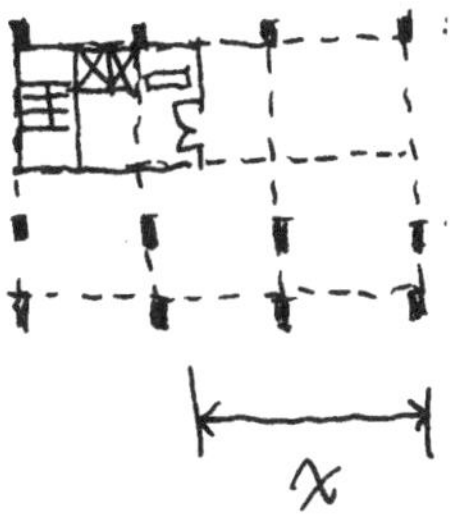

改变柱跨，以符合上方楼层空间

★★★
控制门厅量体与非门厅量体比例不超过 1 ： 1，避免一楼全被非有趣的空间占据。

将议题类关键词作为空间设定特色

在上述图面完成时，会发现空间除了分为室内与室外，还会因为不同的使用者而出现不同的使用功能。因为有不同的人和不同的功能，就会产生不同的空间特色与空间目标，为了这些空间特色与空间目标，空间就不会只有单纯的内外之分。

譬如，近些年社会上有“无子化”的讨论，认为当下社会组织、建筑空间都应对此议题有深入的探讨与策略思考。这些没有答案的要求，就是希望我们这些建筑人能够帮他们想出对应的策略。

这些简单的字眼必须在建筑人的巧思下，转化成有意义的功能和有影响力的空间。而最直接的表现方式，就是将文字分析中的议题类关键词分析结果作为各个空间的说明文字。

TITLE 3

整合图面对象的口诀：轴·绝·延·二·一

1 基地的轴线

图纸与基地的轴线

在真实世界中，基地的边界不会与你画图的图纸平行。你也许会想，可以将基地的北边对应图纸的朝上方向，这样就可以让图面的方向跟基地一致了。

这个说法有问题。

问题在于，你的基地如果本来就歪歪斜斜的，没有与北方平行，那你的图在图纸上也会是歪歪斜斜的。

再回到我们前面讲的空间格概念。在那个步骤中，我们将所有功能空间、辅助空间都转成矩形的空间，也就是说，这个动作可以让所有的空间都乖乖地产生可以参考的 X 轴与 Y 轴。

有这么好的条件，结果我们的基地还歪歪斜斜的，怎么对得起这些美好的矩形空间呢？

讲清楚一点儿，前面的步骤就是要让这个图纸里的设计世界产生明确的坐标线，让你理智地发展平面系统。由于这个原因，我们得让基地“躺平”或“站直”。

让基地躺平或站直的方法：

1. 找出基地的主要前方道路。
2. 基地前方道路和答题纸的 X 轴的角度若小于 45°，就让前方道路和与这个道路相关的世界平行于图纸，这就叫作“让基地躺下来”。

❸ 很少会碰到要让基地的建筑线及前方道路垂直于与图纸平行的 X 轴的情况。

❹ 最重要的是，不要让看图的人看不懂你画的基地的方向到底是什么，甚至让看图的人以为你画的基地是别的基地。

2 设计的轴线

建筑与基地的轴线

通过前面的步骤，我们让基地和图纸的坐标叠合在一起了。接下来的目标是让人群流动的方向和基地内的建筑物叠合在一起，当它们两个结合在一起后，就会产生一种将基地外部的人引入基地内部的感觉。

当然，在真实社会中，尤其是商业项目（如集合住宅），都不希望基地内外可以互相串联，那建筑的方向就得垂直于人群流动的方向。

3 找出将人引入基地的轴线

前面，我们在“切配置”的阶段，帮基地找出入口区与主题开放空间。我们用简单的对应关系来说明这两个区域的位置。以 2007 年设计考题为例，因为主要人群来自北侧的地铁站与城市的绿地，因此，我们可以说入口开放空间在基地的北侧。然后，我们在前面的规划中，将设计的主题开放空间设在基地南侧，因为这样我会说，基地未来的主题开放空间在基地的南侧。

▽ 入口开放空间在基地北侧。

▽ 主题开放空间在基地南侧。

这两句话，构成一个人群流动的描述：

人群

+

从

+

北边入口开放空间

+

移往

+

南边的主题开放空间

↓

基地内的主要建筑轴线为南北向

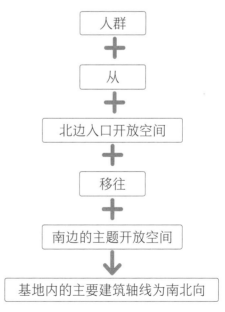

4 二到一
→ 为建筑量体设定位置

各楼层的建筑量体

建筑物不同的楼层高度，有不同的意义，这里简单说明一下。

- **三楼及以上：**建筑物的主要量体需要参考基地与环境的关系。
- **一楼地面层：**每个功能空间都该紧密地和地面层的开放空间连接。
- **二楼：**要与地面层开放空间相互连接，但因为空间太大或需要人群管制，必须通过一个大型的阶梯空间来连接。
- **二楼及以上：**理论上都要将具有安全逃生功能的楼梯间作为垂直动线，所以在配置上放量体的时候，我们会把二楼及以上的空间辅以量体规划阶段的简单量体，整合成一个完整量体，这便是我在这个步骤要放置的二楼及以上的量体。

从二到一放置地面层量体

❶ 放垂直动线

在画地面层配置前，必须先把连接楼上和楼下的垂直动线（楼梯间）定出来，不然，使用者会上不了二楼。

❷ 放入口门厅

垂直动线一定是被放在角落的功能性空间，它与相邻的主要空间要靠入口门厅来连接。所以，在完成垂直动线后，紧接着要再放一个入口门厅在垂直动线旁边。

❸ 放地面层中最重要的空间

地面层中最重要的空间，是一个必须和主题开放空间息息相关，可以让主题开放空间被凸显的空间，但绝对不是楼梯间或入口门厅，有的时候甚至是一个自己想的创意空间。

在放置这个空间的时候，一定得沿着主题开放空间（或核心区）的边界，才能让室内外有充分的呼应。

❹ 放置其他空间

除了前面的垂直动线（楼梯间）、入口门厅、最重要的空间之外，如果在文字分析中还有列出的该放置在一楼的空间，再依照空间属性与基地区域的特性来放置，放置的重点是尽量让这些空间与核心周围的参考线产生关联。

结论

本节说明了地面层各个空间的放置顺序。

顺序如下：

❶ 垂直动线（楼梯间）
↓
❷ 入口门厅
↓
❸ 地面层最重要的空间
↓
❹ 其他空间

采用这样的顺序，是为了让每个空间的动线都能够顺畅串联，希望大家能用心尝试。

5 找主题开放空间

建筑与空间的量体被放置在基地后，原本用来界定基地不同性质区域的边界都因为空间量体的关系而被打乱或中断，但也重新产生了不同的区域范围。这个动作就是利用各个空间、景观设施、参考线及延伸线，来自然产生有意义的开放空间。因此，我们需要在放置量体后，重新找出核心区的正方形，而且，这个被重新定义的正方形就是这道题目里真正的主题开放空间。

基地内的其他正方形

建筑与空间的量体被放置后，除了重塑核心区内的主题开放空间外，基地内也会产生很多不同大小的正方形区域。如同前面章节讲的，正方形代表凝聚的视觉效果，也就是说，这个阶段可以产生很多重要程度不等的开放空间。而这些正方形的开放空间在未来也可以用“五个虚量体”来描述它们的空间特征与用途。

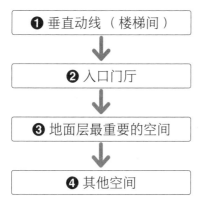

6 绝对领域

任何一个基地都有外部环境，会影响基地内建筑物的配置方式，当然基地内也有内部环境，得让建筑物配合它产生不同变形。这些内部的物体，有的时候是树，有的时候是房子，有的时候是不知名的东西，我称它们为“绝对领域”。

基地内可能存在绝对领域的对象

❶ 河流

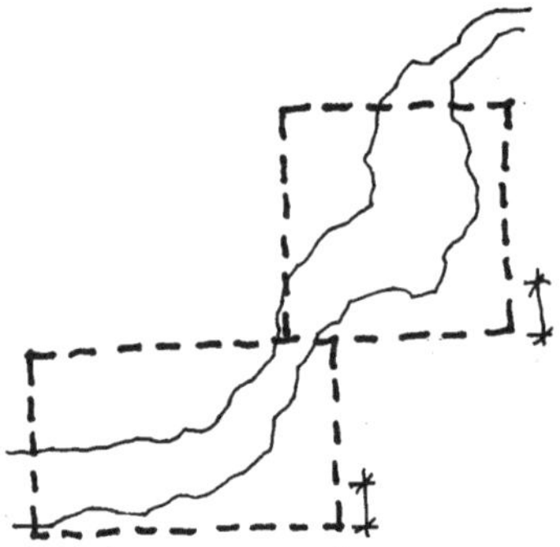

❸ 树

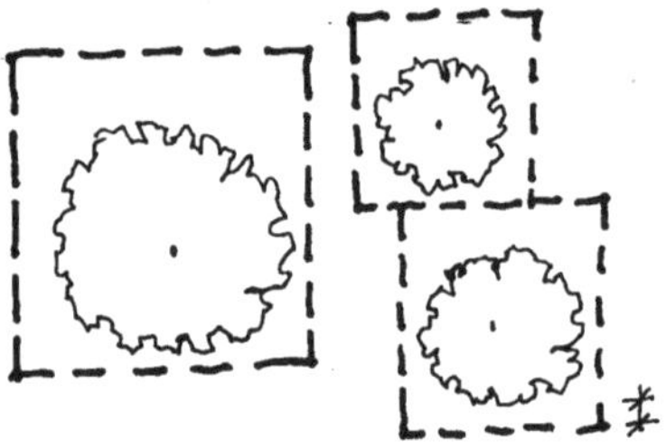

❷ 不知名的奇怪东西

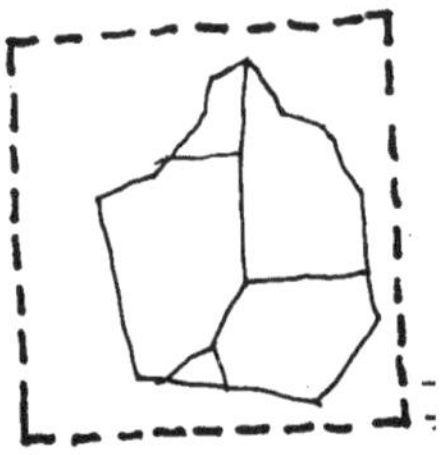

❹ 老屋

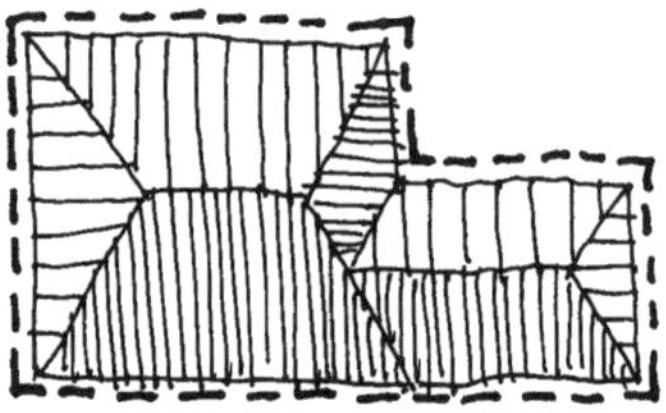

第七章

CHAPTER SEVEN

建筑师是创造活动的高手

画配置，利用不同的街道与铺面，
产生不同的个性

TITLE 1

景观零件 1：软铺面

木平台、水池或草地，各有明显特色与实际用途，能轻易与环境规划结合。不过要成为真正的建筑师，还是得对空间有更多元的想象，不需要受限于这三个元素。

配置中的三元素
——木平台、水池、草地

木平台

木平台用来凸显某个重要的物体。利用绘制平台时连续且紧密的铺面分割线，凸显该物体的存在感。考题中的重要物体，通常是老树、老屋，有时会用木平台来凸显我们设计中重要的空间，如咖啡馆或展示空间。

图例

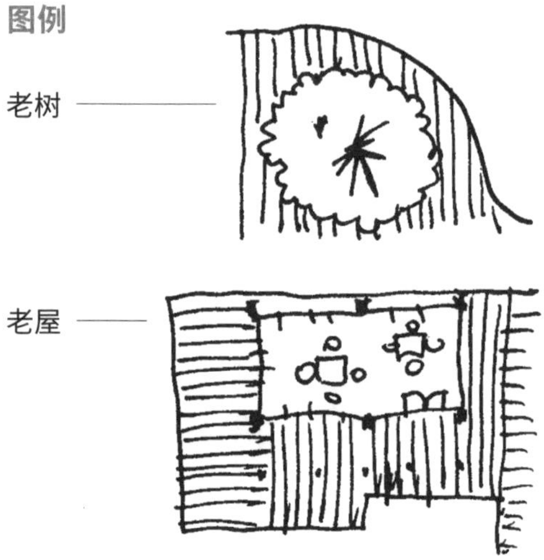

木平台的功能

- 让人产生一种介于室内和室外的暧昧感觉。
- 强调重要的空间或设施。
- 路径。

想象木平台的位置

- 休闲的空间。
- 大概的四周。
- 需要讨论、交流的空间。
- 河边。
- 半户外的吃东西的地方。
- 表演的舞台。

也可以上网看看这个元素会被什么空间运用。

想象木平台的种类

❶ **正方形：**可以放桌椅，有停留的需求。

❷ **长方形：**通行路径明显，仍有停留的空间。

❸ **长条形：**用以围塑重要物体。

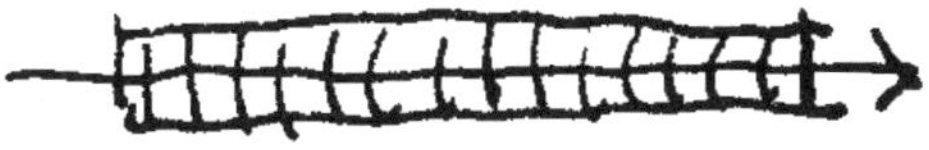

绘制前的注意事项

❶ 木平台的边界不能是量体或室内墙体的延伸线。

❷ 木平台的面积要少于室内空间，否则会使画面变得复杂。

❸ 别让细长的木平台切断空间的连接。

❹ 尽可能想办法与水池结合，可塑造静态空间的品质。

木平台的应用

❶ 铺面分割线方向，垂直于长边。

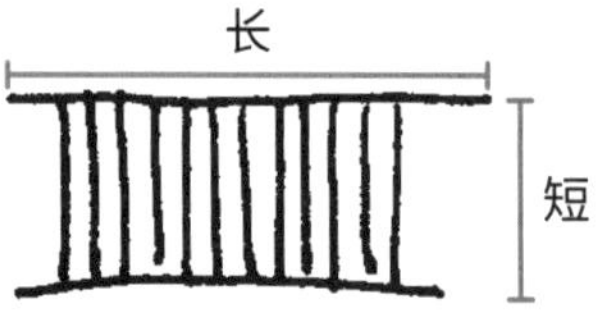

❷ 转换方向的绘制方式。

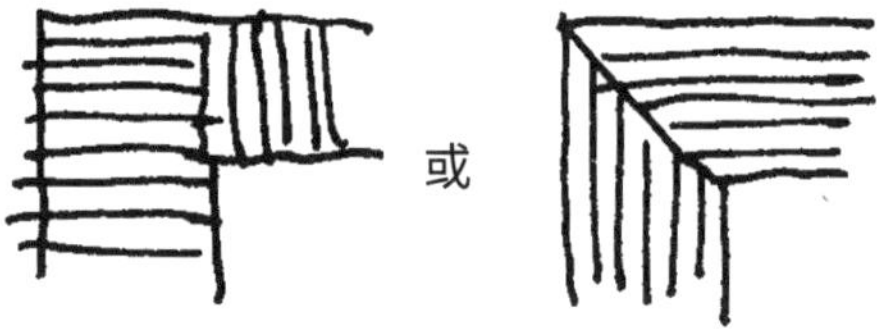

在转换方向时如果遇到长度不一致的情况，要注意转接线的绘制方式。

会有对接不一致的问题

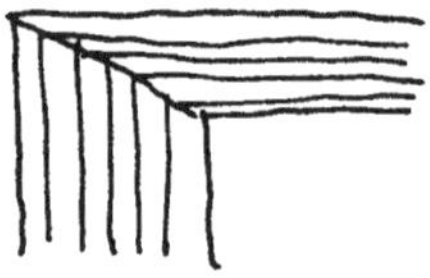

视觉上较为单调

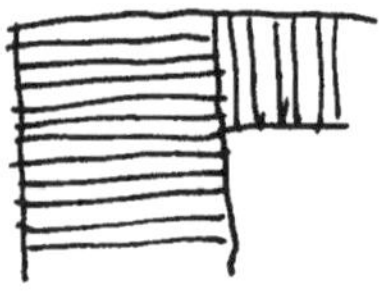

❸ 可以利用平台边缘形状的改变，增加图面的趣味度。

河岸平台

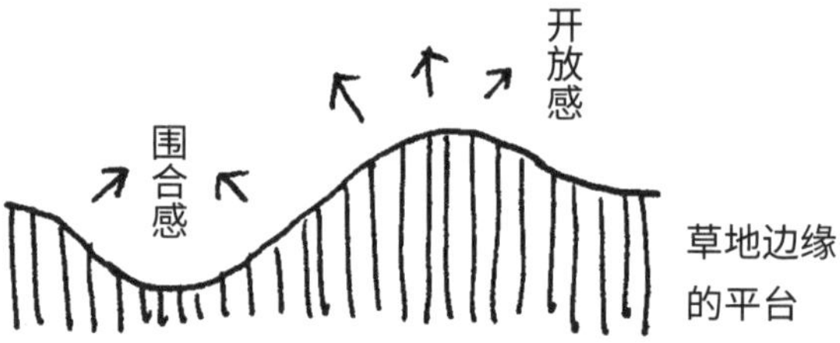

❹ 木平台是一个可以围合重要物体的工具，因为其存在感很强。

相反，也可能因为绘制不当，成为破坏图面的“凶手”。最常出现的情况是直接切过基地，造成切断基地的效果。

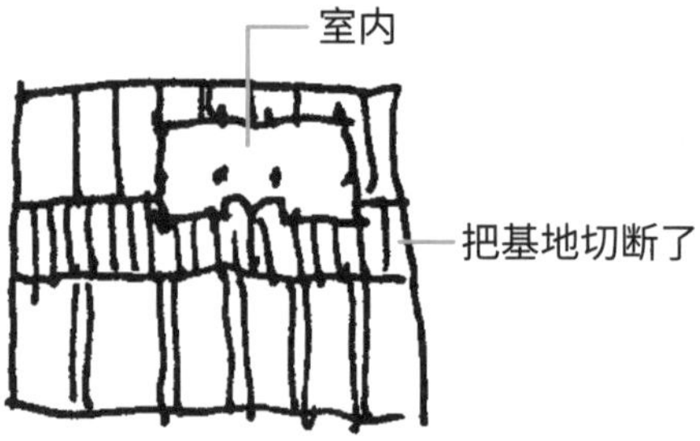

水池

水池的特点

❶ **安静**——水和水流声可以成为空间中的“冷静”元素。

❷ **凉爽**——可以调节微气候，带来风和气流。

❸ **人为的边界**——水具有阻止外来人士靠近空间的提示效果，可作为隐形的围墙，尤其适合有隐私需求的空间或住宅。

水池的应用

❶ 围合需要隐私的空间。

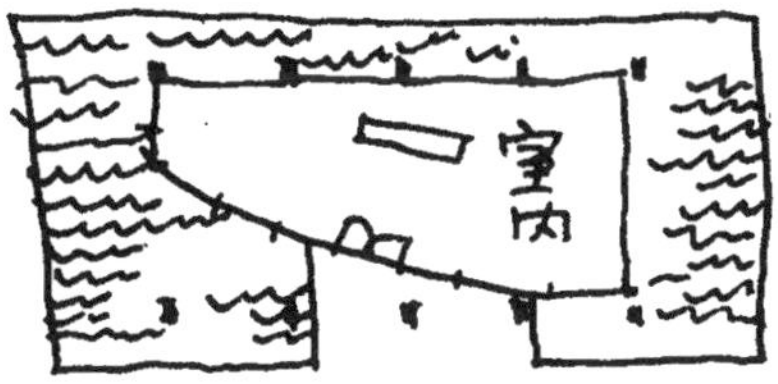

❷ 转换空间。

通过水池必须要有连接的过道，过道可用来加强入口意象。

草地

草地的特点

❶ 软化铺面系统的颜色（色块）。

❷ 围合重要的空间，并凸显该空间。

❸ 不知道该填入何种铺面时的最快替代方案。

草地的应用

❶ 对于次要开放空间中的绿地，先涂满绿色的草地，再加入必要的路径。除非次要开放空间只剩下路径宽度，否则尽量以绿地为主。

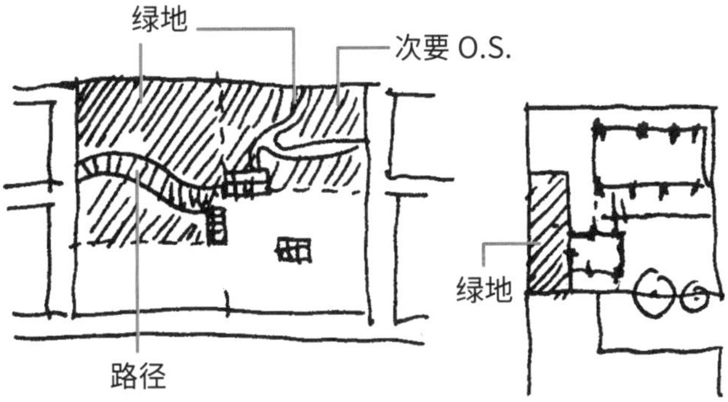

❷ 对于其他开放空间中的绿地，在扣除开放空间的路径范围后，填入不影响通行的草地。也可以在草地周围加入座椅设施，提供产生停留、互动的空间。

路径：不用画出，但需要被指示出来

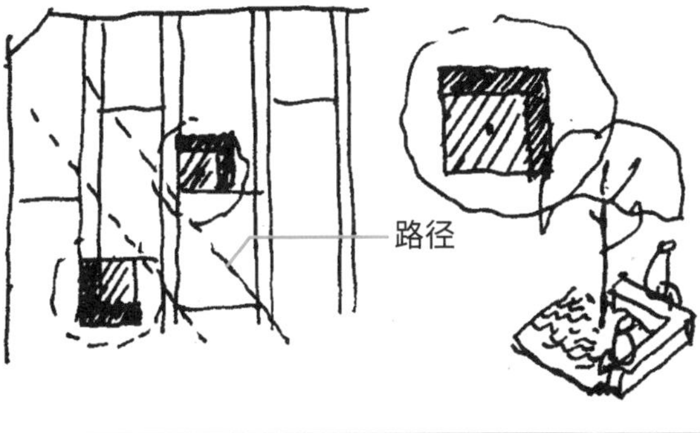

TITLE 2

景观零件 2：树

当我以巨人的视角鸟瞰图面上的虚拟世界时，树、街道、家具对我来说就像一颗颗种子，而我是“地景农夫”，把这些种子种到软铺面的土壤里。

设置方式

❶ 根据每个范围的特性，选择以下四种配树方式。

❷ 种树时仍是在铺面的格子系统下进行，使其整体均衡整合。

a.“列”：沿行道路，其他周围的路径。

b.“阵”：入口广场的“树阵”可成为顶盖型虚量体。

c.“群”：用以表现生态性与填充绿地。

d.“独”：入口主题树或者水岸空间的重点空间，具有地标效果。

种树、种草

四种树的“种”法

a. **“列”**：行道树，有明显的方向感和路径感。

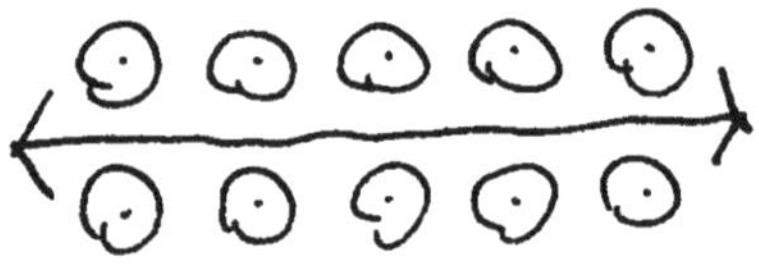

b. **“阵”**：规矩排列的“树阵”，可以明确界定空间，形成边界。在功能上，类似大顶盖的半户外空间。

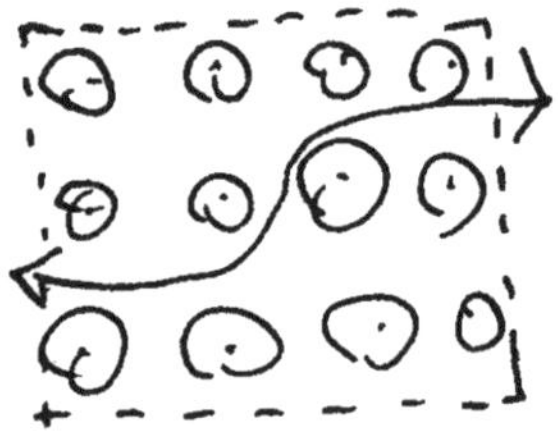

c. **“群”**：不规则地成群排列，具有阻挡效果，也可以作为填满绿地的工具。

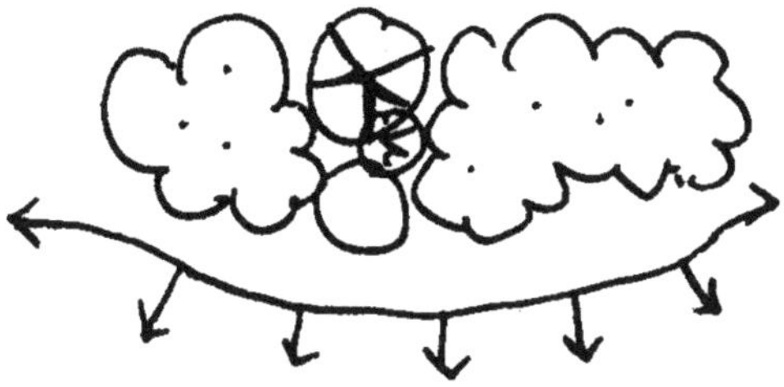

d. **“独”**：空间中的地标，是视觉重点。

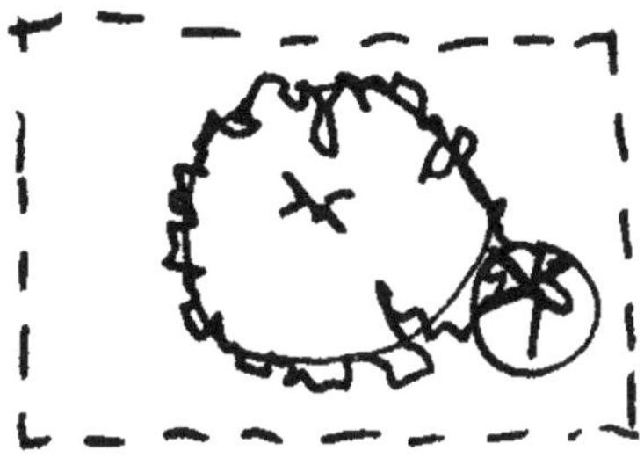

TITLE 3

利用分区，产生铺面系统图

利用网格线产生铺面，便分出了内外、主次空间，以及活动路径和空间相对位置。要注意网格线的疏密与交错方式，要体现移动感，而不仅是平面的复杂线条。

景观铺面系统操作

说明

以下操作方式，是要清晰定义各个开放空间的基本铺面架构。在完成基础铺面架构后，再利用案例进一步内化景观铺面的质感和品质。

在正式操作前的“切配置”步骤应完成的目标和内容如下：

❶ 一楼的室内实量体。

❷ 二楼及以上量体的虚线框架。

❸ 被“切配置”后的开放空间区块皆有清晰的定义与属性。

❹ 基地内外的实量体或参考线均确定延伸至基地边界，产生独立的开放空间区块（范围）。

开始操作

❶ 设定进入基地的人群的来源与方向。

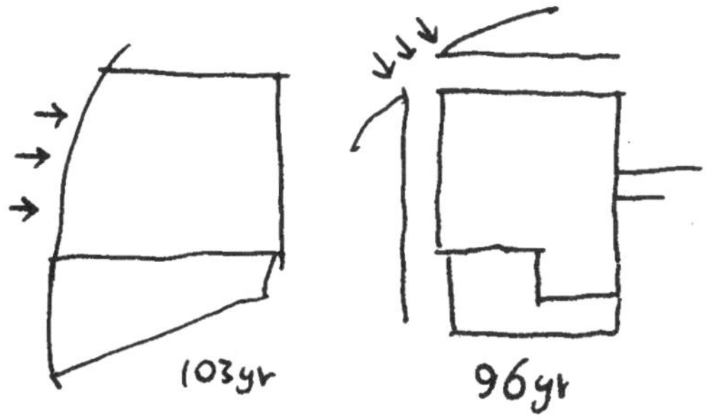

❷ 在基地内，根据平行人群来源方向，绘 1 cm 宽的平行线。

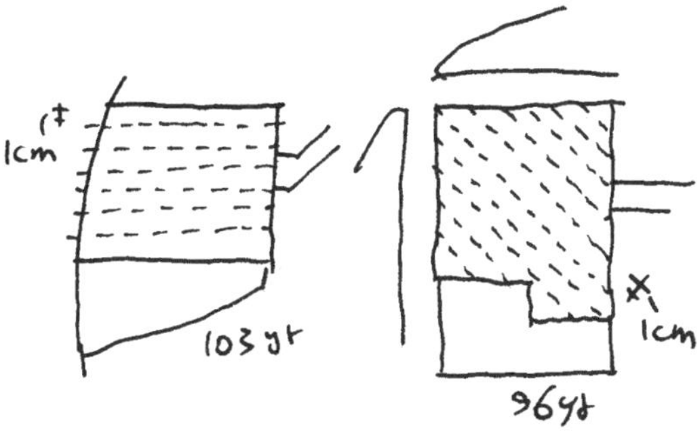

> **NOTE**
>
> **操作注意事项**
>
> ·学习如何用 HB 铅笔画出不同浓度的铅笔线，尤其是在绘制铺面系统线时，更需要明确表现出铺面线的“淡”线效果。
>
> ·若人群来源方向为斜后方，可以用 45°斜平行线处理，避免造成画图困扰。

❸ 人流引导用铺面绘制。

找出和入口开放空间有连接的开放空间，这些相连区域共享一种铺面系统，统一称此铺面系统分割线为“人流引导用铺面”。此“人流引导用铺面”沿用上一步骤的 1 cm 宽平行线即可。

此区域的铺面线具有暗示入口的效果，希望让阅图者看出设计者对入口的定义。找出相连的相关空间，是为了强化基地内入口开放空间与基地外的相关区域的连接效果。

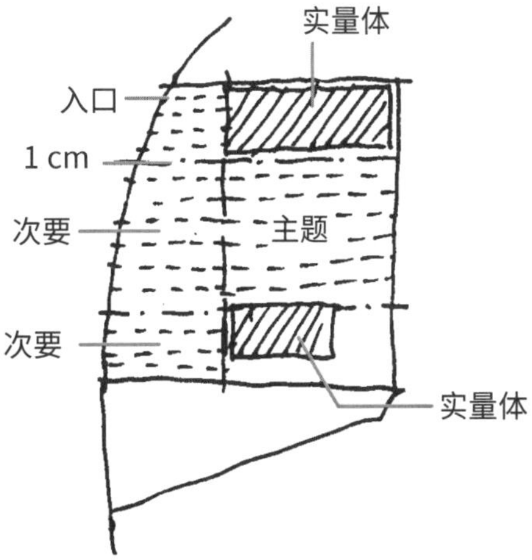

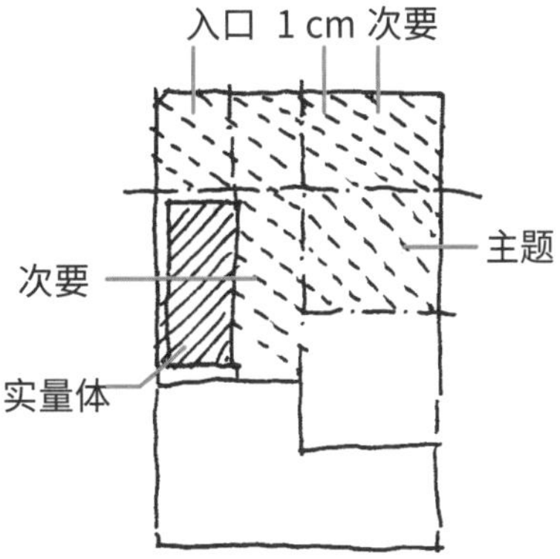

❹ 主题开放空间用铺面。

为通过“切配置”找出来的正方主题开放空间，加入垂直于人流引导用铺面的 1 cm 宽平行线。利用正交的网格线区隔其他区域，并强调此范围的重要性。

图例
2014 年

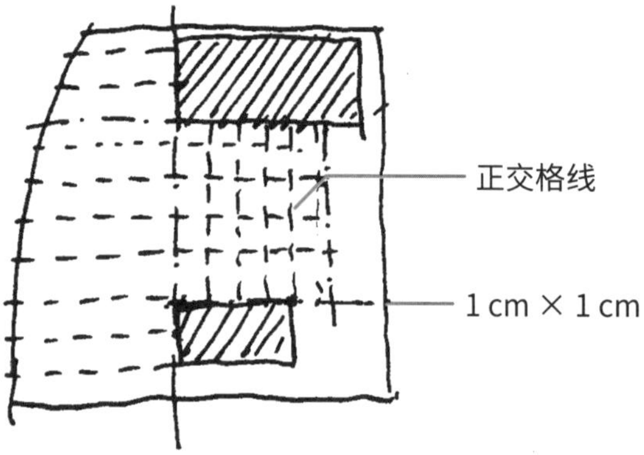

图例
2007 年

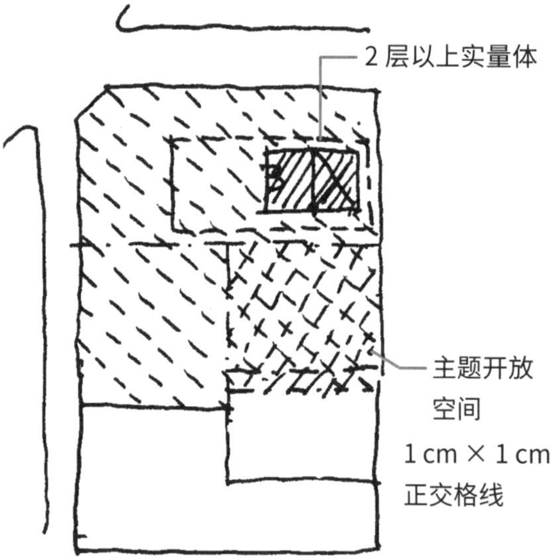

❺ 其他开放空间用铺面。

延续前两类铺面线，将最后未填入铺面网格线的空间填入 0.5 cm × 0.5 cm 的正交网格线。由于此区域网格线较为密集，视觉上会产生终点或边界的效果。

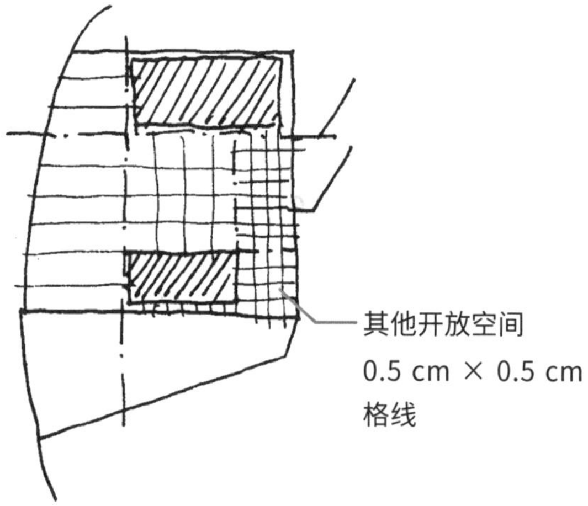

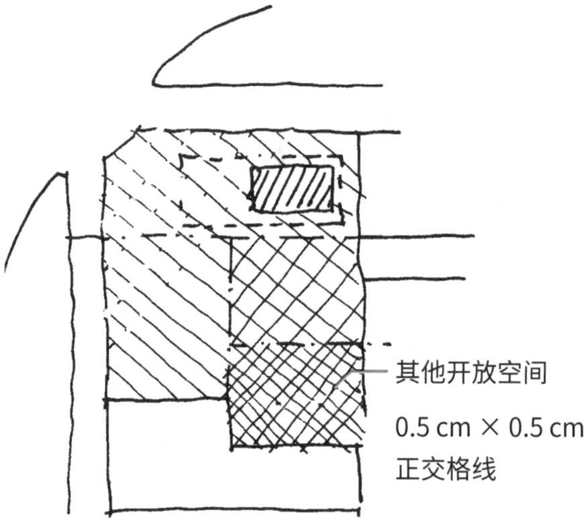

❻ 加入一号景观元素"木平台"。

木平台的功能

a. 成为某个空间的边缘。

b. 围合某个东西，强化被包围者的存在感。

c. 最重要的是，它是人的路径，可以串联
 不同地方。

如何画木平台：

a. 想象木平台高出路面 15 cm。

b. 确定木平台的范围，须参考前 3 个步骤
 产生的铺面参考线绘制。

c. 找出必须相连的点，直接画出路径，路
 径宽度要考虑该路径的性质。

 • 快速通过 ➡ 2 ~ 4 m

 • 悠闲通过 ➡ 4 ~ 6 m

 • 康庄大道 ➡ 6 ~ 8 m

❼ 检查主题开放空间是否被明确围合。

检查原先设定为主题开放空间的范围
（1 cm×1 cm 的正交方格区域），是否可以
利用景观元素、虚量体或植栽，强化围合的
效果。可以加强边界感的工具有以下几种：

• 水池

• 5 个虚量体

• 成排的植株

• 木平台

• 路径

• 转换的铺面

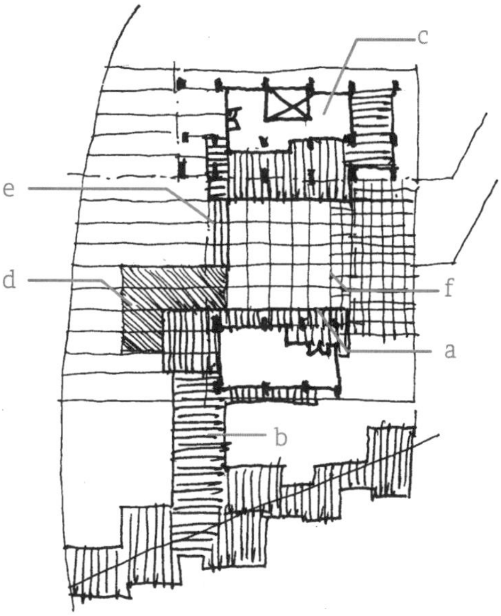

a. 利用铺面系统分割线作为描绘木平台的
 底稿，使木平台的边缘与铺面格子系统
 合为一体，可避免相关景观元素出现不
 融合或不协调的问题。

b. 利用木平台的路径效果，连接基地内外
 需要被连接的空间。

c. 利用木平台密集的线条效果，围合重要
 的空间或物体，凸显该空间。

d. 利用水池产生围合主题开放空间的边
 界，并且界定具有安静需求的范围。

e. 检查主题开放空间是否被明确围合。

f. 单纯保留不同的铺面系统，表现不同区
 域，并强化主题开放空间的范围。

变形

前面步骤定义出来的空间范围、铺面形式、边界形状，都是系统性的图面符号。应该通过观察案例来扩充景观设计的丰富性，不需要被格子系统限制住。

变形说明

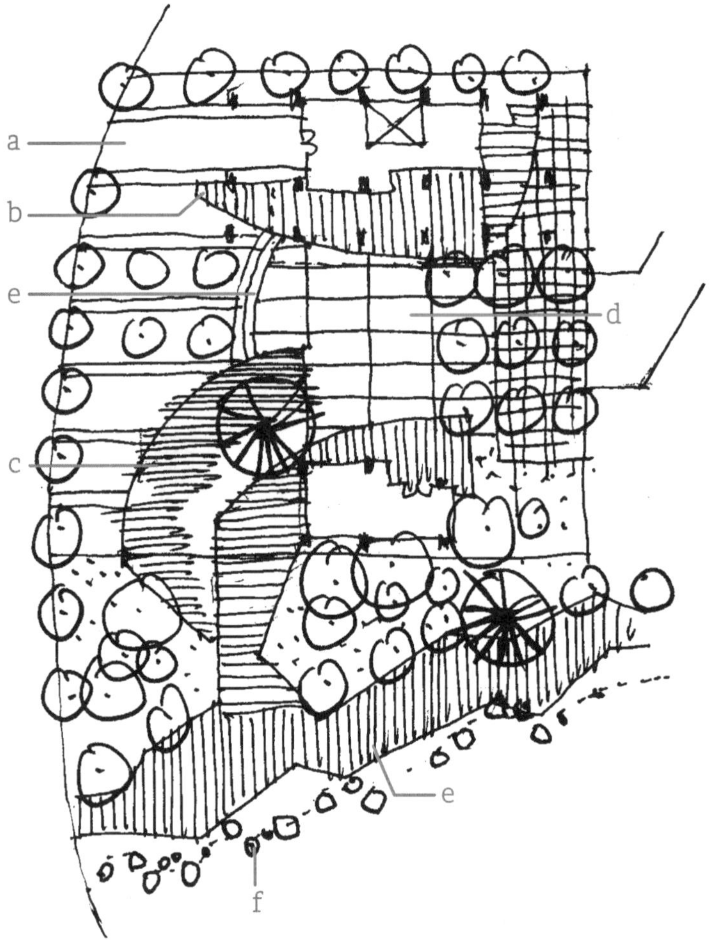

a. 改变“入口引导”铺面的宽窄变化，产生视觉趣味。

b. 改变木平台形状，强化入口效果。

c. 改变水池形状，强化水池的边界感。

d. 改变主题开放空间的方格比例，加强基地左右两侧的连续感。

e. 改变阶梯形状，增强迎接人流的效果。

f. 加入有天然水岸效果的边界线。

* 可以通过案例分析，再一次扩充造型元素。

第八章

CHAPTER EIGHT

建筑师的脑袋是强大的 3D 软件

画透视，
用透视图感性呈现所有理性分析

TITLE 1

五大虚量体

相较于室内外界线明确的实量体，能够转换室内外空间的虚量体，就成了中介空间的基本形式，可以好好运用这五种虚量体。至于怎么转得漂亮则没有一定之规，大家平时可以多研究一些案例。

设计中的五个虚量体

Q：虚量体是什么？

A：实量体是被具体结构体包围的室内空间，虚量体则是被不同物体包围或界定的户外或半户外空间。我们可以利用这些包围或界定的手法，凸显开放空间的品质。

Q：虚量体的类型有哪些？

A：虚量体有五种。

❶ **大顶盖**：可遮阳、挡雨且可透视的非封闭框架顶棚。

* 大顶盖的广场，直接用可遮阳或挡雨的顶盖，同时界定开放空间中供人群活动的范围。

❷ **檐廊**：有顶盖的走廊。

❸ **阶梯广场**：拥有高低差的开放空间，此开放空间具有展演功能，阶梯可以作为人们欣赏表演时坐的座椅。

❹ **下沉式地下广场**：可以将人群引导至地下层。

❺ **高空平台**：空中广场，可以将人群引导至较高楼层。

⟶ 延伸变化：

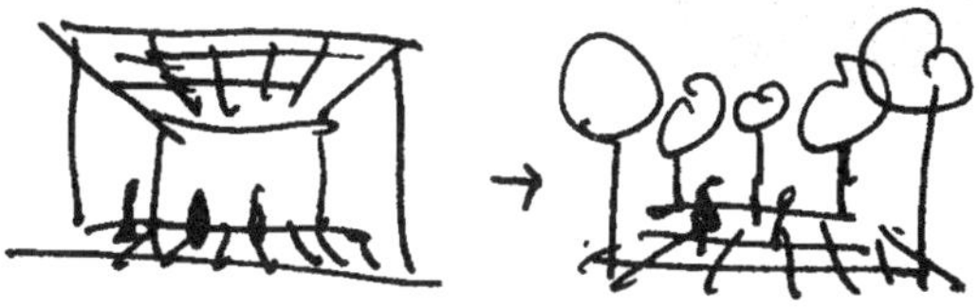

人造物的顶盖→树冠、树阵围塑的顶盖

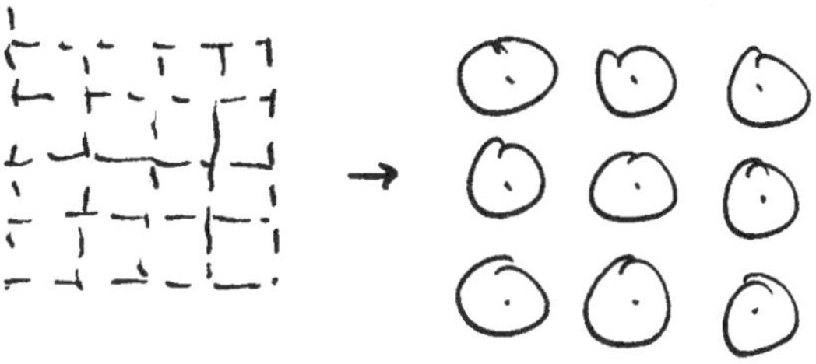

有顶盖的走廊，强化空间与空间串联的路径

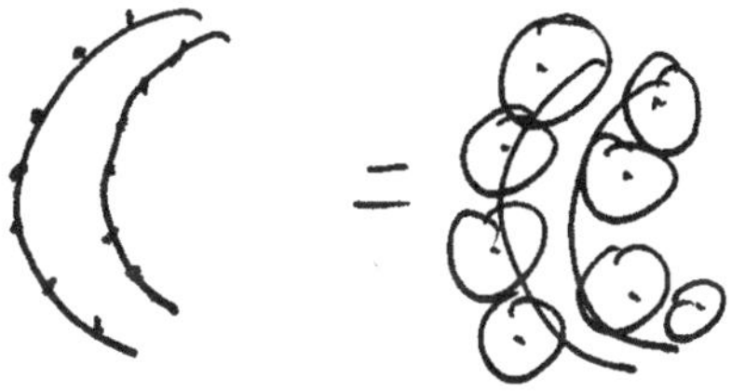

TITLE 2 新旧建筑的结合

老房子与五大虚量体，目标是保留美好的老屋形体

1 加入元素：大顶盖

加法 A

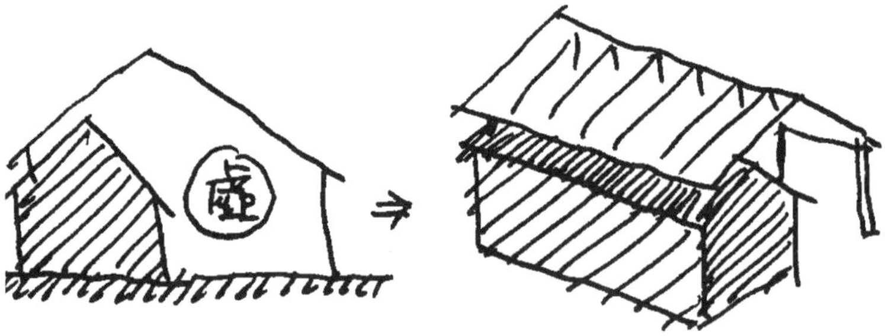

加法 B

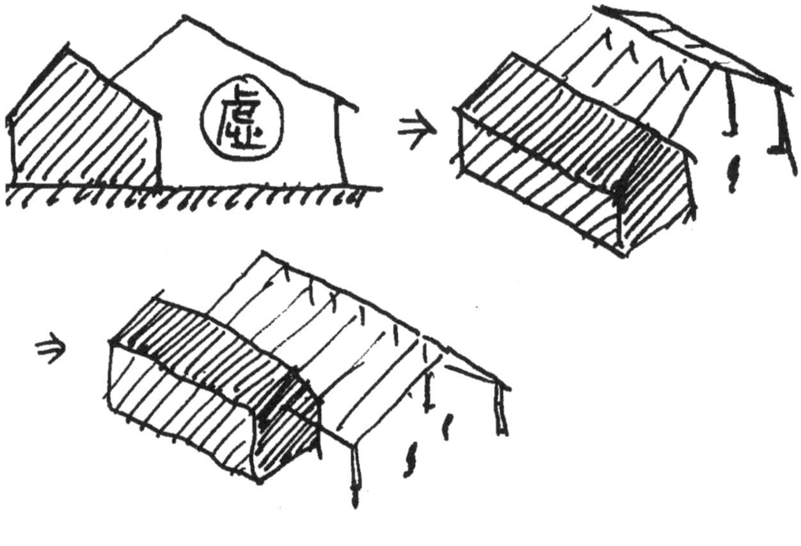

加法 C

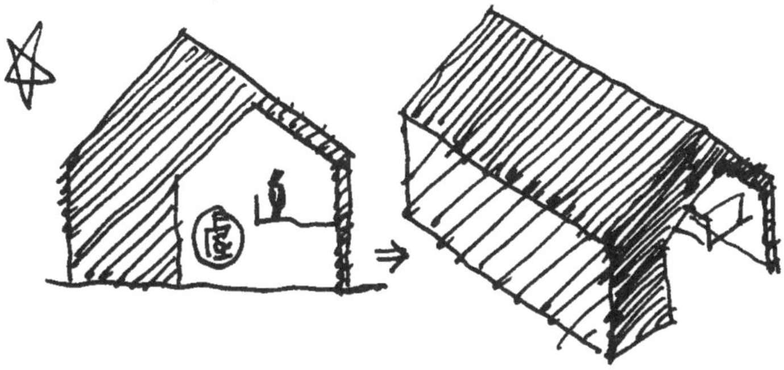

加法 D

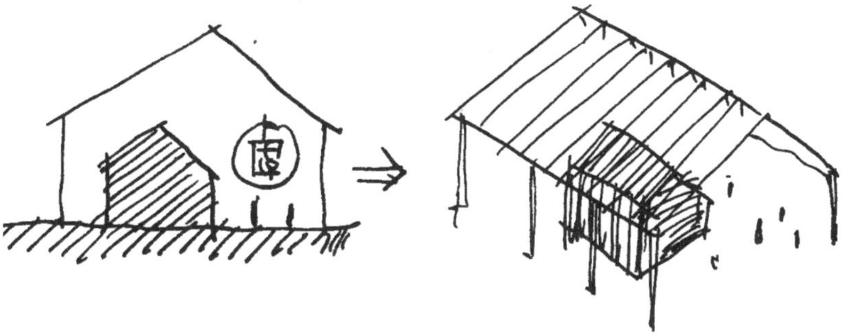

2 加入元素：有顶盖的走廊

加法 A

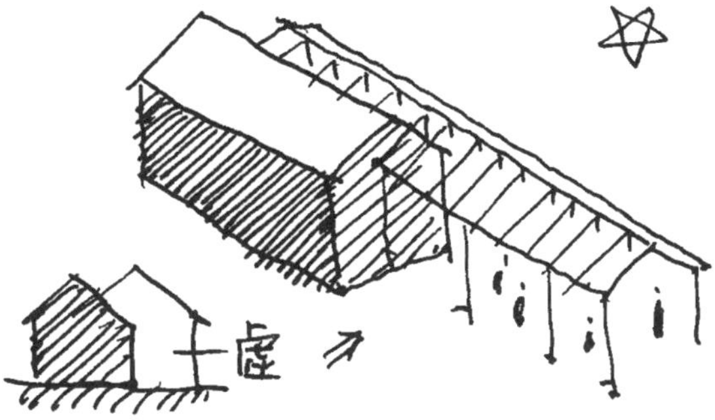

加法 B

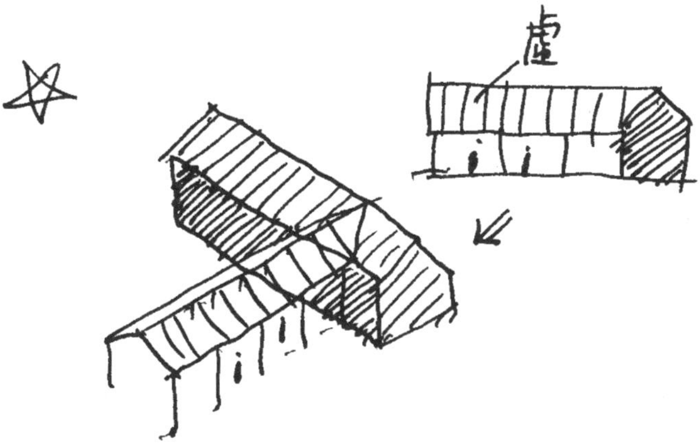

加法 C

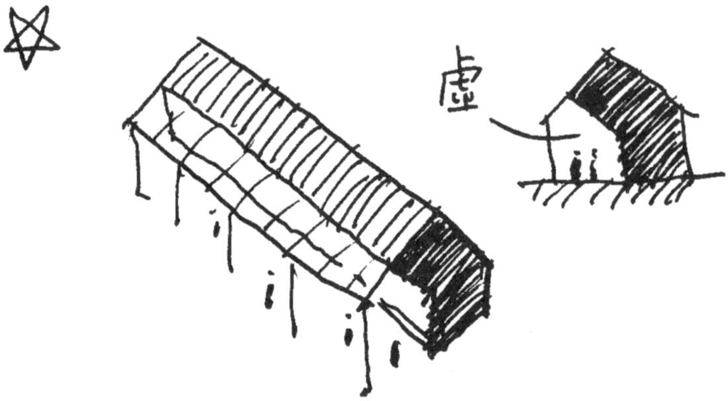

加法 D

3 加入元素：阶梯

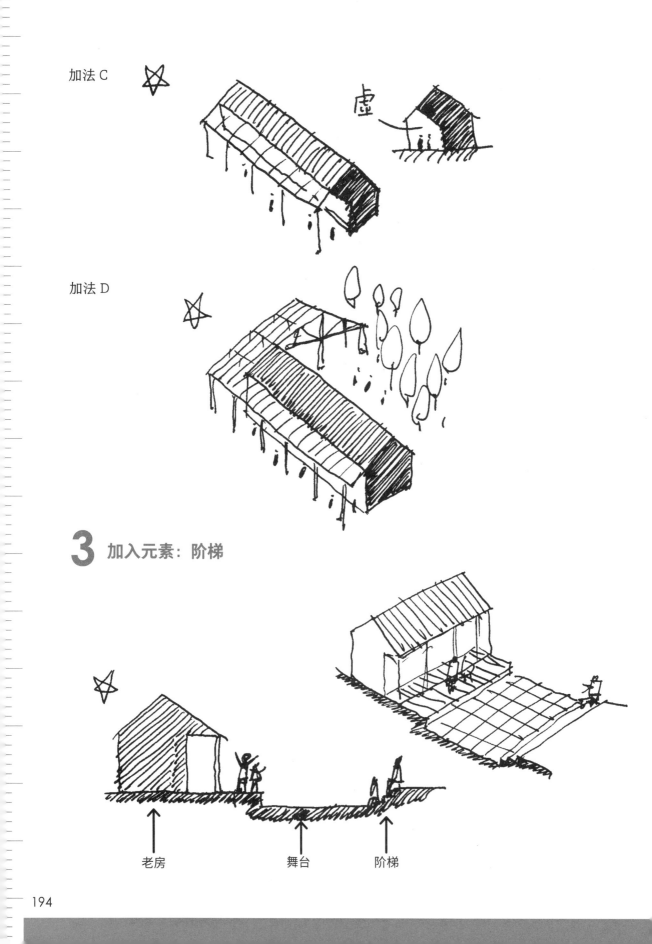

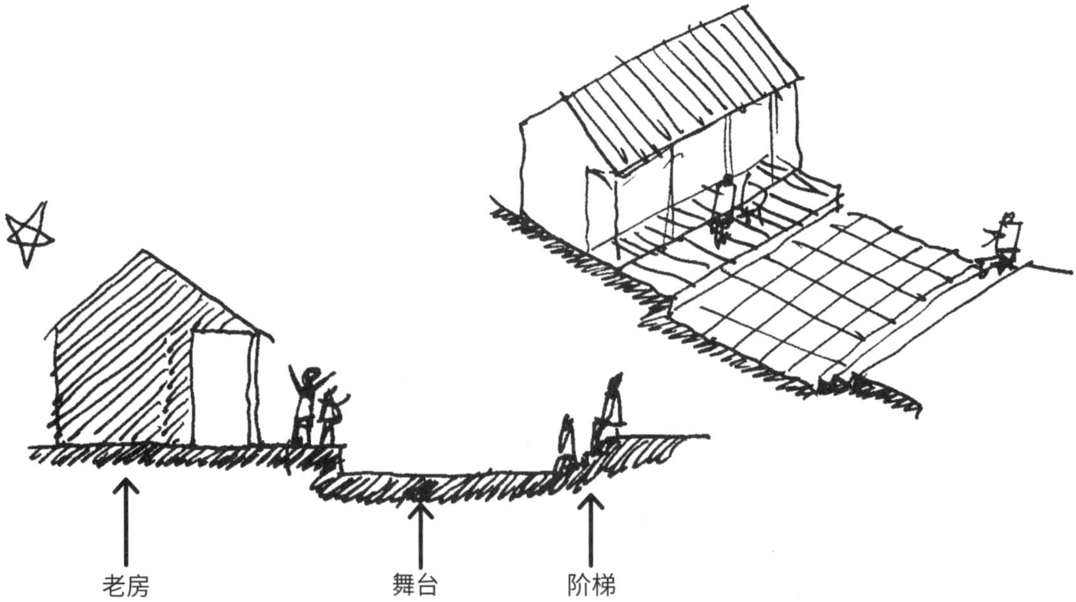

4 加入元素：高空平台

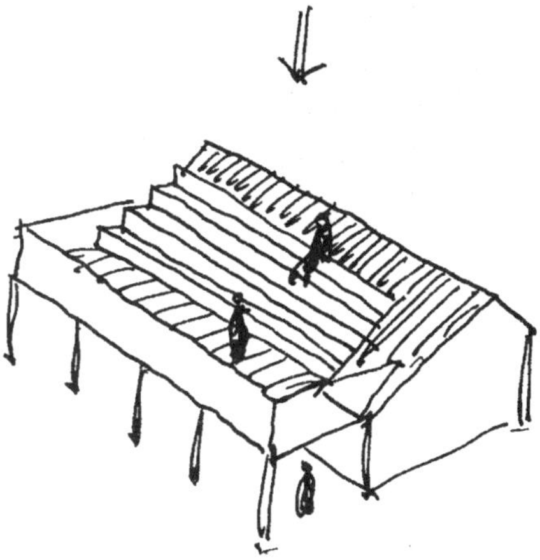

5 加入元素：下沉式阳光广场

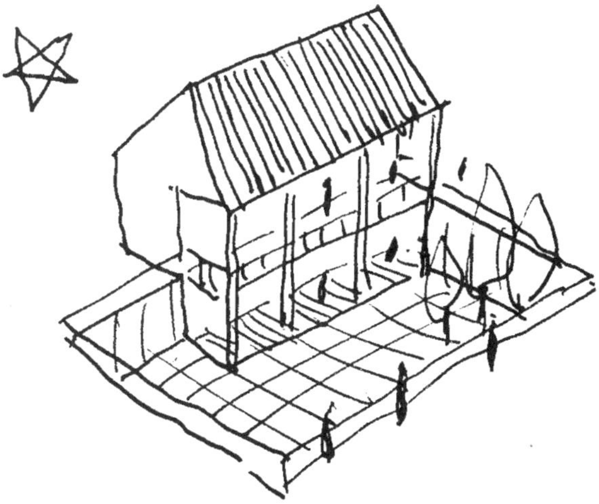

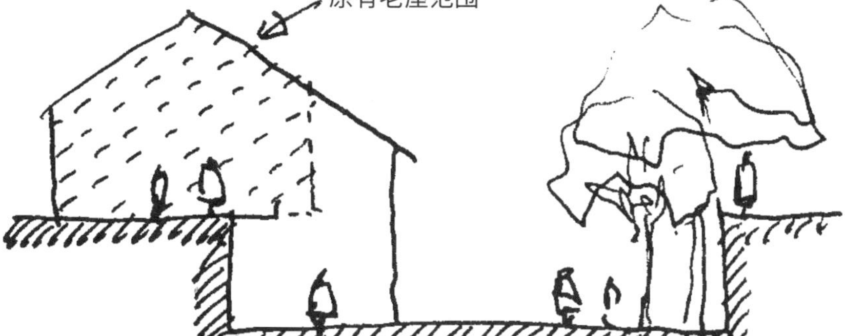

TITLE 3 懒人设计思考：透视与造型的操作

在这个懒人方法中，我基本上把能动的元素都整理出来了，可以通过使用这些元素快速产生变体。但也不要因为用起来太方便，考试的时候便过于尽兴挥洒，画个阳台也力求对准，分毫不差，我们还是得注意把握考试时间。

1 拆解量体

和“切配置”一样，立面是一个“站起来”的基地，也可以利用比例切割的手法，找出整体立面中重要与不重要的部分，同时搭配分割线，产生不同量体感的修饰效果。

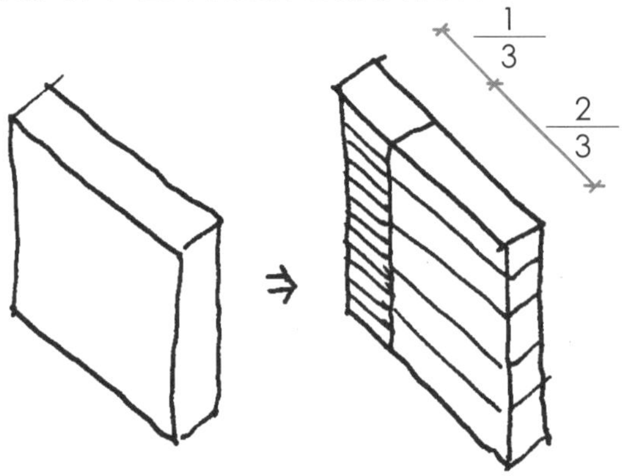

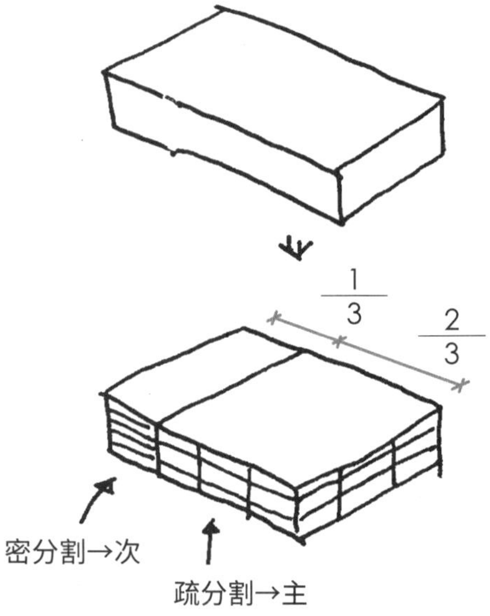

根据这个比例原则，理论上对量体的切割不应该将建筑从中间半分，使之变成对称的量体。

2 错动量体

在掌握了量体的比例切割方式与立面分割线的视觉强化效果后，可以利用错动（水平或垂直）的操作手法，再次强化量体的立体感。

水平错动

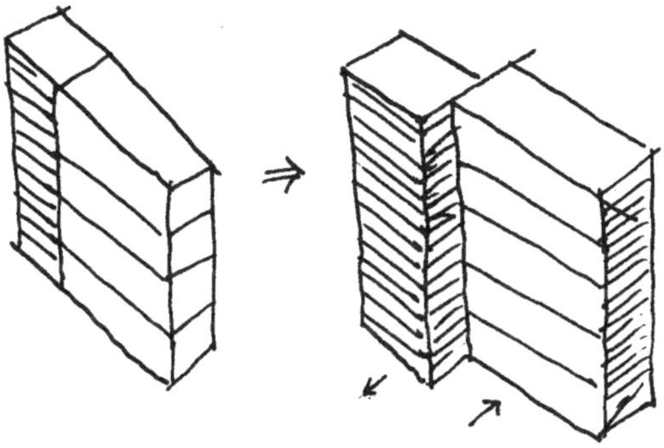

水平错动后，也可以再加入垂直错动。

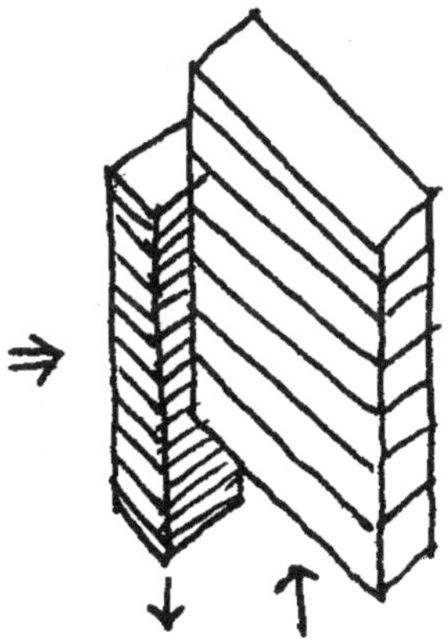

垂直错动

另一组水平错动后，再垂直错动

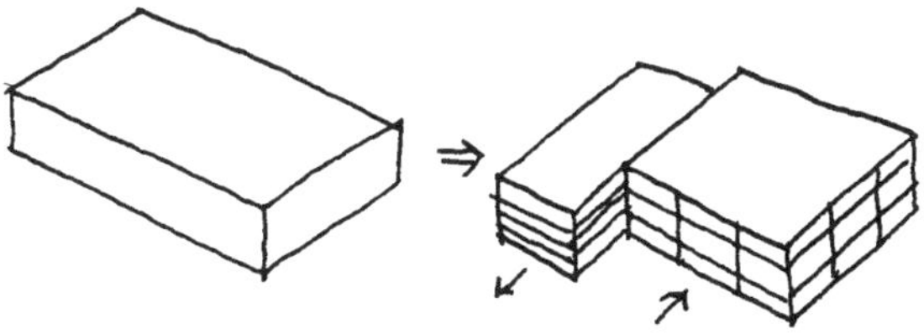

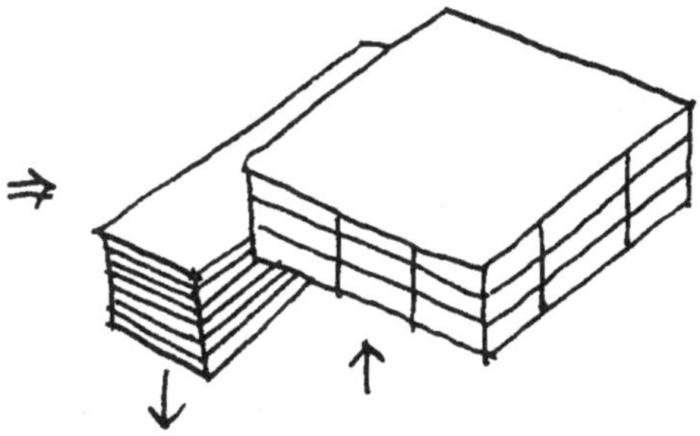

3 叠合量体

在量体错动结束后，可利用叠合的手法，让量体与量体之间产生结构力学的感觉。

叠合

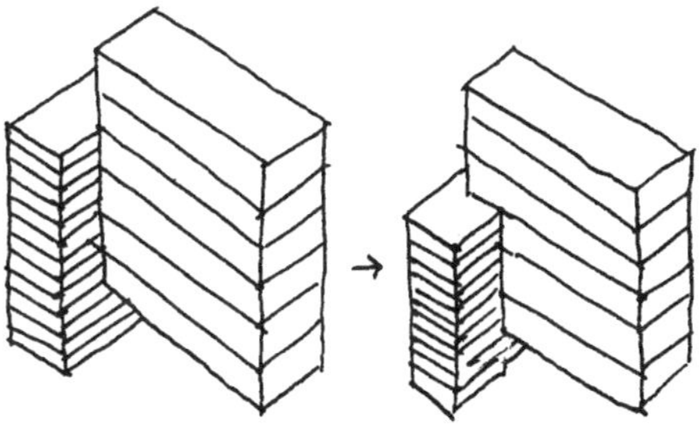

叠合

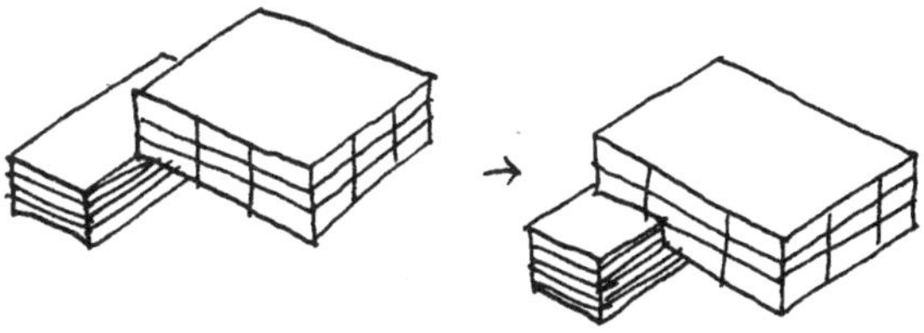

找出中高楼层里的有趣空间

除了地面层要有趣外，立面也可以产生一些有趣的空间，加强透视图的视觉张力。

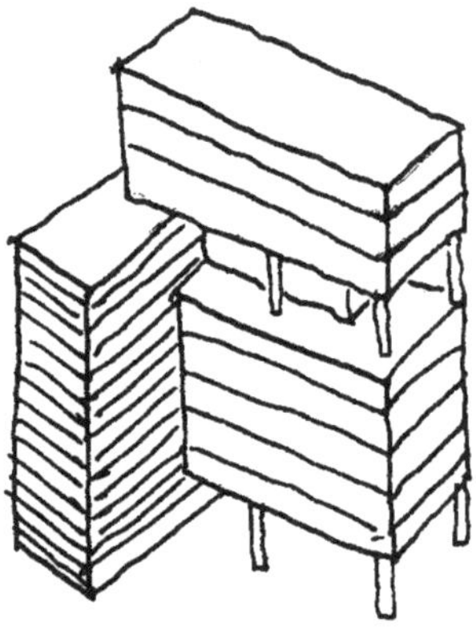

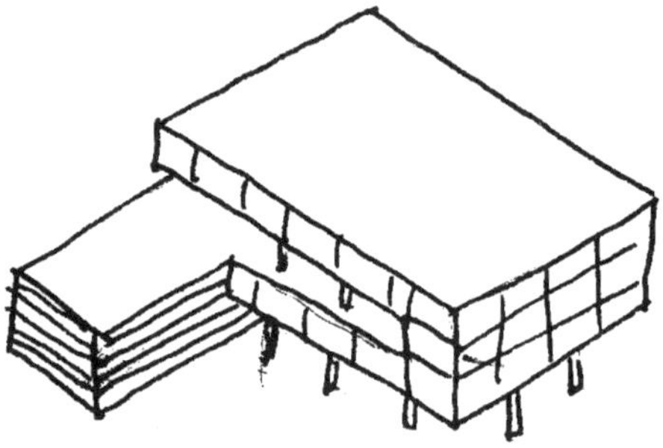

加入有趣的小零件

❶ 阳台与小树

❷ 屋顶造型折板

❸ 延伸的平台

❹ 弧线形幕墙

❺ 没有意义的圆柱

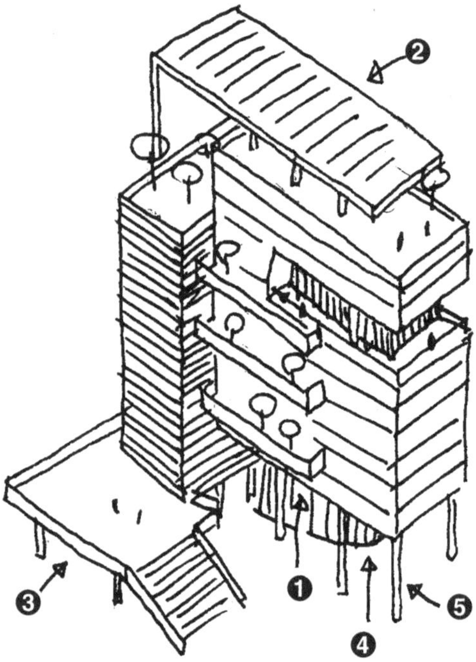

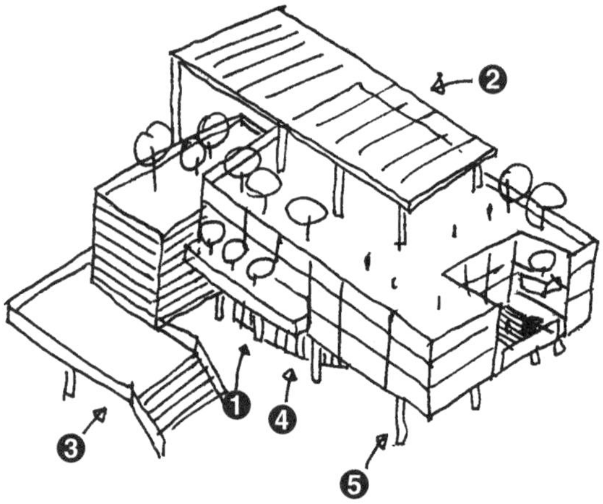

画透视应注意的事项

❶ 设定建筑规模时的简单量体应该是指地面层以上的标准层。通过这样的思考方式，可以使透视图在地面层部分更加灵活。

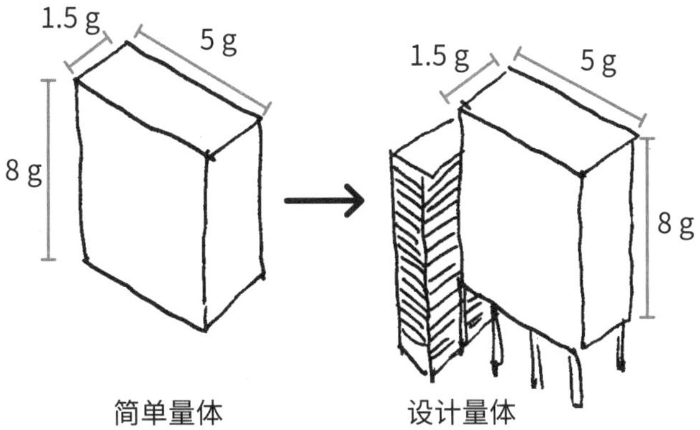

简单量体　　设计量体

❷ 高楼层或高空平台，应加绘扶手，显示可供户外使用，可以增加画面的细致度。

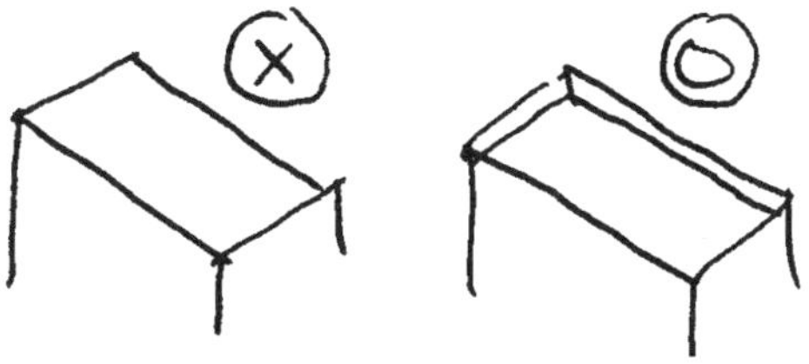

以随性的分割线取代等分的楼层线，沿着分割线绘制相关的开窗与阳台，可增加画面完整度，并提升绘图速度。

★ 住宅建筑要以阳台作为象征符号，避免被误认为办公楼。阳台可错落设置，不必为了追求整齐而浪费时间。

ARCHITECTURE
MASTER CLASS
SPATIAL THINKING

第 九 章

CHAPTER NINE

最终成果

阶段练习实操

TITLE 1

定义基地影响范围，找出重要与次要范围

示范题目：2016 年建筑设计

1 寻找星星——找出基地最重要的边界

寻找最重要的边界：

前文分析中强调了找出所有与核心区有关的环境描述关键词或议题类关键词，这些关键词决定了基地最重要的边界。本题的文字分析内容中，和核心区有关的关键词如下。

分析 a　人口城市化 → 议题类

核心区 > 主题开放空间 > 城市填充 > 加入有机的生活空间

分析 b　周围老旧集合住宅 → 环境描述

核心区 > 主题开放空间 > 呼应老旧住宅区

“分析 b”指出基地周围有老旧集合住宅，在基地内部留设一个主题开放空间，来面对住宅区老旧建筑的问题。从这里可以判断，该基地邻近最多老旧住宅的边界可以成为基地的最重要边界。从基地现状图判断，北边地界有很多低矮、破旧的老房子极度需要被关心。

★ 结论：北边地界是最重要的边界。

2 化整为零
——将不规则的基地变成简单的矩形

理由

在没有单纯的基地的情况下，将基地四个角落以正交线连接，产生一个简单的矩形。这个矩形可以界定建筑基地和对环境的影响范围，也可以在基地内部设定重要与不重要的范围。

操作

a. 将四个角落以正交线连接在一起。

b. 连接各点的线段，围成一个长轴为南北向的矩形。

3 找出基地中重要与不重要的区域

任何基地都有优势和劣势，但由于建筑师在设计世界中的责任是让社会更美好，因此我们必须修正一下这个说法。我会说：每个基地都有两个区域，就是对环境影响较大的区域和对环境影响较小的区域。

操作

a. 在垂直最重要边界的方向，三等分基地。

b. 靠近星星（最重要边界）的 $\frac{2}{3}$ 区域，可设为对影响环境较大的区域（重要的 $\frac{2}{3}$ 区域）。

c. 离重要边界较远的 $\frac{1}{3}$ 区域，设定为对影响环境较小的区域（不重要的 $\frac{1}{3}$ 区域）。

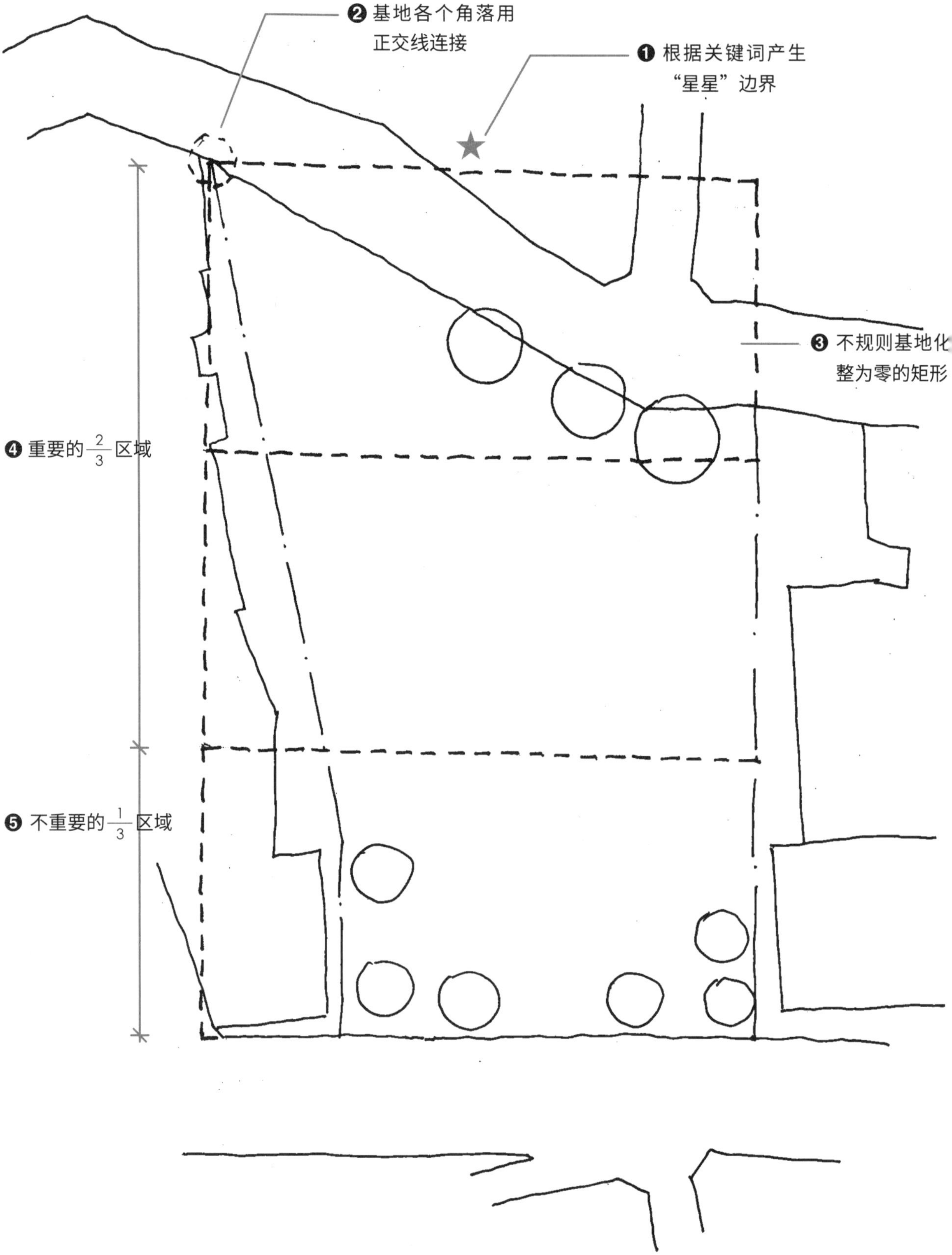
❷ 基地各个角落用
正交线连接
❶ 根据关键词产生
"星星"边界
❸ 不规则基地化
整为零的矩形
❹ 重要的$\frac{2}{3}$区域
❺ 不重要的$\frac{1}{3}$区域

TITLE 2

找出 核心区与动、静态区

1 找核心区——找出基地内的核心区域

在前一步中，我们分出了大范围矩形的重要与不重要的区域分别占基地的$\frac{2}{3}$与$\frac{1}{3}$的范围。在重要的$\frac{2}{3}$区域与基地内的交集范围内，找出能产生最大面积的正方形。

可以先找出交集范围内的最大边界，将其作为正方形的其中一个边界。在确认短边后，即可根据此短边确定正方形的范围和大小。

有了这个正方形后，还要再判断一次正方形在重要的$\frac{2}{3}$区域里的位置，通常我们会让这个正方形贴着基地的第二重要边界。此时，就算是对称的基地，也能定义出其中不同范围的不同重要性。

2 设定动态、静态区域——找出核心区以外的区域

动态区

基地里的某个区域因为某些环境条件而拥有较丰富的人群与活动，便定义此区域为“动态区”（基地其他区域则为“相对静态”）。

静态区

基地里的某个区域因为某些环境条件而没有较为丰富的人群与活动，便称该区域为“静态区”（基地其他区域则为“相对动态”）。

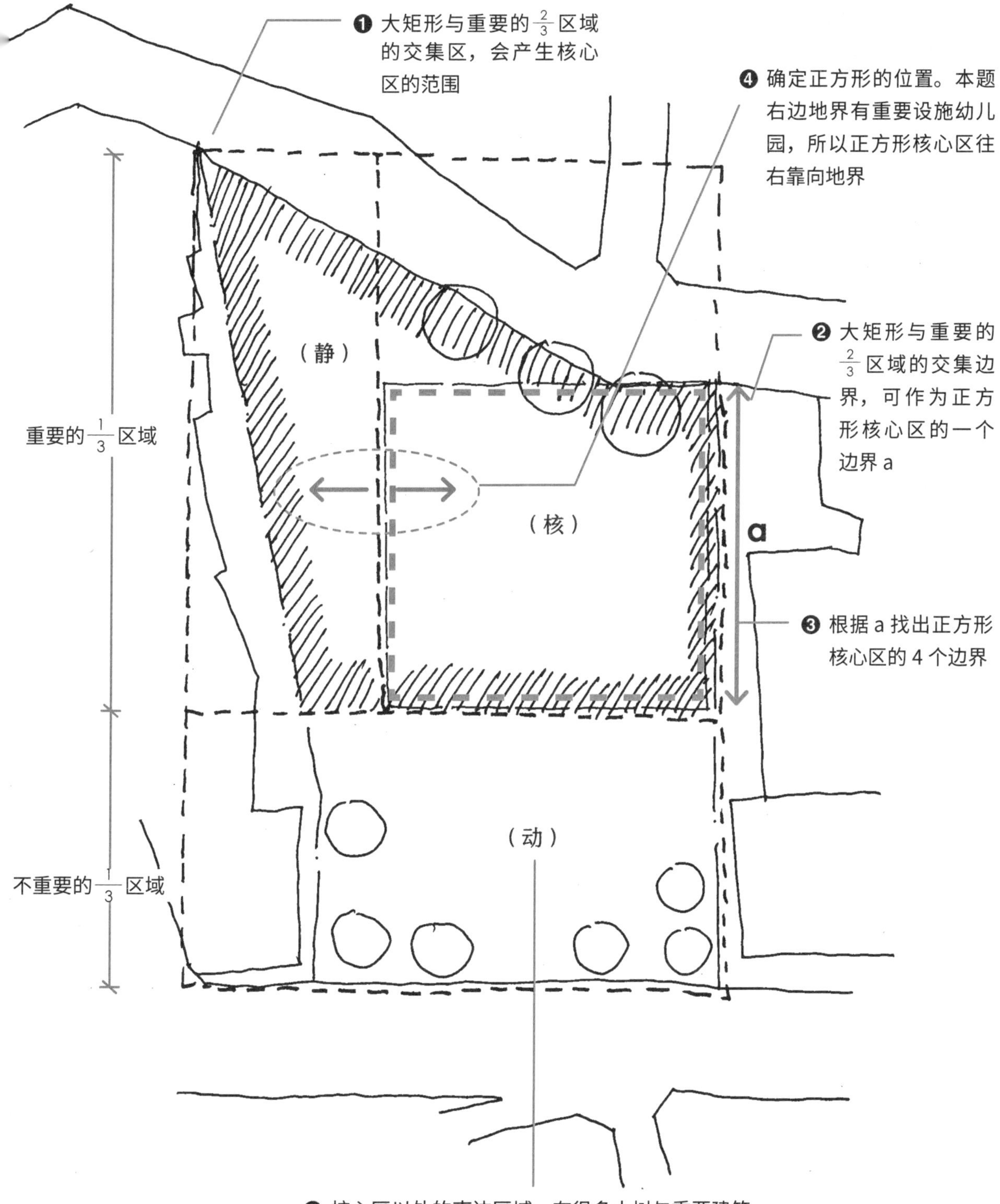
❶ 大矩形与重要的$\frac{2}{3}$区域的交集区，会产生核心区的范围
❹ 确定正方形的位置。本题右边地界有重要设施幼儿园，所以正方形核心区往右靠向地界
（静）
❷ 大矩形与重要的$\frac{2}{3}$区域的交集边界，可作为正方形核心区的一个边界 a
重要的$\frac{1}{3}$区域
（核）
a
❸ 根据 a 找出正方形核心区的 4 个边界
（动）
不重要的$\frac{1}{3}$区域
❺ 核心区以外的南边区域，有很多大树与重要建筑，因此经常有人群与活动。设定此区为动态区，其他区域则为“相对静态”区

TITLE 3 设定基地中的主要入口和停车入口

1 为每个地界设定人群进入基地的形式

三种进入基地的形式

a. 多人同时持续进入

通常发生在大马路口，或者有公共交通工具的地点。

大箭头：

b. 三三两两进入基地

通常发生在带状步行空间周围，如窄巷、绿带。

一组小箭头：

c. 因为特定目的才进入基地，平时甚至很少任意进入

很少有人进入，不会遇到时常有人需要进入的情况。

孤单箭头：

2 可以作为入口区的情况

a. 有大箭头的地方

代表你得敞开基地大门，欢迎人群进入。

b. 两个以上方向的“一堆小箭头”交会于一处

代表人群会经过这个交会点，为了集合人群，必须设置一个口袋般的广场空间。

c. 同一方向的一组“一堆小箭头”，垂直穿越地界

可以形成带状步行广场，希望经过的行人可以顺便进入基地逛逛。

★ 结论：基地南北都有大箭头，因此须设置两个入口区。

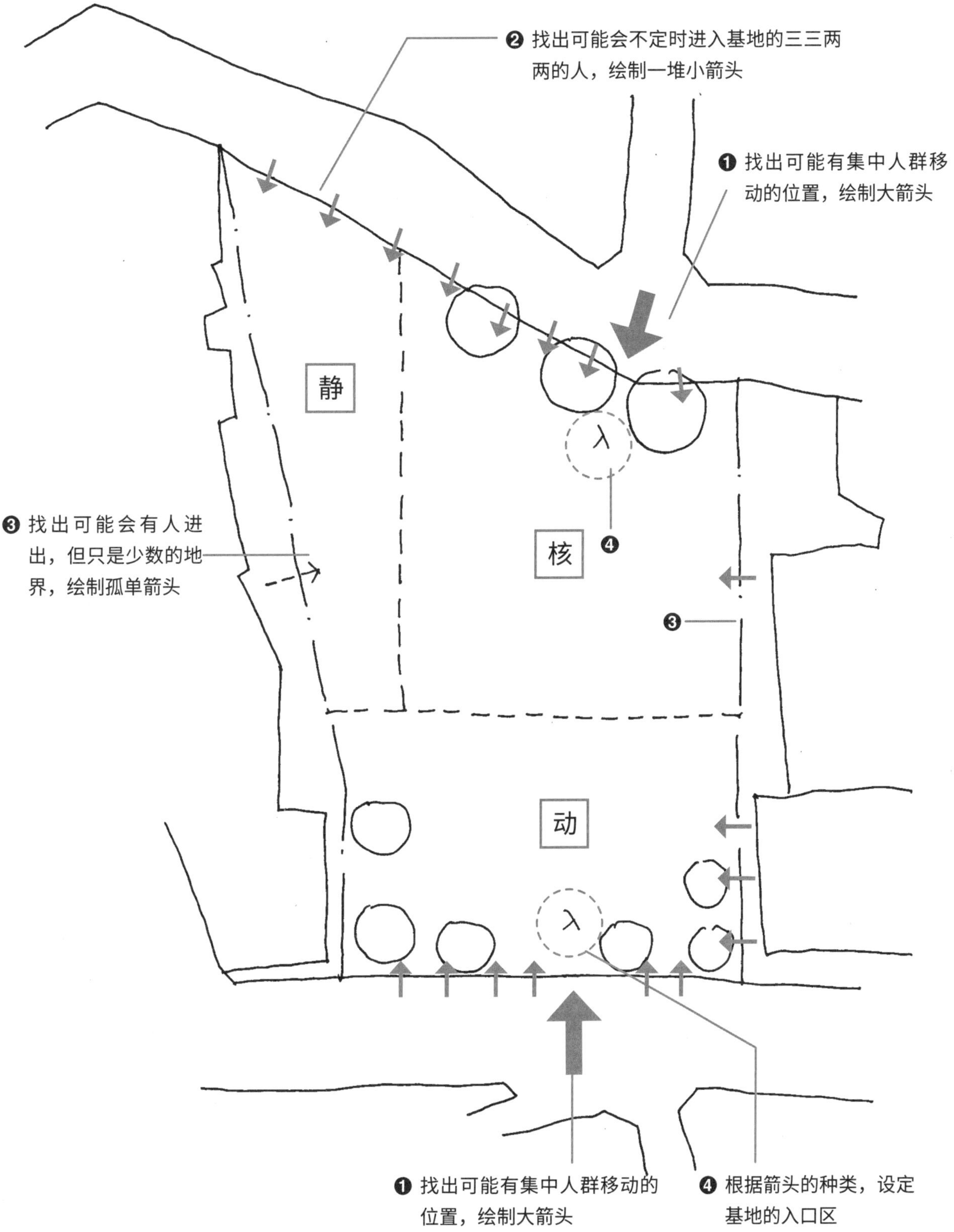

❷ 找出可能会不定时进入基地的三三两两的人，绘制一堆小箭头
❶ 找出可能有集中人群移动的位置，绘制大箭头
静
入
❸ 找出可能会有人进出，但只是少数的地界，绘制孤单箭头
核
❹
❸
动
入
❶ 找出可能有集中人群移动的位置，绘制大箭头
❹ 根据箭头的种类，设定基地的入口区

3 3 种路宽，3 种意义

路宽 < 8 m（慢速车流）

在我小时候，汽车还是奢侈品，8 m 宽的路是串联城市内各个空间的主要道路。这种宽度的路是给人走的，而不是给车走的。到了今天，到处都是汽车，原来 8 m 宽的路，两侧已经变成平房老屋的现成停车位，车难过、人难走。面对这种现状，我们能做的就是退缩基地的建筑线，多留点空地，形成开放空间。

★ 注意：这种路宽不能设置停车出入口。

路宽 8 ~ 15 m（中速车流）

这种道路曾经是城市里的主要道路，道路两旁通常有人行步道或骑楼，用来缓冲交通工具和行人的对立关系。这种宽度的路为了确保行人步行安全，通常设有红绿灯、斑马线等交通控制工具。

★ 注意：这种允许车辆通过，也得礼让行人的道路，最适合设置停车空间的出入口。

路宽 > 15 m（快速车流）

这种道路通常是连接城市与城市之间的主要道路，通常车速较快，有很强的穿越城乡的特点，不适合行人穿越。

★ 注意：在这种道路两侧的建筑基地，通常需要检查停车出入口是否影响原有道路的车流。在这种道路上设置停车出入口会遭到质疑，除非只剩这条路可以选择。

4 停车场与基地内不同区域的关系

a. 停车场与核心区

就算是停车场设计，核心区也不会有停车场的入口。

b. 停车场与动态区

动态区内一般容纳有趣的活动与功能，也不能设停车场与入口。

c. 停车场与静态区

静态区专门用来放实用的东西，因此适合设置停车空间和出入口。

★ 结论：本题北边有 12 m 宽的道路和没有活动的静态区，适合将停车场出入口设置在西北角。

5 停车场与动、静区域的组合

a. 不当组合

❶ 慢速车流道路 + 动态区

❷ 慢速车流道路 + 核心区

b. 勉强组合

❶ 快速车流道路 + 静态区

❷ 中速车流道路 + 动态区

c. 最佳组合

中速车流道路 + 静态区

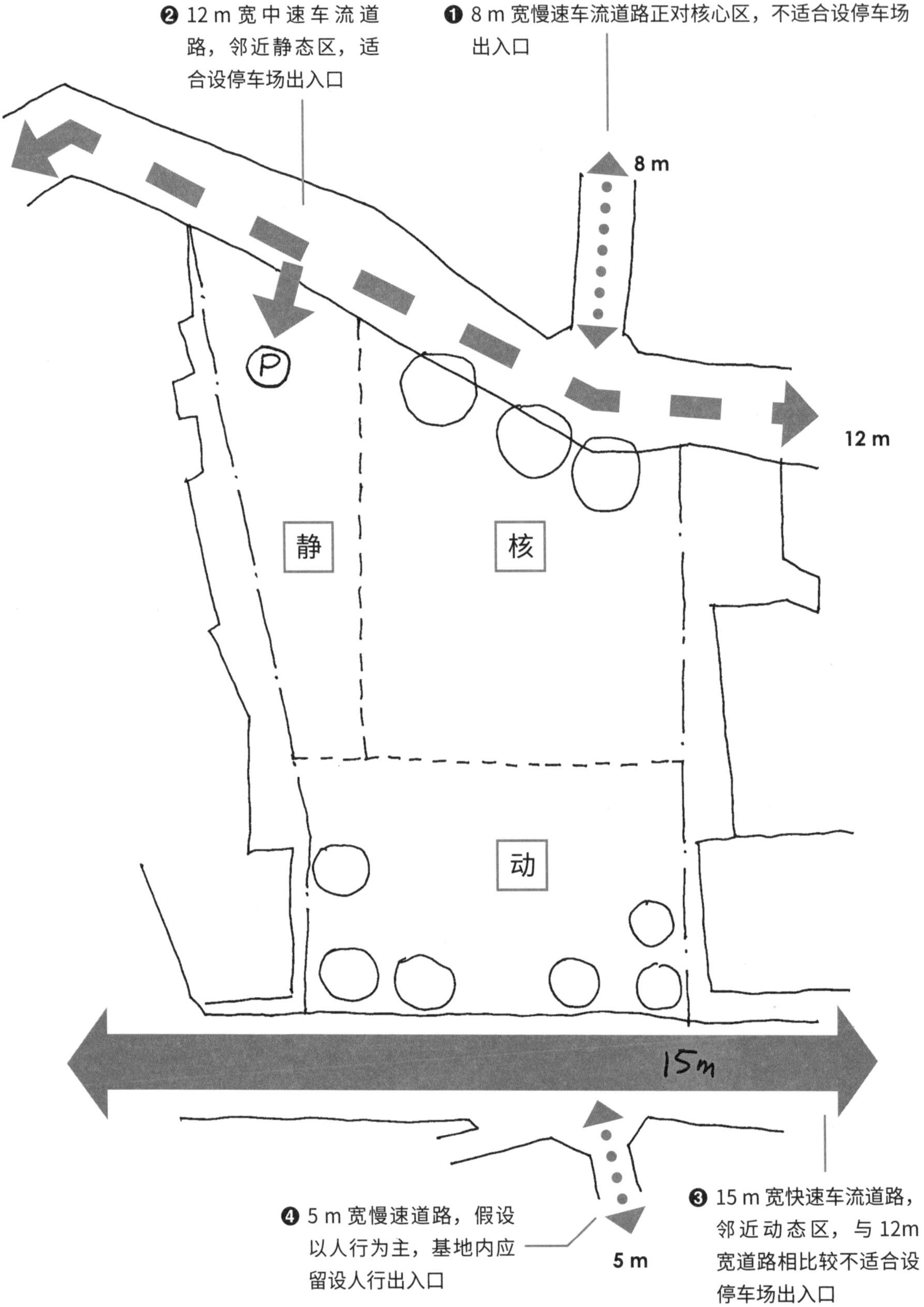
❷ 12 m 宽中速车流道路，邻近静态区，适合设停车场出入口
❶ 8 m 宽慢速车流道路正对核心区，不适合设停车场出入口
8 m
P
12 m
静
核
动
15m
❸ 15 m 宽快速车流道路，邻近动态区，与 12m 宽道路相比较不适合设停车场出入口
❹ 5 m 宽慢速道路，假设以人行为主，基地内应留设人行出入口
5 m

TITLE 4

画格子：用铺面表现空间领域与性质

❶ 正交格子（大格子）

- 停留、聚集、强调。
- 适合用在正面、有活动感的空间。
- 搭配区域：核心区。

❷ 平行线（宽间距）

- 流动、有方向感、漫步。
- 适合用在需要吸引人群的区域，希望基地外的人被这些平行线段引入基地内的活动区域。
- 搭配区域：入口区、带状沿街步道。

❸ 正交格子（小格子）

- 边缘、端点、边界。
- 适合用在次要开放空间，可以衬托核心区的视觉效果。
- 搭配区域：次要开放空间，不与道路相邻的区域。

❹ 平行线（窄间距）

- 边缘、方向性。
- 和小正交格子一样，有边界、边缘的感觉，但多了方向性。
- 搭配区域：面向道路的次要开放空间。

❺ 流程

- 根据区域的重要性，依次填入不同的铺面网格线。
- 核心区—入口区—动态区—静态区。

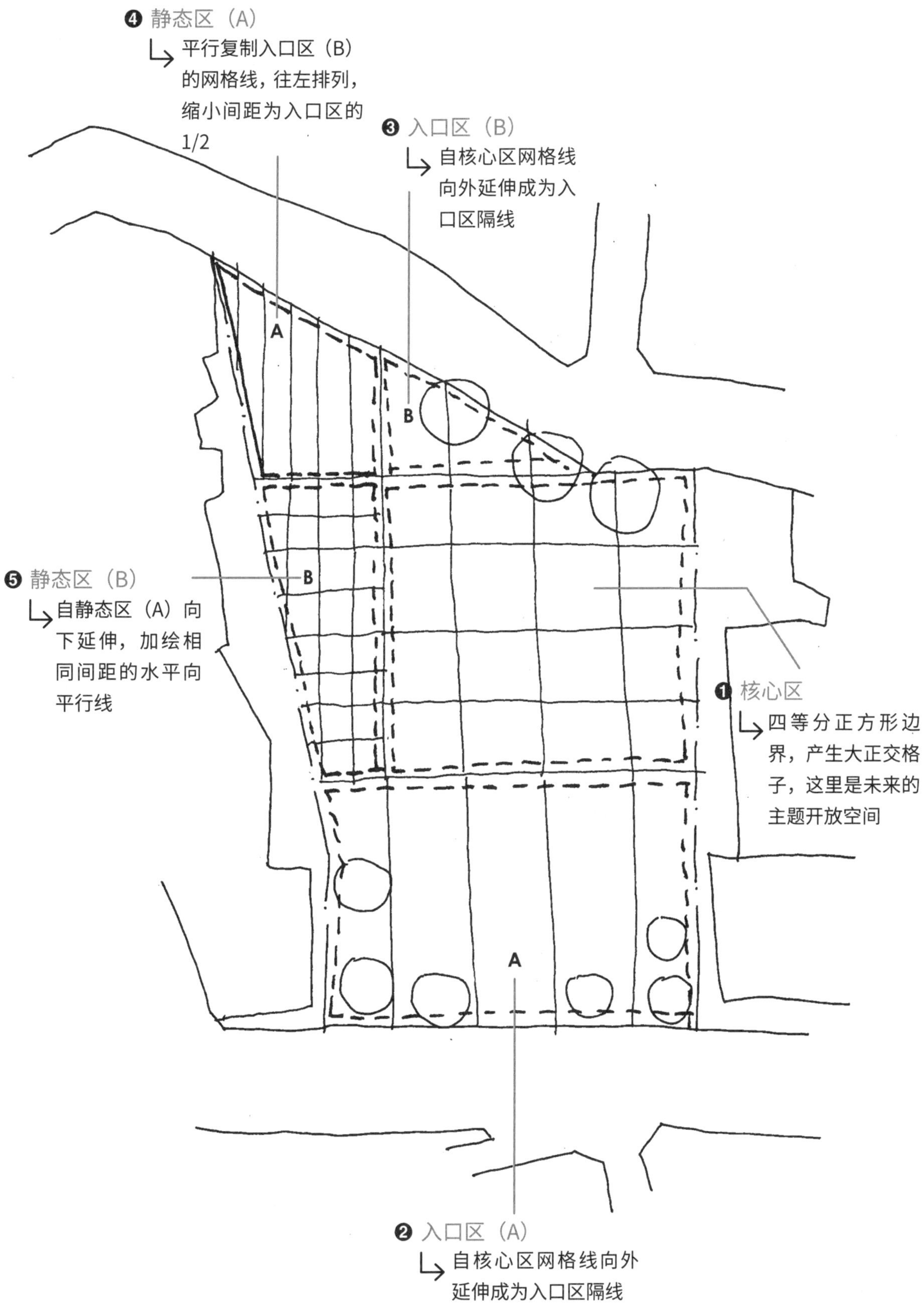
❹ 静态区（A）
平行复制入口区（B）的网格线，往左排列，缩小间距为入口区的1/2
❸ 入口区（B）
自核心区网格线向外延伸成为入口区隔线
A
B
❺ 静态区（B）
自静态区（A）向下延伸，加绘相同间距的水平向平行线
B
❶ 核心区
四等分正方形边界，产生大正交格子，这里是未来的主题开放空间
A
❷ 入口区（A）
自核心区网格线向外延伸成为入口区隔线

范例　基地环境分析

套叠所有分析图，加入文字分析结果，形成完整的基地环境分析。

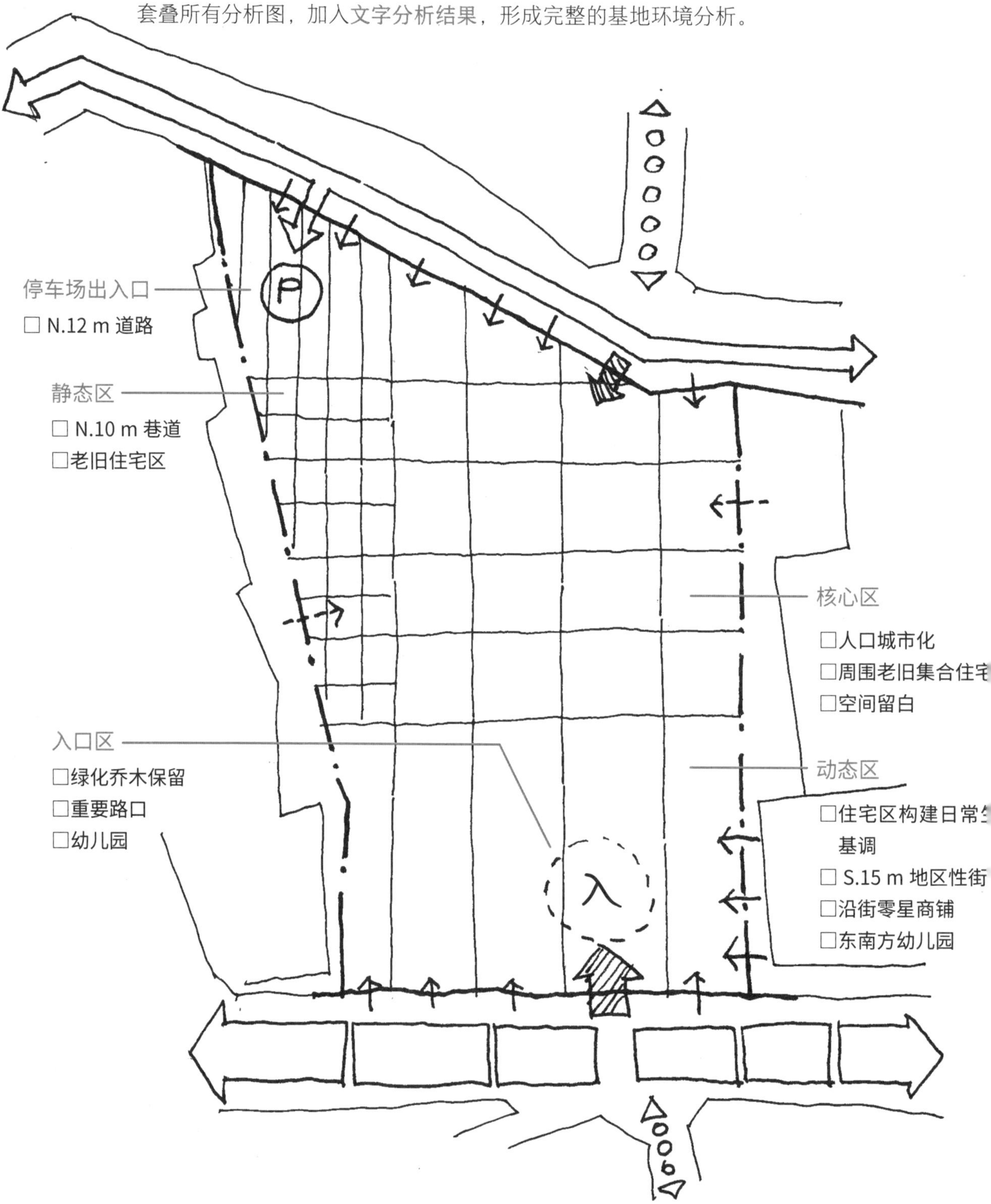

TITLE 5

设定 建筑量体

1 确定建筑面积

建筑面积 = 基地面积 × 容积率

本题基地范围内有 $\frac{1}{4}$ 为公园用地，因此

基地面积为：

$5680\ m^2 \times \frac{3}{4} = 4260\ m^2$

建筑面积为：

$4260\ m^2 \times$（90%~100%）

$= 3834\ m^2$（为了缩小建筑量体，取 90%）

换算空间格单位为：

$1\ g = 64\ m^2$

$3834\ m^2\ /\ 64\ m^2 \approx 60\ g$

2 设定建筑高度

为使新建筑与周围城市景观和谐一致，通常会将楼层数设定为与周围建筑差不多的层数。如周围是 4 层、5 层的老旧公寓，因为新建筑的建筑面积相对较小，所以可以向上增加两三层，成为 7 层左右的新建筑。

4 种高度类型：

❶ 乡村：1 ~ 3 层

❷ 城市边缘：4 ~ 7 层

❸ 城市里：8 ~ 15 层

❹ 高度发展的城市：15 层以上

★ 假如：基地周围的建筑都是 4 层公寓，则新建筑最好低于 7 层。但这道例题的基地周围以 2 ～ 7 层老屋为主，因此，新建筑的层数可设定最高为 7 层。

3 用建筑面积测试出适当的楼层数

这个世界有两个建筑密度参考值在控制建筑面积，一个是法律规定的极限建筑密度，一个是可以创造好设计的理想建筑密度（30%）。法律规定的建筑密度通常很难产生好的设计，我们可以用理想建筑密度作为测试楼层数的第一个方法。

示范：

a. 扣掉公园用地后的基地面积为 3834 m^2。

$3834\ m^2 \times 30\% = 1150.2\ m^2$

换算空间格为

$1150.2\ m^2 \div 64\ m^2 \approx 18\ g$

b. $\dfrac{建筑面积}{单层面积} = 楼层数$

$\dfrac{60\ g}{18\ g} \approx 3.5F < 4F$……ok

示范：

a. 30% 理想建筑密度下的标准层大小约为 18 g

可能的组合方式有：

方案（一）2 g × 9 g = 18g

方案（二）2.5 g × 7 g ≈ 18g

方案（三）3 g × 6 g=18g

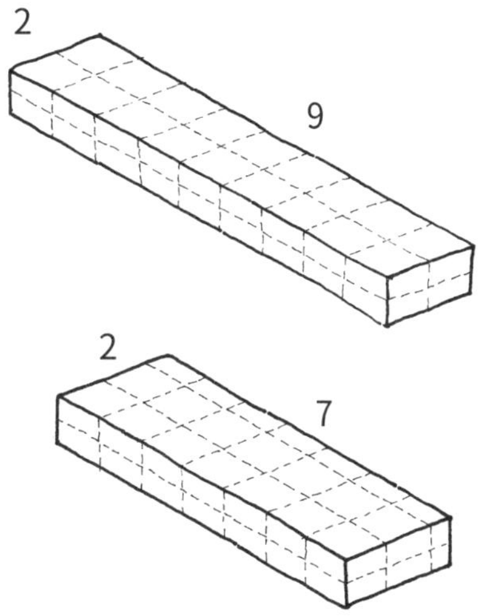

4 推测标准层的可能形状，测试楼层数设定是否适当

除了有理想的 30% 建筑密度作为保障，要做出好的设计，还有另一个重要的参考指标——主要建筑物长边边长，最好小于基地边长的 $\frac{2}{3}$。

b. 基地某边长 82 m（≈ 10 g）的 2/3 的长度约为 7 g

2.5g 可以产生无暗室的平面，因此确定 2.5g × 7g 为主要量体从而确定方案（二）满足高度与建筑密度要求。

5 画外观视图，做最后测试

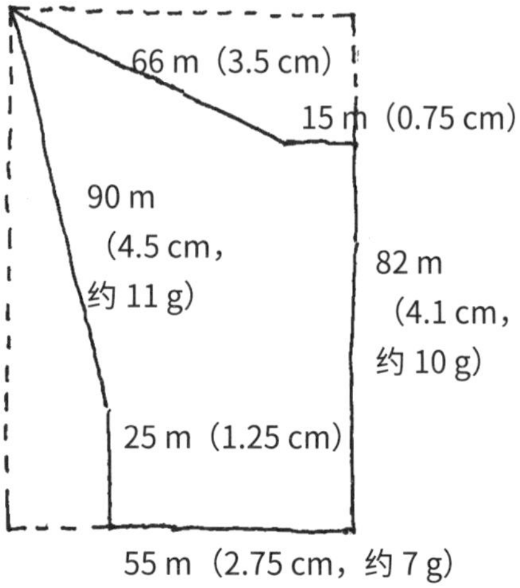

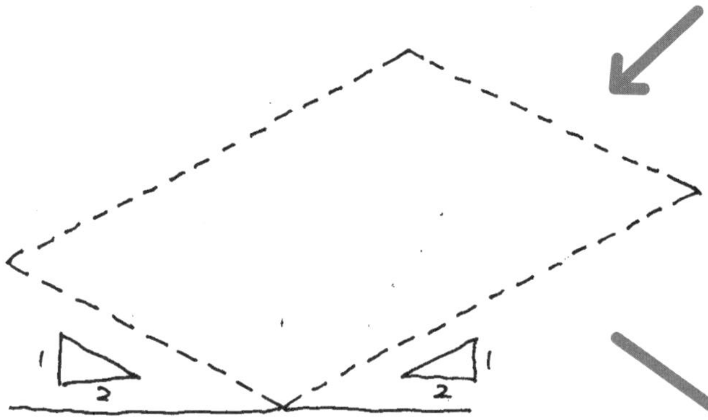

❶ 按两直角边长 1 ∶ 2 的三角形画出透视矩形

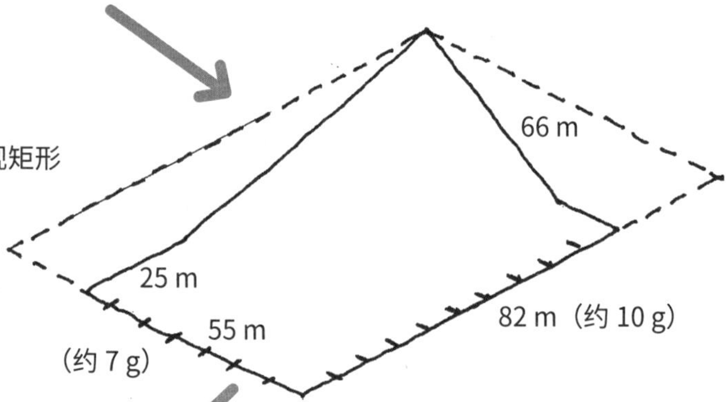

❷ 根据基地尺寸画出基地边界，并换算空间格

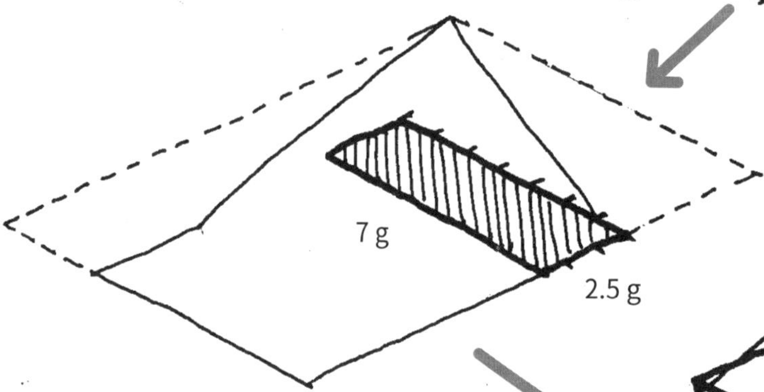

❸ 在基地角落画出前面设定的标准层形状

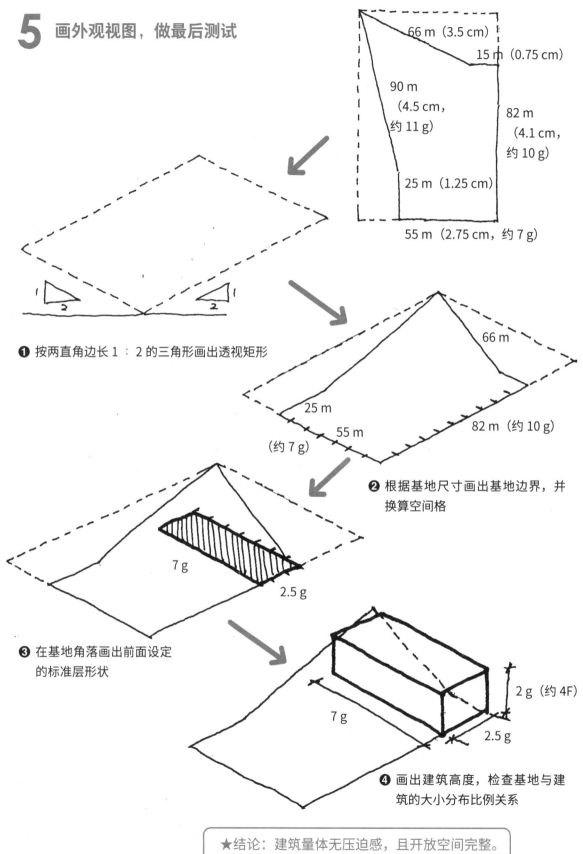

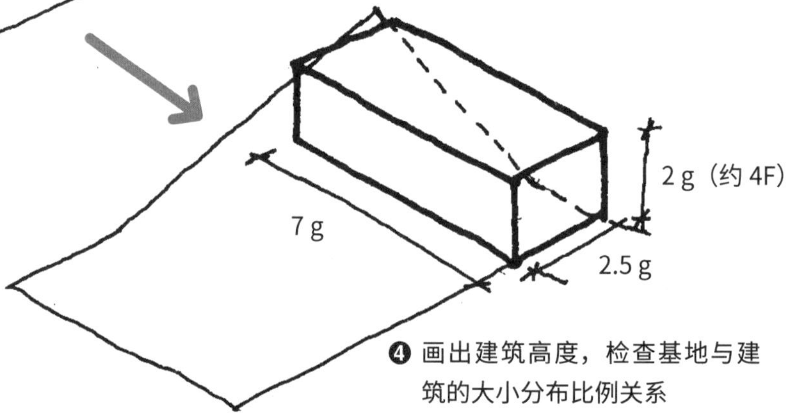

❹ 画出建筑高度，检查基地与建筑的大小分布比例关系

★结论：建筑量体无压迫感，且开放空间完整。

6 设定其他空间属性

空间名称
↓
空间所需面积
↓
换算成空间格的结果
↓
假设室形
↓
空间位置
↓
可能楼层

a. 空间名称

除了题目中的指定空间外，有时候会有额外的“+1 空间”。这个空间是用来应对题目中可能隐藏的使用者或用途。

b. 空间所需面积

❶ 有的题目会清楚地说明每个空间各需多少面积，这种容易处理，照搬就好。

❷ 有的题目会说明这些空间会有多少人使用，请按照前面的说明，用人数来推断空间的面积需求。

❸ 有的题目会让你自己设定，请用楼层数当分母、空间面积数当分子，根据空间的重要性按比例分类，最后确定空间量。

c. 换算成空间格的结果

在上一个步骤设定好空间的面积需求，这一步骤以 8 m × 8 m 的空间格单元反推空间可能的大小。

d. 假设室形（建筑平面形状）

将前面的空间格数转换成有长、宽尺度关系的泡泡平面。

e. 空间位置

在文字分析的阶段，我们为所有议题类关键词设定了相对应的空间名称，也因为这个议题类关键词，指出这个空间可能在基地的什么位置（动、静、核、入、车）。

f. 可能楼层

空间与地面层活动的关系程度决定了其可能所在的楼层。和主题开放空间息息相关的空间，当然要放在一楼；而与入口和主题开放空间关系薄弱的空间，就会被设置在较高的楼层。

有时，某个空间跟地面层活动关系紧密，但因为跨距、结构系统的问题，不适合放在一楼，可能就会被设定在二层或地下一层，利用大楼梯和空中广场来连接。

★结论：楼层有 3 种地下室：地下一层、地下二层、地下三层及以下。

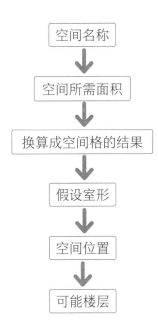

范例

二手书店	（空间名称）
↓	
$180\ m^2$	（空间所需面积）
↓	
$180\ m^2 \div 64\ m^2 \approx 3\ g$	（换算成空间格的结果）
↓	
$1\ g \times 3\ g$	（假设室形）
↓	
动态区	（空间位置）
↓	
1层	（可能楼层数）
↓	
完成	

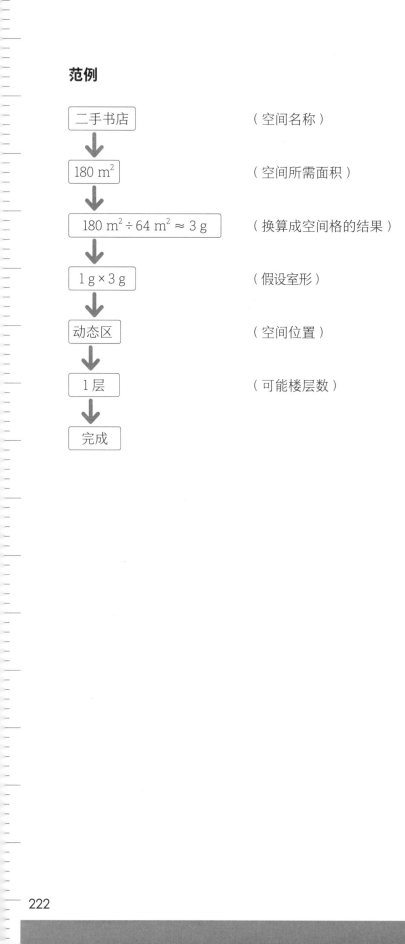

TITLE 6

泡泡图

1 过程：设定基地轴线

目的

❶ 作为建筑物配置时的主要发展轴线。

❷ 塑造基地周围环境的人行系统，以符合动态的都市肌理发展。

方法

❶ 判断入口区域在基地中的方位（本题为南方）

❷ 判断核心区域在基地中的位置（本题为北方）

❸ 南方为入口区，北方为核心区，因此人群流动的方向为“由南方往北方”，也说明为顺应人群方向，基地轴线为南北向。

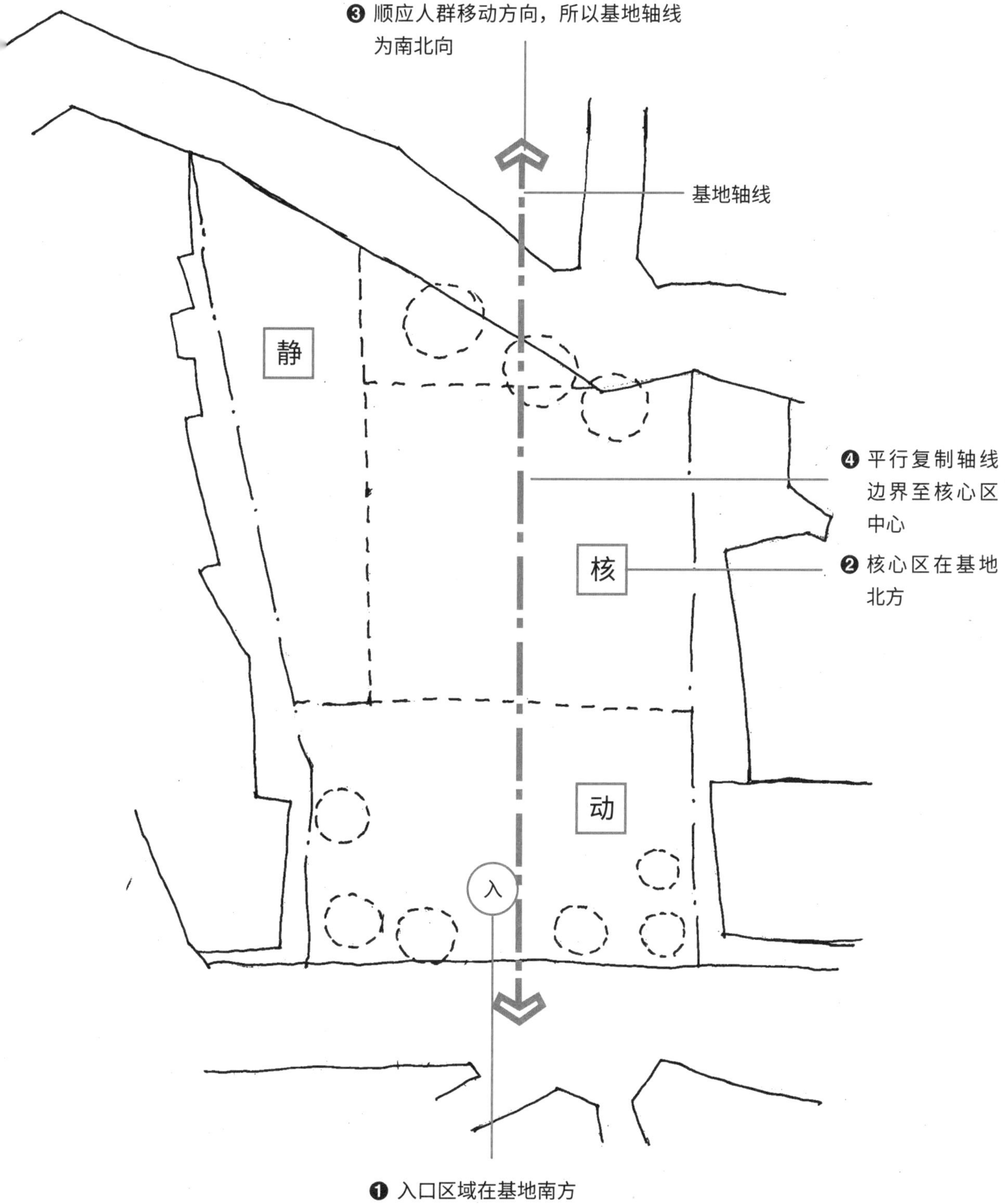

❸ 顺应人群移动方向，所以基地轴线为南北向
基地轴线
静
❹ 平行复制轴线边界至核心区中心
核
❷ 核心区在基地北方
动
入
❶ 入口区域在基地南方

2 过程：找出绝对领域

目的

❶ 确定基地内的现存对象、不能破坏的范围或不能介入的领域。

❷ 这个领域可以成为未来软铺面系统的一部分。

❸ 这个领域的边界，可以产生基地内部的延伸线，增加建筑量体在配置时的参考依据。

方法

❶ 找出基地内的现存对象，一般是植株、老屋，有时是河流。

❷ 若是植株，则直接以植株为中心，在离植栽外框线约 1 m 距离处画一个正方形。

❸ 若是老建筑，则直接以建筑外框线作为绝对领域。

❹ 除了植株和老建筑，若是遇到不规则的形体，则在距离该形体的外框架约 1 m 的地方，画出正交的框架。若是规则的形体，也可以在距离该形体 1 m 范围内画正交框线。

❺ 框线的边界与基地的轴线平行或垂直。由于基地轴线是整个设计中铺面与建筑物的主要参考方向，因此要将这些绝对领域的方块框线与平行基地的轴线平行或垂直。

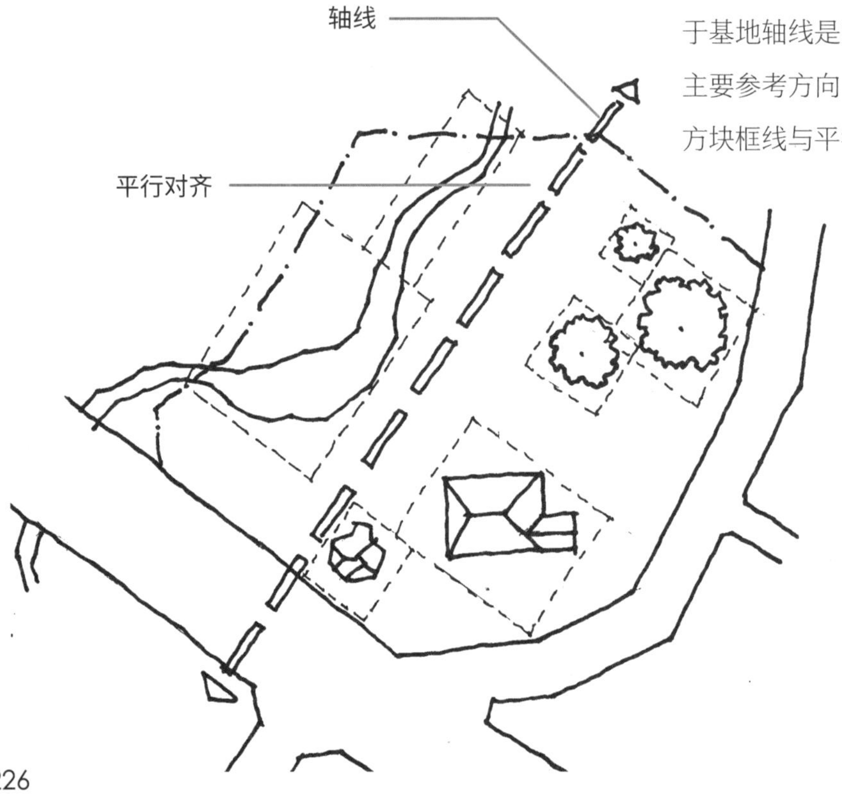

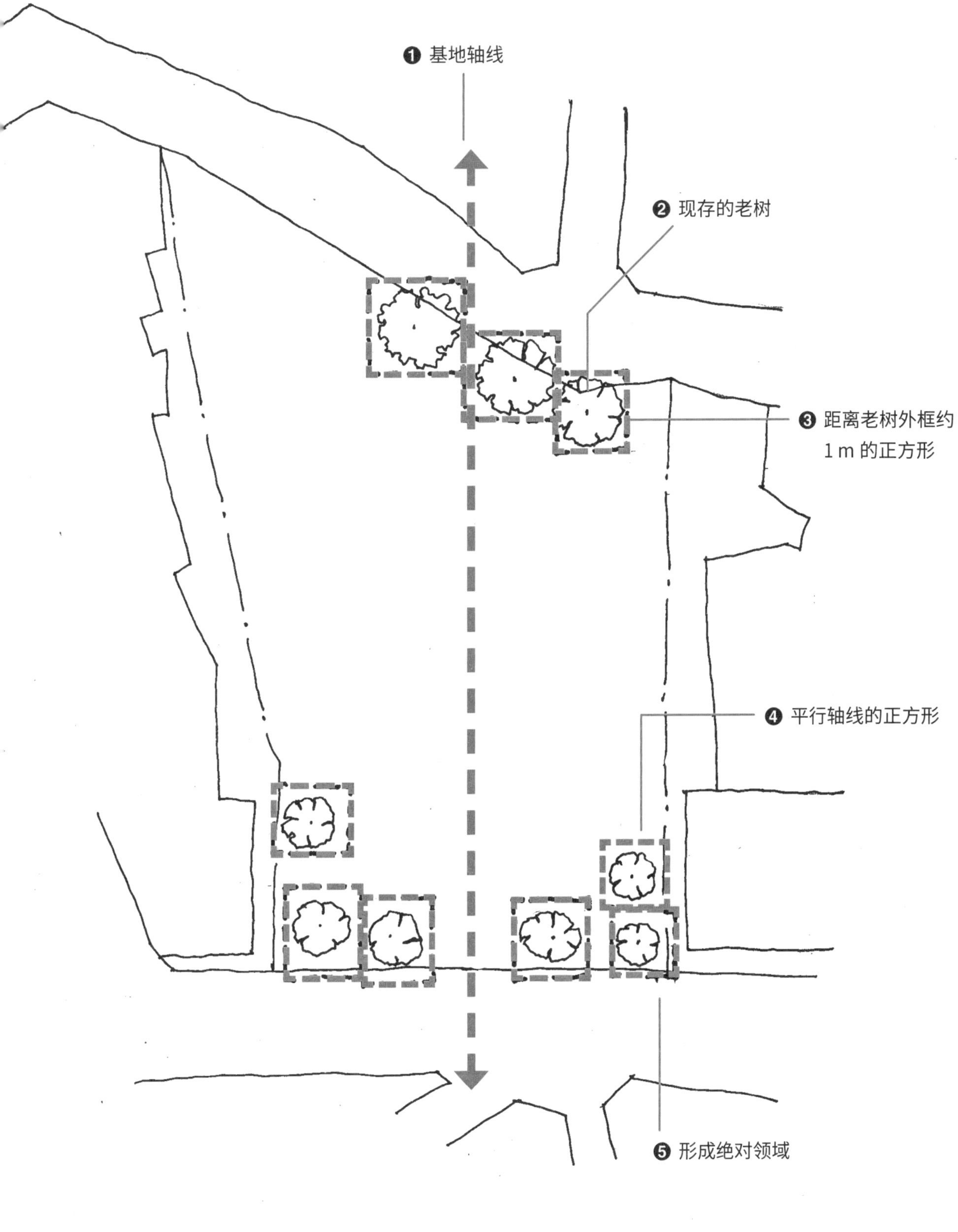
❶ 基地轴线
❷ 现存的老树
❸ 距离老树外框约
1 m 的正方形
❹ 平行轴线的正方形
❺ 形成绝对领域

3 过程：基地周围与内部的延伸线

目的

❶ 利用几何线条让基地内的各个设施与周围环境互相融合。

❷ 利用周围环境的纹理，留设出能够优化城市的开放空间。

方法

❶ 找出基地周围不与地界线平行的邻地设施，如现存建筑、道路。

❷ 找出基地内的绝对领域。

❸ 将这些不平行于基地地界线的边界、绝对领域、外框线往基地方向延伸，并穿越至另一侧的基地地界线。

❹ 这些延伸线将成为设置景观与建筑量体的参考线。

❺ 有时候，邻地的建筑物只是一种普遍存在的设施，这类设施通常不是我们会特别分析描述的对象。所以，遇到这种邻地设施，就不用多花心力去帮它画延伸线了。

❻ 道路是最常见的产生延伸线的对象，但会产生两条以上的参考延伸线。请选择其中一条较能维持完整范围的线作为该条道路对基地的延伸线。

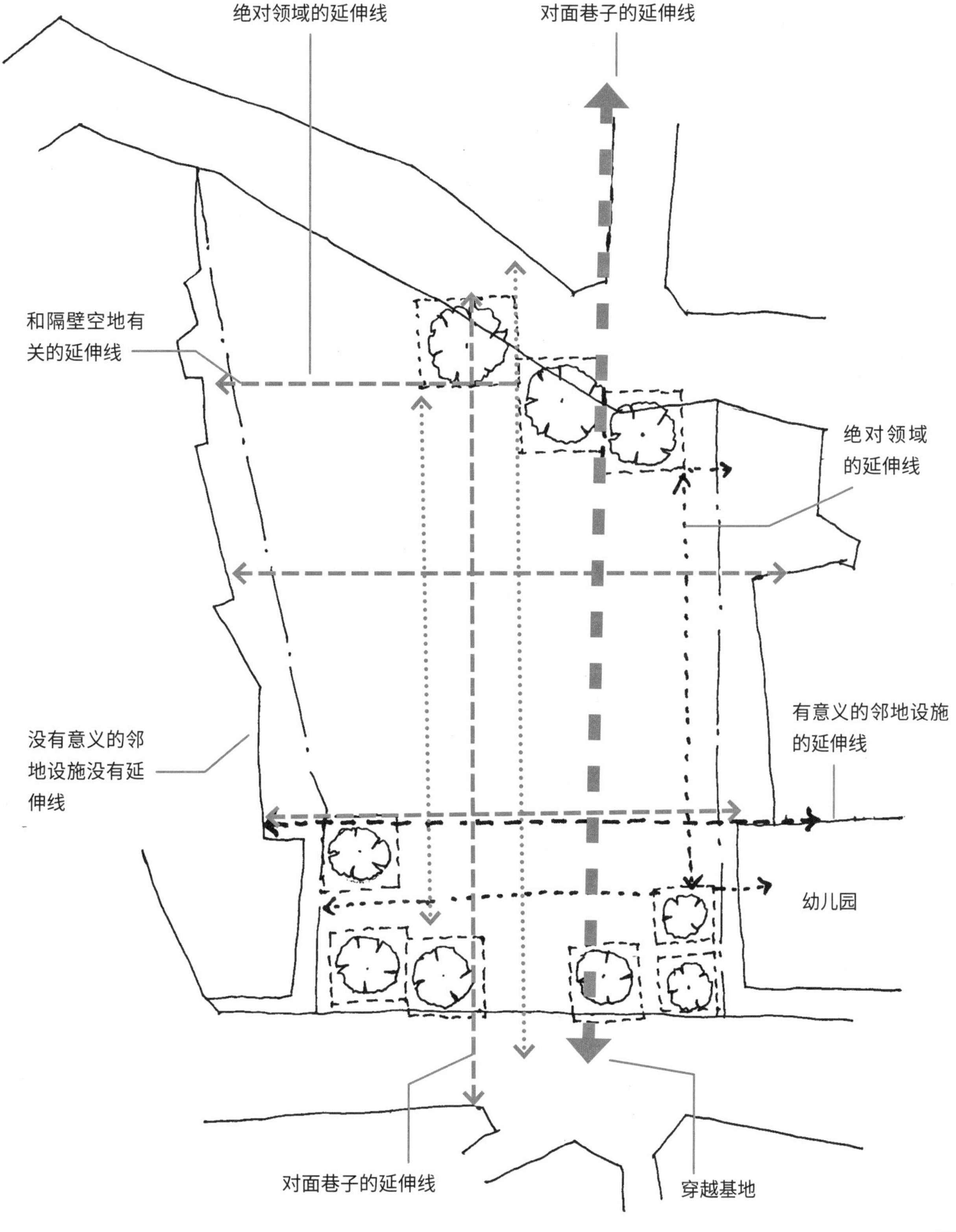
绝对领域的延伸线
对面巷子的延伸线
和隔壁空地有
关的延伸线
绝对领域
的延伸线
有意义的邻地设施
的延伸线
没有意义的邻
地设施没有延
伸线
幼儿园
对面巷子的延伸线
穿越基地

4 过程：利用延伸线整理出“动、静、核、入、车”的详细范围

目的

❶ 基地环境分析中的五个区域只是一个比较粗略的范围，是为了反映出基地不同区域的性质。

❷ 利用延伸线明确界定这些区域范围。

方法

❶ 套叠基地环境分析产生的区域分隔线、绝对领域与基地内外的相关延伸线。

❷ 各条延伸线在不同区域内产生新的矩形，这些矩形成为新的“动、静、核、入、车”区域。

❸ 擦掉多余的延伸线，保留围塑各区域的分隔线。

❹ 区域之间的分隔线成为新建筑的配置参考线。

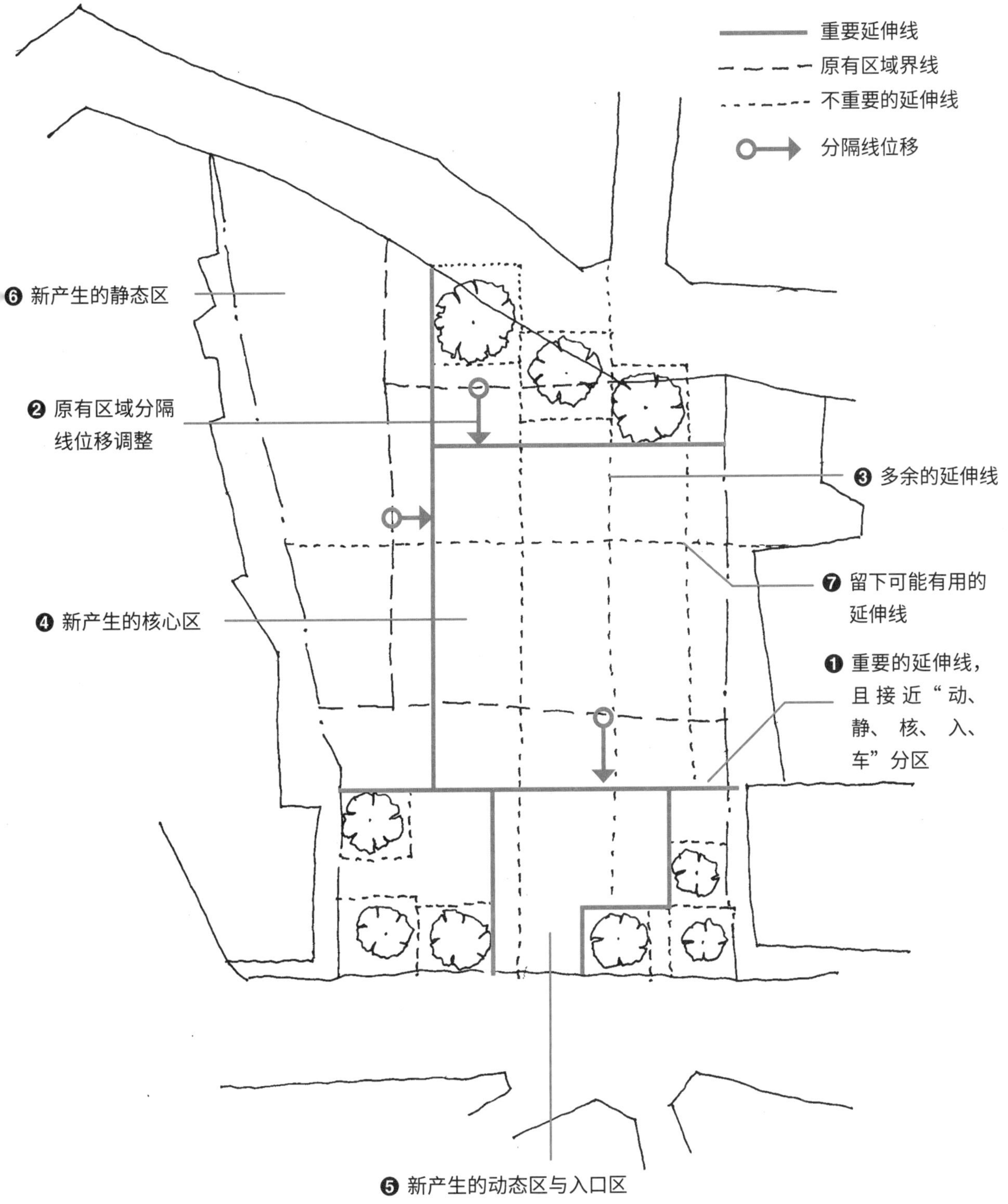
重要延伸线
原有区域界线
不重要的延伸线
分隔线位移
❻ 新产生的静态区
❷ 原有区域分隔线位移调整
❸ 多余的延伸线
❼ 留下可能有用的延伸线
❹ 新产生的核心区
❶ 重要的延伸线，且接近“动、静、核、入、车”分区
❺ 新产生的动态区与入口区

5 过程：设定建筑物主量体的位置——“二、一”

目的

❶ 根据文字分析的结果，将建筑标准层以上的主要量体设置在基地中的特定区域（动、静、核、入、车）。

❷ 让建筑主要量体，沿着由邻地设施产生的各种延伸线设置，使建筑融入城市整体的肌理中。

方法

❶ 整理前期步骤中的延伸参考线，使“动、静、核、入、车”这五个区域经过延伸线重新界定范围。

❷ 在基地放入一个量体方块，这个量体方块是量体规划中设定出来的。这时候可以不用管建筑物的位置，只要让眼睛和手熟悉建筑的大小。

❸ 将这个手、眼已经熟悉的量体方块放入文字分析中指定的区域。

❹ 主建筑的长轴方向必须平行于基地轴线。

❺ 沿着核心区与被指定放建筑本体区域的区域分隔线设置建筑。

❻ 让建筑在区域分隔线上游动，并根据空间属性，决定建筑主量体在区域分隔线上的最终位置。

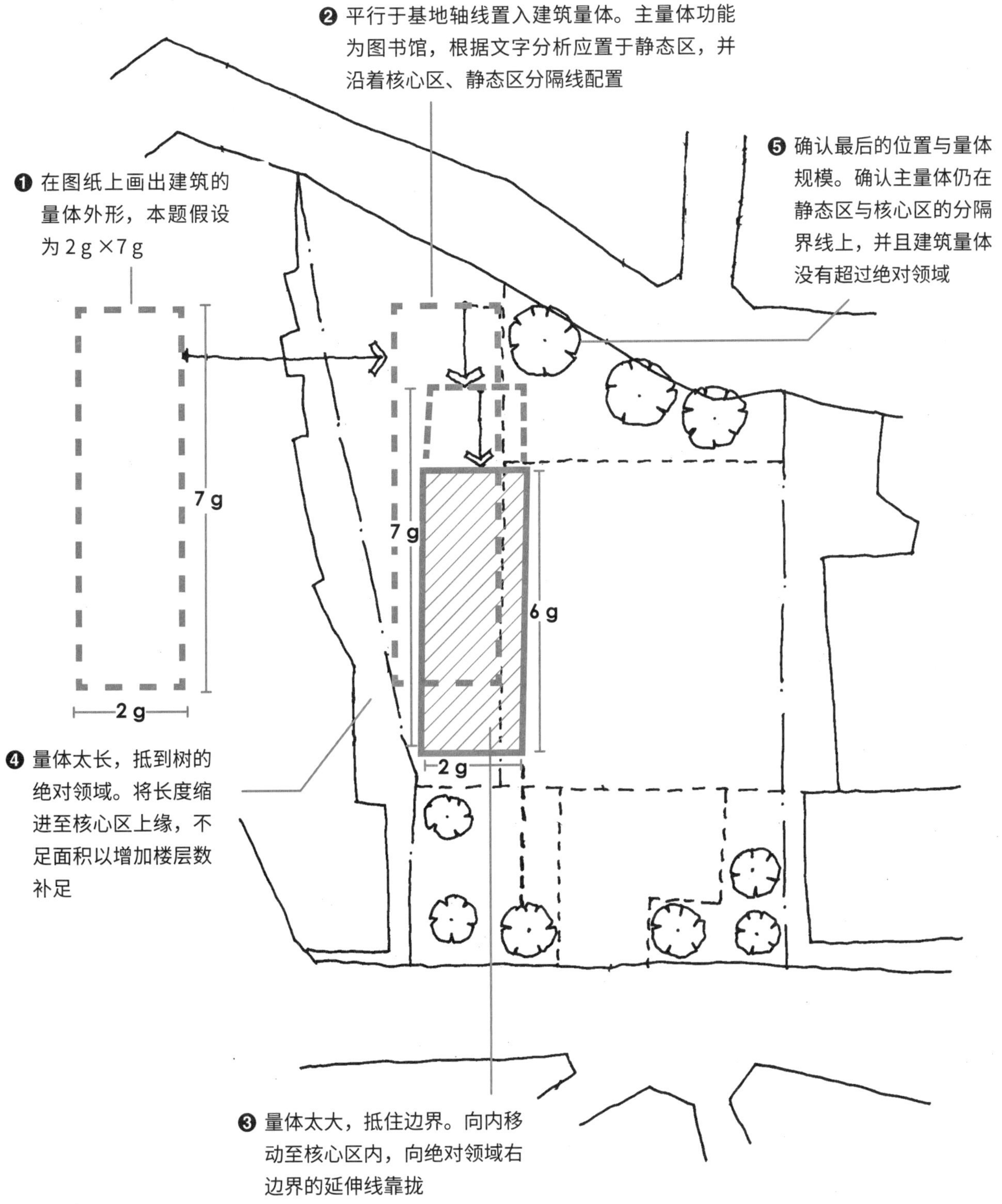
❶ 在图纸上画出建筑的量体外形，本题假设为 2 g × 7 g
❷ 平行于基地轴线置入建筑量体。主量体功能为图书馆，根据文字分析应置于静态区，并沿着核心区、静态区分隔线配置
❸ 量体太大，抵住边界。向内移动至核心区内，向绝对领域右边界的延伸线靠拢
❹ 量体太长，抵到树的绝对领域。将长度缩进至核心区上缘，不足面积以增加楼层数补足
❺ 确认最后的位置与量体规模。确认主量体仍在静态区与核心区的分隔界线上，并且建筑量体没有超过绝对领域
7 g
2 g
7 g
6 g
2 g

6 过程：放一楼的室内空间

目的

❶ 让多个地面层空间与室外开放空间充分结合，使开放空间的活动获得室内使用功能的支持。

❷ 利用配置在地面层的空间量体围塑出不同层次、层级的开放空间。

❸ 搭配不同的室内功能，将人群从入口开放空间引导至核心空间，甚至离开基地，串联到基地外部。

方法

❶ 在图面的空白处，画出设定过尺寸的矩形空间方格。

❷ 沿着核心区周围的分隔线，配合文字分析对应空间的楼层。

❸ 先以平行于基地轴线的方式布置建筑量体。

❹ 确定地面层空间的设置顺序。

主量体垂直动线
（楼梯间与电梯）

↓

入口门厅

↓

核心区周围最重要的室内空间

↓

其他地面层次要空间

❺ 确定地面层空间的关系。找出空间与空间之间的正方形领域，作为地面层主题开放空间之外的次要开放空间。

❻ 在图面上模拟人群移动过程，思考动线、开放空间与室内使用功能是否妥当。

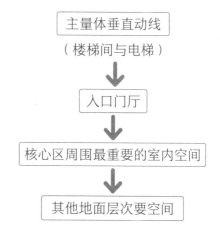

地面层假设空间为:

(a) 二手书店→ 2.5g×2.5g×2g →静
(b) 轻食空间→ 2.5g×2g →动
(c) 超市→ 2.5g×3g →动

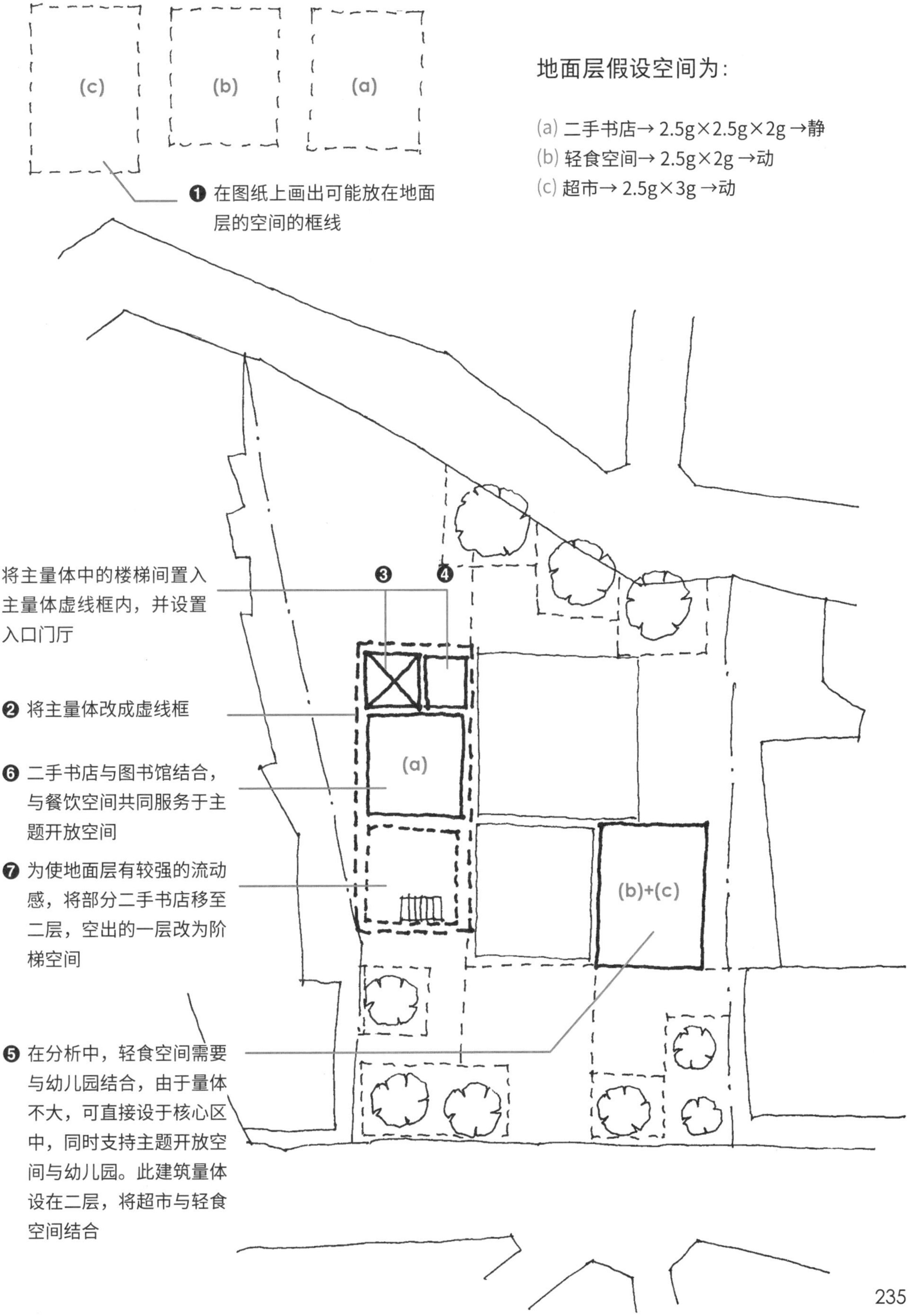
(c)
(b)
(a)
❶ 在图纸上画出可能放在地面层的空间的框线
❸
❹
将主量体中的楼梯间置入主量体虚线框内，并设置入口门厅
❷ 将主量体改成虚线框
❻ 二手书店与图书馆结合，与餐饮空间共同服务于主题开放空间
(a)
❼ 为使地面层有较强的流动感，将部分二手书店移至二层，空出的一层改为阶梯空间
(b)+(c)
❺ 在分析中，轻食空间需要与幼儿园结合，由于量体不大，可直接设于核心区中，同时支持主题开放空间与幼儿园。此建筑量体设在二层，将超市与轻食空间结合

TITLE 7

画配置 1：重新建立铺面系统

目的

❶ 根据建筑的配置结果重新对齐铺面线，并分配铺面线的分布状态。

❷ 重新分配铺面线，可以作为软铺面的分布参考线。

方法

擦掉所有的参考线，按照新的建筑量体，重新拉齐基地内的延伸线。

❶ 画核心主题开放空间区域。

❷ 等分核心区。可以四等分或六等分，也可以根据最终品质来判断需要等分的数量。

❸ 等分核心区后，完成正交方格。

❹ 接着发展紧邻核心区的区域。

❺ 参考人群移动方向与基地轴线，画平行线。此平行线延续自核心区的方格线，使其产生视觉上的连续路径的效果。

❻ 延续上一个区域，找下一个可以形成连接路径，并进入核心区的区域。此区最好是入口区。

❼ 延续上一个区域平行线的方向，画第三个区域的平行线，间距为核心区正交方格宽度的一半。至此，已经利用窄间距平行线和宽间距平行线将读图人的视线从入口区引导至核心区。

❽ 一个区域接着一个区域，发展各自的铺面系统。

❾ 绘制原则

a. 有邻接道路的区域：沿人群移动方向绘平行线。

b. 没有邻接道路的区域：画正交方格。

c. 所有铺面线都要延续自核心区的线条，才会产生引导路线的连续视觉效果。

d. 活动性较强的区域，线间距与核心区相同。

e. 较静态的区域，线间距为核心区的 $\frac{1}{2}$。

f. 不太重要的区域，间距可以再密集一倍。

1 找基地内不同的正方形

❶ 整理参考线的线段，找出基地中不同的正方形

❷ 利用两个建筑的距离 b 产生第二个正方形

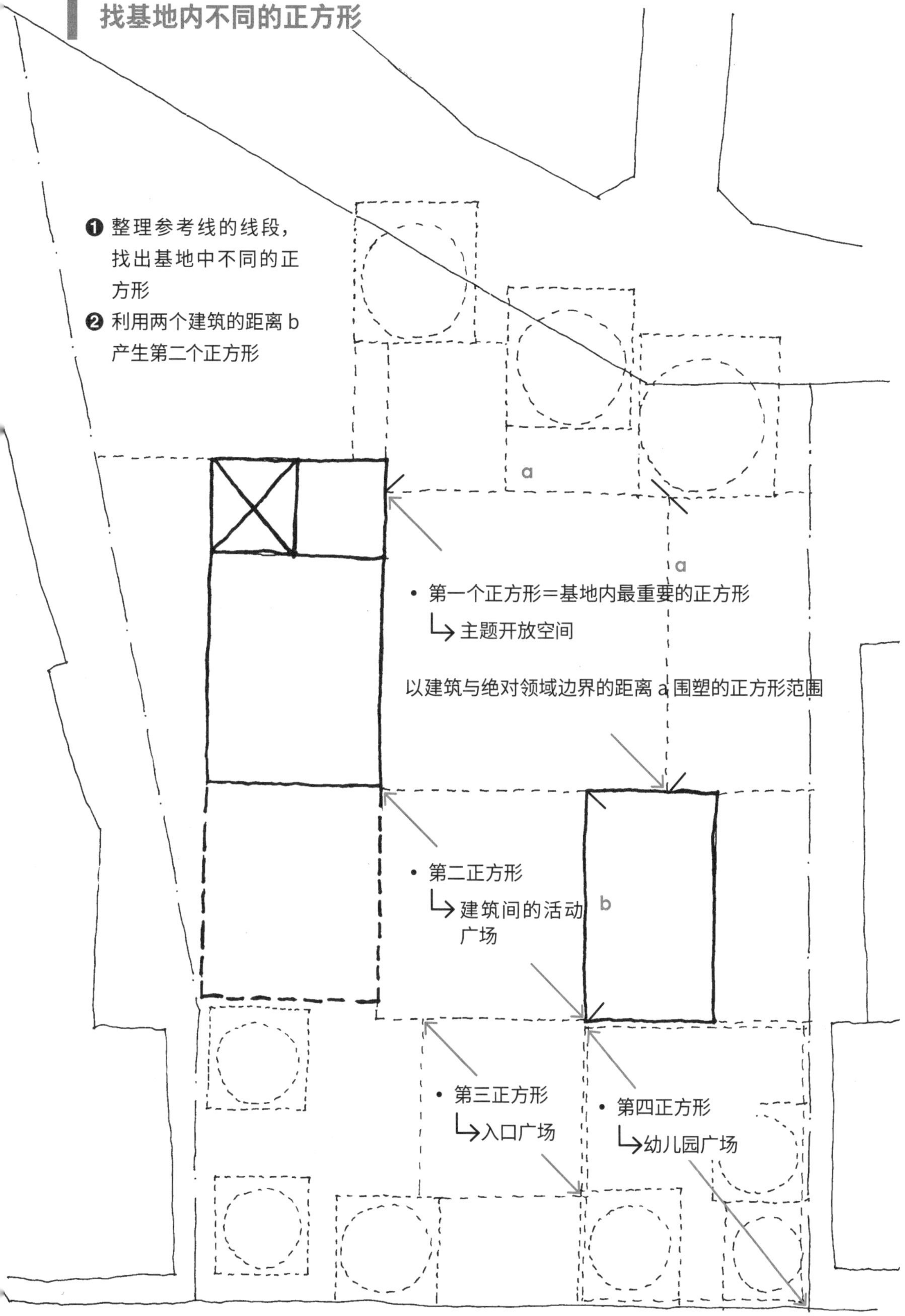

2 画铺面网格线：主题开放空间

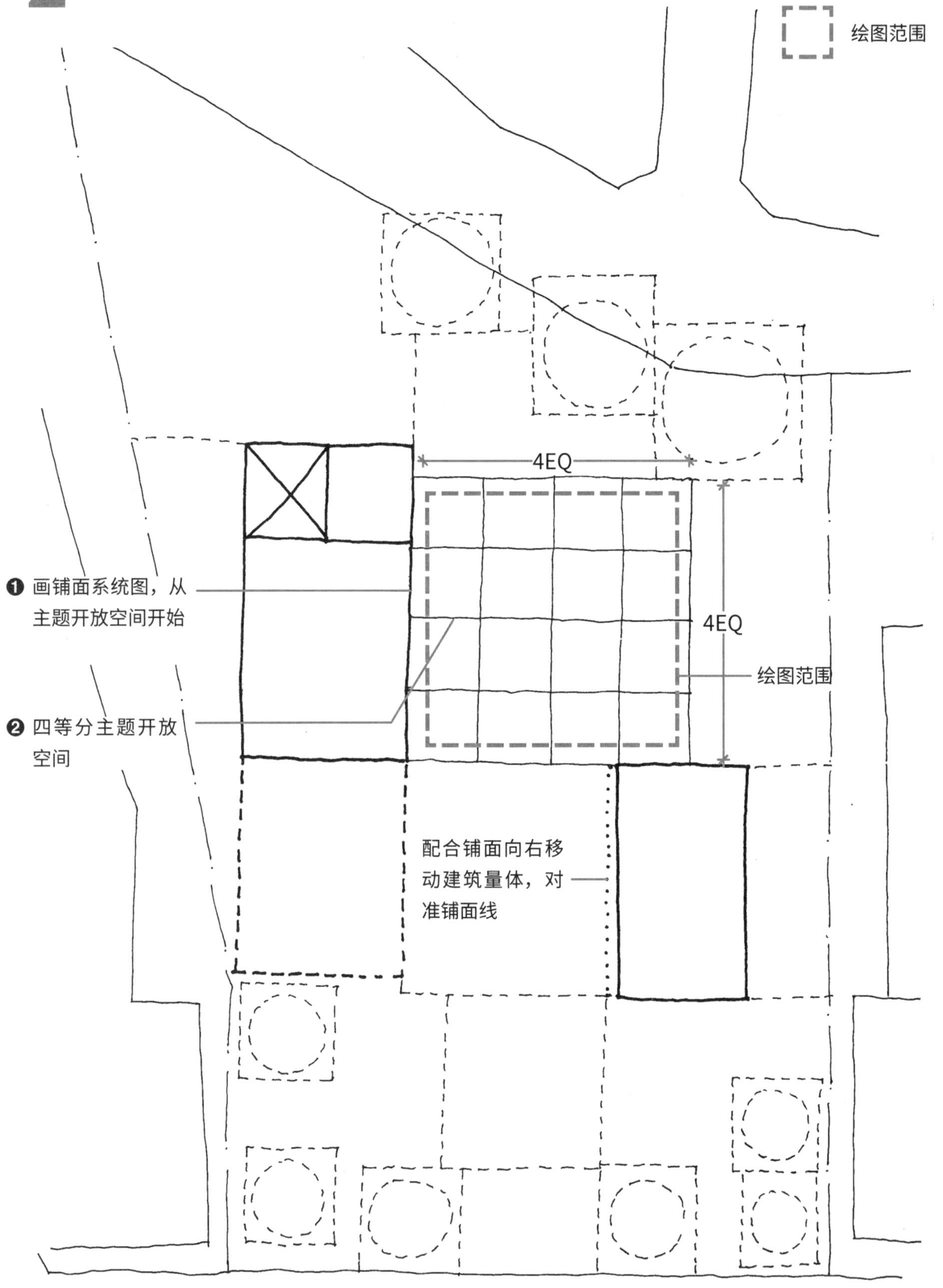

绘图范围
4EQ
4EQ
绘图范围
❶ 画铺面系统图，从主题开放空间开始
❷ 四等分主题开放空间
配合铺面向右移动建筑量体，对准铺面线

3 画铺面网格线：与主题开放空间相邻的区域

❶ 从道路方向寻找紧邻主题开放空间的邻近区域
❷ 沿人流方向画平行线
❸ 线间距为主题开放空间的一半

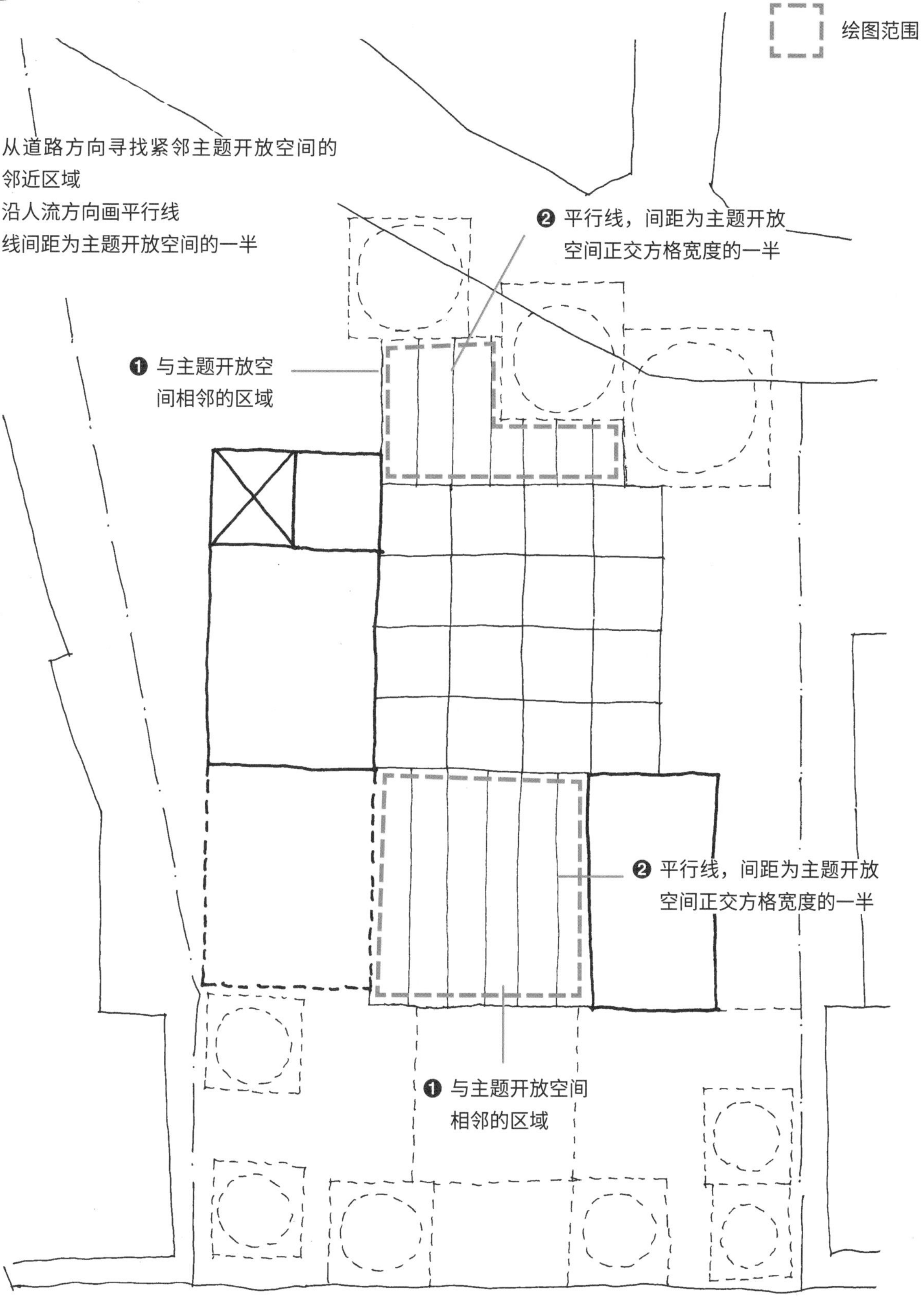

4 画铺面网格线：入口开放空间的相关区域

❶ 往入口开放空间方向，相邻区域

❷ 延续前一个区域的平行线至道路

❸ 让平行线引导视觉动线，由道路向主题开放空间延伸

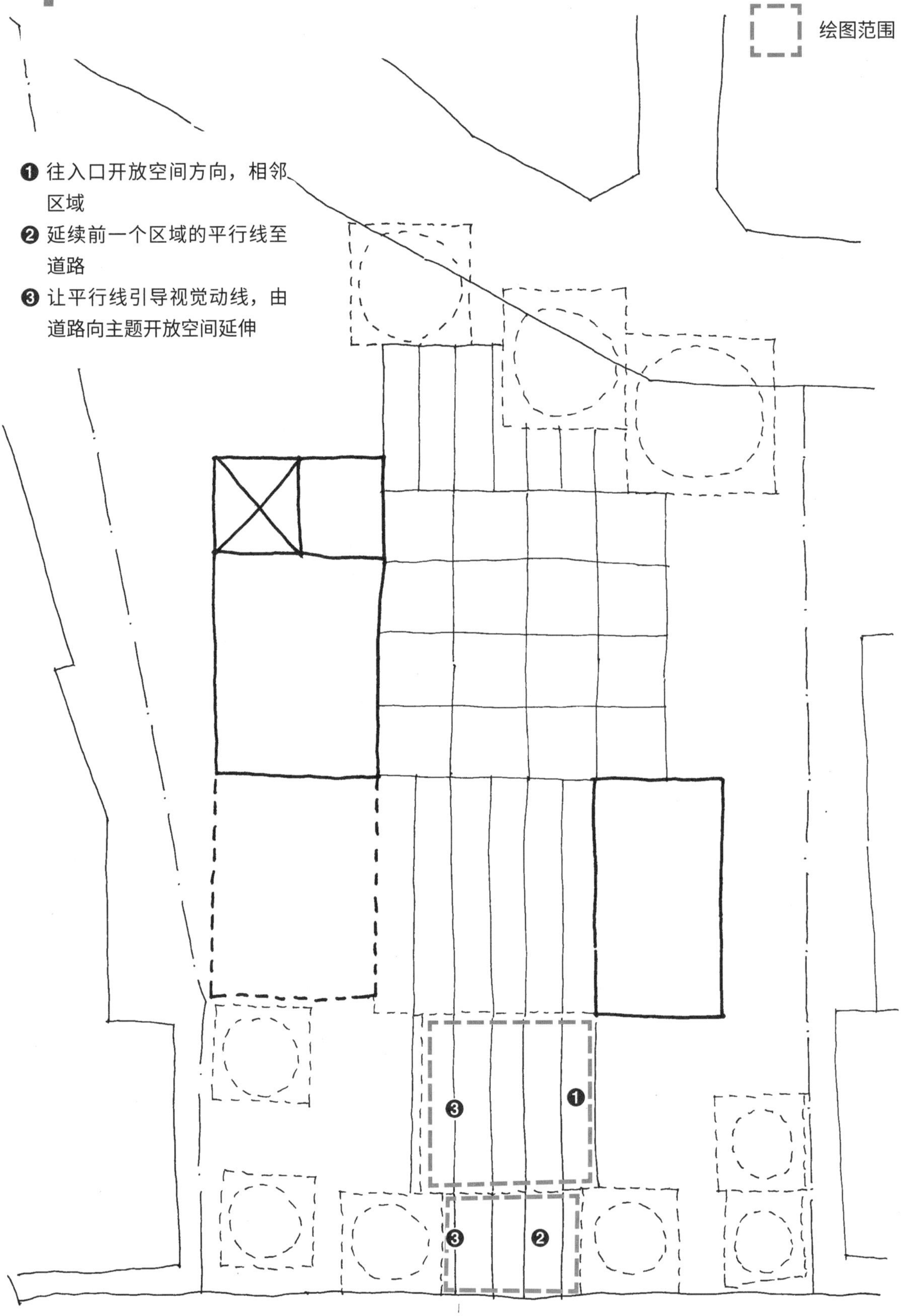

5 画铺面网格线：邻街区域

绘图范围

❶ 绘制邻街区域的铺面系统
❷ 延续上一个步骤的区域铺面，为所有与入口区域相邻并临街的区域画上铺面

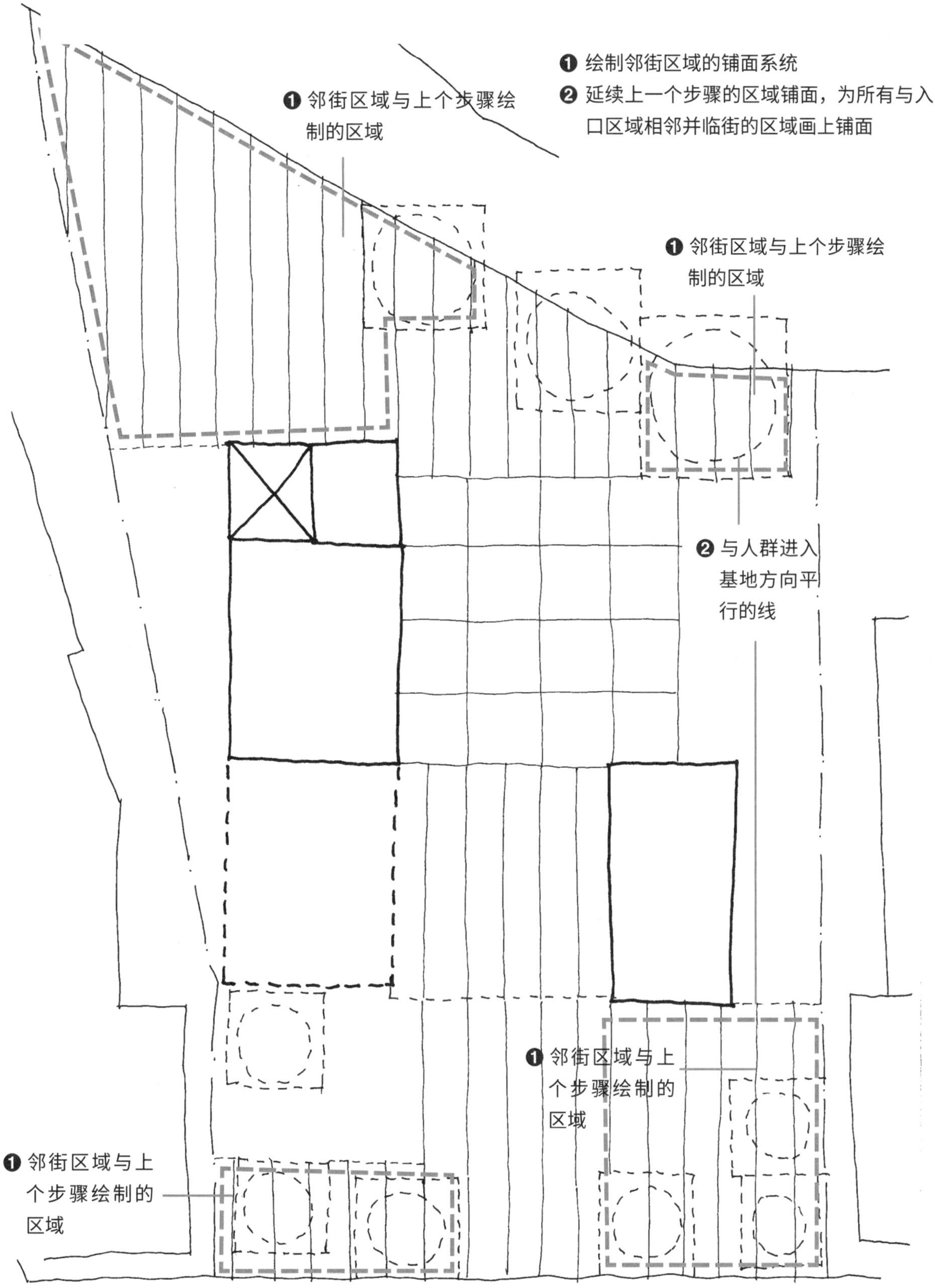

6 画铺面网格线：非临街区域

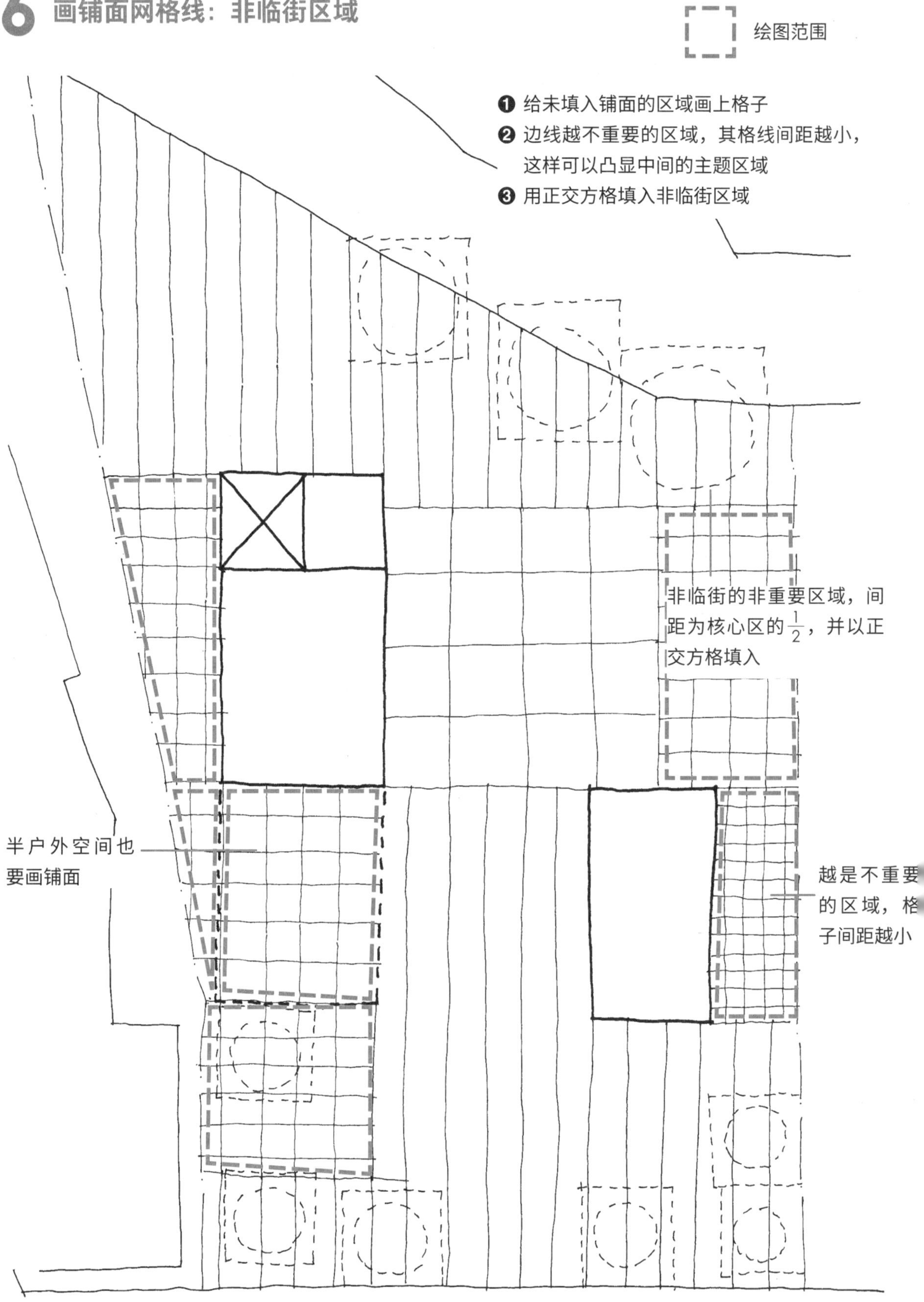

绘图范围
❶ 给未填入铺面的区域画上格子
❷ 边线越不重要的区域，其格线间距越小，这样可以凸显中间的主题区域
❸ 用正交方格填入非临街区域
非临街的非重要区域，间距为核心区的$\frac{1}{2}$，并以正交方格填入
半户外空间也要画铺面
越是不重要的区域，格子间距越小

TITLE
8

画配置 2：加入软铺面

定义：什么是软铺面

在业内，大家对于软铺面有各种说法，在这里我们简单将其定义为“人不好走过或穿越的区域，有时希望行人可以停留或不要走得太快的区域”。

软铺面可以简单分为两类：
· 自然的：草地、水池。
· 人为的：木平台。

当然，这只是个粗略的分类，要是真的发挥创意和想象，会有数不清的软铺面形态。但这里只是要帮助各位建立简单、清晰且快速的铺面系统，所以别想太多，先简单地把这三种铺面放在自己的设计里吧！

目的

❶ 让图面中软、硬铺面的分布和比例根据人的通行和活动强度而设置得更加合理。

❷ 在根据通行强度设定软、硬铺面后，基地内的路径会因为不同的景观元素与设施而自然留设。

注意

❶ 前面的铺面系统图和这里的软铺面分布图只是系统性、程序性地将景观设施置入图面。

❷ 我们这里只是直接将景观元素置入基地内，所以严重欠缺地景上的创意思考。

❸ 如果想让你的景观设计充满美感与创意，你需要读很多书，想很多事，可不能只凭这本薄薄的书。

方法

❶ 从最简单且不重要的带状区域开始，最好临街。

❷ 判断区域内人群的穿越方向。

❸ 将垂直穿越方向的区域的宽三等分。

❹ 设定软、硬铺面比例。如果觉得某个区域会有很多人在那里走来走去，或者适合搞活动，这个区域就需要多一些硬铺面。如果某个区域灯光好、气氛佳，不希望有人在那里吵吵闹闹，就需要多点软铺面。

❺ 请将刚刚三等分区域中活动多、人群多、软铺面少的区域设定为硬铺面。

❻ 请将刚刚三等分区域中活动少、人群少、硬铺面少的区域设定为软铺面。

❼ 用“靠边”的感觉设定软、硬铺面的位置。在被三等分的区域中，根据区域两侧的性质决定硬铺面该靠在区域哪一侧，通常希望有人群活动的空间是硬铺面。

❽ 先完成最无聊的区域，然后开始设定相邻区域的软、硬铺面，一个接着一个，把所有开放空间填满。

1 设定软铺面区域：临街入口区

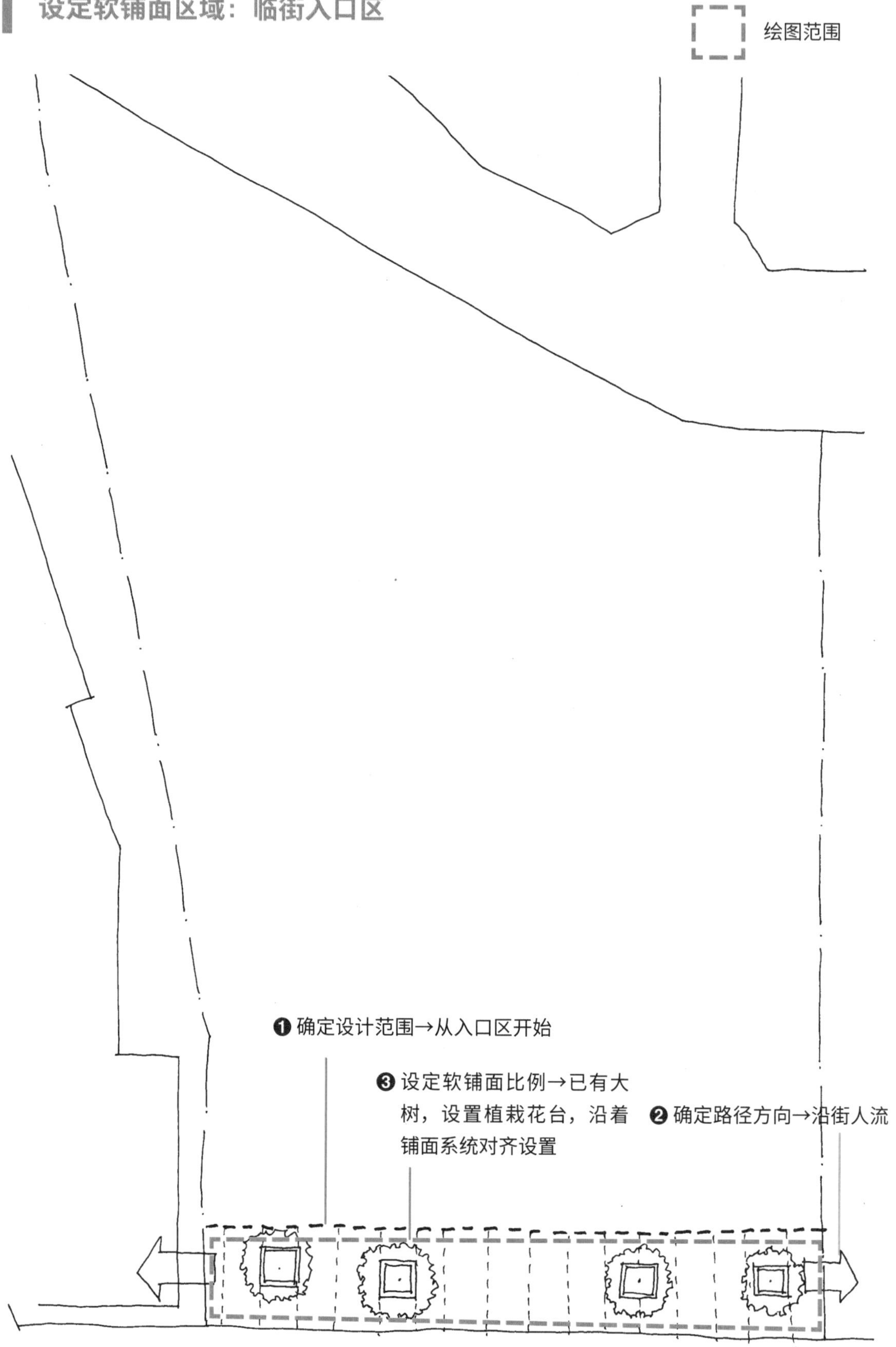

绘图范围
❶ 确定设计范围→从入口区开始
❸ 设定软铺面比例→已有大树，设置植栽花台，沿着铺面系统对齐设置
❷ 确定路径方向→沿街人流

2 设定软铺面区域：临街入口区至主题开放空间的过渡区域

绘图范围

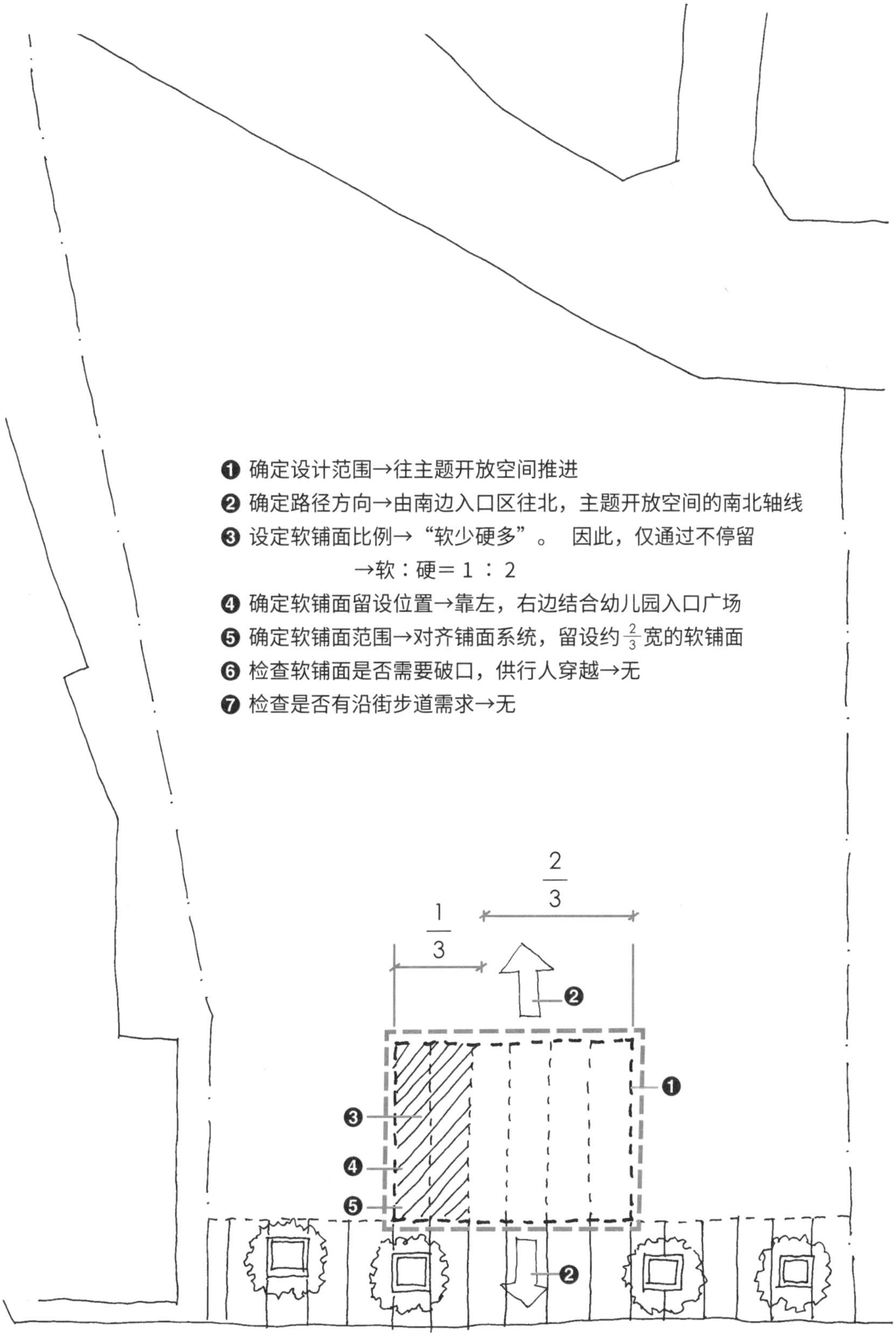

❶ 确定设计范围→往主题开放空间推进

❷ 确定路径方向→由南边入口区往北，主题开放空间的南北轴线

❸ 设定软铺面比例→“软少硬多”。 因此，仅通过不停留
　　→软：硬＝1：2

❹ 确定软铺面留设位置→靠左，右边结合幼儿园入口广场

❺ 确定软铺面范围→对齐铺面系统，留设约 $\frac{2}{3}$ 宽的软铺面

❻ 检查软铺面是否需要破口，供行人穿越→无

❼ 检查是否有沿街步道需求→无

3 设定软铺面区域：延续上一个区域，连接室内空间与主题开放空间的第二过渡区域

❶ 换设计范围→延续上一个区域，前往主题开放空间

❷ 确定路径方向→有两个方向，南北方向通往另一侧边界，东西方向进入室内空间

❸ 设定软硬铺面比例→

- 南北向，以步行为主，希望人群被引入主题开放空间→软：硬＝1 ：2
- 东西向，次要路径多点软铺面，让人群停留→软：硬＝2 ：1

❹ 确定软硬铺面范围→

- 南北向，硬铺面靠右，使硬铺面与室内空间相接，引导人群进入
- 东西向，硬铺面靠上方，利用软铺面围塑东西向路径

❺ 南北向软铺面，延线至上一步骤设计范围

❻ 在 $\frac{2}{3}$ 位置处找最接近系统网格线的线，作为软铺面边界

❼ 完成铺面分割

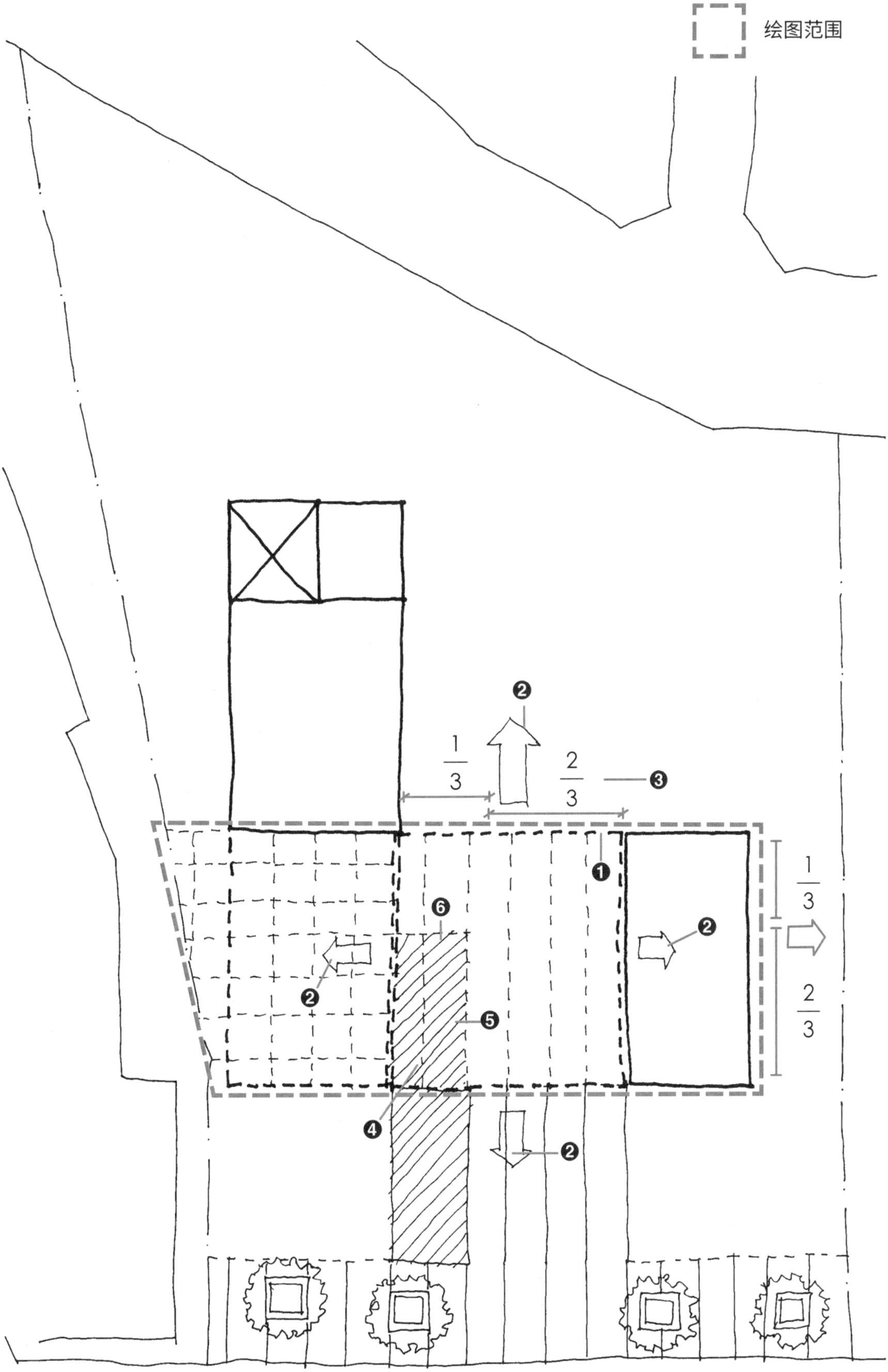

绘图范围
❷
1
3
2
3
❸
❶
❻
❷
❷
1
3
2
3
❺
❹
❷

4 设定软铺面区域：主题开放空间

绘图范围

❶ 换设计范围→
延续上一个设计区域，并进入主题正方形
❷ 确定路径方向→
主题开放空间是终点，所以没有方向
❸ 设定软硬铺面比例→
配合室内空间特征与五大虚量体，在最后阶段绘制
❹ 完成

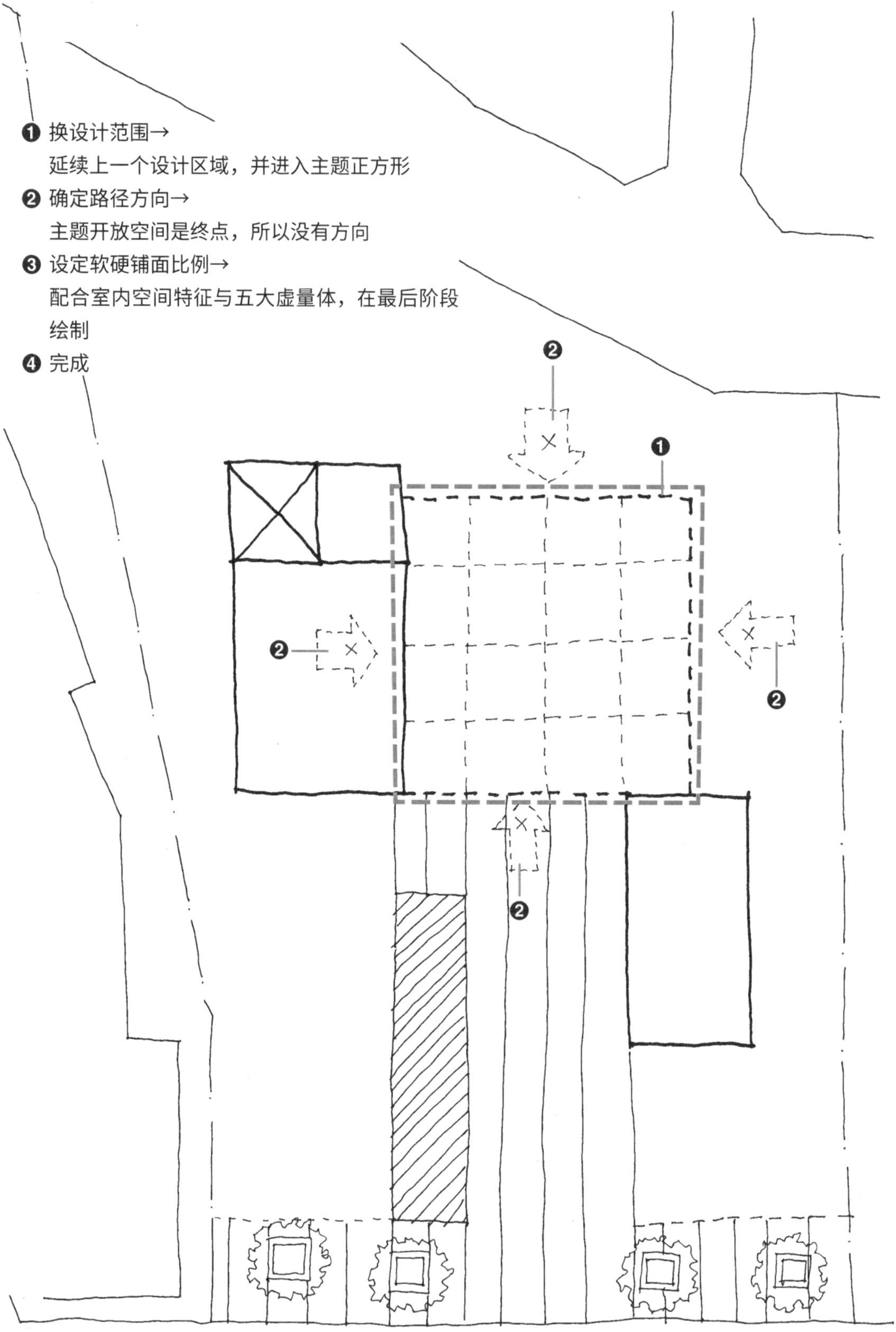

5 设定软铺面区域：北侧入口区

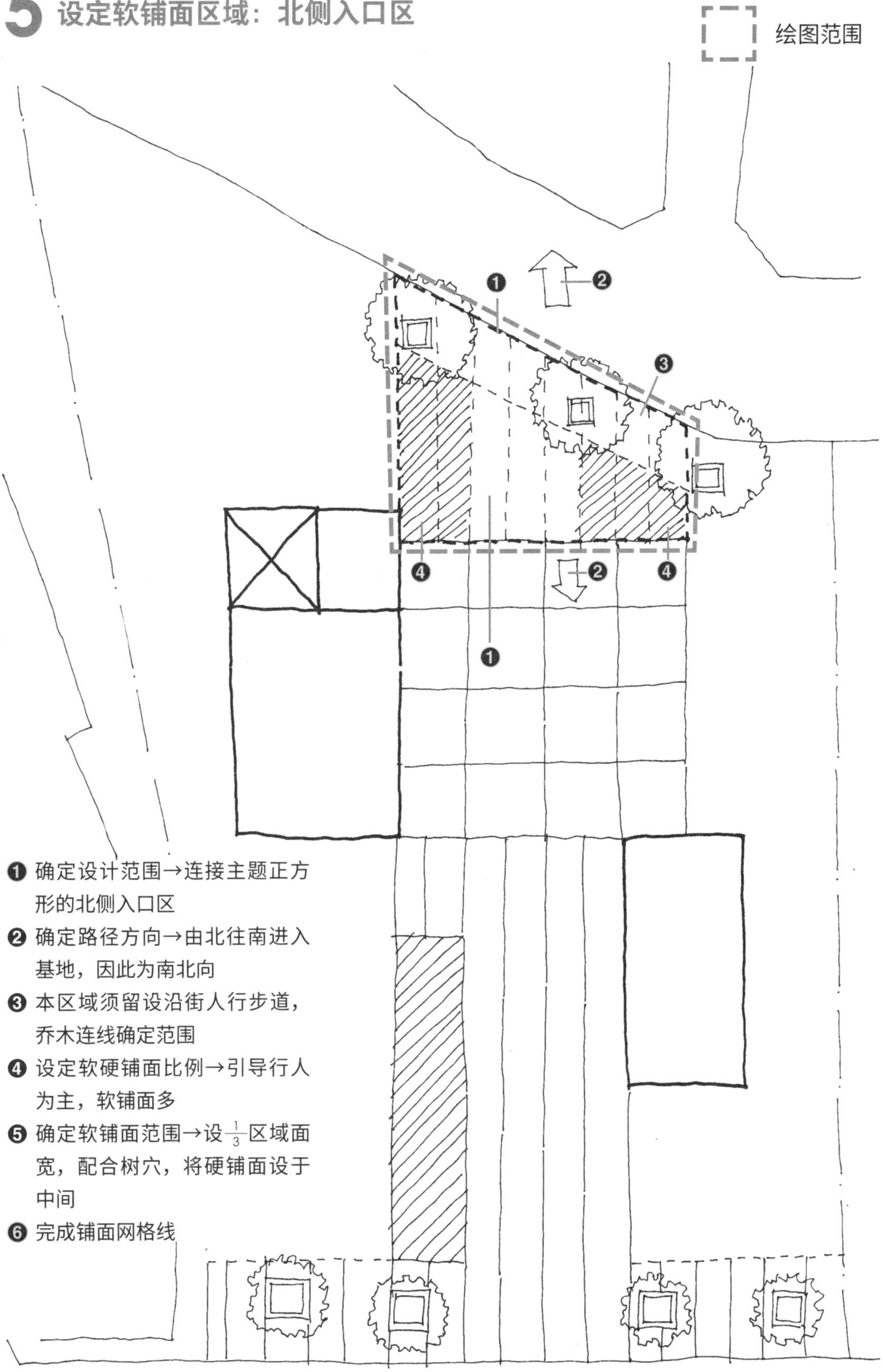

❶ 确定设计范围→连接主题正方形的北侧入口区

❷ 确定路径方向→由北往南进入基地，因此为南北向

❸ 本区域须留设沿街人行步道，乔木连线确定范围

❹ 设定软硬铺面比例→引导行人为主，软铺面多

❺ 确定软铺面范围→设$\frac{1}{3}$区域面宽，配合树穴，将硬铺面设于中间

❻ 完成铺面网格线

6 设定软铺面区域：与主题开放空间入口及空间无直接关系的东北侧两个区域

区域 A

❶ 设计区域延续至区域 A
❷ 人群方向为东西向（延续沿街步道）与南北向（北方道路进入基地的次要出入口）
❸ 设定软硬铺面比例
→以通行为主，所以硬铺面多
❹ 确定软铺面范围
→东西向延续上个步骤的软铺面
→南北向取约 $\frac{2}{3}$ 宽度范围做软铺面

区域 B

❺ 设计区域延续区域 A
❻ 确定路径方向
→南北向，延续区域 A
→东西向，进入主题开放空间的通道
❼ 设定软硬铺面比例
→南北向，仅作为通路，不需要活动，供通行的硬铺面小于 $\frac{2}{3}$ 宽度，并延续区域 A
→东西向，仅作为通路，不需要活动，供通行的硬铺面只需要一种铺面系统格
❽ 确定软铺面范围
→南北向靠左，使右边硬铺面与邻地结合
→东西向靠近超市商业区
❾ 漂亮的线稿完成

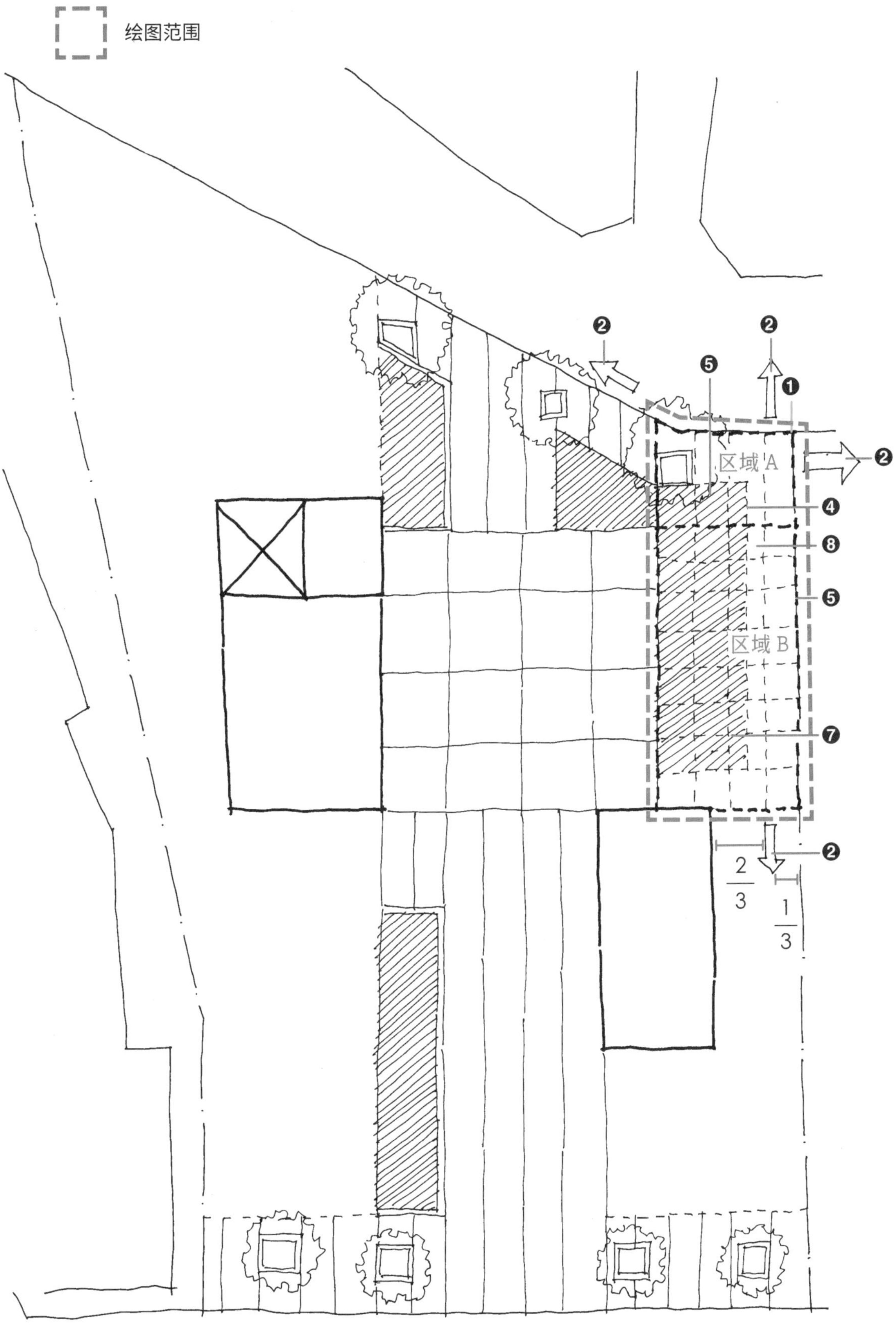

绘图范围
区域 A
区域 B
2/3
1/3

7 设定软铺面区域：其他未填充铺面的 5 个区域

区域 A ❶ 有 3 个可能的路径 a、b、c，都不是主要路径，因此，本区以软铺面为主
❷ 配合铺面系统格，留设较多的软铺面与通道

区域 B ❶ 只有次要路径，通往区域 A，非重要通路，本区以软铺面为主
❷ 软铺面的范围延续自区域 A

区域 C ❶ 没有路径
❷ 此区全部做软铺面

区域 D ❶ 没有路径需求
❷ 此区全部做软铺面
❸ 可配合格子铺面系统，留设庭院步道

区域 E ❶ 右边有重要设施（幼儿园），因此，有通往幼儿园的水平路径 d、e
❷ 路径非基地内主要通道，但为了塑造幼儿园入口意象，留设正方形广场空间

绘图范围

· 完成软铺面设定后的从入口到核心区的区域
· 开始进行次要区域的软硬铺面设定

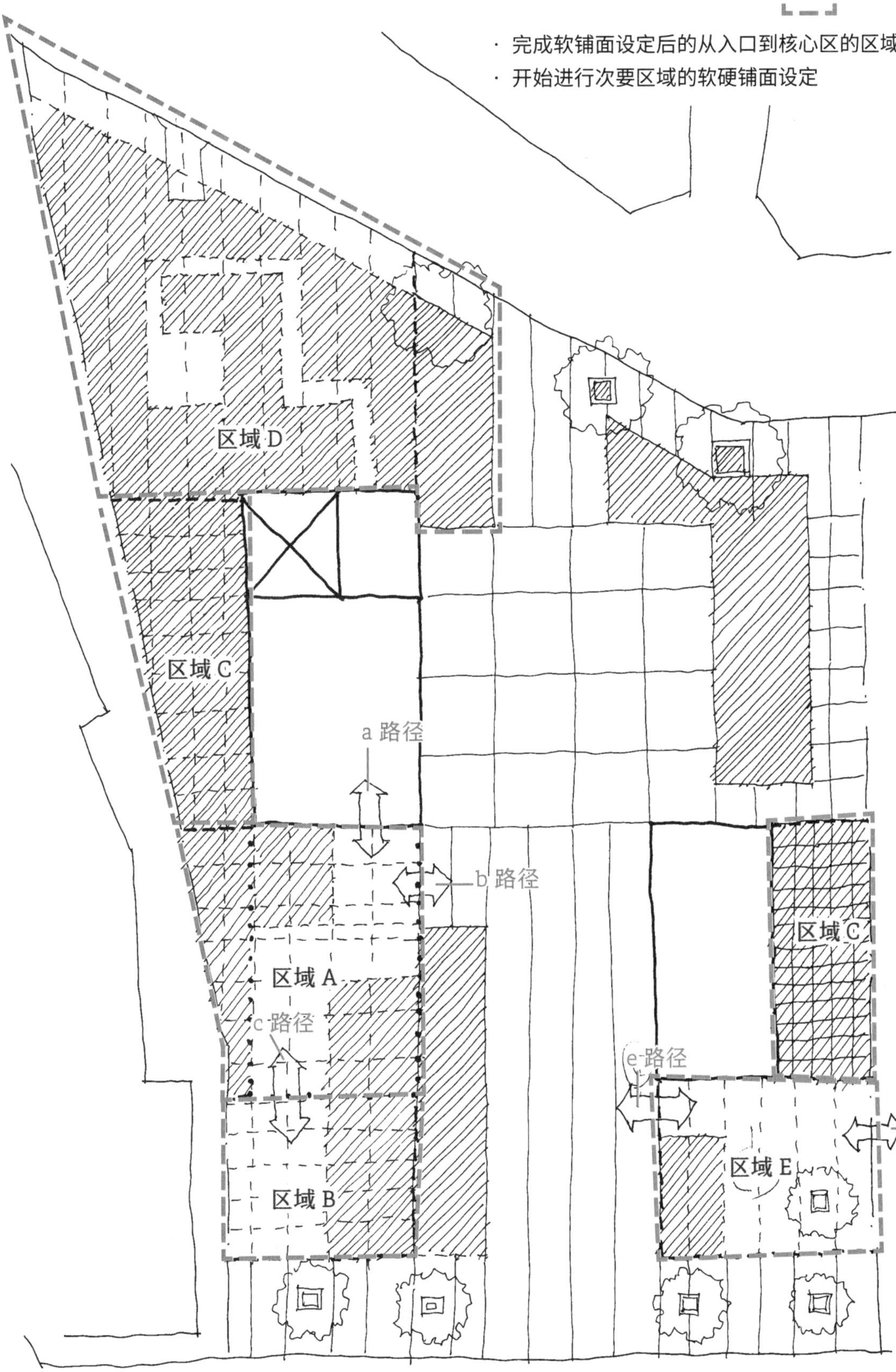

TITLE 9

画配置 3：决定软铺面的种类

目的

❶ 利用不同种类的软铺面，描述开放空间的特性。

❷ 调和图面中不同的视觉元素，平衡图面的视觉效果。

方法

❶ 我们在前面的步骤中已经区分出不同范围与大小的软、硬铺面范围。

❷ 置换不同种类的软铺面，以符合区域的性质。

❸ 如何确定软铺面的种类

——草地：让人放松，可以缓步穿越的软铺面。

——木平台：以柔性的自然材质制作成“类硬铺面”，通常希望打造室内外的转换空间，有时也会作为可以产生活动的室外领域。

——水池：柔软的形体但拥有刚性的边界，有阻隔某些区域的效果，也因此会产生安静的氛围。

设定软铺面的性质

❶ 区域 A：只有沿街边缘会有人经过，除通行步道或庭院小径，其他空间皆以绿地为主

❷ 区域 B：比区域 A 更少有机会被人穿越，区域内全部填入绿地

❸ 区域 C：入口区的重要地标，活动性较主题开放空间低很多，且包围着以静态区域为主的图书馆空间，因此以水池填入，除了产生水体地标，也提升了空间的静态效果

❹ 区域 D：包围主题开放空间的非主要区域，但考虑到主题开放空间的延伸感，可以填入绿地，让人感觉可以在此产生活动

❺ 区域 E：为使幼儿园入口区域以正方形清晰呈现而留设的软铺面，可以是木平台，也可以是草地。其中木平台的功能是让人在平台上产生活动

❻ 区域 F：商业空间与外部旧建筑相邻空间的连接区域，以木平台铺设，使该空间有一种与旧都市环境接续或持续的交流感

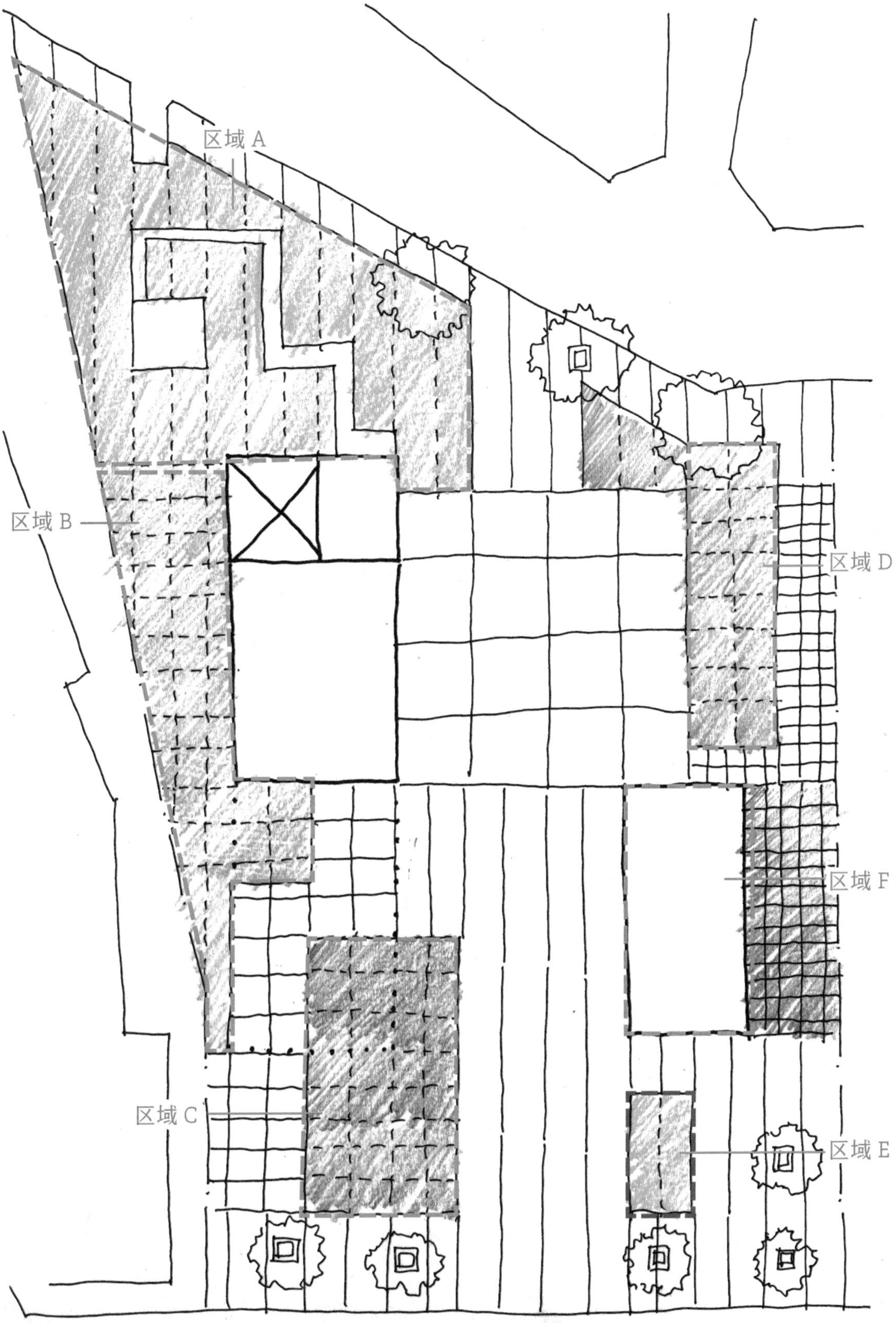
区域 A
区域 B
区域 D
区域 F
区域 C
区域 E

种树：找出基地中需要种树的区域

A 型区块	沿街或仅供通行的路径
B 型区块	花台或绿地，基地内的主要种植区域
C 型区块	有特殊要求与功能的开放空间
D 型区块	不太适合种树，但有树会更好的区域

❶ 只是路径的区域，用树“列”，产生引导人群的效果

❷ 没有路径的区域，用树“群”，可以产生从基地外部往内部围合的感觉。如果基地周围有不好的东西，譬如噪声或污染，树“群”也可以给人以被保护的感觉

❸ 基地与邻地的边界，用树“列”，软化边界，有向外延伸的效果

❹ 基地内部的庭院空间，不用太考虑人群的移动，但可以在软铺面的边缘让人有停留驻足的欲望，因此，树会变成人们休憩停留时的安稳靠山，可以以人无法穿越的树“群”加强靠山效果

❺ 基地入口开放空间，除了要引导人进入主题开放空间，也希望成为有活动性的空间。用树“阵”可以让树冠成为自然的“大棚架”，让人自由穿越

❻ 基地入口的大水池，用一棵树作为水上地标，宣示入口

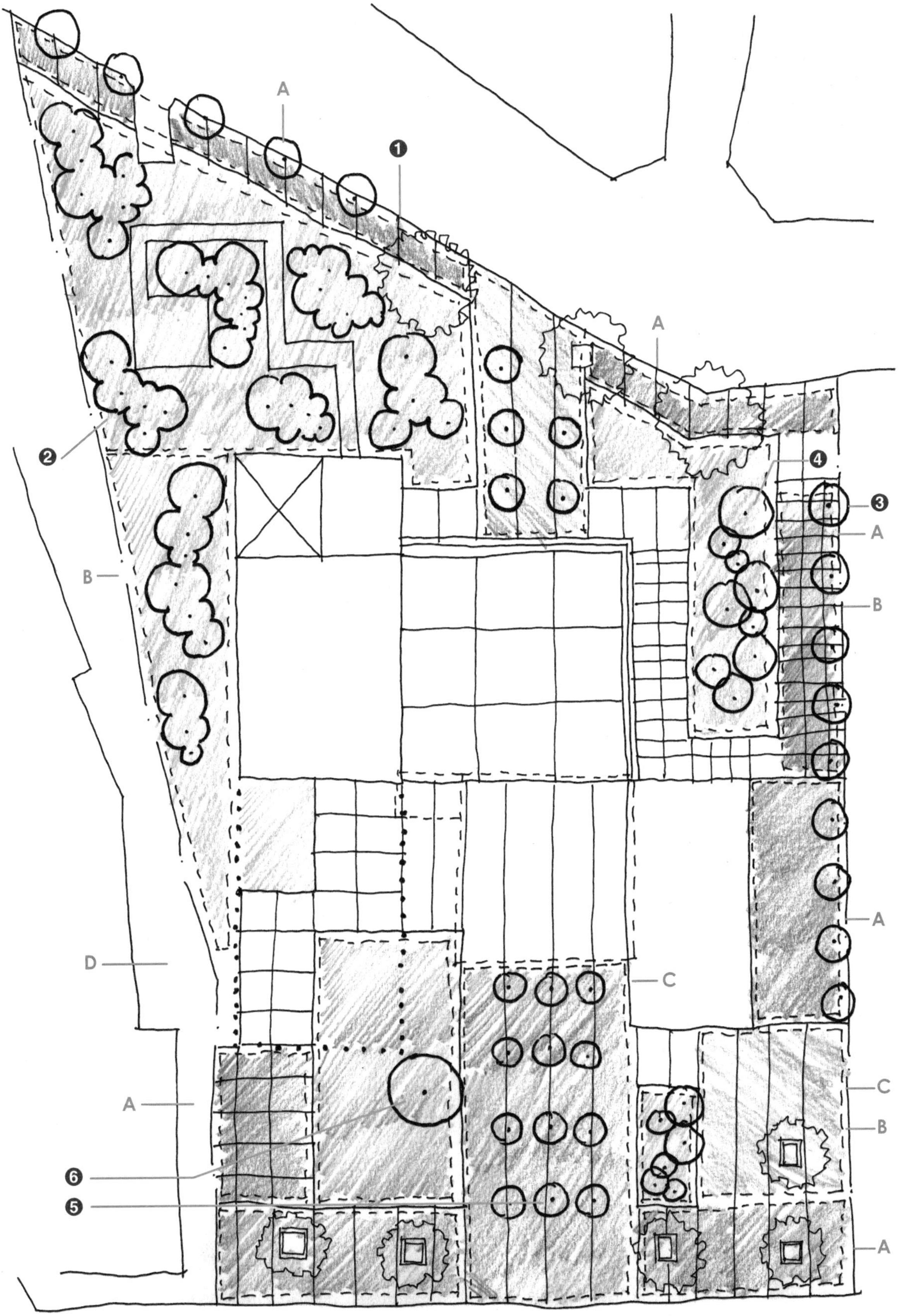
A
1
A
2
4
3
A
B
B
D
C
A
C
B
6
5
A

TITLE 10

在配置上确定五大虚量体的位置和范围

目的

❶ 理性地用最终开放空间区块画出各种虚量体的位置和设置方式。

❷ 不要只是没事找事做，将五种虚量体硬塞到空间环境里。

方法

❶ **一号虚量体**（大顶盖）：位置通常在主题开放空间，有时候是建筑与建筑围塑的次要开放空间。最主要的功能是提供具有公益性质的有顶盖的开放空间，但不计入建筑密度。

❷ **二号虚量体**（檐廊）：有顶盖的半户外步行空间，因为有顶盖，加入几张小椅子，然后弯折几下，就会很有中式庭院的感觉。檐廊通常用于连接动静性质相差较大的建筑量体。

❸ **三号虚量体**（阶梯广场）：通常被设置在主题开放空间。设置的时候可以稍微后退一圈，让建筑与阶梯间有一些缓冲空间。在设置阶梯广场时，要先确定可能的舞台区，让阶梯广场的座椅区有方向性，也能在图面上产生户外空间的展演剧场效果。

❹ **四号虚量体**（下沉式阳光广场）：这是一个险招，我通常会用在因为空间量太大而导致地面层开放空间不足的情况。地下阳光广场和大棚架空间一样，都得利用完整的开放空间区域，才能呈现开放空间的完整性。

❺ **五号虚量体**（高空平台）：这是一个会自然而然产生的开放空间形式，尤其是当地面层量体为了呼应基地周围现状，而与主建筑量体合并设计时。需要注意的是，这些虚量体就像汽车的预制零部件，要根据你自己的兴趣与目标开拓与使用。

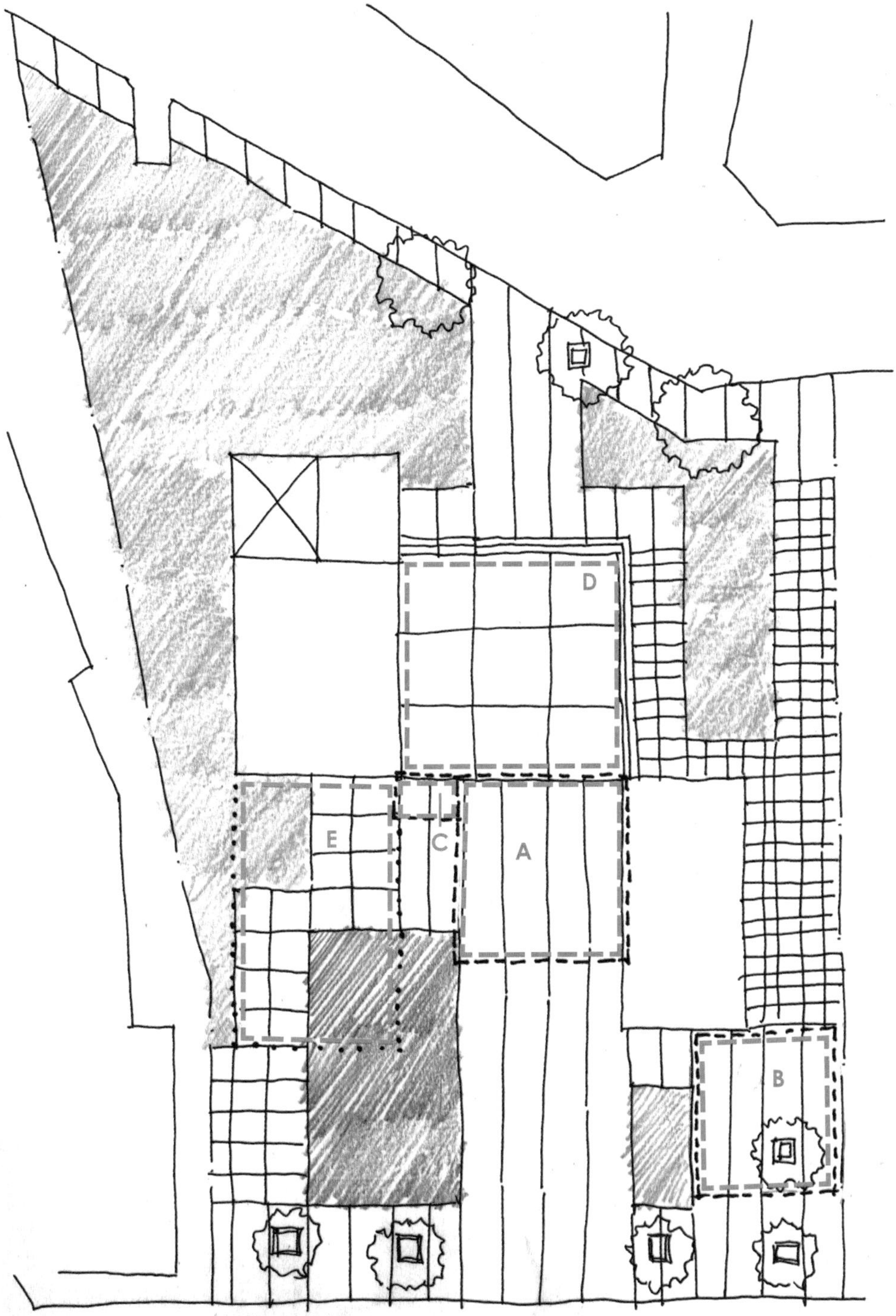

五大虚量体设定

- **A** 位于建筑 / 主题开放空间的正方形范围，可以作为临时的风雨广场 ………………… 设为一号虚量体
- **B** 位于商业室内空间与幼儿园间的正方形领域 ………………………………………………………… 设为一号虚量体
- **C** 连接风雨广场的图书馆主体建筑的建筑空间，仅供通行使用 ……………………………… 设为二号虚量体
- **D** 教育类题目，主题开放空间可以利用阶梯广场，强化教育空间的质感 ………………… 设为三号虚量体
- **E** 原有规划量体中的一楼，利用动线周围的设施，如花台、水池，打造可以让人停留的休憩空间

画建筑

- 加入梁柱和开窗，让室内空间有“表情”

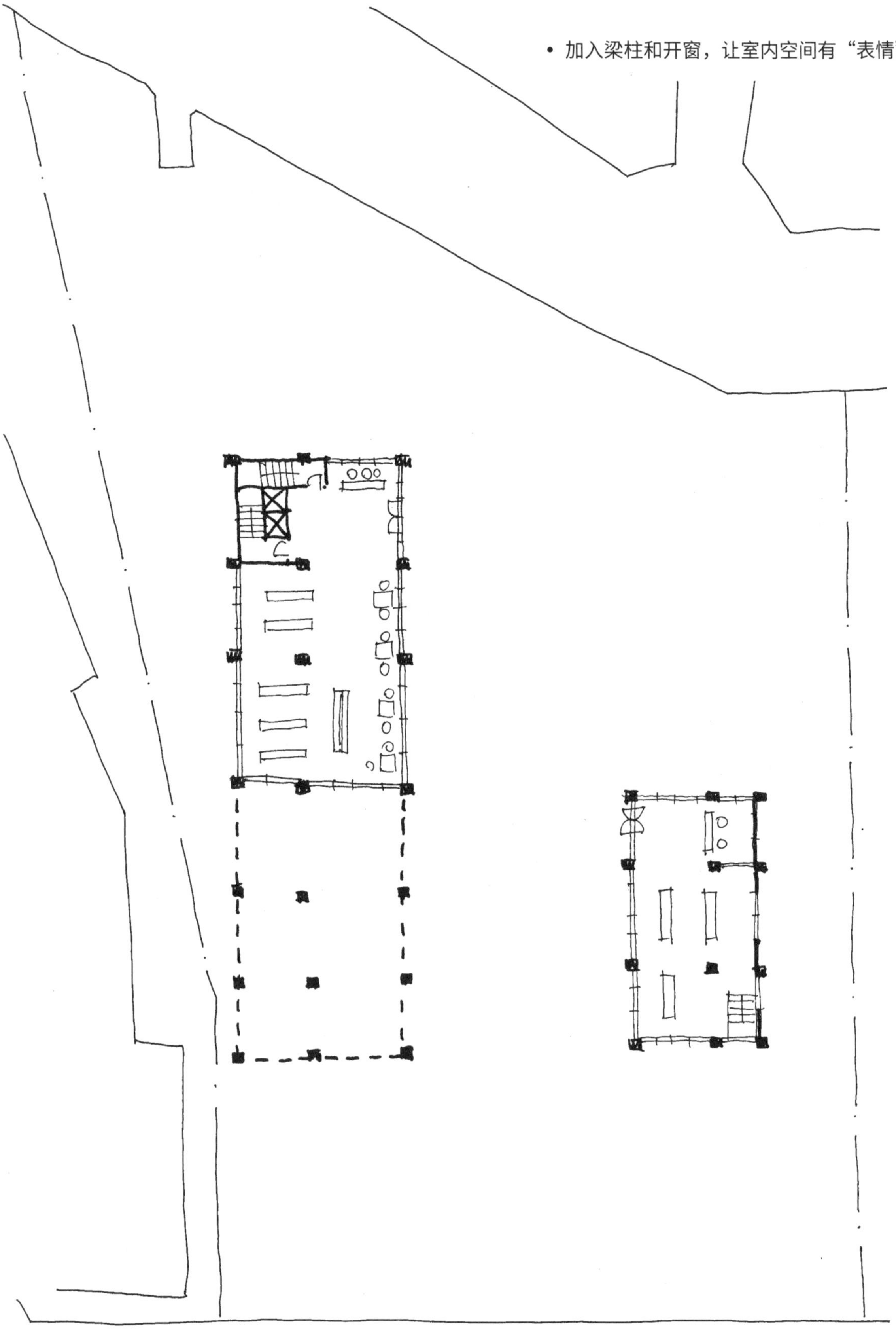

简单上色，让各区域清楚呈现

- 加上坐标，强化活动性

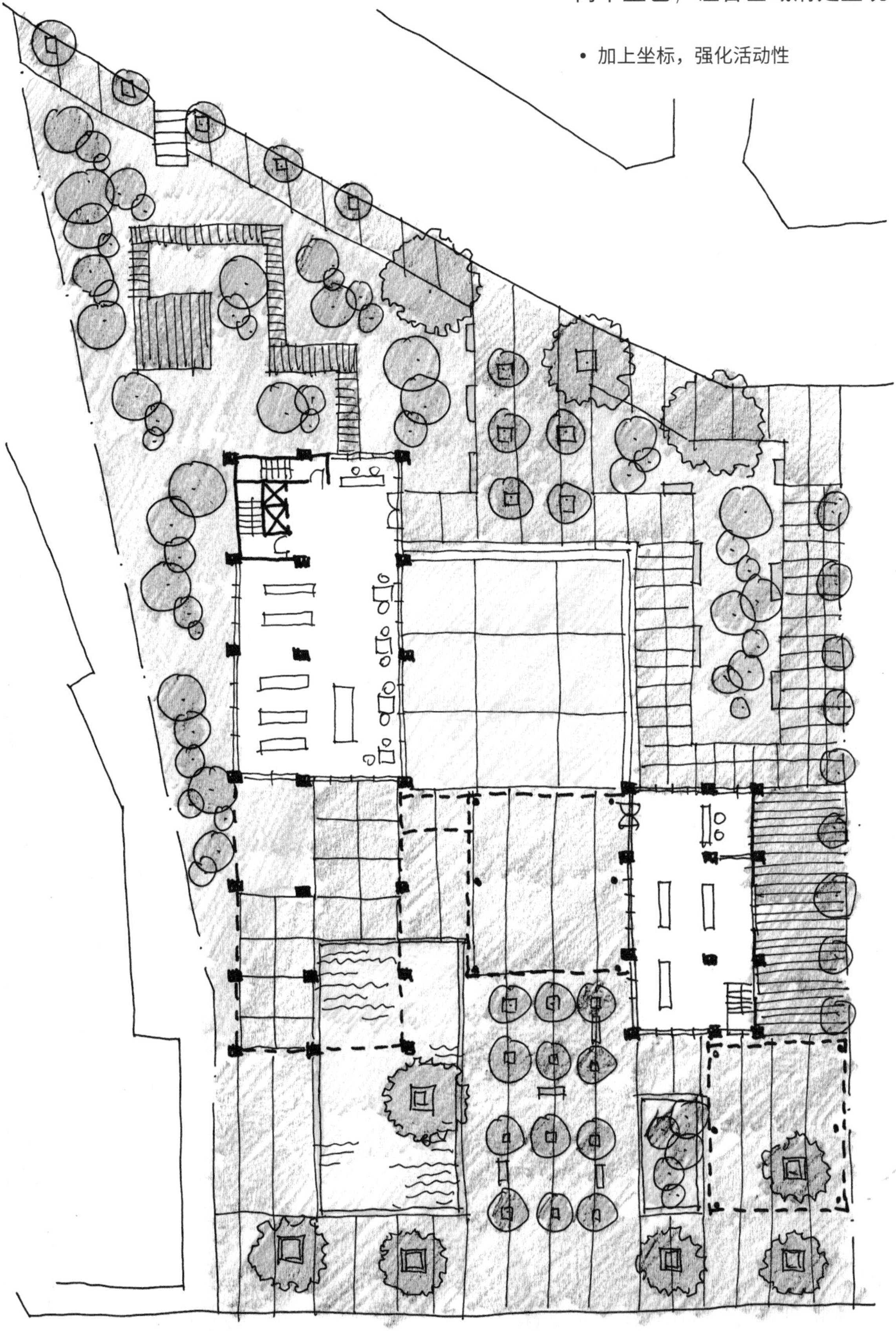

ARCHITECTURE
MASTER CLASS
SPATIAL THINKING

第十章

CHAPTER TEN

建筑师还是得考试

阶段练习实操

TITLE 1

考前的速度练习

文字分析的练习

文字分析是增进题目文字敏锐度的好方法，我写的这堆各种考试题目文字分析范例，像法规条文一般，密密麻麻地排列在眼前，光是弄懂它就够让人“心塞”了，想到还要运用到图面上，压力之大更是首次接触的人无法想象的。

实际上，因为出题老师不能用图像描述他心里的设计想法，文字化的设计要求（也就是设计考题的题目）其实比将它图像化、空间化还要困难。反过来讲，老师能用来描述空间想法的字句少之又少，虽然这几年曾经出现“万字名题”，但究其内容也不过就是一堆类似的字眼在不断地重复。

但也正因为如此，只要你能够掌握这些年曾经出现的设计字眼，并且加以深化分析，就足够你跨入考场，面对全新的考题。

这里提供三个练习让大家参考。

1 读题目，第一次先自己找关键词

找关键词是“破题”的首要步骤，但刚开始练习的人，压根儿找不到有意义的关键词，因此，在自己第一次列出关键词后，可以和我的版本进行比较，以达到刺激思考的效果。

2 大声念读并抄写

前面说过，只有念出声，并且动手写下来，才能让大脑真正出力。

3 在题目的基地现状旁边写上文字分析的结果

不是要你画图，只是把文字分析的结果写在基地周围，重点是给这些文字加上引线，点出和这些文字有关系的区域和位置。

如此，你的大脑就会将文字与基地连接在一起，同时将文字转换成对图面的思考。

图面的练习

我说过，脑袋是个有很多洞的水桶，知识是水。当你把水一般的知识注入满是漏洞的水桶，知识也会像水一般漏光。你唯一能做的就是不断地注入知识，才能让脑袋充满可以应对问题的信息。考试中的画图是一堆步骤和流程，想要熟悉它，就要将这些步骤一个个拆解出来，然后一个一个重复练习，直到熟练得几乎形成了条件反射才停手。跟我一起练习设计的读书会会员称它为“十连发练习”。有“切配置十连发”“泡泡图十连发”“大配置十连发”“透视十连发”……当然，你也可以细分出更多的步骤来强化你的能力，让你的手指变得更加灵活。

TITLE 2

版面与考场时间分配

1 将图纸 3/4 处反折，在反折后的背面写文字分析

- 参考章节：第三 ~ 五章
- 时间：90 分钟

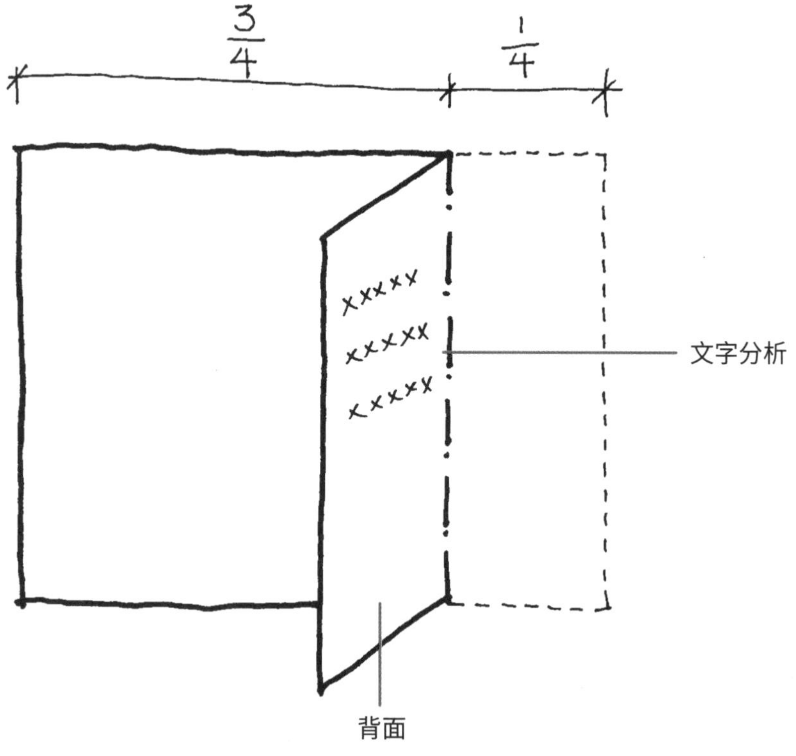

2 在图纸（A3尺寸）左上角1/4范围的画基地环境分析图，开始“切配置”

- 参考章节：第九章第 1 ~ 4 节
- 时间：30 分钟
- 图面比例：$\frac{1}{1200}$ ~ $\frac{1}{1000}$

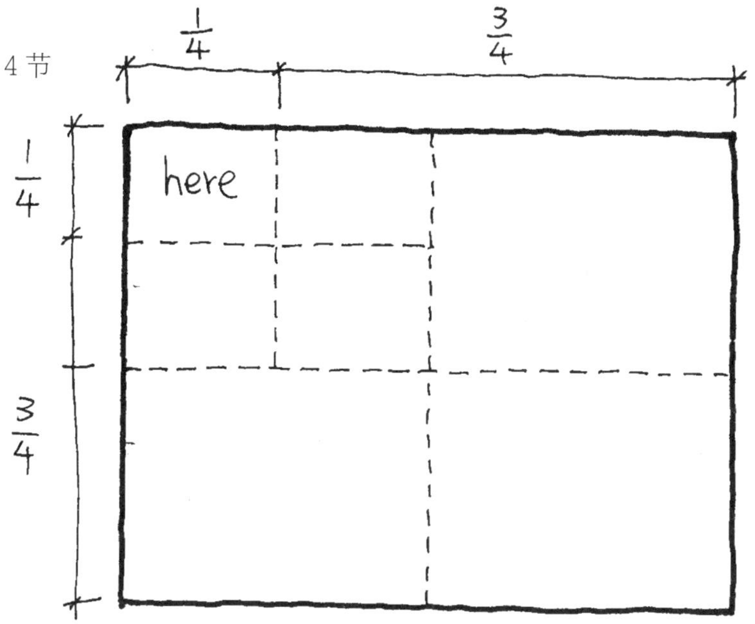

3 在基地环境分析图的右边，做建筑量体与空间规划，设定建筑规模和空间规模

- 参考章节：第九章第 5 节
- 时间：30 分钟
- 图面比例：无

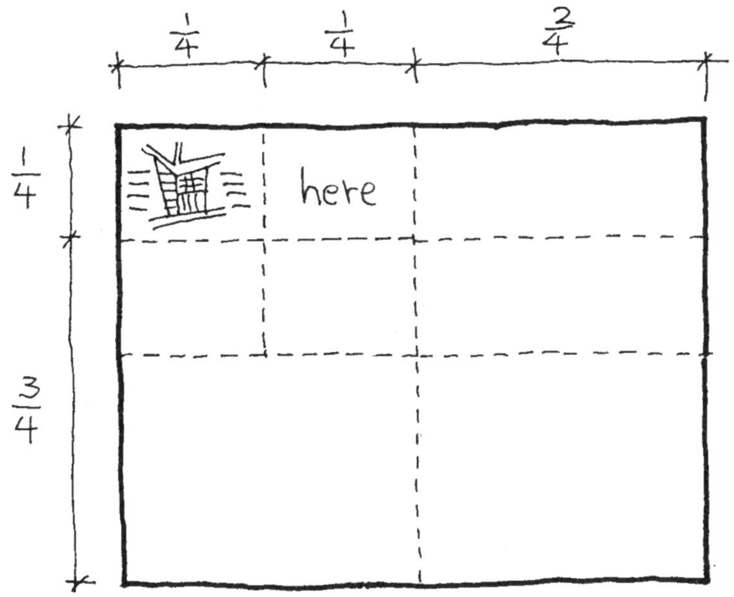

4 在基地环境分析图下面的区域，画空间定性定量图，为空间定性、定量

· 参考章节：第九章第 7 节

· 时间：30 分钟

· 图面比例：
$\frac{1}{800}$ ~ $\frac{1}{600}$

· 将此 A3 范围完成，
可视为建筑规划完成

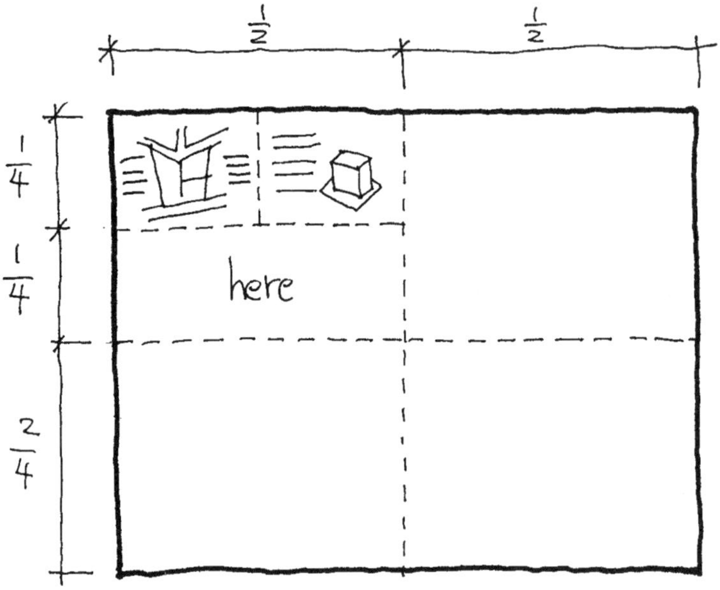

5 在空间定性定量图下方画主配置

· 参考章节：第九章第 8 节

· 时间：60 分钟

· 图面比例：$\frac{1}{400}$ ~ $\frac{1}{200}$

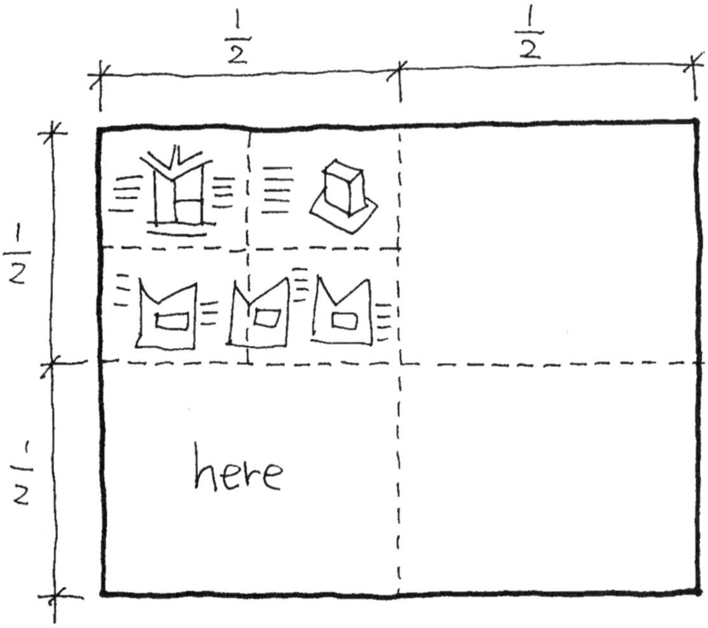

6 在图面右上角画透视图

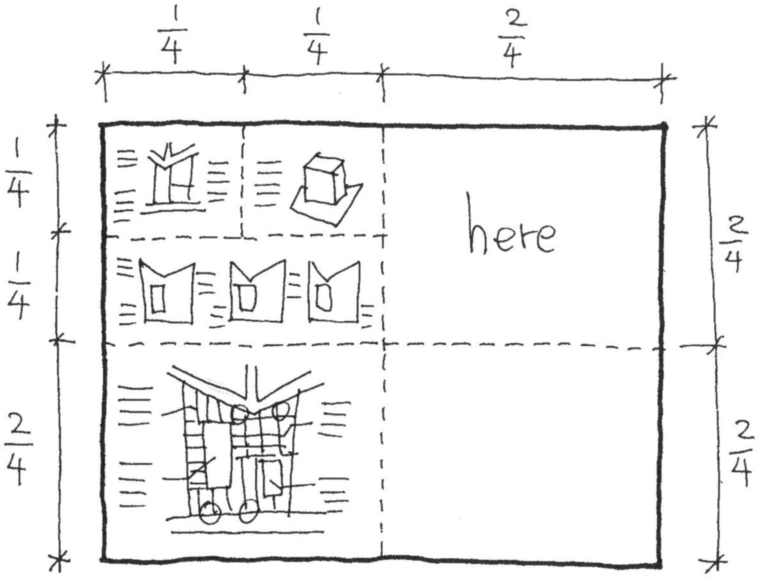

- 基地放样
- 将主配置成果完整地转绘成透视图
- 画初步量体
- 加入景观点景
- 为建筑量体做造型变化
- 参考章节：第二章第 1 ~ 5 节
- 时间：60 分钟
- 图面比例：$\frac{1}{800}$ ~ $\frac{1}{600}$

7 在图面的右下角完成题目要求的其他图面

- 时间：90 分钟
- 图面比例：根据考题设计

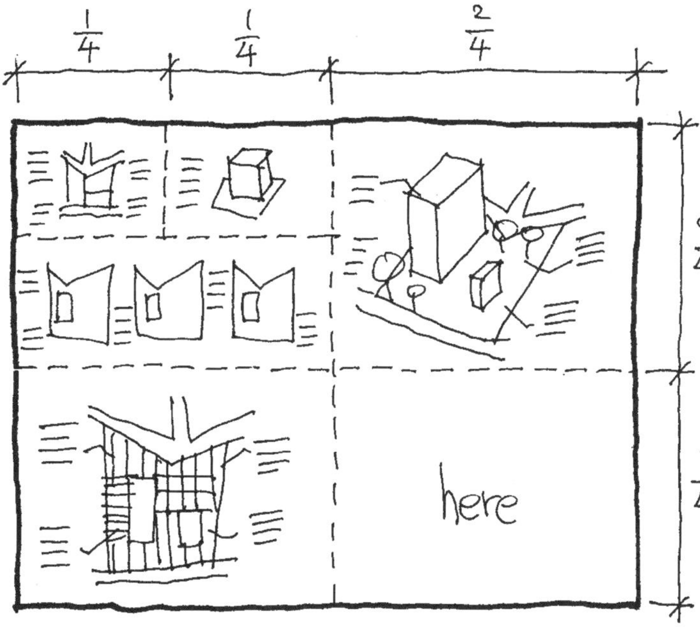

8 完成所有图面的铅笔稿，开始上墨线、加颜色

- 完成所有图面的铅笔稿
- 为结构体上墨线：30 分钟
- 为标题字上墨线：15 分钟
- 为软、硬铺面上色块：15 分钟
- 为点景、细部上色：15 分钟
- 所有操作结束

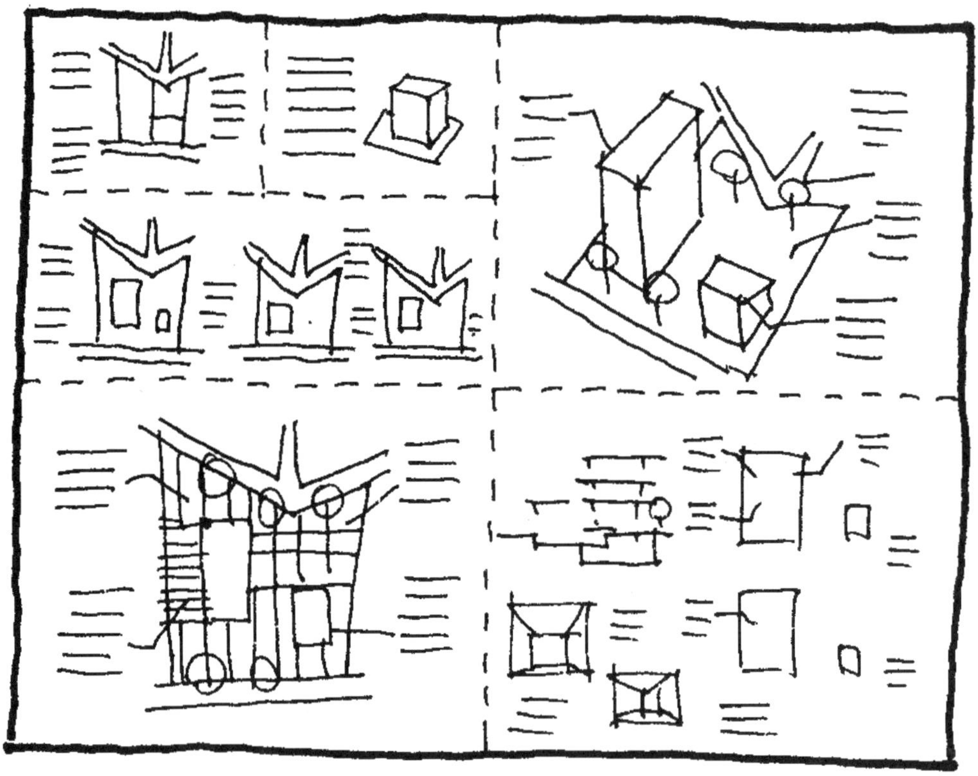

NOTE

❶ 场地考试时间仅有 4 小时，操作方式是将建筑设计图面中的泡泡图、各层平面图、透视图简化或省略。

❷ 上面所说的表现方式，只是最基本的表现手法，如果读者有更厉害的表现手法，可以自己试试看，并计算时间，做好时间节点的调整。

❸ 设计考试有时间限制，因此，每个阶段的卷面都必须达到一定程度的完整性与可读性。

❹ 题目有不同的基地条件，会影响版面与流程，可以多练习，找出顺手的编排方式。

TITLE 3

图纸的完成度控制

1 每一笔都要当成正式的图面来画

前面说过，可以把橡皮当笔用，不断地擦掉不要的线，只留下图面中正确且有意义的线条和文字。这样的要求是为了减少完成图面后回头修改的情况，以求图面有完稿的水平，也避免设计过程中过多不必要的线条，影响了思考的流畅性。

2 先用铅笔完成所有图面的框架与铺面

避免在图面的某个区块或步骤着墨太久，否则很容易导致图面完成度严重不平衡，有的部分完成度高，有的部分完成度低。因此，在练习的过程中，应尽量让各个图纸区块的完成度维持一致。在设计完成的同时，也完成所有图面的铅笔稿，包含图面与说明文字。

3 整张图纸不同区块同步上墨、上色

在完成铅笔稿后，如果要为结构体上墨线，则一次完成整张图纸内所有与结构体相关的上墨线工作。上色也一样，一次完成所有图面区块的上色，再继续其他完稿工作。

TITLE 4

考试的工具

简化工具就是帮自己简化设计过程

当年在考场上，我总是喜欢笑话周围同学过于复杂的工具包。在考试开始前，他们从袋子里掏出又脏又旧、五颜六色的工具，把它们整齐地排列在桌子的周围，然后考试开始不到一个小时，这些工具就在桌面与地面上散落得到处都是。

我是一个懒惰的人，为了不让自己像其他人那样狼狈，我会在考前将每个步骤要用的工具用橡皮筋绑在一起，当我进入下一个画图步骤时，就可以快速拿起工具，马上进入下一个操作流程。除此之外，我会把不同粗细、不同颜色的工具尽量简化，避免自己在考场上因为选择工具而浪费时间。

我用的工具

第一组：铅笔 + 尺 + 橡皮

我用的是一种仿铅笔自动铅笔，它的粗细比较适中，书写时可以分散手部肌肉的压力，且重量适中，容易久握。

第一组工具还包括一把 15 cm 长的尺子，可以帮助我快速绘制水平或垂直的线条。而橡皮，如我前面所提，可以帮大家删除不清晰、不重要的线条。

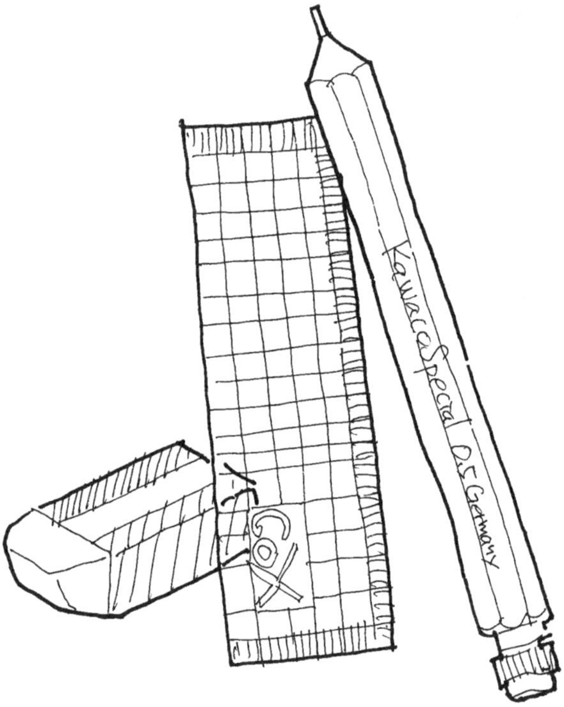

第二组：上墨工具

在电脑还没有普及的时代，考生进考场要带针笔，而前辈们会夸你画的图跟电脑画的一样漂亮。随着时代的发展，建筑师的身份越来越像艺术家，画图的工具更是千变万化，其中最受大家喜爱的是一些专业的签字笔，尤其是有些类型的签字笔，会随着墨量、力度的变化而产生不同粗细的线条，直到现在，这类笔还是很多人的最爱。不过对我而言，这类笔的笔迹经常忽浓忽淡，有时还会分叉，用它简直是自找麻烦。我一般选用的是品质较好的圆珠笔，要求有稳定的墨量与固定的线宽，又有不输签字笔书写时的流畅性，让图面看起来有电脑绘图的质感。

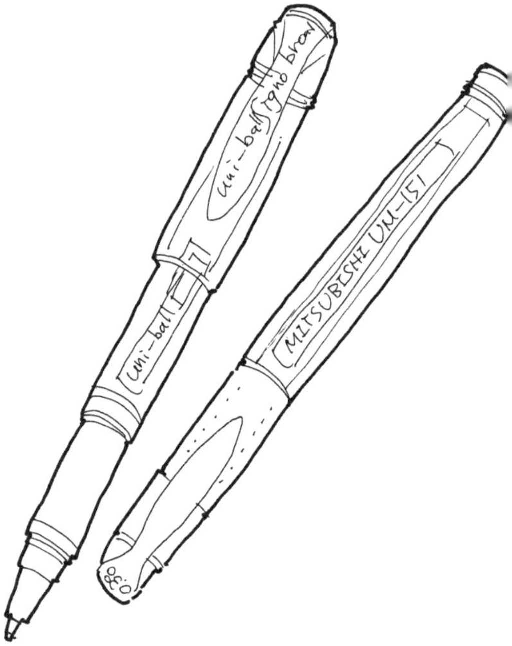

第三组：上色工具

对我而言，颜色只是单纯地反映图面中材质区块的工具，所以我不会用颜色做炫技的表现。（当然，这只是我逃避自己没有能力的理由之一。）

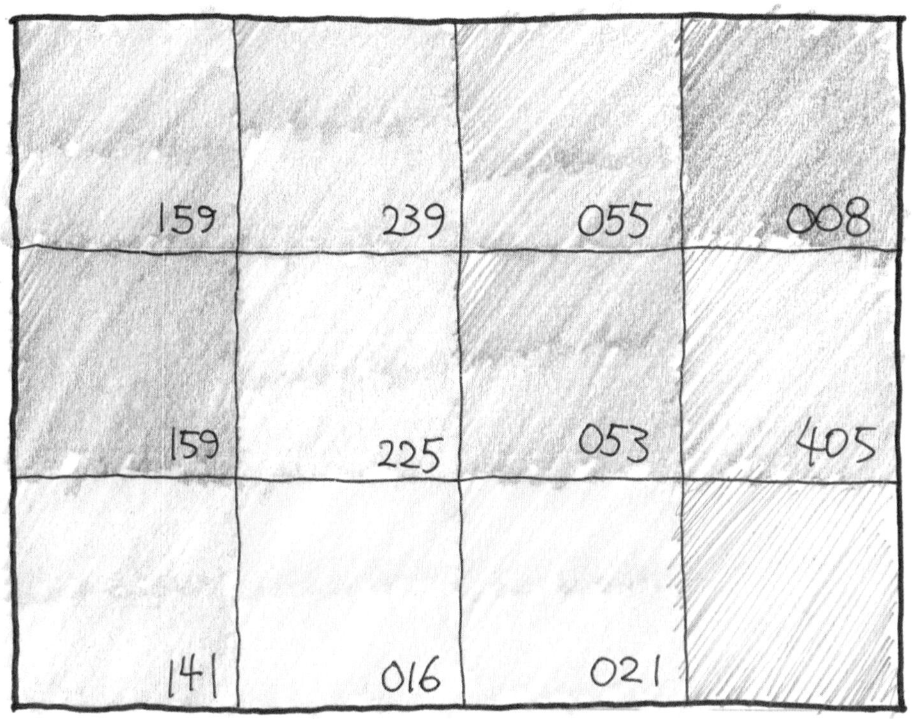

TITLE

5 考试之后

在考试之后可以针对完整大图做复原，也可以只是快速地对配置图进行简单复原。复原可以让你有机会在考试后了解自己在设计上的缺失。当然，你也很有可能像我一样，再也不用复盘自己的考试，因为你已经结束了这个地狱般的考试，成了不用太认真过日子的建筑人。

回家陪陪家人

准备考试这段时间，没有好好工作，对不起老板，你可以换工作；没有找朋友聊天聚餐，对不起朋友，朋友可能再也不想跟你联络了，那也由不得你。但你可能错过了几次和爱人共进晚餐的机会，也错过了和父母分享天伦之乐的时刻。不过，你仍然能够感受到家人的支持，无论考试结果如何，在考完后的第一个夜晚，请抱抱你的家人，并告诉他们，你很爱他们，谢谢他们，因为这些支持与关爱永远不会离开你。

最后

谢谢我亲爱的老婆、三个儿子和我的父母，他们无论在我考前还是考后，都一直支持我。要知道，我是一个参加了七八年建筑师考试的忠实考生，因为我有一个“愚蠢”的想法，要帮助大家一起面对这个讨厌的考试。同样感谢一路支持我组织读书会的朋友，没有你们，我无法取得今天的成绩，也无法出版这本书。我由衷地感激所有人。

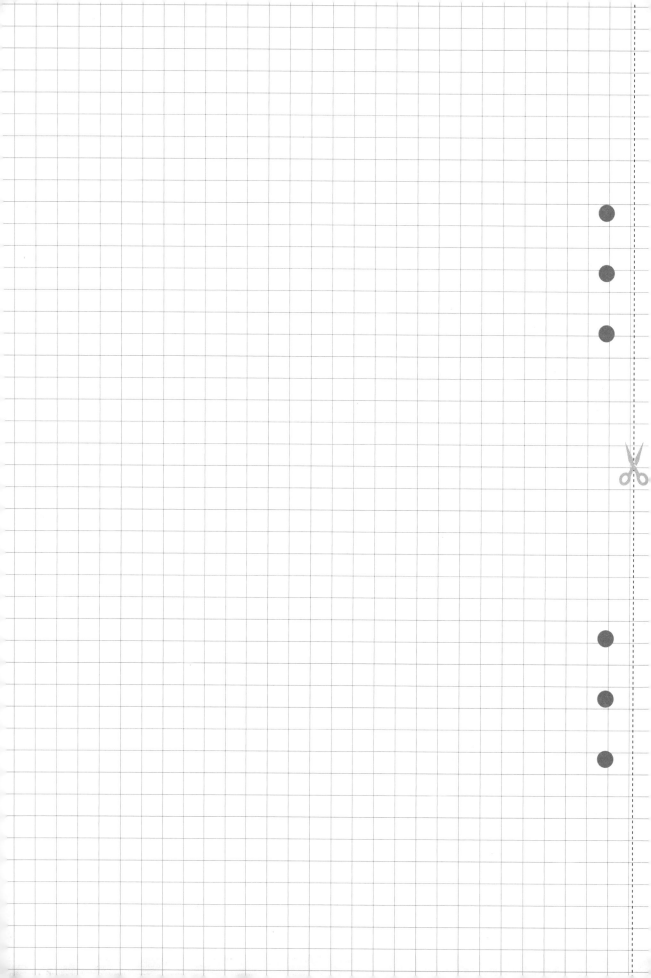

ARCHITECTURE
MASTER CLASS
SPATIAL THINKING

附录

APPENDIX

设计任务书文字分析

建筑设计╳场地设计解密

STEP1 分析文字所暗示的需求

STEP2 界定需求与基地的对应关系

STEP3 构思适合的活动所在的位置

最后，你就能自由自在地画出属于自己的图面。

城市设计空间符号说明

1. 人性化空间	→人性化广场空间→广 →人性化带状空间→带
2. 开放空间	→入口开放空间→入 →主题开放空间→主
3. 建筑空间	→建筑实体→建 →室内空间→室 →半户外空间→半
4. 交通空间	→交
5. 绿化空间	→绿
6. 生态空间	→生
7. 灾害预防空间	→灾

建筑设计 | 文史资料馆与社区活动中心设计

Q 基地周围除了被不断强调的历史街区外，还有充满未来感的地铁站，如何在设计基地上响应新居民的需求？

A：除了精确响应题目的议题外，以人为本的人性化空间可以满足所有的环境需求。

大部分使用本题作为练习目标的人，都将大量精力用于处理历史街区的议题，但忽视了基地周围非历史街区的新居民。因此，他们很容易落入出题老师预设的陷阱，直接在属于新居民的西北地界放置展示空间或可瞭望街区全景的高架构造物。这种配置方式缺乏对周围环境友好的考虑，不是一个能过考试关的配置策略。

在课堂上，我们经常讨论“人性化空间、开放空间、建筑空间、交通空间、绿化空间、生态空间、灾害预防空间”。这些空间是城市设计中响应环境的重要部分，它们不仅是一些独立的项目，还是按照重要性排序的。换句话说，如果在一个基地周围存在相邻建筑或设施，无论题目中是否提到或强调，我们都应该以友好、开放、人性化的空间来响应它们。

所以，下次解题的时候请记住两个词：巨细无遗、面面俱到。

环境分析

		关键词	城市设计空间
左地界	❶	地铁站出口	入
	❷	12 层高层集合住宅	入
	❸	8 m 宽社区巷道	带
下地界	❹	2 ～ 3 层老旧社区住宅 带	
	❺	既有老树	广
	❻	2 层日式建筑 （原社区图书馆）	绿
右地界	❼	6 m 宽社区巷道	带
	❽	老屋（日据时期） （居民同意保存修建整体）	
	❾	街屋	建
	❿	2 ～ 3 层连栋斜顶公寓 （日据时期）	
上地界	⓫	兴建中的地铁	入
	⓬	计划绿地	建 + 广
	⓭	40 m 宽道路（太远）	
	⓮	高层集合住宅 （12 层以上）（太远）	入
	⓯	已指定古迹	广
	⓰	10 m 宽道路	带
计划类 关键词		· 气温 24℃，雨多 · 日照佳、湿度高、多季风	

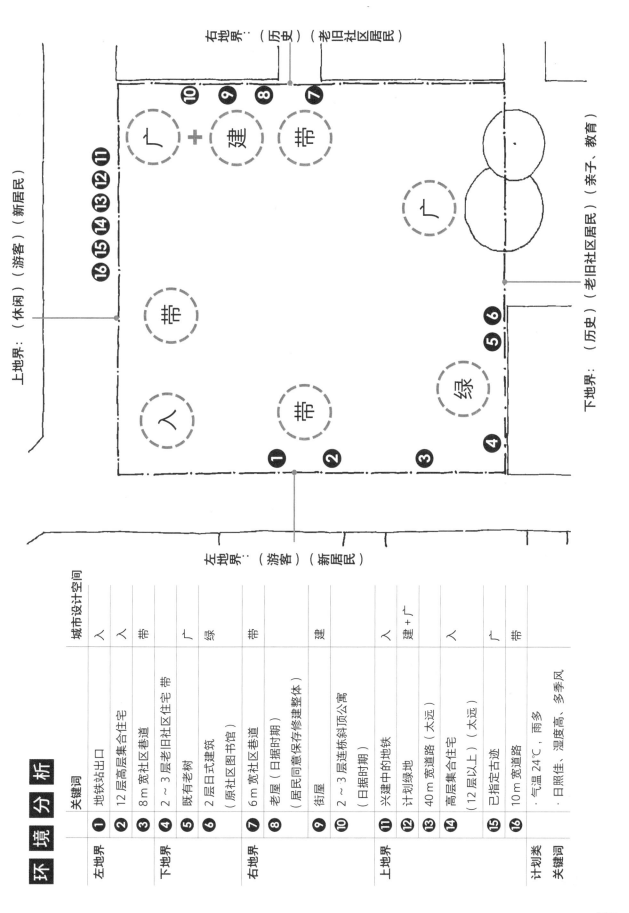

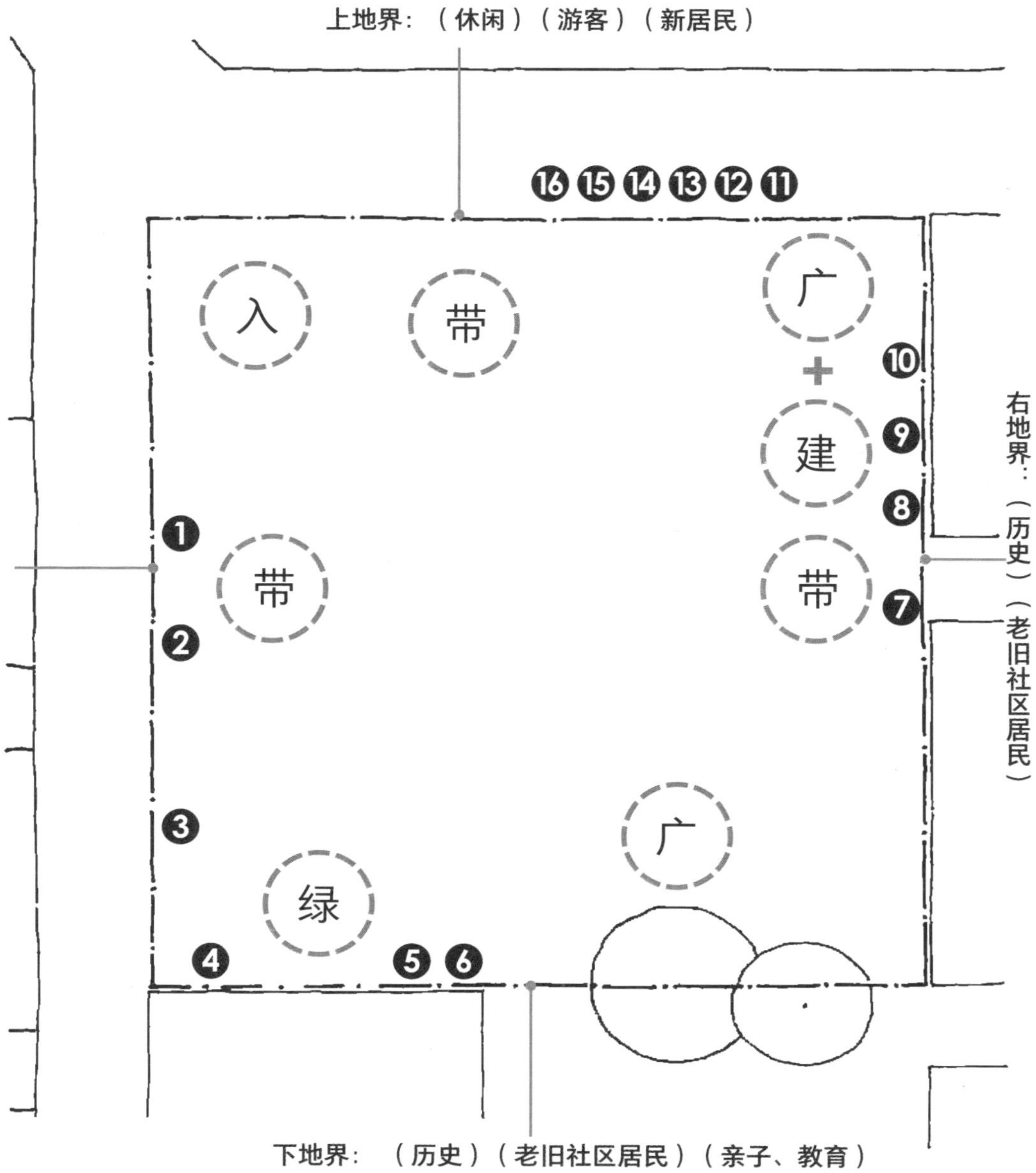

议题分析

		关键词	城市设计空间
左地界	❶	居民活动需求	交
	❷	访客了解文史	
	❸	当地居民聚会、休闲（新大楼）	
下地界	❹	可持续发展	主
	❺	旧街区风貌完整保存	
	❻	活化社区发展	
右地界	❼	更新再生、再生可持续发展	创意
	❽	公共设施改善	
	❾	旧街区风貌完整保存（6 m 宽巷）	
	❿	居民社区意识强烈（社区多）	
	⓫	活化社区	
	⓬	历史风貌保护	
	⓭	利用原有街区风貌特色（6 m 宽巷 / 居民活动需求）	
上地界	⓮	利用有利发展机会	
	⓯	古迹，重要观光资源	
	⓰	公园预留地	
	⓱	地铁	
计划类关键词		· 可持续绿色建筑 · 自然通风、采光、节水、省电	

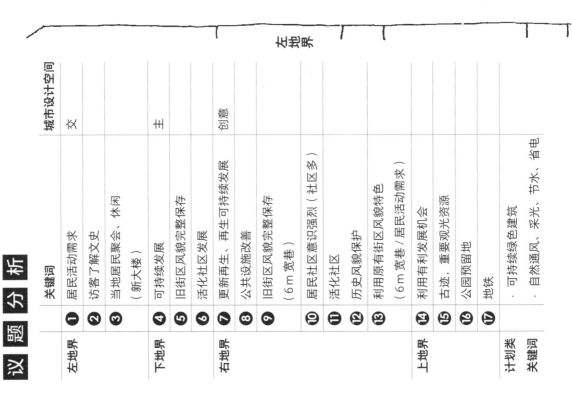

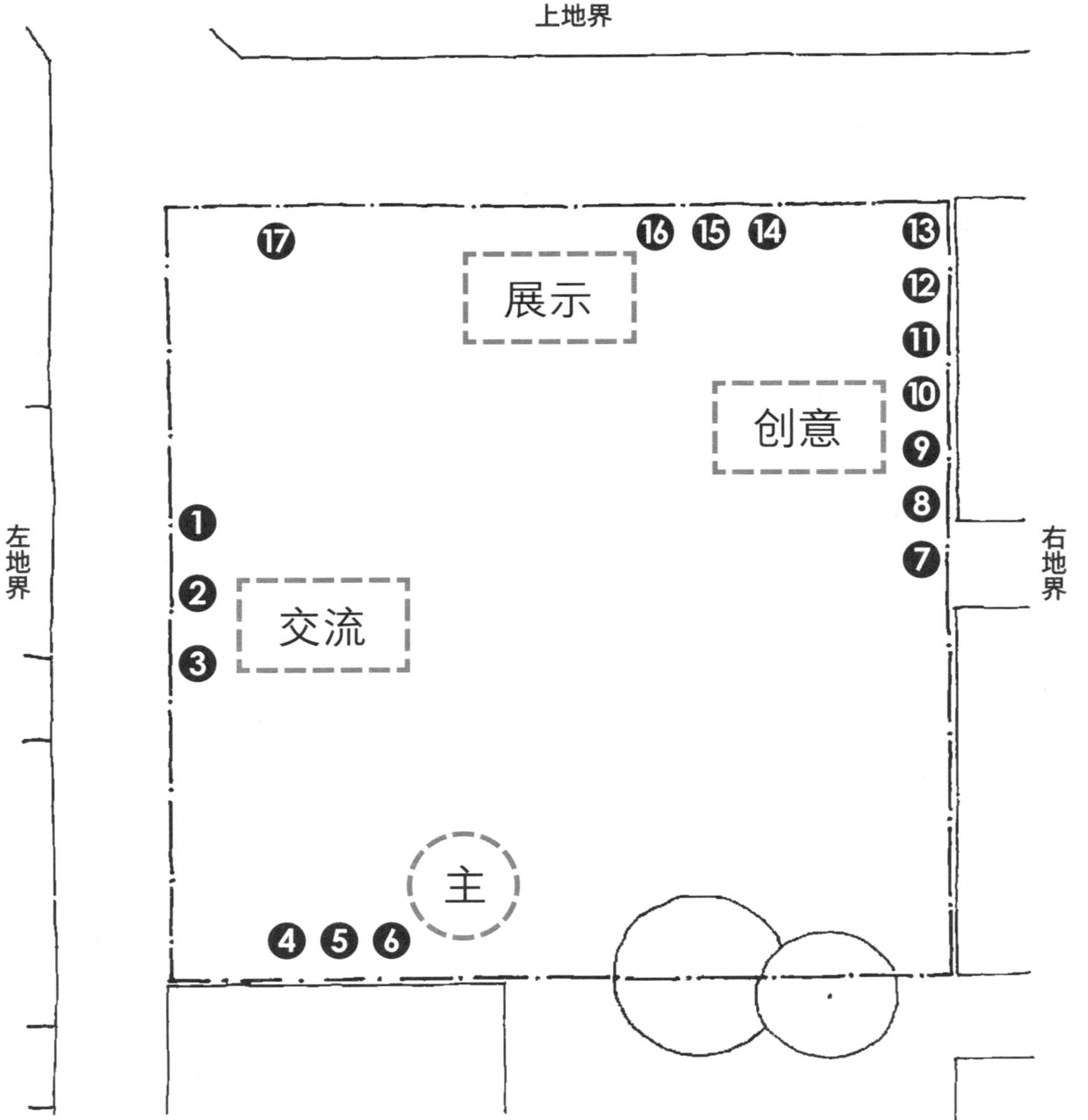

Q 如何设定企业形象并将其落实在未来空间中，进一步强化竞争力与员工福利？

A：设定广泛适用的企业经营价值，作为空间设定的前提。

在练习这道题时，许多人的注意力都集中在题目中的那句话，而不是如何运用空间手法来提高企业竞争力和员工福利。这是非常不妥的解题策略和方向。我们学习的练习策略一贯坚持以全面解决问题为前提，并对这个并不重要但很明显的问题提出一个良好的思考策略来应对。

首先，回到一个很初始的问题：什么是优秀的企业？在当下的经济文化氛围下，可以简单归纳出以下四点。
一、可以持续经营的企业。在空间功能上具有多元化使用能力，且建筑结构能够反映减少材料和能源消耗的能力。
二、具有社会责任感的企业。考虑实体空间是否能与周围居民共享，促进城乡人文环境的改善。
三、能够友善对待自然生态与环境的企业。在建筑开发中尽可能减少对自然环境的干扰，甚至保持其原貌。
四、具有获得能力且能照顾社会弱势群体的企业。在设计空间时应该考虑到可以照顾周围弱势群体的机构。

有了上面几项对企业的要求，接下来挑一家你熟悉的优秀企业，完成题目要求。

环境分析

		关键词	城市设计空间
左地界	❶	商店街林立	广
	❷	8 m 宽社区道路	
	❸	停车场	
	❹	200 户居民的社区	交
	❺	砖墙双斜水泥瓦（2 楼房舍）	
	❻	夕阳、都市夜景	开
下地界	❼	12 m 宽社区道路	建
	❽	东侧 6 m 宽产业道路	
	❾	菜园	
	❿	2 层房舍	
右地界	⓫	度假小屋	广
上地界	⓬	不同景点及游客服务中心	广
	⓭	5 m 宽景区行步道	广
计划类关键词		· 海拔 500 m、风景区	

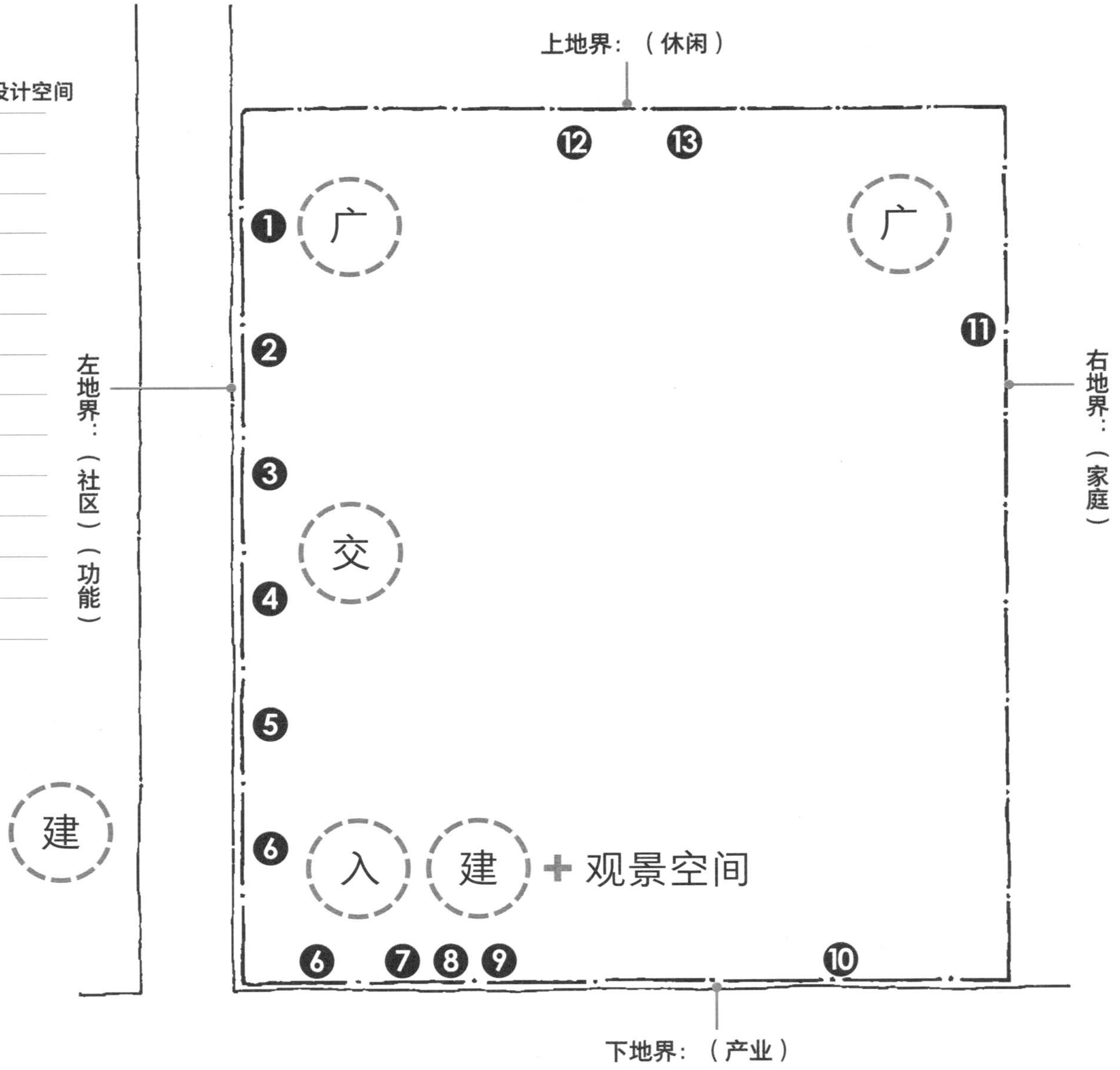

议题分析

		关键词	城市设计空间
下地界	❶	优秀企业形象	
	❷	干部参与创意研究	
	❸	提升企业整体竞争力	（创意工作室） （展示空间）
右地界	❹	考虑与新建相关空间的 联系动线 空间氛围，量体塑形配合 基地及周围环境 体现集团形象或品牌意象	（形象特色）
	❺	员工携家属度假	交流空间
上地界	❻	员工度假服务据点	（交流）（餐厅）
	❼	调适身心	
计划类 关键词		台湾地区基本气候条件→潮湿、 多雨、多风、日照强烈 基本价值→环境保护、 善待当地文化、 可持续经营（独立议题）	

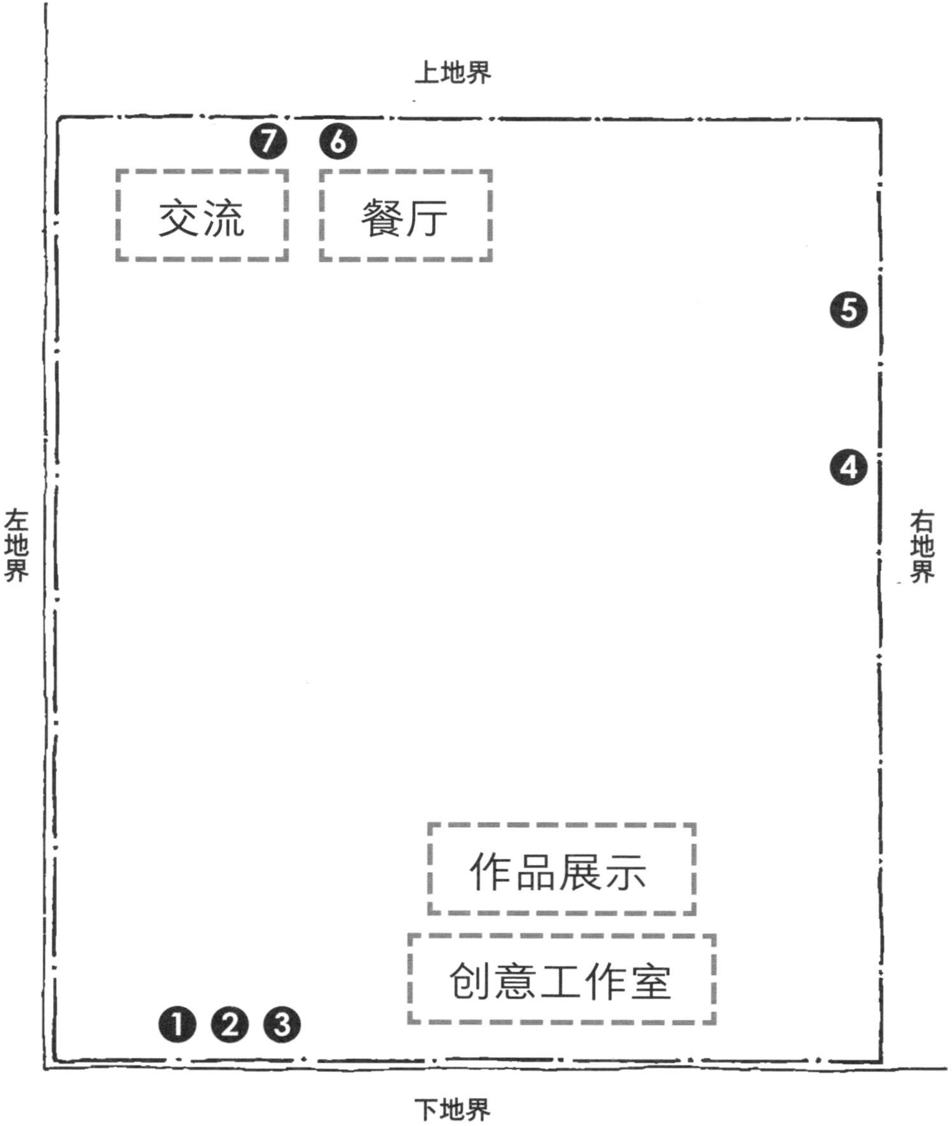

Q 如何组合“指定范围”与“自设范围”？如何制定高层住宅与商业区在设计上的思考策略？

A：当题目要求自行设定设计范围时，可以从基地环境中找出有利于开发的地界条件，来确定有意义的设计范围。

我们在考试时所习惯的题目是，“空白的基地”被“复杂的环境”包围。而这道设计题却恰好相反，是充满现有条件的基地，被空白的想象环境所包围。但无论如何，考验建筑师设定环境特性的本质是始终如一的。

在传统的考试题目形式下，我们需要根据环境条件设定基地的边界特征（用户组成、活动特点），然后进一步确定可以与边界相匹配的空间功能。然而，在这道设计题中，情况则相反，要将指定区域的边界设定为基地的边界，并从指定区域内部基地的线索开始思考长方形边界的性质，然后再根据题意要求，配置与边界相关的空间。

只是这个空间不是我们习惯的有构造物的建筑空间，而是没有明确边界的城乡区域，也就是题目所说的“自设范围”。如果你认为维持人口数量很重要，并且希望有经济活力，那么东北角街区可以成为一个重要的自设区线索；如果你认为保留文化活动很重要，西南侧丰富的巷弄城市纹理则是一个很容易发挥特色的区域；如果你认为特色产业和生态环境很重要，那么东南区类似水田的区域将是最佳的自设边界空间。

环境分析

		关键词	城市设计空间
左地界	❶	3R、4R	
	❷	既有开放空间	广
	❸	大型建筑	建
	❹	巷弄既有街角开放空间	广
下地界	❺	连栋住宅	建
	❻	铁皮加盖	建
	❼	沿街铁皮檐廊	带
	❽	2R、3R	建
右地界	❾	水岸铁皮屋	建
	❿	水田	绿
	⓫	沿街铁皮檐廊	带 + 建
上地界	⓬	3 楼铁皮加盖，街屋（住宅商铺）	建
	⓭	街屋破口	入

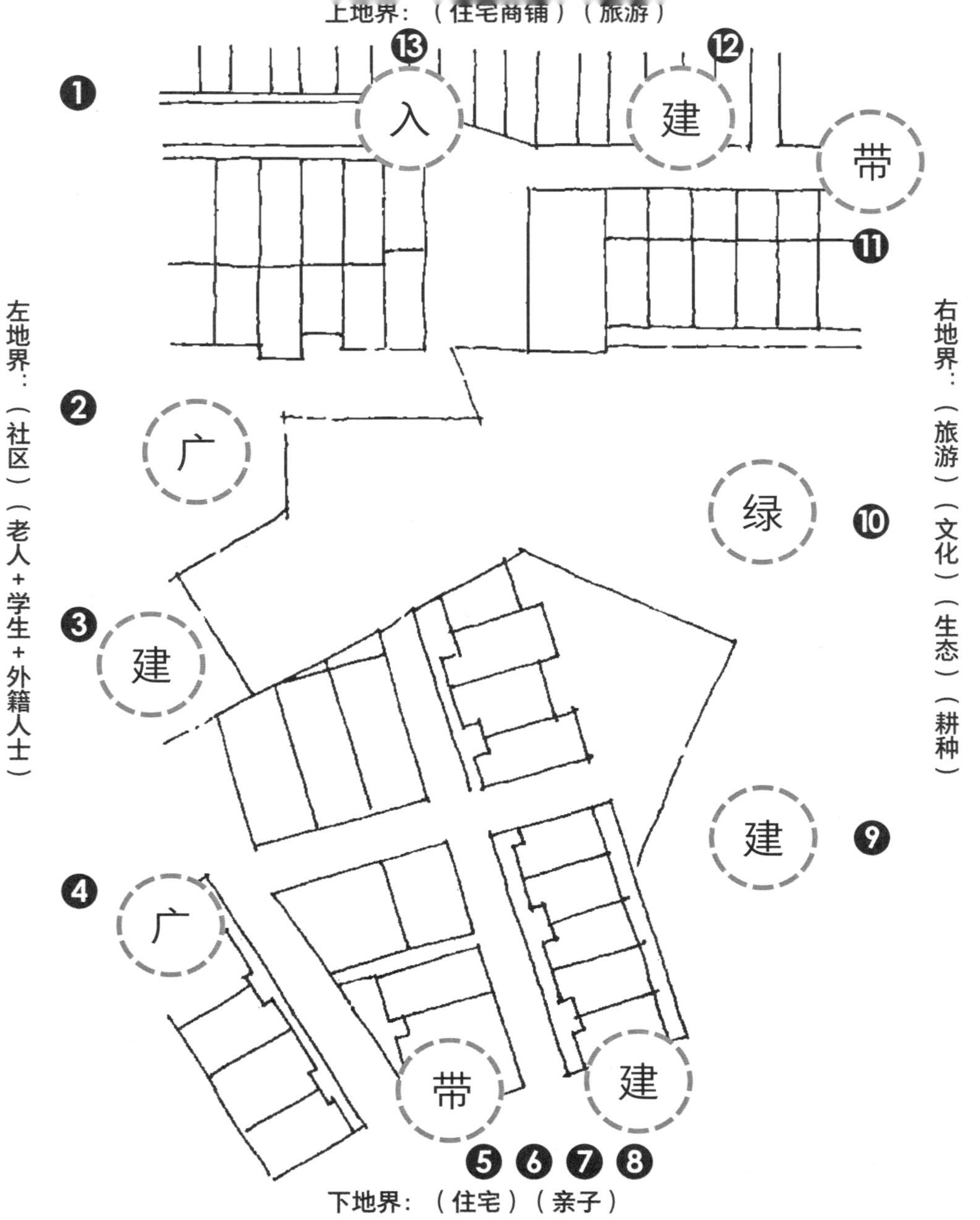

议题分析

		关键词	城市设计空间
左地界	❶	计划改善生活经验	展演
	❷	居民习惯	
	❸	文化活动景中区	展演空间
	❹	放任开发	拆除
	❺	聚居生活区	亲子
	❻	外籍住户多	边缘
	❼	中等教育	教育
下地界	❽	聚居生活区边缘	
	❾	生育率低	教育
	❿	人口老龄化	老 + 外
	⓫	单亲家庭多	亲子
	⓬	提升生活品质与计划（8~10）	
右地界	⓭	更开放、亲民的公共空间	确定自设区形状
上地界	⓮	贴合大众生活经验的空间形式	
	⓯	视觉景观杂乱	建
	⓰	生活便利（行政服务窗口）	
	⓱	住宅商铺结合（商店）	
	⓲	有活力（平民经济）	
	⓳	中等收入	
计划类关键词		· 改造都市基础设施 · 提供市民扮演不同角色的可能 · 追求公共利益，法规从宽解释 · 少用混凝土，轻构以再生材料为主 · 30% 内拆除，4 种组合	

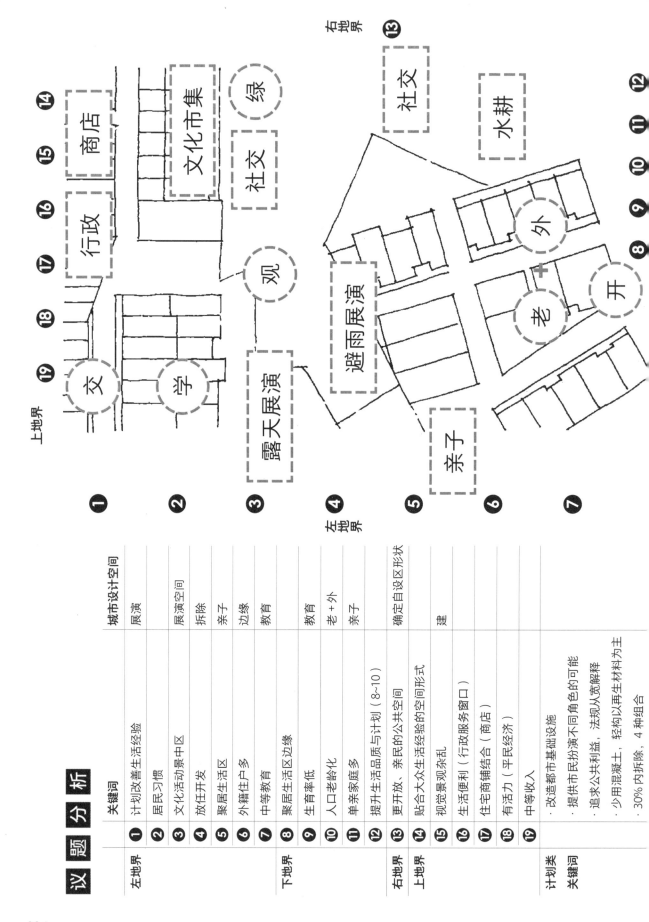

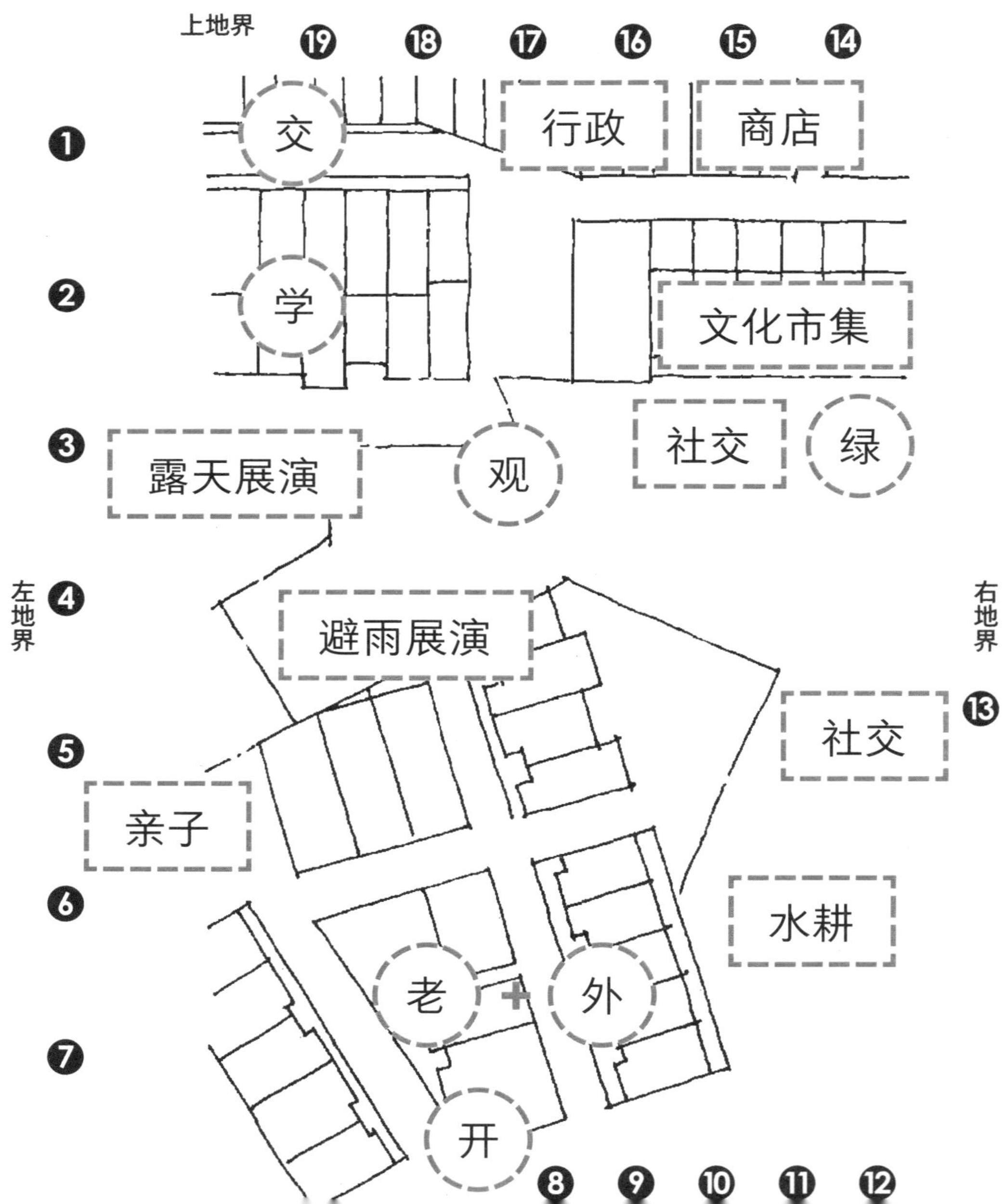

建筑设计 | 小学增建儿童图书馆

Q 增建空间要加什么？题目中使用者的需求是什么？

A：注意题目中的隐藏要求，进一步发展创意空间。

这是一个空间规划的问题，如果换成其他题目，可能会有不同的说法。

一、除了考虑题目中所要求的功能需求外，请提出符合当地居民特点和需求的可能的空间设计方案。

二、请在满足题目所设定的使用者活动特性的基础上，额外提出有效维持人口数量的空间利用机制。

三、请根据题意要求补充其他有意义的空间设计方案。

虽然类似的题目说法很多，但它们的核心都在于希望设计师具备更主动的建筑设计提案能力，并清楚了解建筑内外使用者的真正需求。从前面的题目文字中可以总结出增建创意空间的重点，简单地说，就是要满足使用者的特性和需求，实现相关功能。

在解决这个题目时，许多人看到街区老化符合题目要求，便在基地内添加了“快乐农场”“资源回收站”或“某慈善机构”，却忽略了题目中隐藏的重点要求——校园与居民共同管理。如果能注意到这一点，相信在设计时就不会提出那些与小区居民没有直接关联的空间项目了。

环境分析

		关键词	城市设计空间
左地界	❶	10 m 宽道路	绿 + 交
	❷	巷道路口	广
下地界	❸	信仰空间（大庙）	带
	❹	大庙周围空地	带
	❺	12 m 宽道路	绿
右地界	❻	小庙周围空地（宗教） （社区活动）	建 + 广
	❼	信仰空间（小庙）	
	❽	生活功能（家庭） 巷道通往社区	带
	❾	巷道通往社区（社区内）	带
上地界	❿	巷道路口（社区外）	广
	⓫	15 m 宽道路	
计划类 关键词		· 全球变暖好 · 一般民宅 · 二、三级都市 · 生活功能 · 基地内街屋	绿

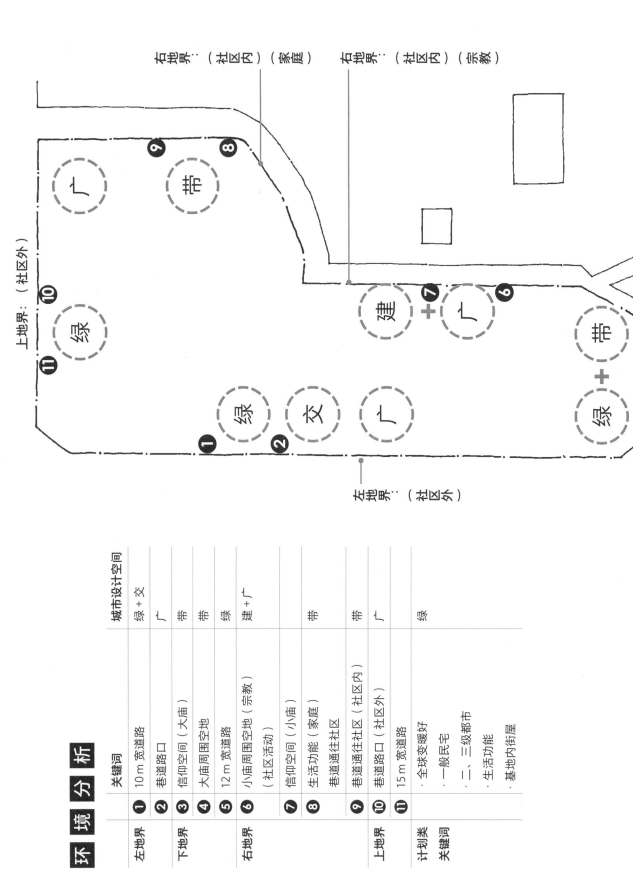

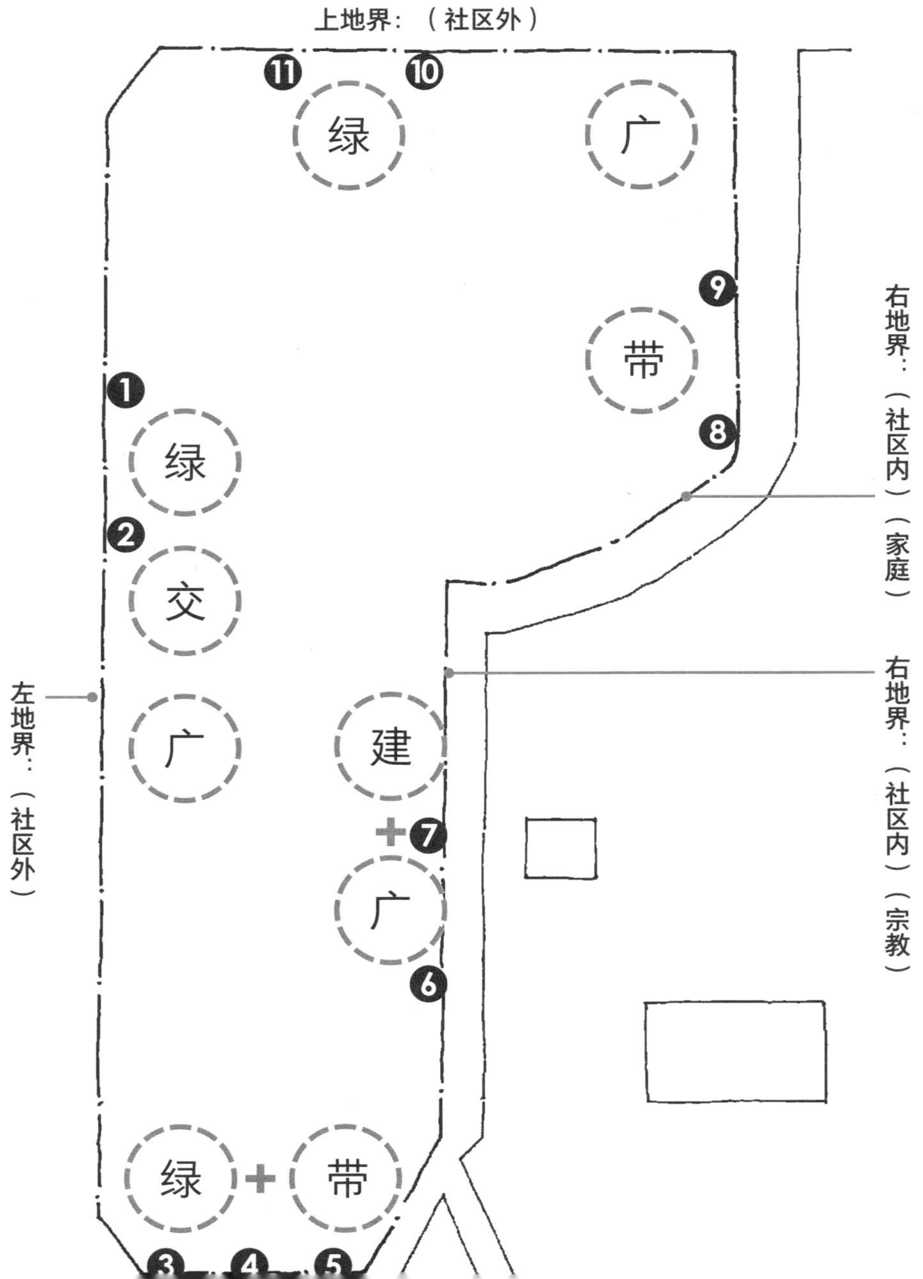

议题分析

		关键词	城市设计空间
右地界	❶	不设围墙	
	❷	共同管理多功能集会室	社区空间
	❸	校园开放←图书展示	
	❹	空间安排考虑社区共用	
	❺	公共通用空间接近地面	
	❻	学校与家庭关系	
	❼	少子化 （共学学堂、图书展示） “加一”空间	
计划类 关键词		· 紧凑都市 · 减少碳足迹 · 对基地周边环境有正面效应 · “加一”空间：社区共学学堂 · 公共或通用空间应接近地面层	

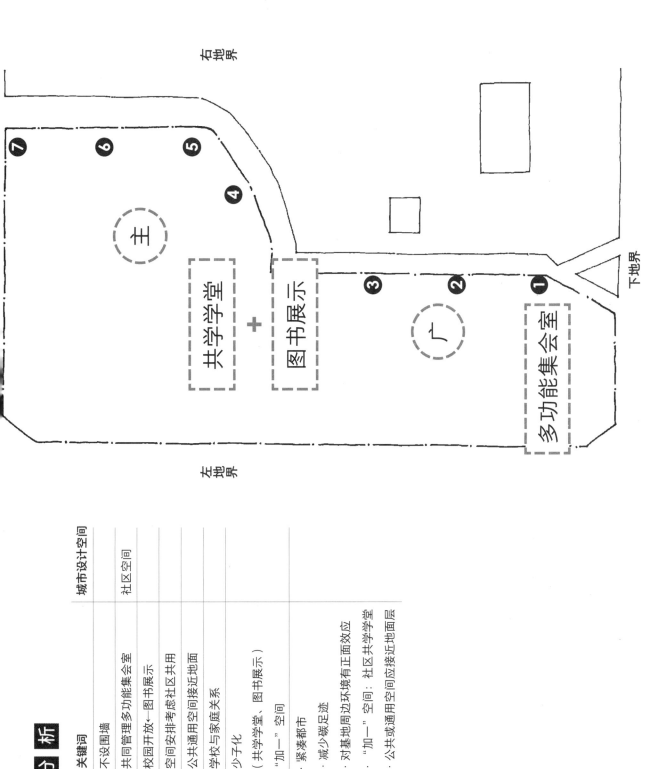

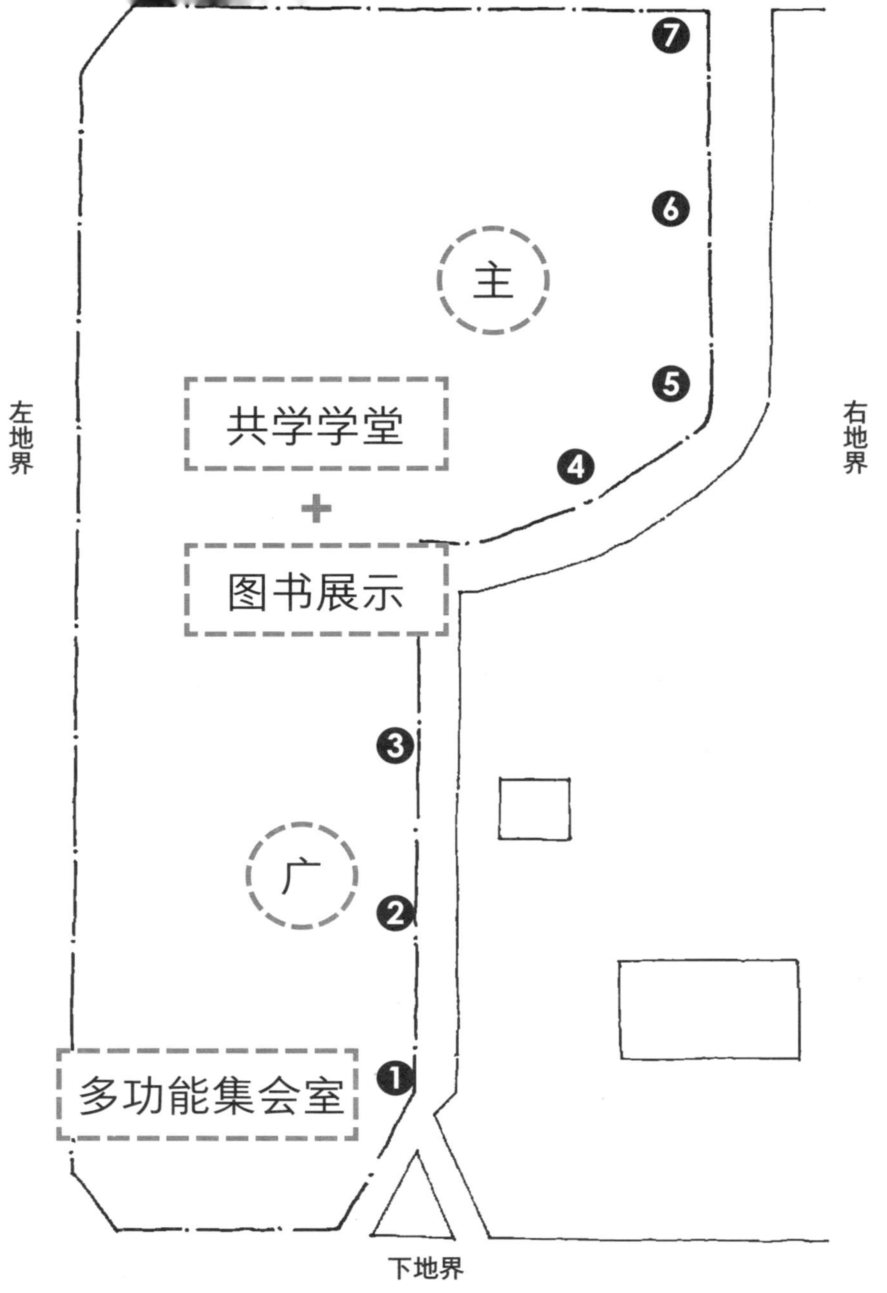

Q 什么是“有序的空间系统”或“有意义的空间角色”？

A：这句话，其实是所有建筑与空间创作设计的核心。

也就是说建筑师的职责不是设计帅气的建筑结构体，而是安排适当的使用者在空间中产生有意义的活动。请回看前面章节“建筑师的 4 个任务”就会明白本题的要求。

就本题而言，题目开头希望新图书馆的设计能够实现“亲子共学”的目标。因此，在所要求的所有空间功能中，“亲子学习空间”应该是最为重要的核心空间。同时，通过与阅览室和游戏室等空间的合理搭配，可以强化这一空间的功能，从而构成一个“有意义的空间”，并进一步形成一个“有序的空间系统”。

建筑师其实是空间的导演，要为每个空间设定适当的功能，抽象的说法就是空间的“角色”。由于一幢建筑通常由许多不同的空间组成，因此作为空间的导演，需要有序地安排各个空间的角色（功能），使它们能够根据自身的特性和相互关系协调发挥，从而充分发挥建筑的功能。

环境分析

		关键词	城市设计空间
左地界	❶	社区公园	建
	❷	住宅区（隔公园）	
下地界	❸	8 m 宽路	带
	❹	3.5 m 骑楼	带
	❺	住宅区	
右地界	❻	12 m 宽道路	绿
	❼	3.5 m 骑楼	
	❽	住宅区（马路对面）	
上地界	❾	8 m 宽道路	交
	❿	住宅区	
	⓫	3.5 m 骑楼	带
计划类关键词		· 环境议题分析 · 以城市设计空间为主	

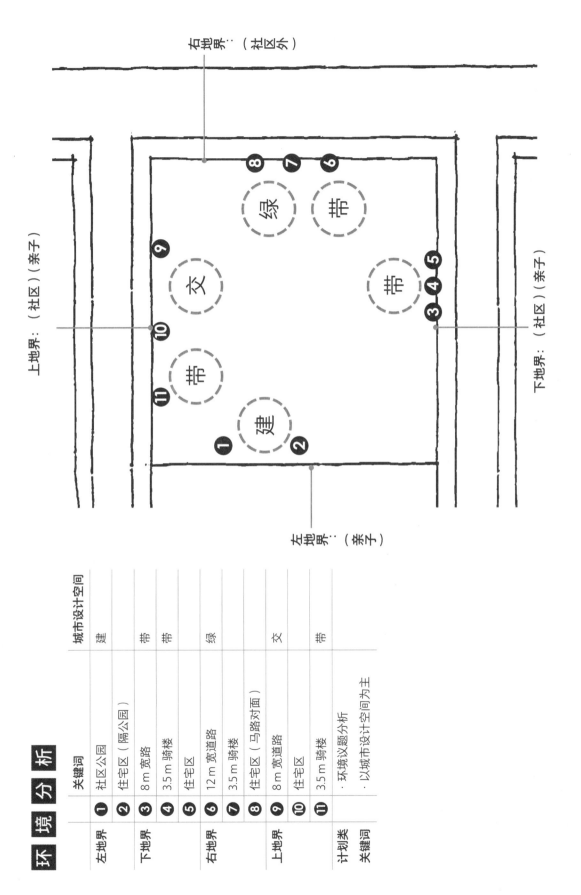

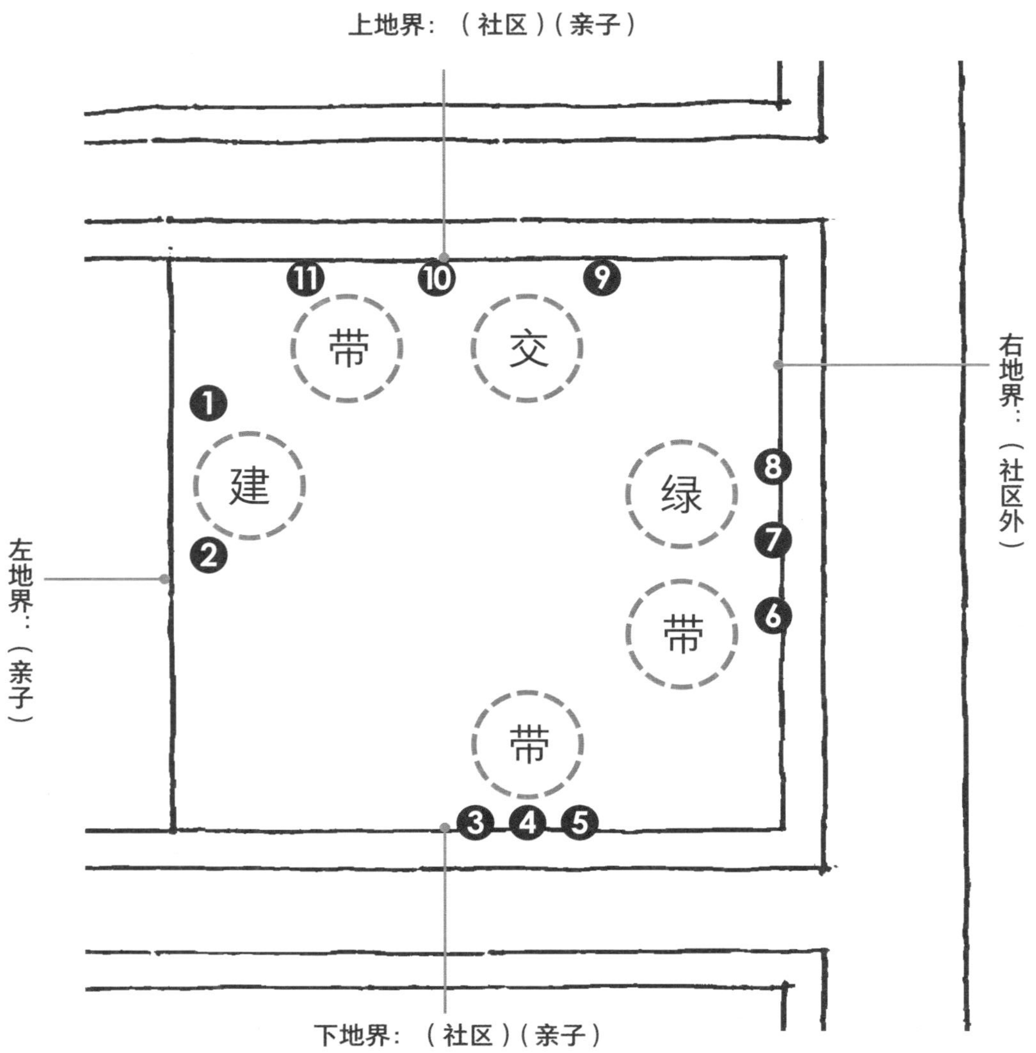

议题分析

		关键词	城市设计空间
左地界	❶	少子化	主
	❷	亲子共学	
	❸	游中学	
	❹	结合科技、自然	
	❺	社区公园纳入学习环境	
下地界	❻	重要社区教育资源	入
	❼	数字化、信息化	

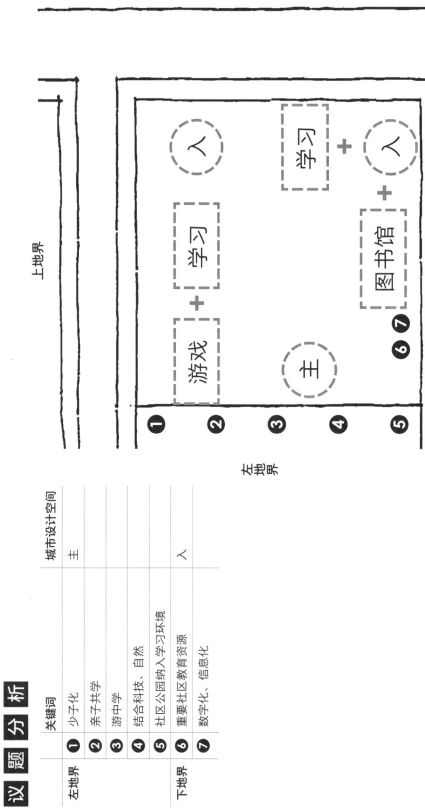

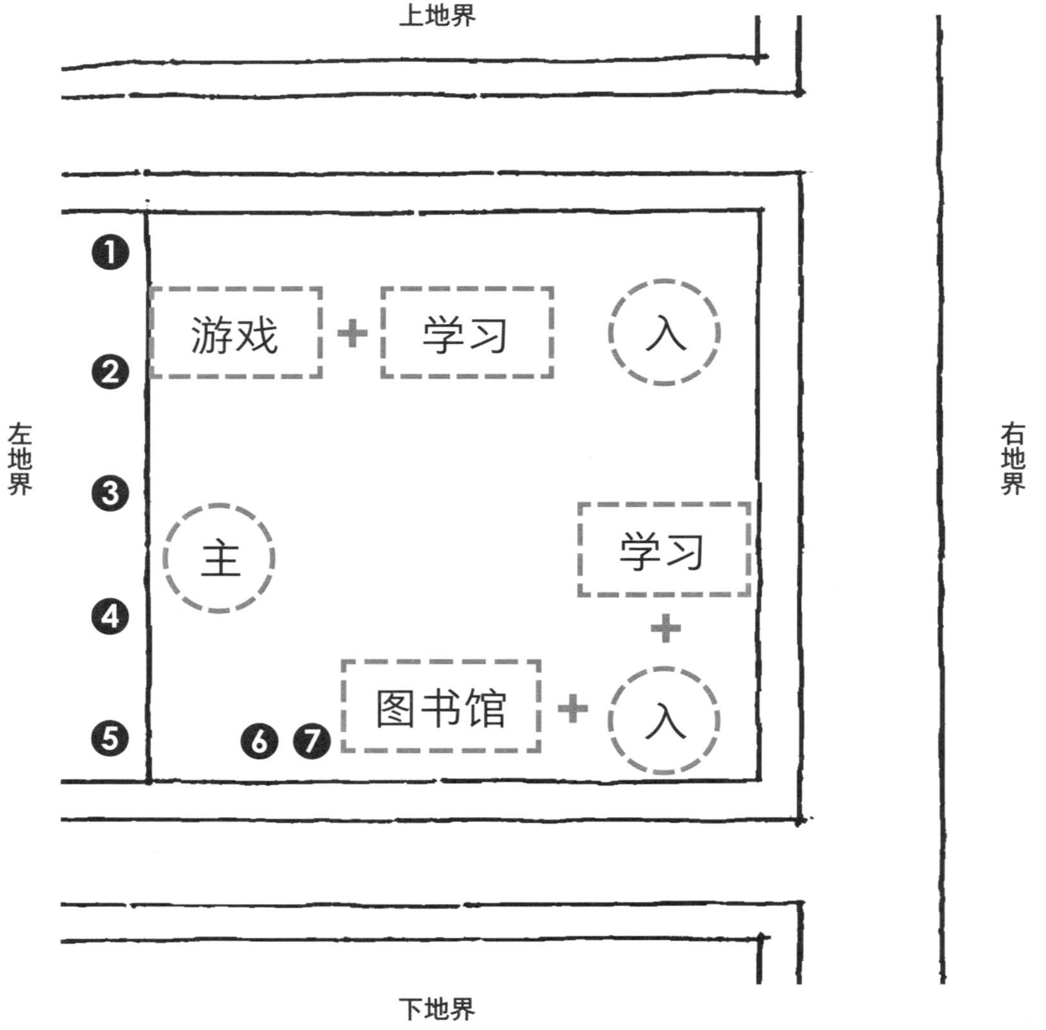

Q 什么是“历史建筑的创意使用”？如何运用基地里的现有建筑或历史建筑？

A：当历史建筑发生改变并需要适应新的时空环境时，其新任务不应该只是延续原有功能，更重要的是满足业主当前的需求。

作为一名从事建筑设计工作多年的专业人士，很容易在创意方面产生个人见解和扭曲思考，认为要想创造出所谓的伟大或大师级建筑，必须具备与普通建筑完全不同的使用体验和视觉风格。如果你也这样想，也不是什么坏事。但无论是参加考试还是竞标设计，关键是要深入了解业主的需求和真实环境中的特殊设计条件，这两个方面都不是依靠用于发挥创意的想象力，而是将设计师观察和感受到的环境条件、空间运用的技巧以及图面上的视觉特点呈现出来，甚至可以提出进一步的改进想法。

以“历史建筑再利用与活动中心增建”这道题目为例，其中最大的空间特色是被整修后的大跨距屋架。这座历史建筑原本作为当地小区的集会空间，充满着小区居民的回忆。因此，如果新的功能不能放大这两个特点，那么提出的设计方案就不够优秀。也就是说，设计师的任务在于找到符合当地居民使用需求（主要是中老年人群）的设计，并使更多的人能够感受到这座历史建筑美丽屋架的魅力。

这个空间不能只是当地居民的集会空间，还必须有创新的功能，能够促进居民交流。答案可以是具有共同进餐这类交流功能的“养老简食共餐联谊空间”。

环境分析

		关键词	城市设计空间
左地界	❶	历史建筑出入口	建
	❷	钢桁架大跨构造屋顶	建
	❸	历史建筑	建
	❹	庙前广场（连接人群与活动）	带
	❺	庙	
下地界	❻	低楼层骑楼零售店铺住宅	带
	❼	大树	入
	❽	6 m 宽巷口	广
右地界	❾	历史建筑檐廊	建
	❿	历史建筑出入口	广
上地界	⓫	河岸高差	建
	⓬	溪流（–5）	广 + 绿
	⓭	河岸人行道（±0）	广
	⓮	树列	带

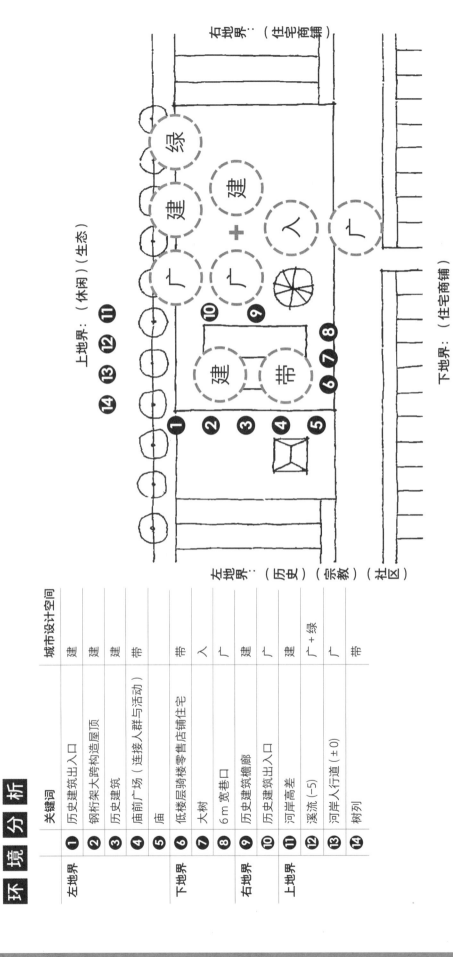

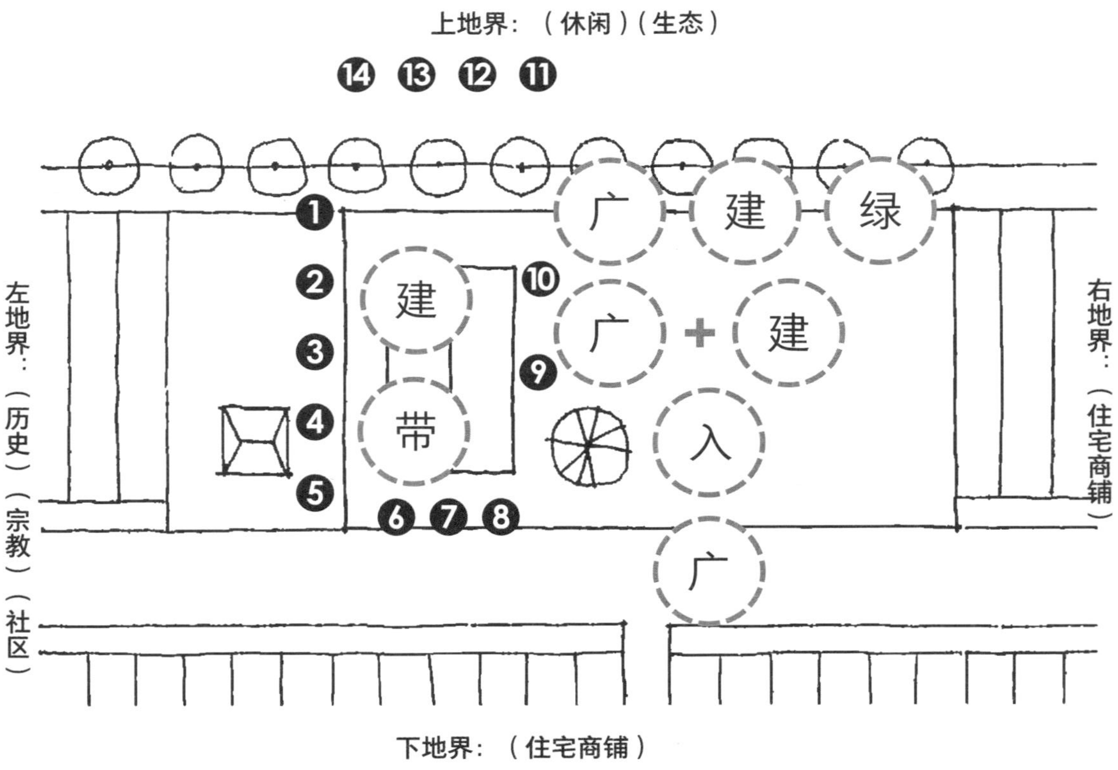

议题分析

		关键词	城市设计空间
左地界	❶	居民使用的室内外活动空间 历史建筑再利用规划	主
	❷	地方历史、历史建筑	
	❸	完成修复	
	❹	提供居民集会场所	
	❺	创意活动与历史建筑空间结合	
	❻	以历史建筑再利用为主体	历史建筑须保留
	❼	新建筑、历史建筑、 周边景观规划	
下地界	❽	旧市区	
	❾	低楼层骑楼零售店铺住宅	住宅商铺
	❿	公园、绿地、停车场， 多功能空间不足	
	⓫	社区居民需要的相关空间	多功能集会
	⓬	老树须保留 与居民特质相关的空间	
右地界	⓭	多功能集会	住宅商铺
	⓮	公园、绿地、停车场， 多功能空间不足	
	⓯	中老年人口多	
上地界 计划类 关键词	⓰	· 提供居民休闲空间 · 历史建筑与环境 · 人与空间的关系 · 历史建筑与增建结构细部	休闲

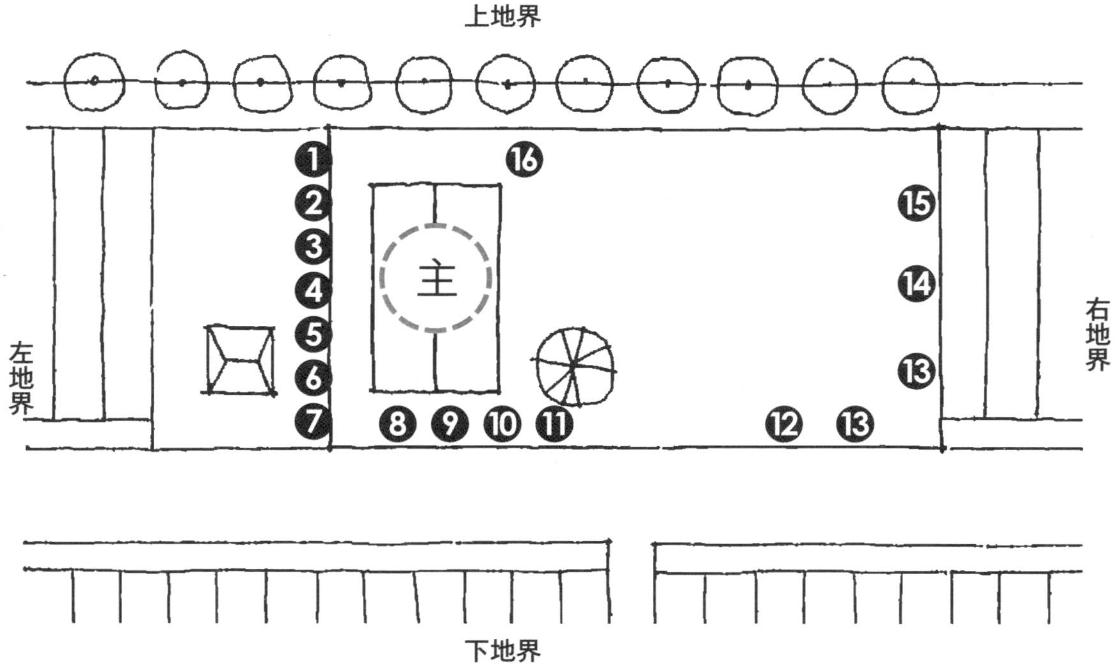

Q “开发基地作为城乡环境的美好基因”，这句话是什么意思？重要吗？如何在图上呈现？

A：利用建筑影响城乡的未来，就是“基因”的意思。

这个问题的核心在于，任何开发行为都可能成为破坏既有城市居住文化和记忆的怪兽。相反地，一个重新开发基地的机会也可以成为重新缝合城市肌理裂痕、延续城乡记忆的好机会。而实现这个目标的方法是通过“区域设施空间”的设计手法来串联整合，强化城市中已有的公共机构和空间。到这里，重点就出现了：利用新的土地开发机会，优化环境质量，这种影响可以说是这个基地开发的“美好基因”，能够对城乡环境产生积极的影响。

回顾这个问题，如何通过设计手法实现“美好基因”的要求呢？首先，需要确定基地周围存在哪些真实环境需要被建筑师拯救。就这个题目而言，最令人担心的是基地北侧狭窄的巷道。因此，设计师应该努力将利用范围最大化，将巷道改造成一个美丽的小区步行广场，并将基地内的开放空间作为连接北边巷道和南边古迹的重要路径。这个空间不仅是通道，还是社区居民停留和活动的开放场所，这样的小区共享活动空间可以成为延续城乡记忆的重要策略和功能空间。

环境分析

		关键词	城市设计空间
左地界	1	4~5R	
	2	日式住宅（历史建筑）广	
	3	修复为文学纪念馆对外开放	
下地界	4	次要街道西侧	带
	5	地区性商店	
	6	8 m 宽巷道	
	7	4~5R	
右地界	8	公园凉亭	交
	9	街道	
	10	地区性商店	
	11	社区公园	建
	12	6 m 宽路口（公园）	带
上地界	13	狭窄小路	广
	14	5 m 宽巷道	
	15	4~5R	

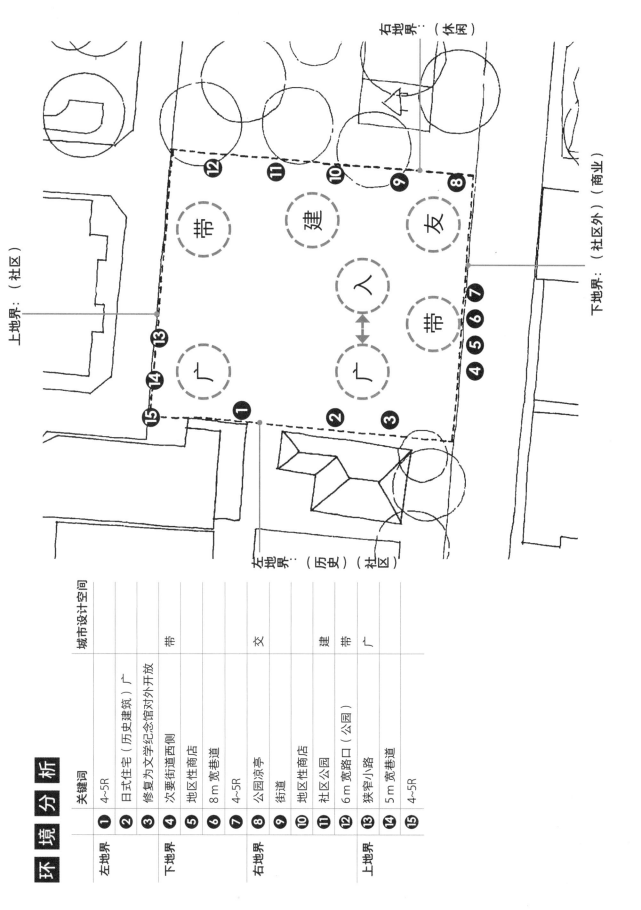

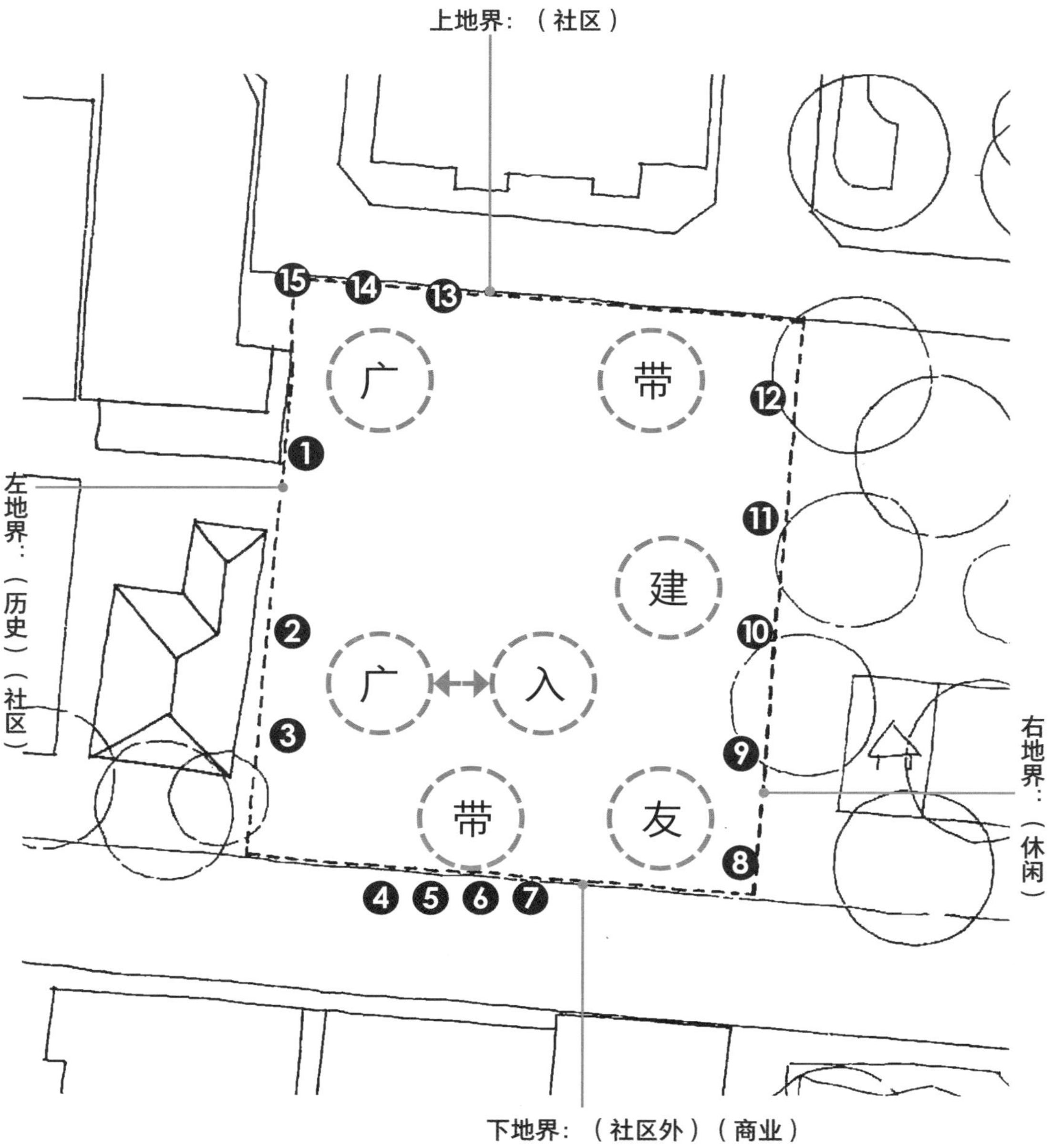

议题分析

		关键词	城市设计空间
左地界	❶	公益基金会	
	❷	集体空间记忆被破坏	
	❸	可持续发展	主
	❹	户外空间整体规划	
下地界	❺	促进居民交流，培养互助精神	
右地界	❻	公共空间	自设
上地界	❼	健康基因角色	广 + 带
计划类关键词		· 地面展以商店出租类型自行拟定 · 考虑与住宅空间的使用关系 · 运营管理 · 对周边环境的观察 · 日常活动需求	

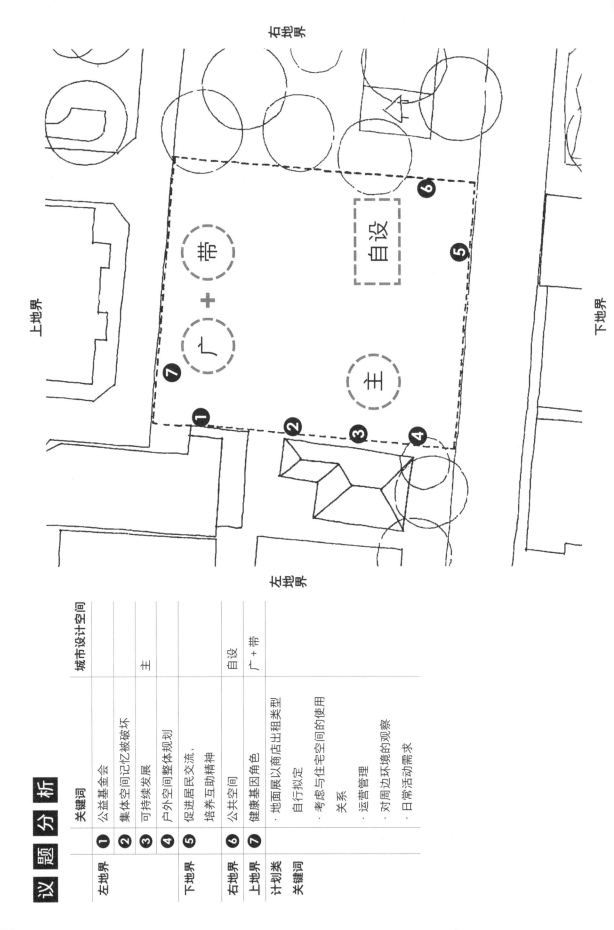

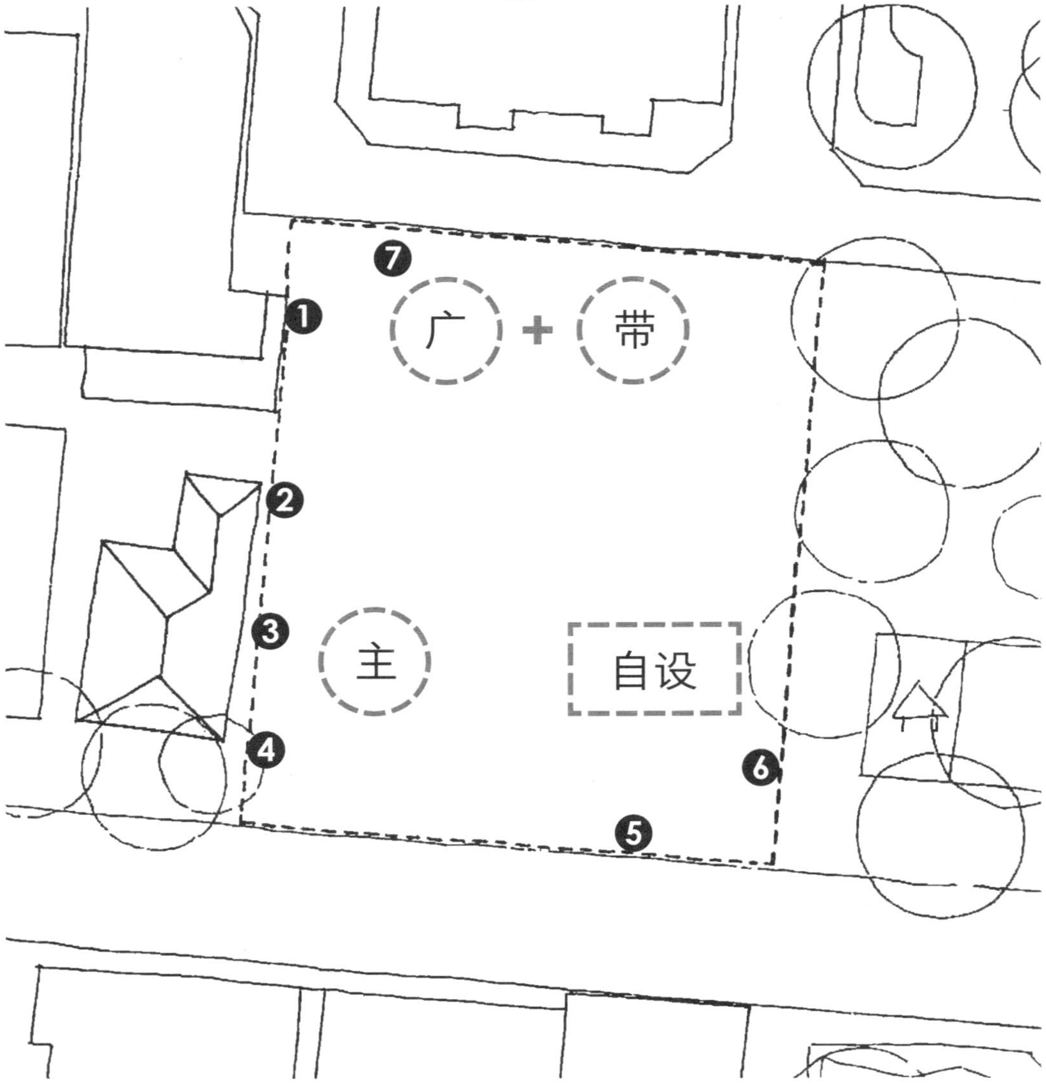

Q 题目中提到建筑师的社会责任，一个建筑师事务所应该如何呈现这些抽象的目的？

A：建筑师应该通过空间的安排来影响社会。

请记住一件事，我们这些建筑师、设计师，最重要的专业武器就是空间，为空间赋予适当的功能和构造物，就可以改造社会，促进人类文明的进步。

也就是说，建筑师的责任不是盖帅气的房子，展示自己的专业技能，更重要的是通过规划空间的功能来造福国家和人民。就这个题目来说，如果一位建筑师想成为文化发展的推动者，他应该设置一个教育空间，让更多人领略到更深层次的文化内涵；如果一个建筑师想与小区邻里更紧密地交流，而不是做一个卖弄国际现代建筑风格的绘图师，他应该设立一个建筑文化参与展示空间，让更多的城乡居民参与环境的改造和提升。

言归于此，我们必须说，其实题目本身很务实，旁观的阅读者、参与执行设计的人，要从理性的视角，来思考建筑设计的本质。

环境分析

		关键词	城市设计空间
左地界	❶	社区公园	建
	❷	亲子设施	
下地界	❸	新建 7 层住宅	绿
	❹	RC，木屋架，水泥瓦	
右地界	❺	5 m 宽店铺	人本
	❻	4 m 宽人行步道	
	❼	6 m 宽道路	
	❽	小学教室，侧门	
上地界	❾	大树	
	❿	8 m 宽社区道路及路口托儿所、咖啡店	入
	⓫	独栋透天厝（有居民世代定居此处）	
	⓬	真实生活（倾听、关怀、介入、代理、形塑）	人本
	⓭	服务社区	
	⓮	邻里互动	

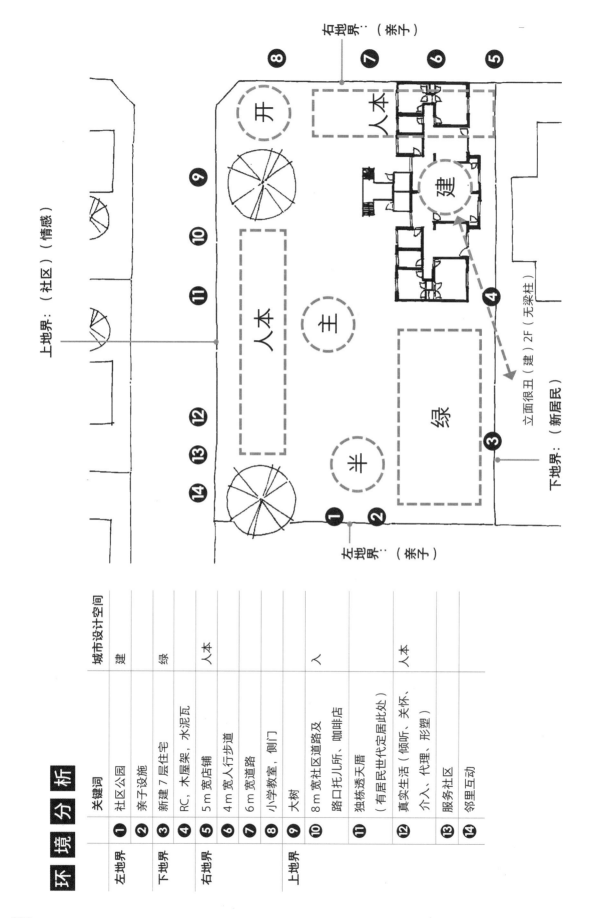

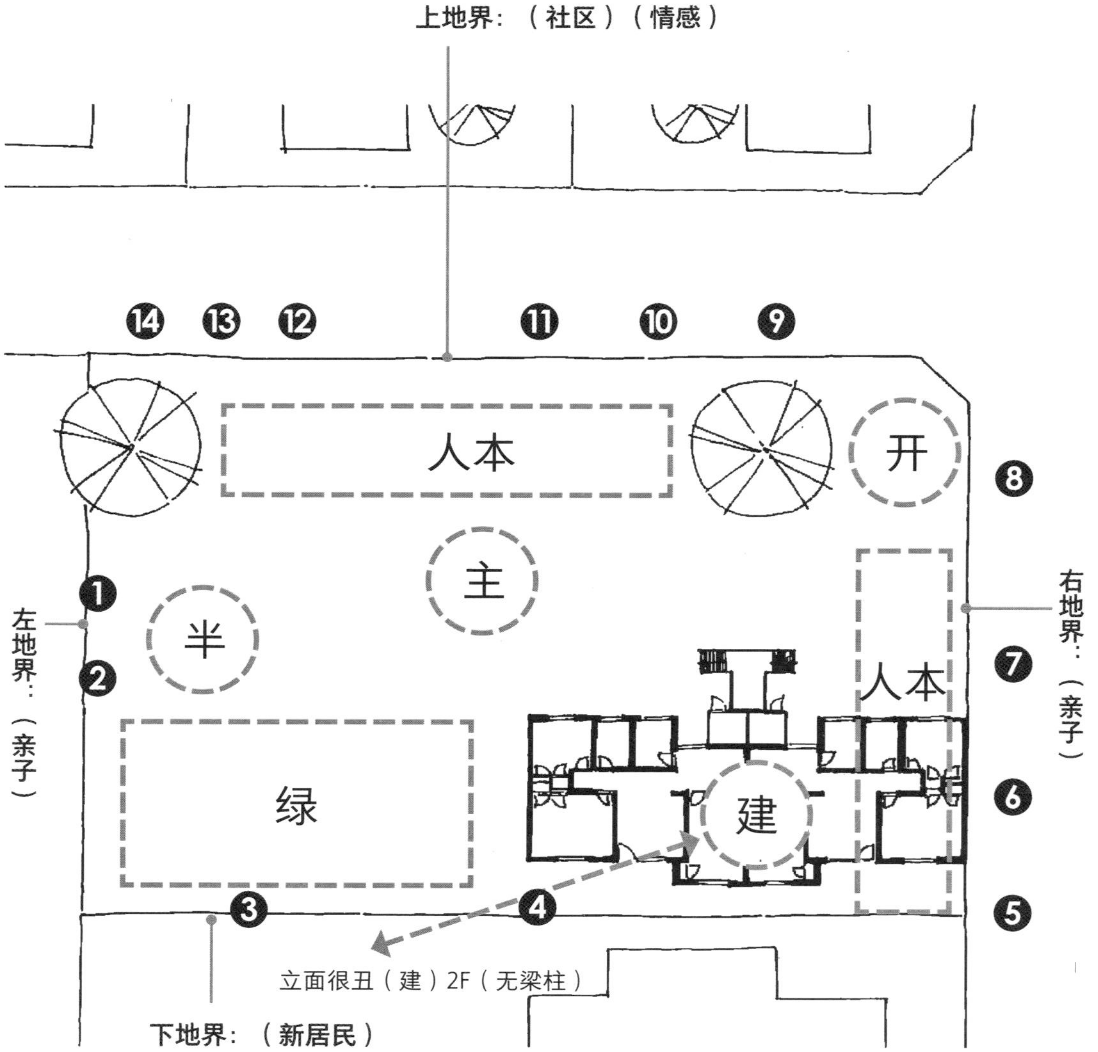

议题分析

		关键词	城市设计空间
左地界	❶	介入周围环境经营	
下地界	❷	社区互动（服务社区）	
	❸	老建筑再利用理由及构想	
右地界	❹	生活经验丰富化 （建筑规划重复要求）	
	❺	引导社区生活环境	
	❻	有效执行业务	
	❼	社区建筑教室	
	❽	创意经营构想	
上地界	❾	社区友好空间需求	主
	❿	社区公共性机构连接机制	
	⓫	公共、半公共社会机构互动机制	
	⓬	服务社区	
	⓭	社区互动	
	⓮	社区建筑顾问	
计划类关键词		真实生活（倾听、开心、介入、代理、形塑） · 社区友好互动 · 向社区开放 · 高度互动	

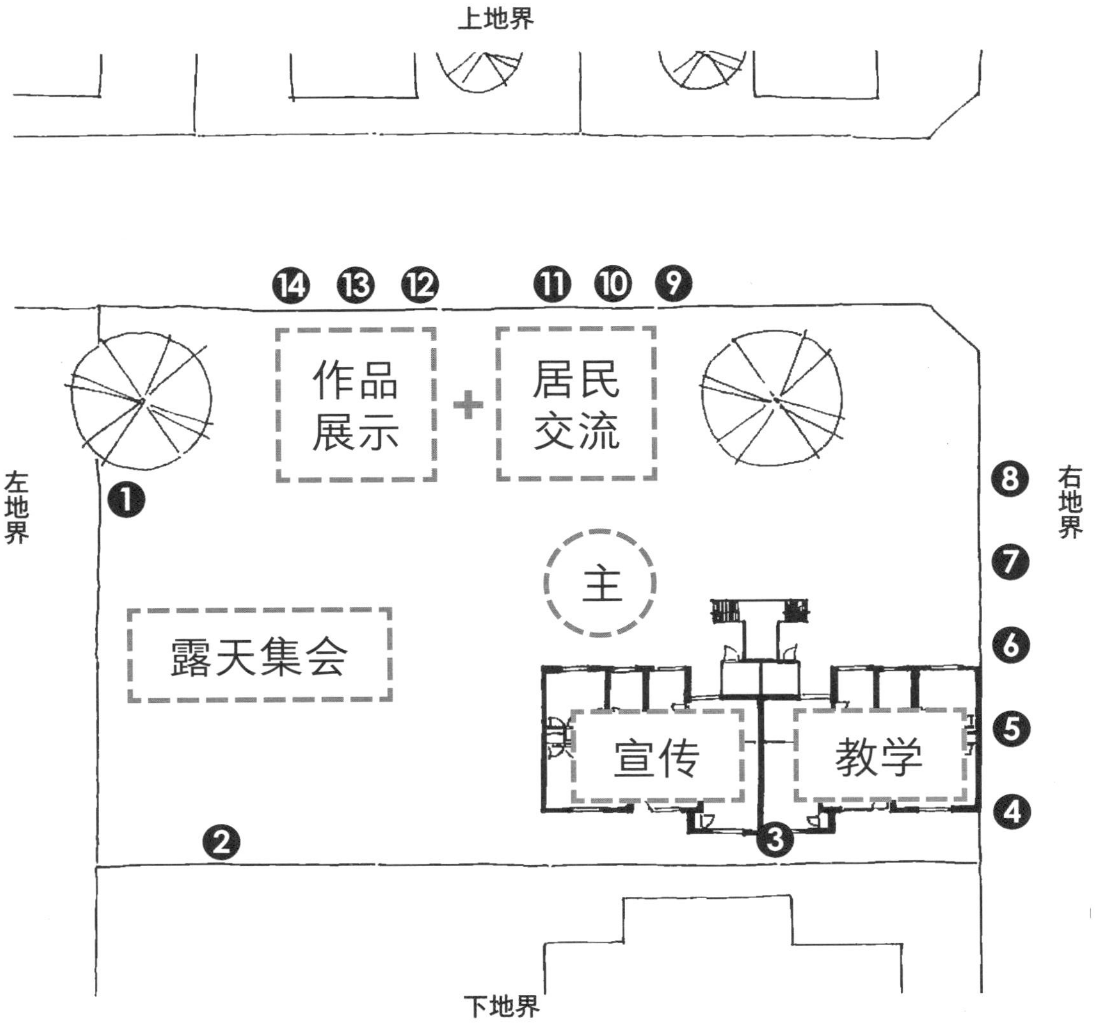

建筑设计 | 友善小区小学

Q 基地被分成距离很远的两块，还要我们说明彼此的关系，在画图的时候，要如何思考？

A：利用不同功能的城市空间串联不同位置的基地。

这是一个城市肌理的问题。在面对此类题目时，我们需要将视野扩展到整个城市的尺度，因为该题目要求我们不仅要思考基地间的关系，更要运用都市设计手法来分析基地在整体城乡环境中的角色和关系。

因此，在设计上，我们可以使用各种不同功能的开放空间作为城市设计工具。这些开放空间包括以下几种。

一、可以作为节点的人性化广场开放空间。

二、可以作为路径的人性化带状开放空间。

三、可以阻隔环境条件不好的区域，成为有保护效果的绿地边界。

四、强调基地内设计特质和活动特性的“主题开放空间”。

五、构造性比较强的半户外空间，提供从户外到室内的转换空间。

回到题目本身，这个题目所涉及的基地实际上是一个校园。我们可以利用位于基地东侧的步行空间（人性化带状开放空间），将校园南北端点的A、B基地串联起来（人性化广场式开放空间）。在这个串联过程中，我们会穿过校园中的不同区域，这些区域具有各自的特色、活动和使用者。因此，我们可以采用“主题开放空间”的设计手法，放大这些特色和活动，成为整个基地“友善周边环境”的设计策略。

环境分析

		关键词	城市设计空间
左地界	❶	退缩 3.5 m 宽人行道	带
	❷	车流量大、噪声	带 + 绿
	❸	14 m 宽道路	入 + 带 + 绿
	❹	田径场连接	带
下地界	❺	田径场	历史建筑
	❻	退缩 3.5 m 宽人行道	带
	❼	8 m 宽道路（社区）	带
右地界	❽	退缩 3.5 m 宽人行道	
	❾	地下停车场入口 连接开放空间	带
	❿	绿地连接	带
	⓫	校园大门	广
	⓬	行政大楼	带
	⓭	8 m 宽道路	带
	⓮	建筑高度 < 外墙距离	建
	⓯	退缩 3.5 m 宽人行道	
上地界	⓰	教室	广 + 历史建筑
	⓱	楼梯间	历史建筑
	⓲	空地延伸	带
	⓳	田径场连接	带
	⓴	10 m 宽道路	
	㉑	退缩 3.5 m 宽人行道	带 + 绿

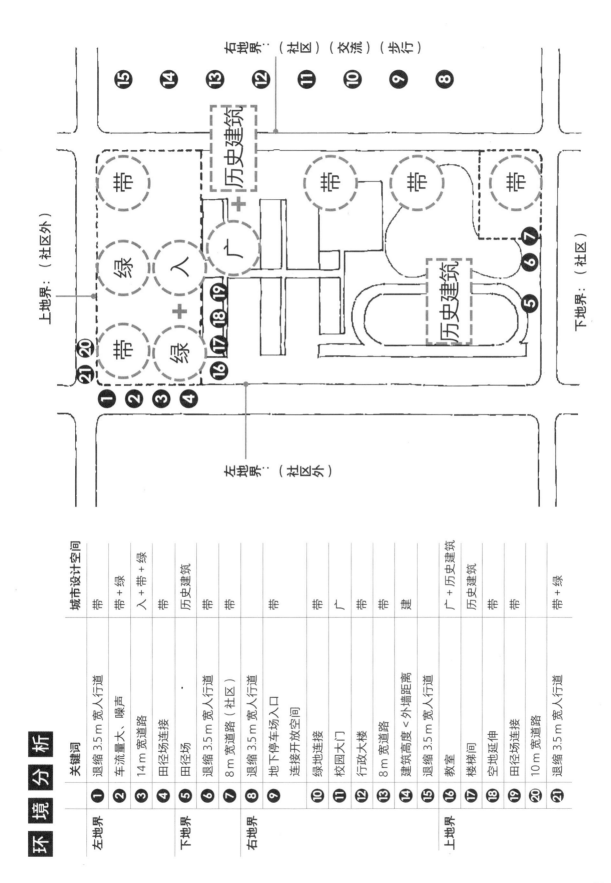

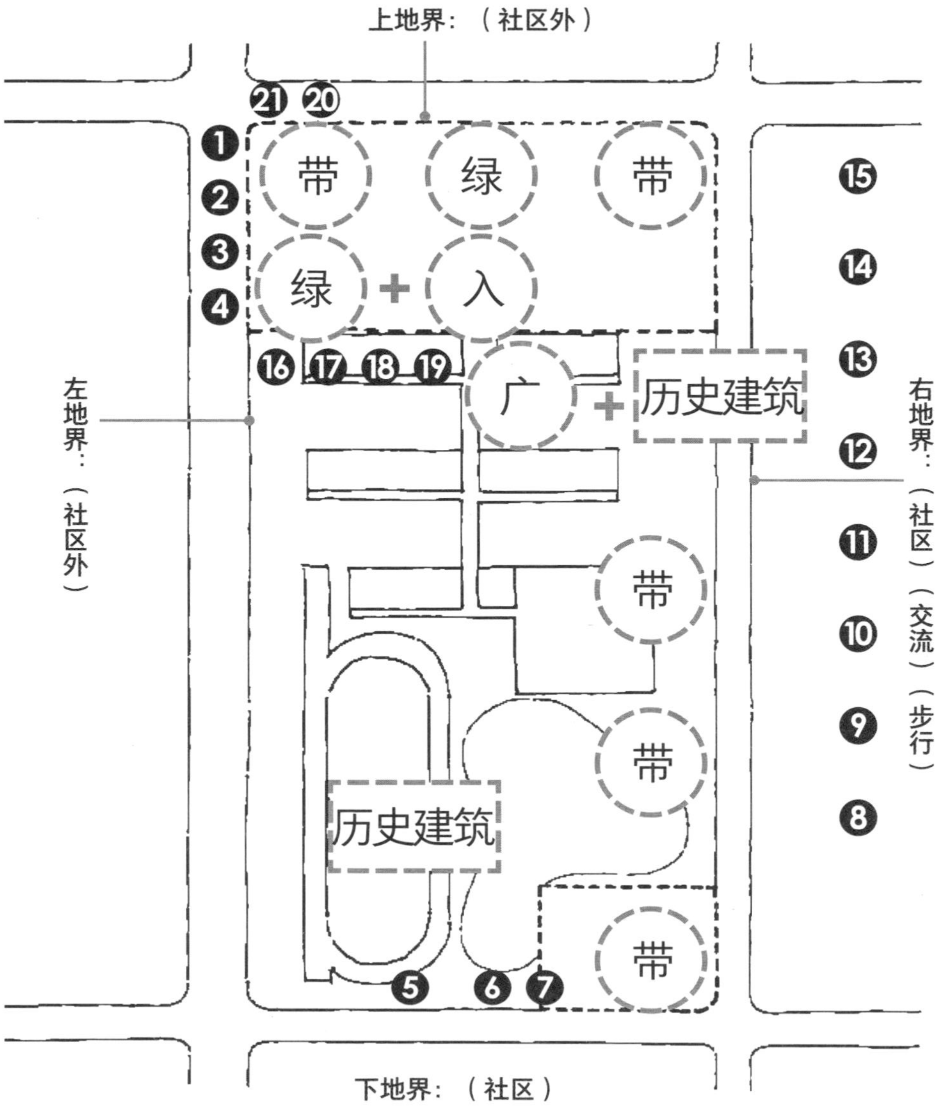

议题分析

		关键词	城市设计空间
左地界	❶	独立门	入
	❷	60 个自行车位	
	❸	子女接送	
	❹	少子化	
	❺	冲击文化伦理	
	❻	友好学习	
	❼	小学教育空间过剩与利用	
	❽	互不干扰	
	❾	与小学学习交流	
下地界	❿	友好休闲	主
右地界	⓫	互相关怀	友
	⓬	信息交流	
	⓭	老年人对社区的依赖	
	⓮	老年人对社区生活参与性低	
	⓯	缺乏社区设施	
	⓰	老化	主
	⓱	老龄化	
	⓲	两个基地的关联性	
	⓳	同质空间合并	

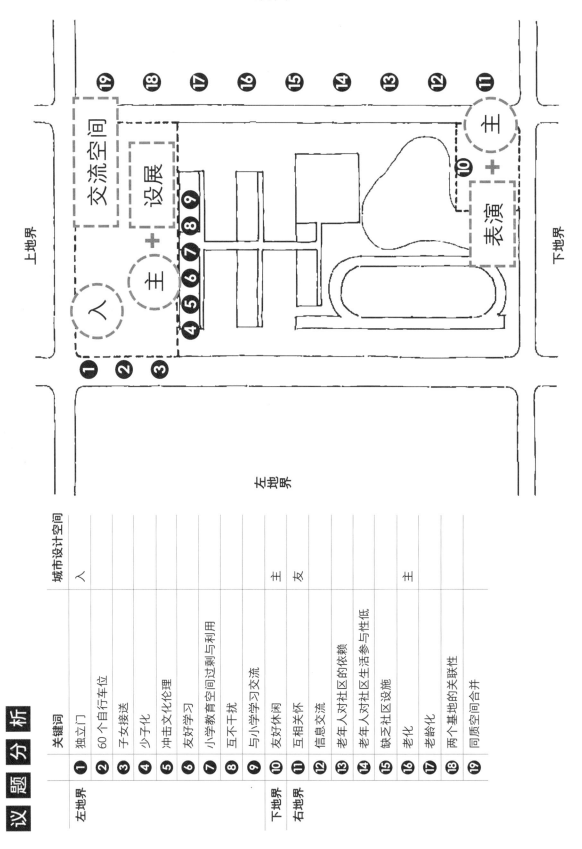

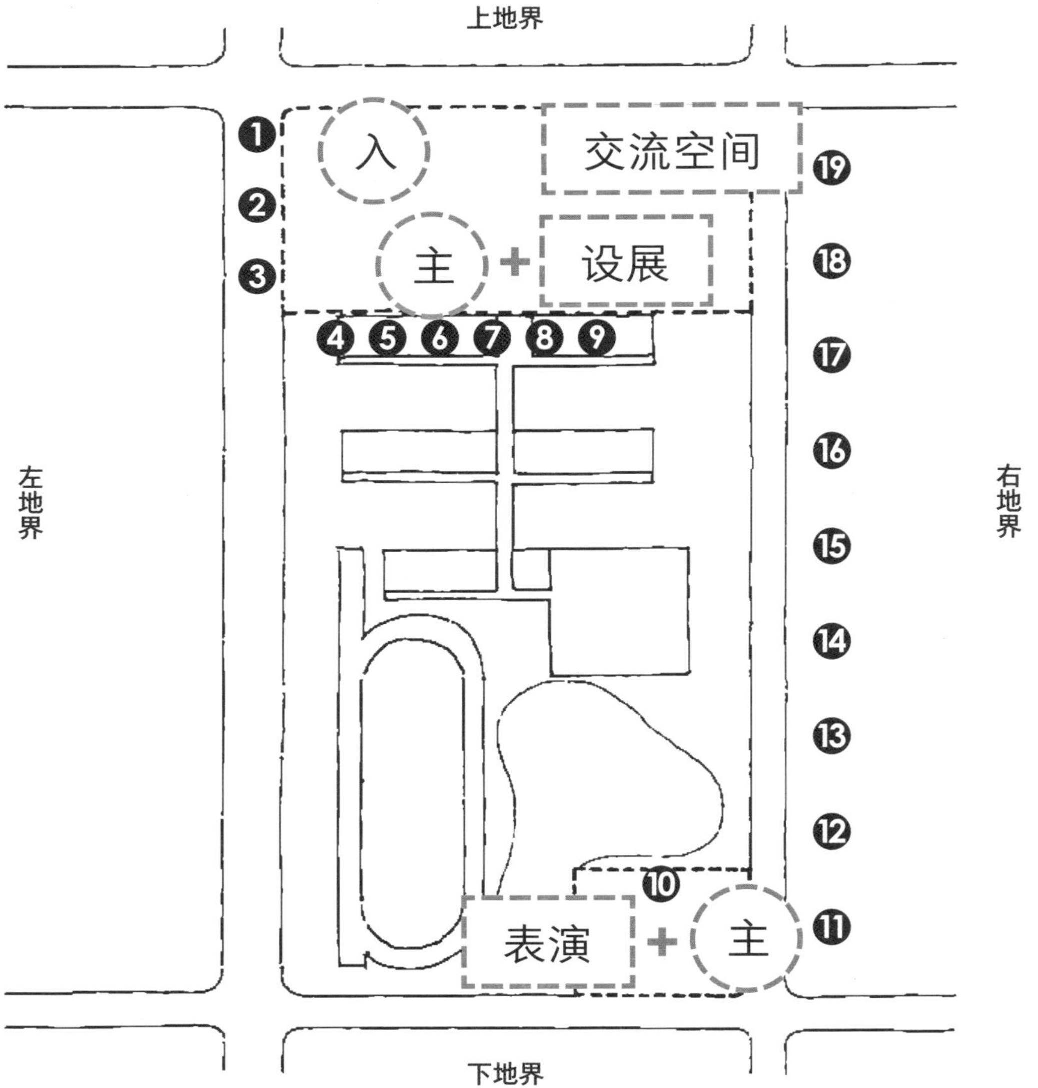

Q 最受欢迎的标准公共设施“公共图书馆”，该如何与老住宅小区结合？

A：图书馆不是单纯的阅读空间，还可以与居民生活相结合。

就像大部分人在想要创业时，最缺乏创意的想法之一是开一家所谓的“文艺咖啡馆”，成为那个有气质的咖啡师。现在这种现象也反映在考试题目中，其中就包括将图书馆变成公共工程的热门项目。然而，仅仅一个简单的图书馆并不适合像我这样一个不太爱读书的普通人，因此，如何利用图书馆的延伸功能来吸引大众使用图书馆是非常重要的。

从图书馆本身的既有功能和题目要求的功能来看，以下是几个可以延伸的构想：可以将简餐空间延伸为让老旧小区居民维系友情的共享餐厅；基地旁边设有一个幼儿园，可以将图书阅览空间转变为具有“亲子共学”特色的亲子阅读与研究空间；对于图书馆本身的展示空间，题目并没有具体说明需要展示什么内容，而作为设计提案，我们可以结合小区特色，将其打造成具有售卖二手书籍和生活市集功能的交流展示空间。

简单来说，我们需要将当地居民需求和特点与题目要求相关的空间相结合，并通过户外开放空间将基地内部的功能空间与外部环境相连接。这样一来，我们就能够将图书馆变得不再是单纯的图书馆，而是一个能够吸引周围居民进入，并产生互动的好设计。

环境分析

		关键词	城市设计空间
左地界	❶	2B、1B 从路宽判断	交
	❷	风向：东	
	❸	绿地界退缩 3 m	绿
	❹	2B、7R	绿
下地界	❺	乔木保留	绿
	❻	4R、7R	绿
	❼	15 m 宽道路	带 + 绿
	❽	岔路口	广
	❾	零星分布商店	带
	❿	临街退缩 4 m	带
	⓫	车辆噪声	绿
右地界	⓬	幼儿园	广
	⓭	5R、7R	绿
	⓮	临地界退缩 3 m	绿
	⓯	老旧集合住宅区（加强在地）	
	⓰	空地	广
上地界	⓱	8 m 宽道路	广
	⓲	乔木保留	绿
	⓳	临街退缩 4 m	带
	⓴	老旧集合住宅区	广 + 绿
	㉑	2B、2R、1B	绿 + 广
	㉒	12 m 宽道路	带

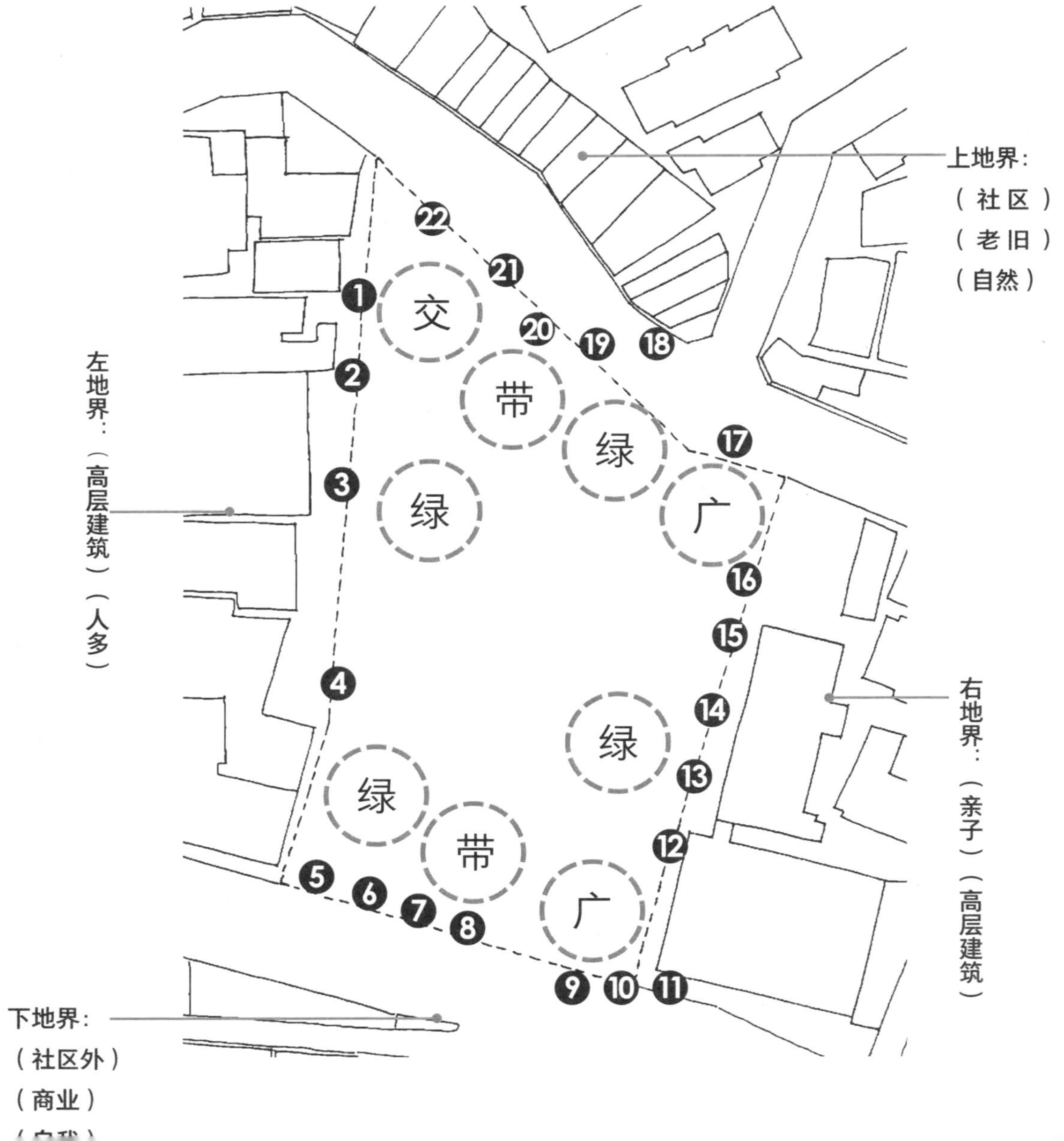

议题分析

		关键词	城市设计空间
左地界	1	空间留白	
	2	人口城市化	
	3	人口密度高	
下地界	4	人口城市化（人多）	（图书、展示）
	5	人口密度高	
	6	空间留白	
右地界	7	儿童户外空间	（图书）
	8	周围界面处理	
上地界	9	周围界面处理	
	10	注入空间活力，改善老旧住宅区	
	11	老旧住宅区	主
	12	改善居住环境	
计划类关键词		· 建筑空间与开放空间延伸 · 节能绿色建筑回应物理环境 · 无障碍，两性平权 · 空间领域展后 · 重视绿化，保留乔木，5 种户外空间 · 原幼儿园，周末市集 · 图书馆面积 > 70% · 注入空间活力，周围界面处理 · 诠释居民日常活动与社区空间关系	

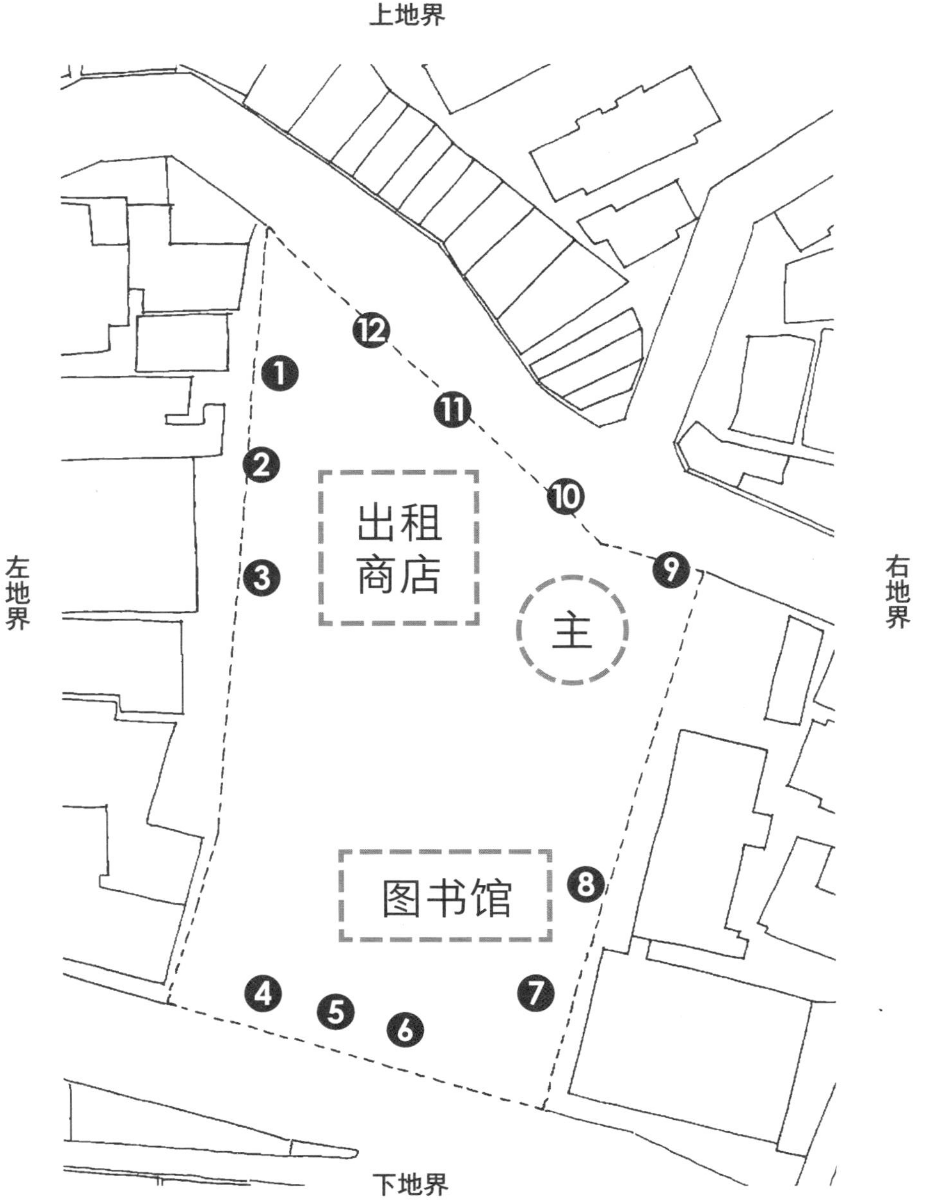

建筑设计 | 老街活动中心

Q 供人们跳土风舞的土地庙和人很多的传统市场，谁比较重要？

A：不要忽略题目本身的设计目的，而只看到周围显著、夸张的环境特点。

在住宅区里，最容易被注意到的几个公共设施标准配备包括公园、停车场、小学、传统市场、沿街骑楼、店铺和庙宇。这些公共设施都有其独特的使用特性，在进行设计思考时应成为重要的考虑目标。而这些考虑因素可以简单地归类为以下四点：

一、人群多少。

二、活动强度。

三、开放程度。

四、小区情感记忆浓度。

在上面提到的 7 个常见住宅区的公共设施中，人群最多、活动最热闹、最需要开放的是传统市场。如果今天的设计题目是为小区提供公共服务，我们希望基地的入口开放空间和主要的地面层室内空间都能尽可能接近与传统市场有关的地带，这样基地内的空间设施才能发挥最大的效用。但是也要注意，如果题目的设定以静态的活动为主，如图书馆、公益性弱势服务机构等比较安静的设施，那么在安排空间系统和空间序列时，需要利用主体开放空间和入口开放空间的分离来吸引人流，降低活动强度，以符合空间的使用需求。因此，最终的结论是，虽然在这个基地描述中，土地庙很容易让我们认为它是重点，但能为更多人提供服务的市场才是真正重要的。

环境分析

		关键词	城市设计空间
下地界	❶	旧建筑立面	
	❷	骑楼	建
	❸	古迹立面保存完整，建红砖、洗石子	
	❹	8 m 宽道路	带
	❺	热闹的西侧道路	入
	❻	铁皮社区传统市场	入
上地界	❼	土地庙前广场、道路、基地、晨间活动	广
	❽	东侧土地庙、信仰中心、树	绿
	❾	骑楼 8 m 宽道路	交
	❿	1 楼砖造建筑与 3 楼钢筋混凝土建筑	建
	⓫	大树	绿

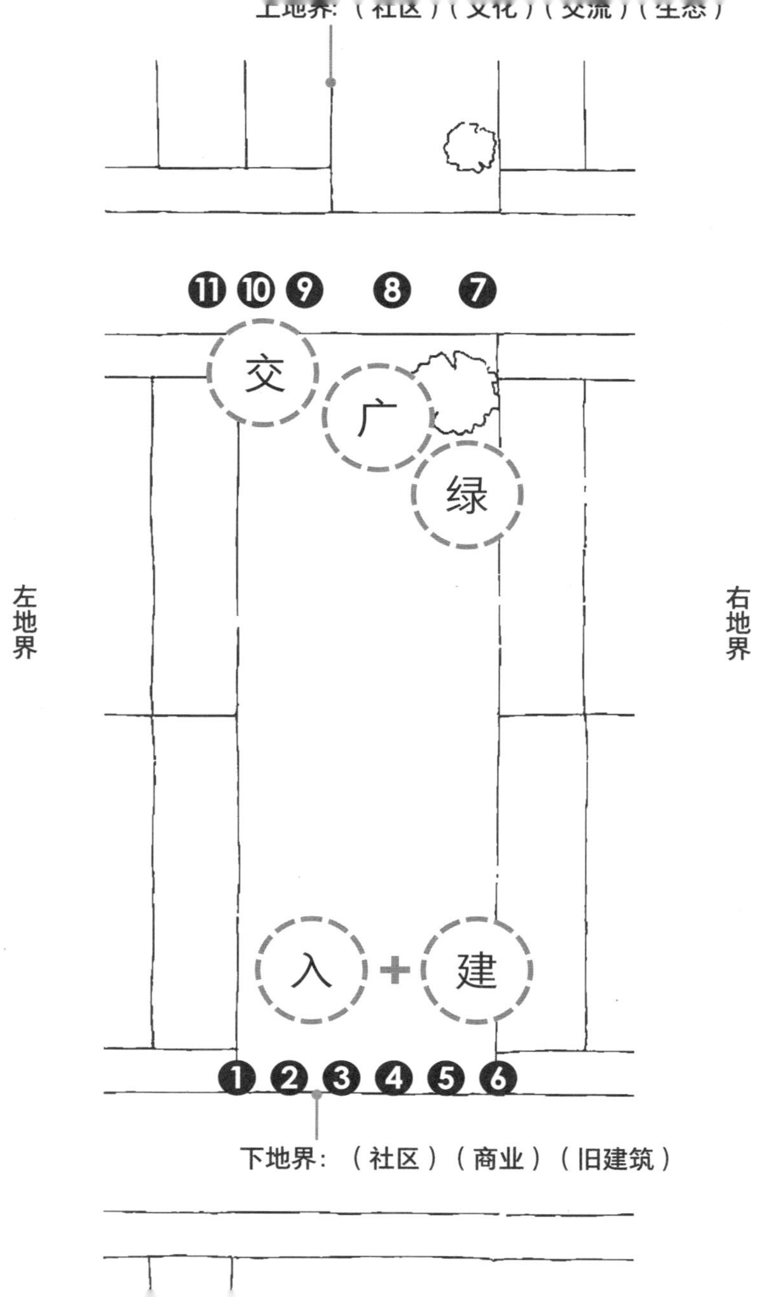

议题分析

		关键词	城市设计空间
下地界	❶	建筑与空间创意	主 + 建
	❷	老街立面设计协调性	
	❸	连接中断的立面	
	❹	老街立面设计原则 （材料、颜色、量体）	
上地界	❺	对基地人文与自然环境的认知	广 + 绿
	❻	回应人文和自然环境	
计划类关键词		· 空间定性定量 · 建筑法规 · 设计课题、对策 · 对社会与环境的敏感度与责任感 · 回应基地内外条件 · 处理建筑空间功能 · 市场、庙、活动中心三者关系 · 空间创意、合理性	

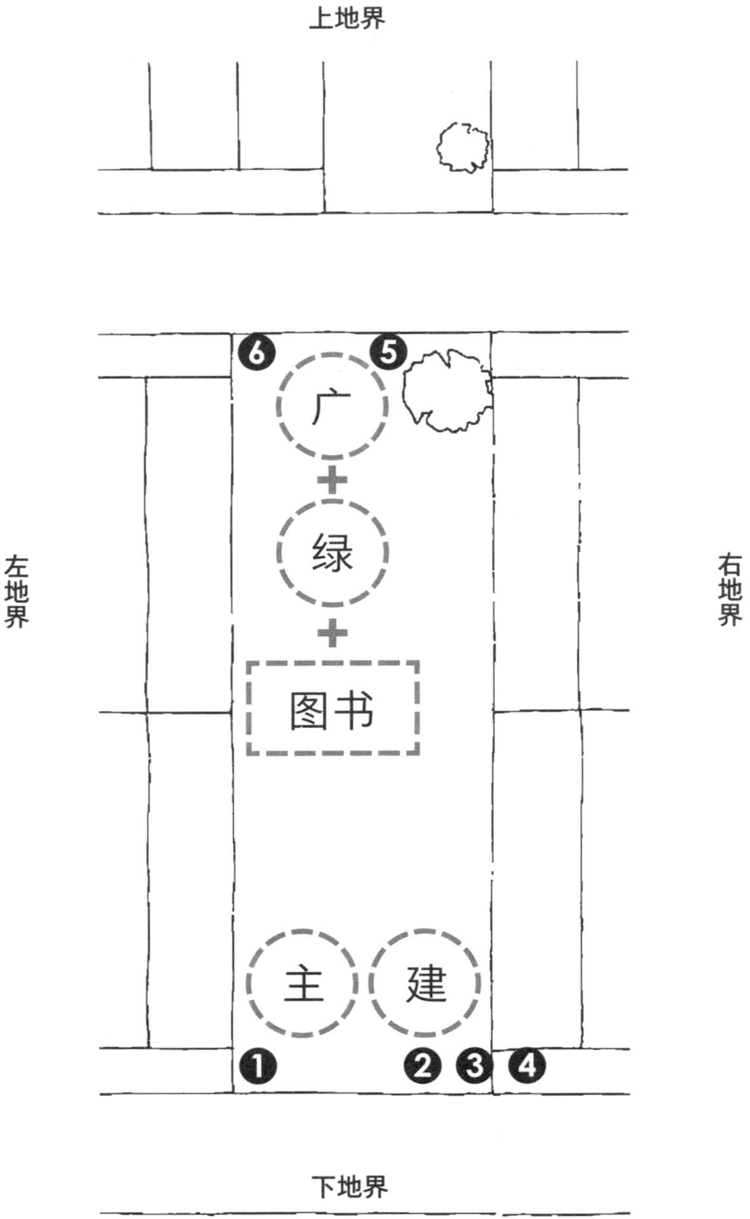

Q 基地附近有一大片围墙，围墙里面有重要的设计。在设计时，该如何面对？

A：围墙在现代空间代表的意义是“严格管理，很难开放”。

如果题目中的设计条件允许你拆掉部分或全部围墙，那么你需要重新思考基地与林地的开放与非开放关系，并确定新的围墙范围。这样可以保留原有的管理需求，同时创造更多环境友善的开放空间，使空间和环境得以共生。

但如果题目中的设计条件不允许你更改围墙，那么你需要找到可以连接或开放的出入口空间，并在基地内留下最适宜的开放空间来满足围墙内重要功能的对外开放需求。

最好的方式是仔细品味题目中的每一句话，为每一个词语和句子找到适当的有意义的空间进行响应。简单来说，就是需要做好文字分析，这样才能够对得起自己的努力和出题老师的良苦用心。

环境分析

		关键词	城市设计空间
左地界	❶	住宅区	
	❷	低矮老屋	绿
	❸	2 ~ 3 层透天厝	
	❹	1B 透天厝	带
	❺	低矮老屋	广
下地界	❻	住宅区	带
右地界	❼	低矮老屋	广
	❽	围墙	交
	❾	泳池	带
	❿	初中	
	⓫	文教区	
上地界	⓬	图书馆	入

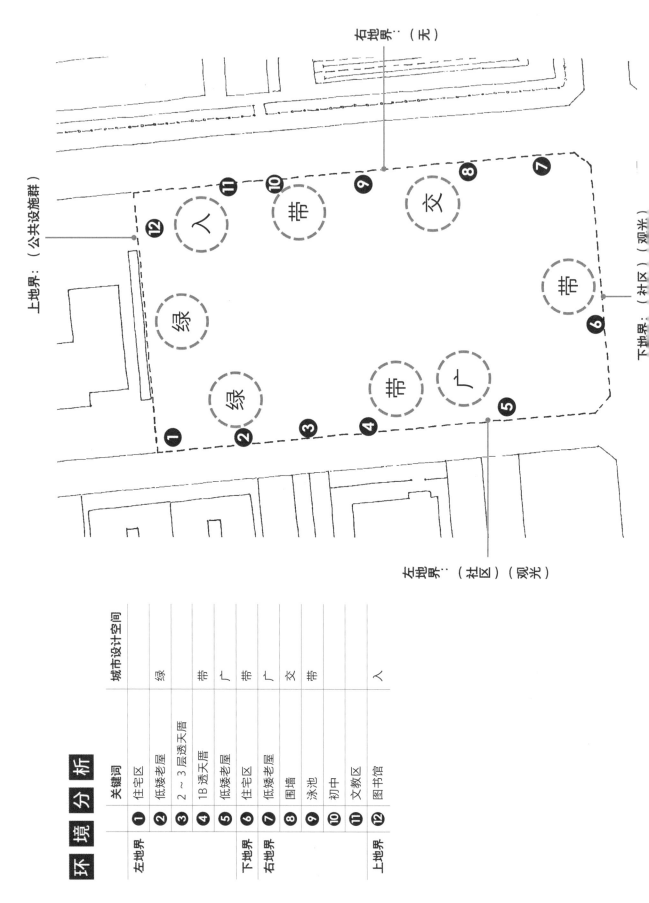

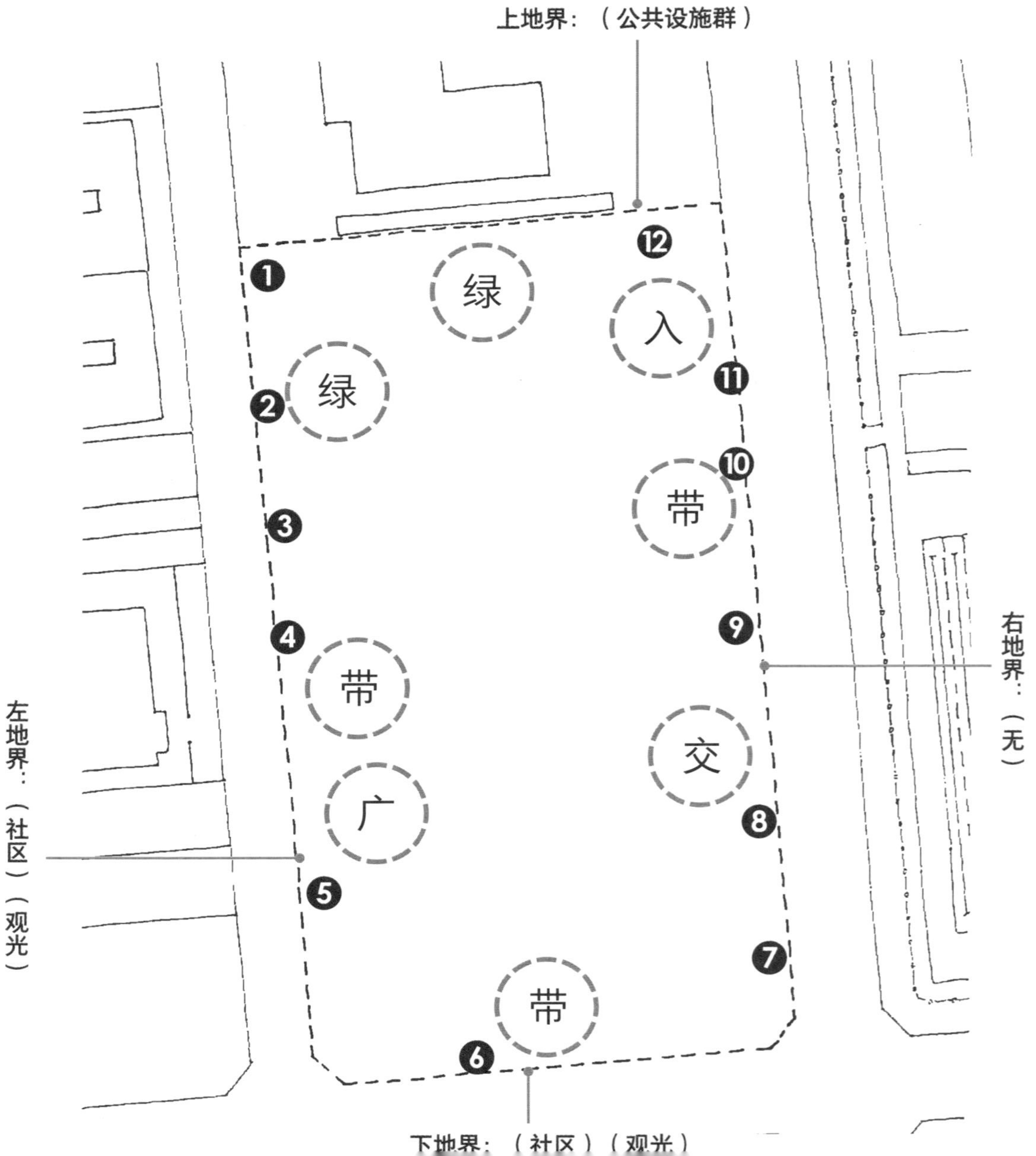

议题分析

		关键词	城市设计空间
左地界	❶	（5R 房）低房价	绿
	❷	田园风光	
	❸	少雨、日照长	
	❹	气候宜人（夏季风）	
	❺	青壮年返乡（透天厝）（观光、餐厅）（精致农业）	主
下地界	❻	青壮年返乡（观光、餐厅）	
右地界	❼	距主干道公交站不远（精致农业）（透天厝）	
	❽	带动全民运动风气	
	❾	提供专属设备和场地	
	❿	提供足够的运动场所（连接公共机构）	主

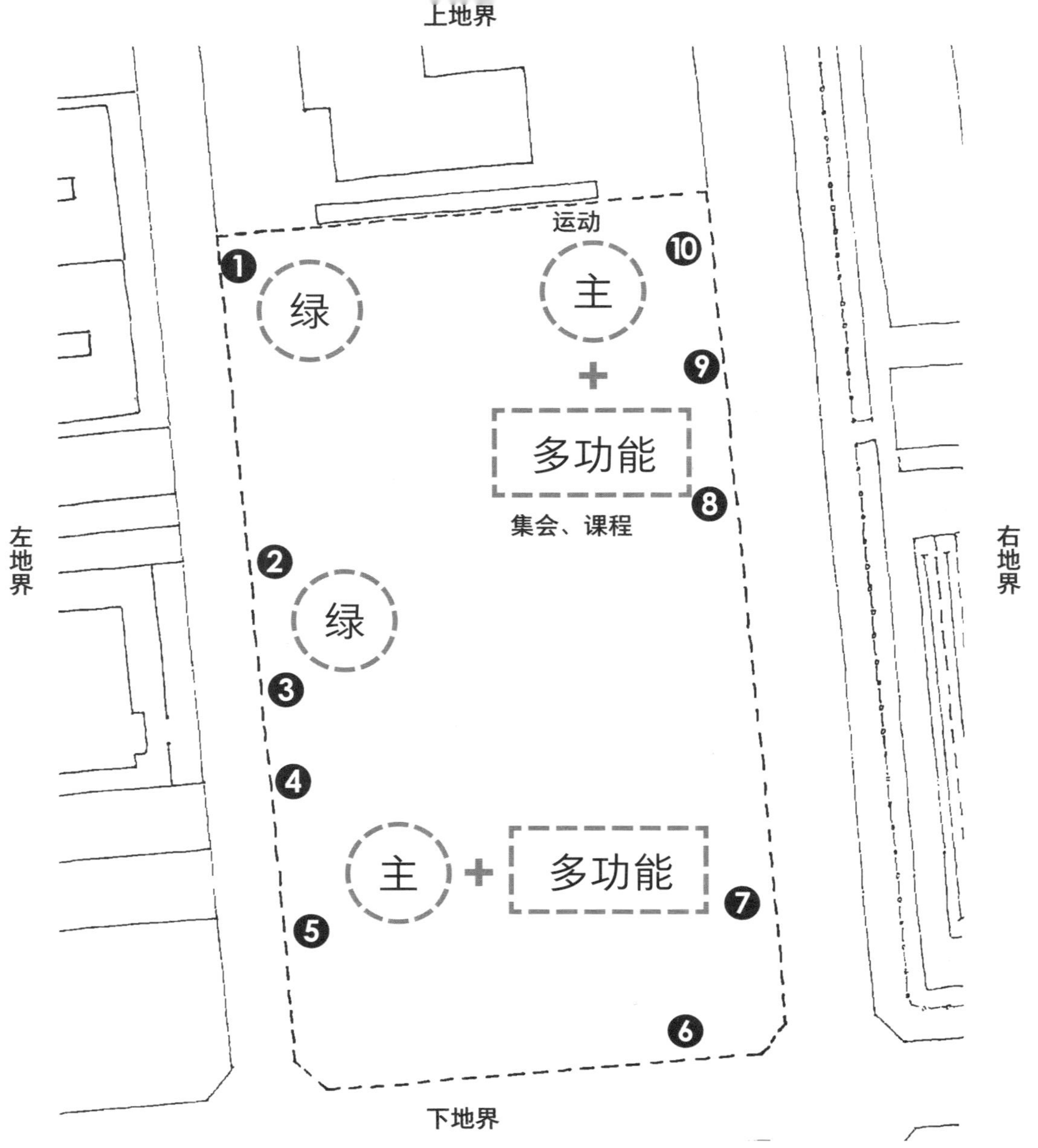

Q 做设计的时候该如何应对基地内的既有建筑？

A：对既有建筑是否有保存价值的思考。

思考一：这个既有建筑有没有保存价值？

通常一个题目在描述基地内的既有建筑时，会有两种情况：一种情况是详细描述了建筑物的美丽之处、整修历史以及人们对它的美好回忆等复杂信息。遇到这种情况，代表这个既有建筑不能拆除，应该尽量保留。另一种情况则相反，没有太多的描述，只是在基地现状图中偶然出现。对于这种情况，代表这个建筑物只是无足轻重的“小咖”，没有太大的意义，可以拆除而不会有影响。

思考二：如何保存？

① 如果它有漂亮的屋架

你可以让原有的室内空间变成半户外空间，让这个漂亮的屋架能够吸引更多路人，让他们更近距离地感受这个空间。

② 如果它有漂亮的立面

你可以让这个漂亮的立面成为主要开放空间或其他重要开放空间的精美背景，用这个漂亮立面的视觉价值来增加空间的吸引力。你甚至可以设置一个舞台，让立面成为背景，借此展示空间的故事和魅力。

③ 如果这个空间有重要的记忆

你需要找到一个有趣且有意义的空间来与之搭配，让新的空间延续这个重要的记忆，并且给予它新的生命。

④如果这个空间是整体建筑群的重要部分

你新增的空间必须要延续原有建筑群的配置和纹理，才能够充分发挥建筑群的原有功能

环境分析

		关键词	城市设计空间
左地界	❶	3 ~ 5 层对街连栋店铺住宅 （合理假设现状）	
	❷	8 m 巷	
	❸	4 m 人行道	
下地界	❹	3 ~ 5 层对街连栋店铺住宅	人本 + 绿
	❺	20 m 宽道路	
	❻	围墙	
	❼	4 m 宽人行道	
	❽	草坪庭院	
	❾	校园绿地	
右地界	❿	川廊	
	⓫	挑高 2 层川廊不可变动 西侧校舍可改造变动	入
	⓬	3 层 RC 梁柱建筑	
上地界	⓭	草坪庭院	绿
	⓮	其他校舍	
计划类 关键词		· 最大建筑密度 60% · 扩展数最高 3 层	

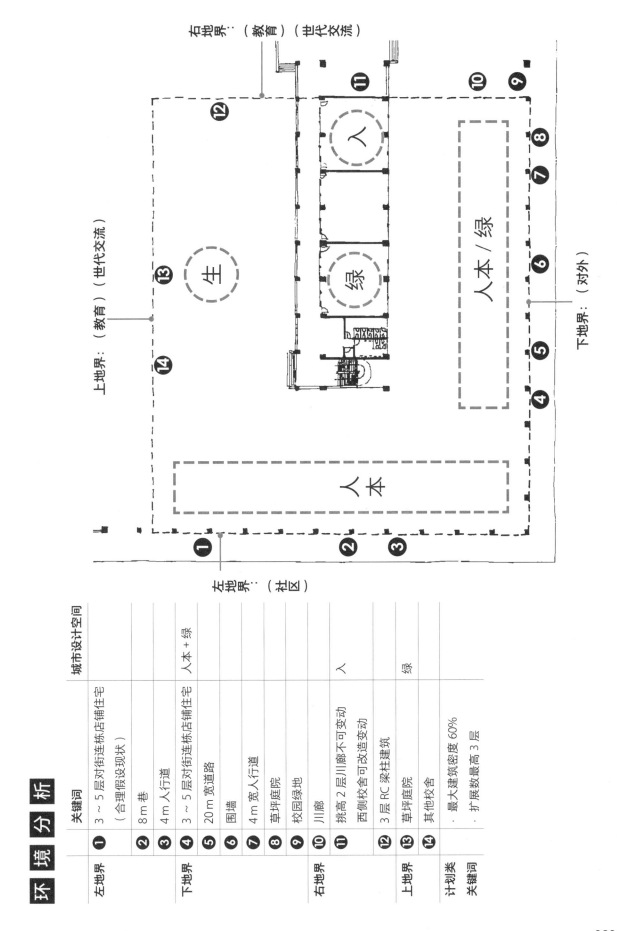

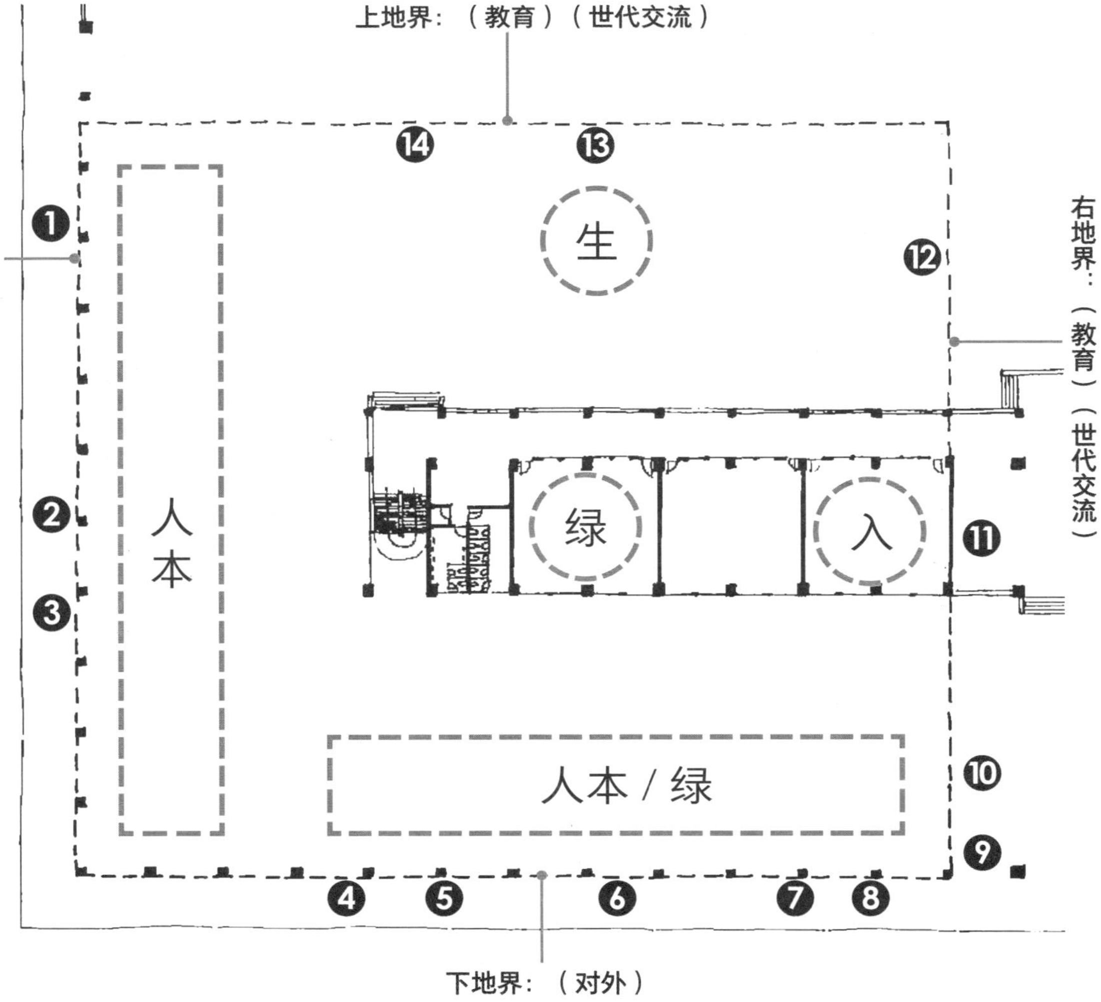

议题分析

		关键词	城市设计空间
左地界	1	老龄化	入
	2	多元看护	
	3	午间供餐	
	4	关怀据点	
	5	联谊	
	6	促进健康	
	7	生活源头	
	8	社区意识凝聚	
下地界	9	尊重个性与自主性	
	10	社论	
	11	日照	
	12	满足身心需求	
	13	人性化空间	
	14	专人看护服务	
	15	福利、医疗信息	
	16	志愿者空间	
	17	人力专用	
右地界	18	空间活用改善	
	19	老少扶持	
	20	小学生交流互动	
	22	闲置校舍空间	
	23	闲置校舍转型活化	
上地界	24	学习教室	
	25	文化、健康、娱乐	
	26	在校园接受多元信息	

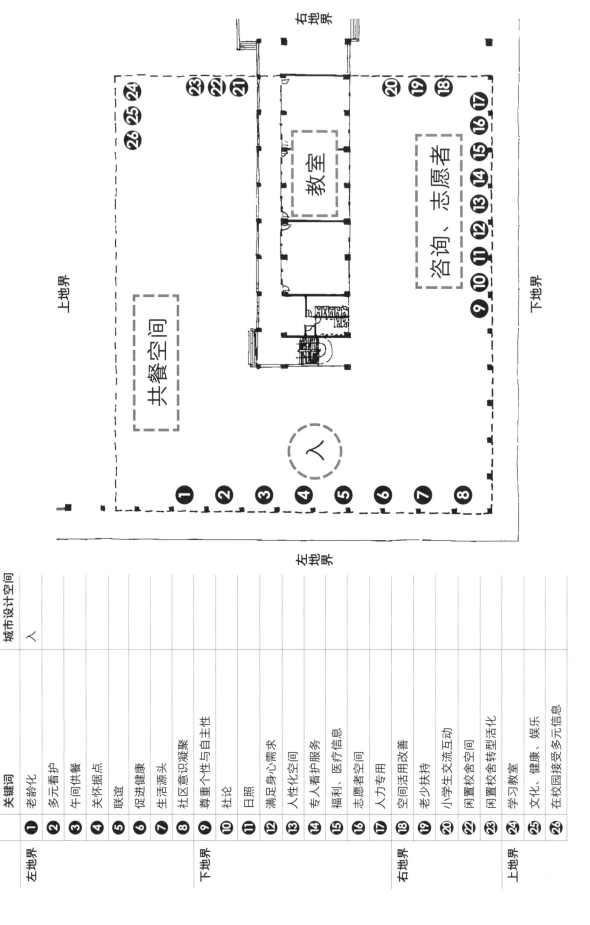

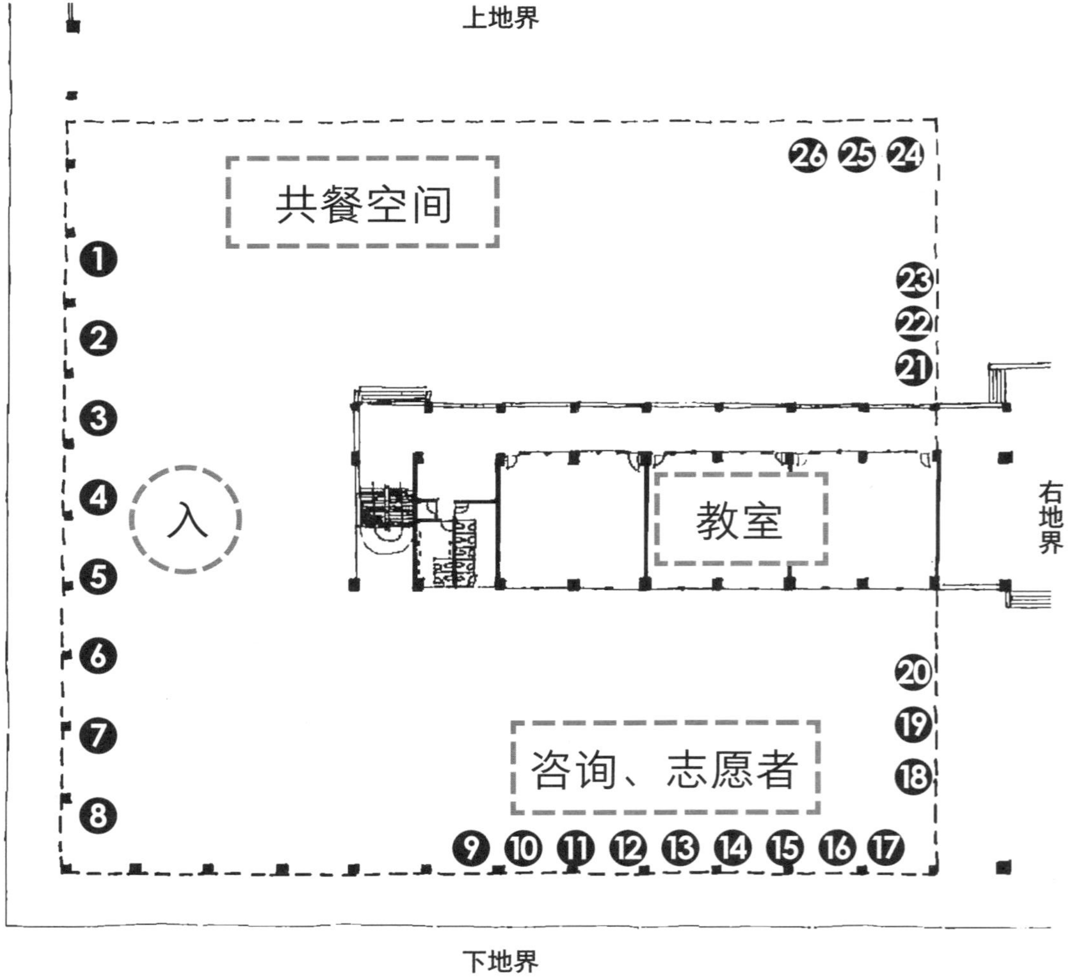

Q 古迹周边的基地应该扮演什么角色？建筑量体在规划上要怎样决定？

A：建筑物的量体规模得考虑周边建筑环境条件。

基地外的古迹，在使用上有几个简单的原则，以响应它对基地的影响。

第一个判断原则是它的使用性质。如果是宗教类的古迹，通常没有考虑适当地搭配常用功能。最好的对应策略是留下足够的人性化广场空间，去延续原有的文化活动。如果古迹不是宗教类的，就可以把它作为地面层重要的空间之一，与题目的重要地面层空间相结合，共同形塑美好的主题开放空间。

另一个需要思考的方面是古迹的立面形式。如果这个古迹有美丽的骑楼，则无论建筑量体在基地内的位置如何，都必须产生一个延续的骑楼量体，以延续美妙的骑楼肌理。如果这个古迹有美丽的屋架结构和立面元素，那么设计上要尽可能保留视觉展示空间，让空间使用者能够亲近这些美丽的建筑。

如果这个古迹有美丽的屋顶天际线，基地内新增的建筑量体最好能成为沉默的背景或者离古迹很远的次要角色。不要让环境中新增的建筑结构破坏美丽的城市天际线景观。

环境分析

		关键词	城市设计空间
左地界	❶	庙的侧面	
	❷	古迹量体	
	❸	庙前广场	绿
下地界	❹	8 m 宽路口	主 + 入
	❺	公园	
	❻	小学	
	❼	15 m 宽道路	
右地界	❽	住宅商铺区	建
	❾	8 m 路口	广
	❿	住宅区	交
	⓫	10 m 宽路	绿
上地界	⓬	庙的侧门	广
	⓭	住宅区	
	⓮	死胡同	
	⓯	8m 宽路	

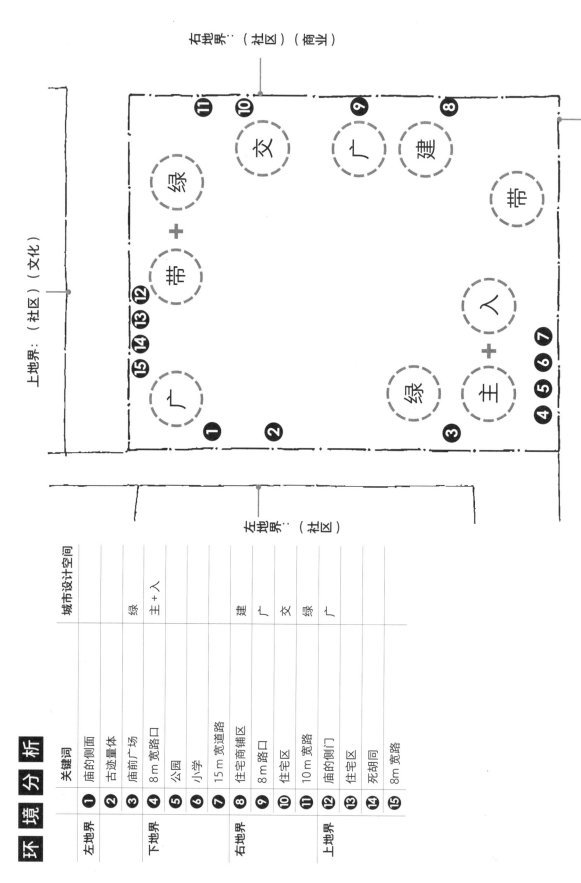

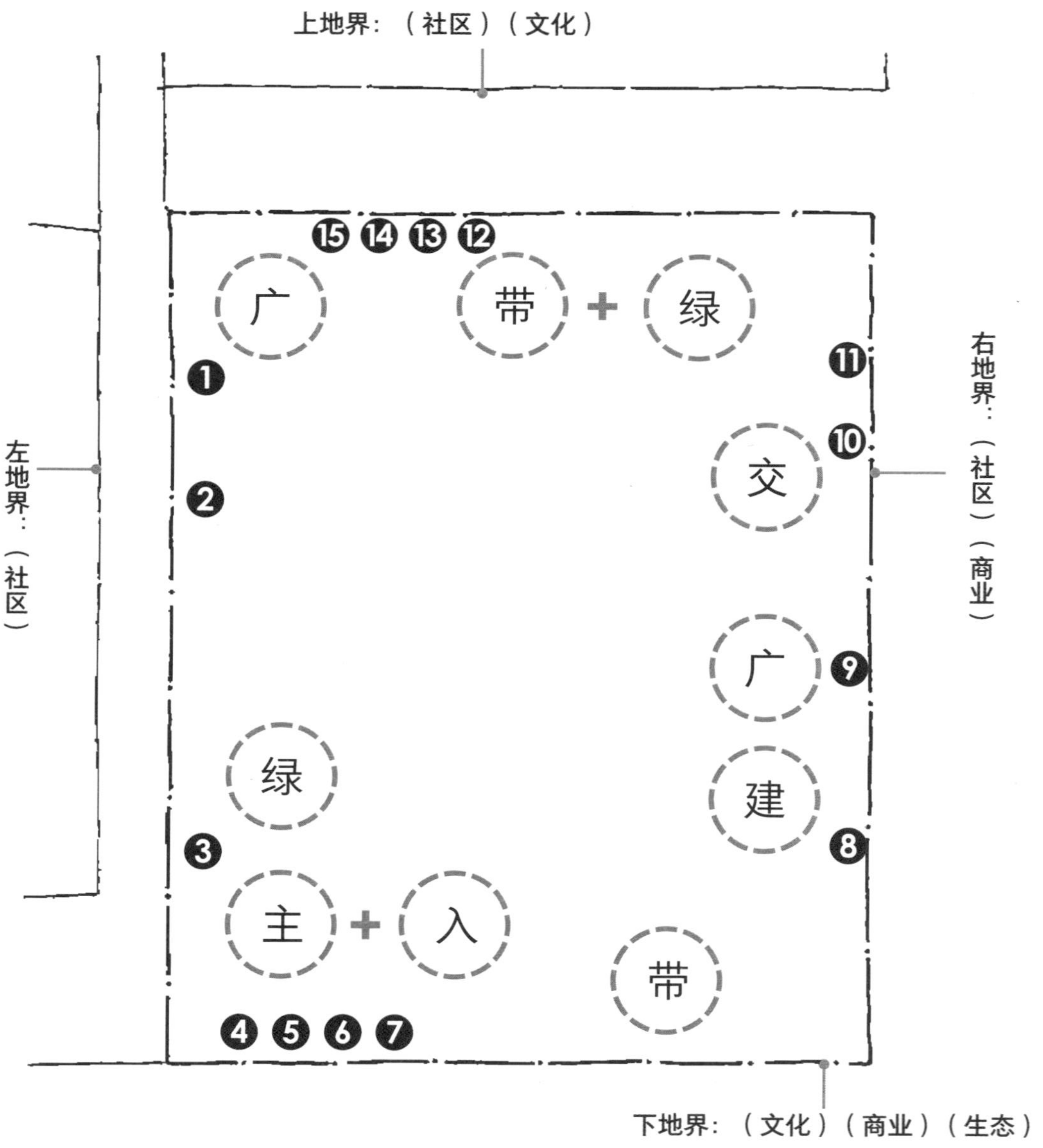

议题分析

		关键词	城市设计空间
左地界	❶	旧市区环境窳陋	广 + 带
	❷	妈祖庙保护区	
	❸	古迹周边	主
	❹	民俗活动	
下地界	❺	商业活动	
右地界	❻	商业活动	
	❼	旧市区	
上地界	❽	旧市区	

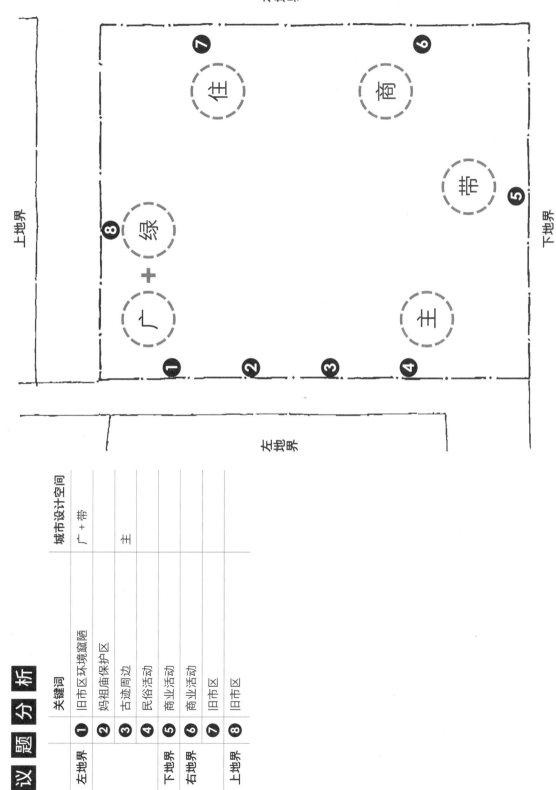

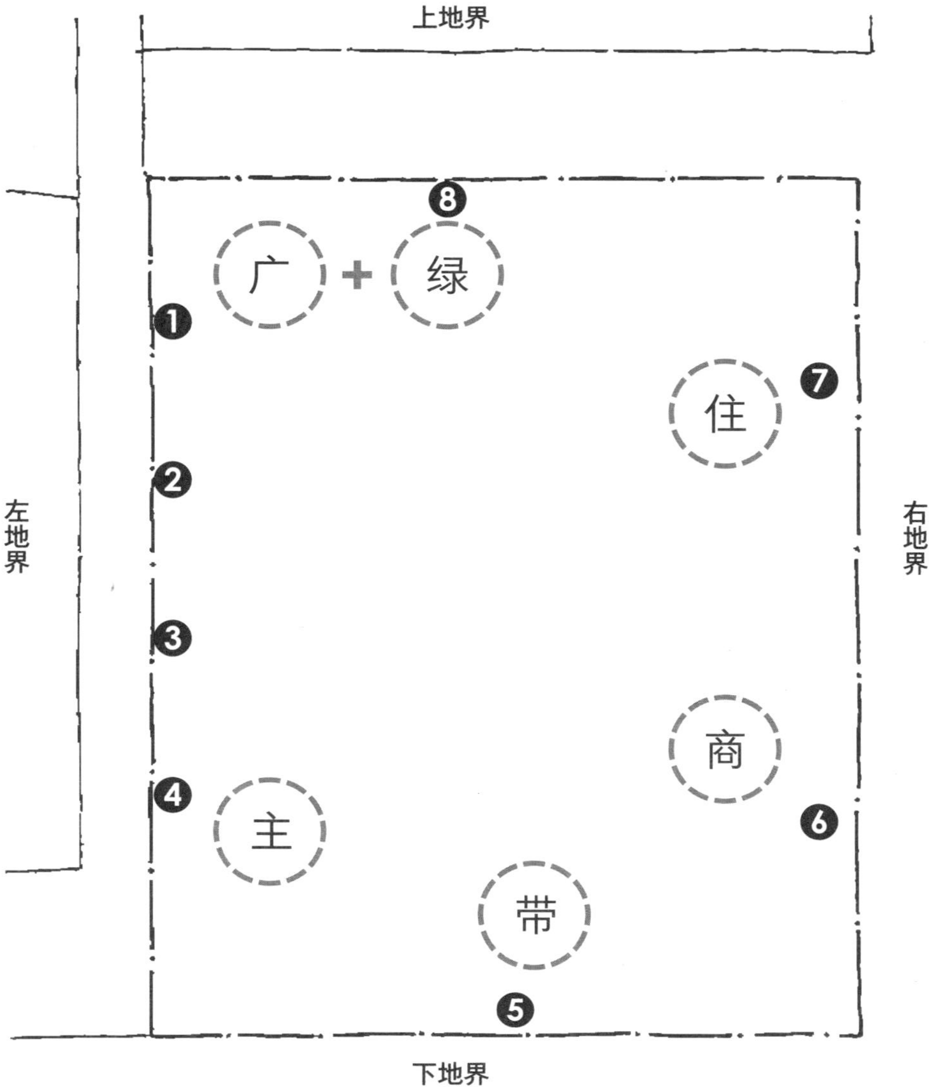

场地设计 | 灾后社区重建规划

Q 大部分的题目都是一栋或两栋建筑，在基地内排列配置，但本题很像在设计一座小型的城市，应该如何排列呢？

A：确实需要进行空间分类，并进一步设定开放与管制的层级。

这可以分成两个阶段来讨论。第一个阶段，你需要在做量体与空间规划时做好空间分类和整合。尤其是在这个注重可持续经营的时代，让一个单一的空间具备多元化的功能，是一个很好的设计策略。如果这个空间整合的工作做得好，自然可以初步简化需要处理的建筑数量。

第二个阶段比较麻烦，需要从配置着手。首先，我们需要将空间分类出来。对外开放要求高的空间可以结合入口开放空间；接着是极度需要管制的私密性空间，这些空间通常会与基地内的绿化空间结合，让绿地形成有安全感和包围效果的软性边界；最后是那些介于需要开放和需要被管理之间，同时需要具备这两种特性的空间。就拿这个问题来说，如小区集会室和小学，它们可以结合主题开放空间，成为可以在私密与开放之间转换的优秀的中介空间。

环境分析

		关键词	城市设计空间
左地界	❶	邻河	灾 + 生
	❷	地势高	灾 + 建
右地界	❸	南端邻街有空置土地庙	广
	❹	地势低	灾 + 建
	❺	南北向道路	带

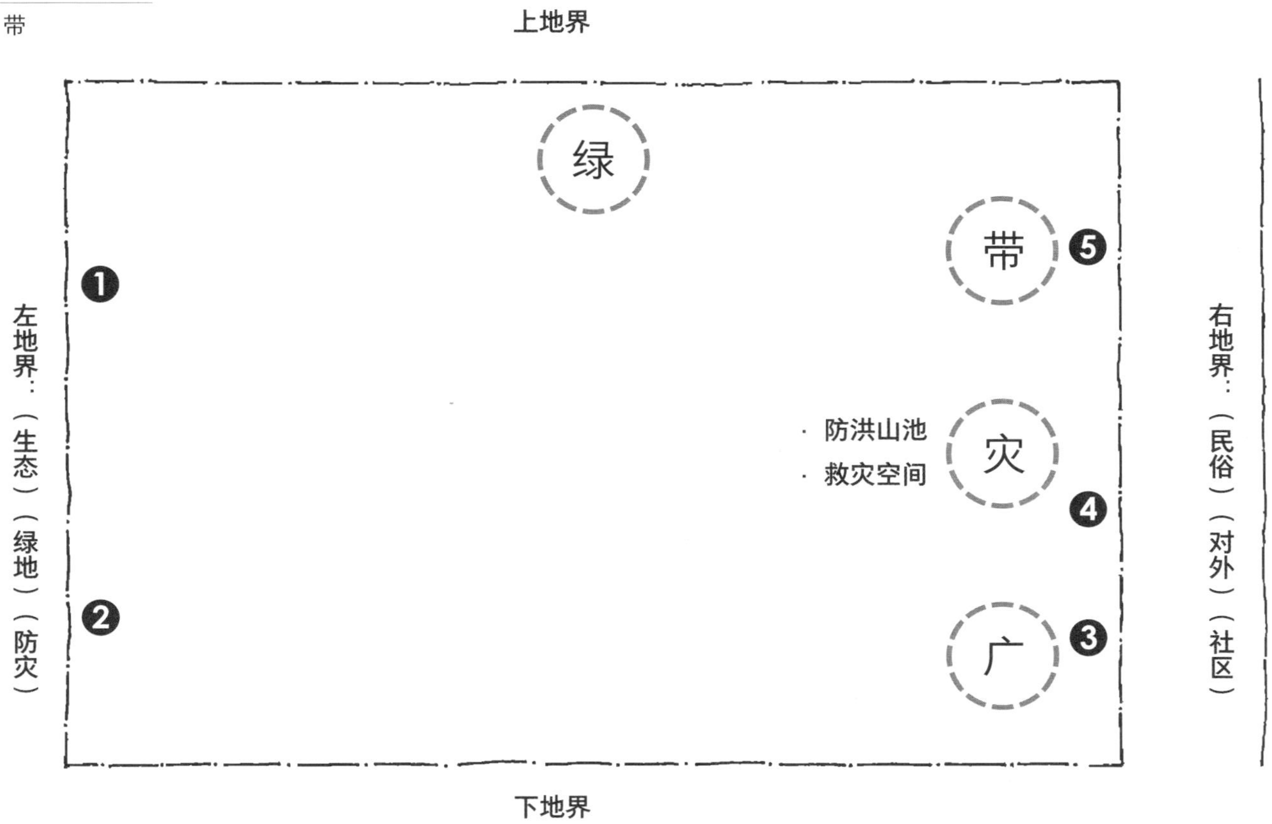

议题分析

		关键词	城市设计空间
左地界	❶	少数民族部落与自然环境息息相关	
右地界	❷	公共厨房，为老人送餐	集会
	❸	农村生计与耕地不可分离	
	❹	商店：社区招商、共同经营	作坊
上地界	❺	私人杧果园，只需其中一部分	
计划类关键词		· 不同家庭类型 · 依配置确定土地价格 · 剖面图：表达空间关系与品质 · 灾区	

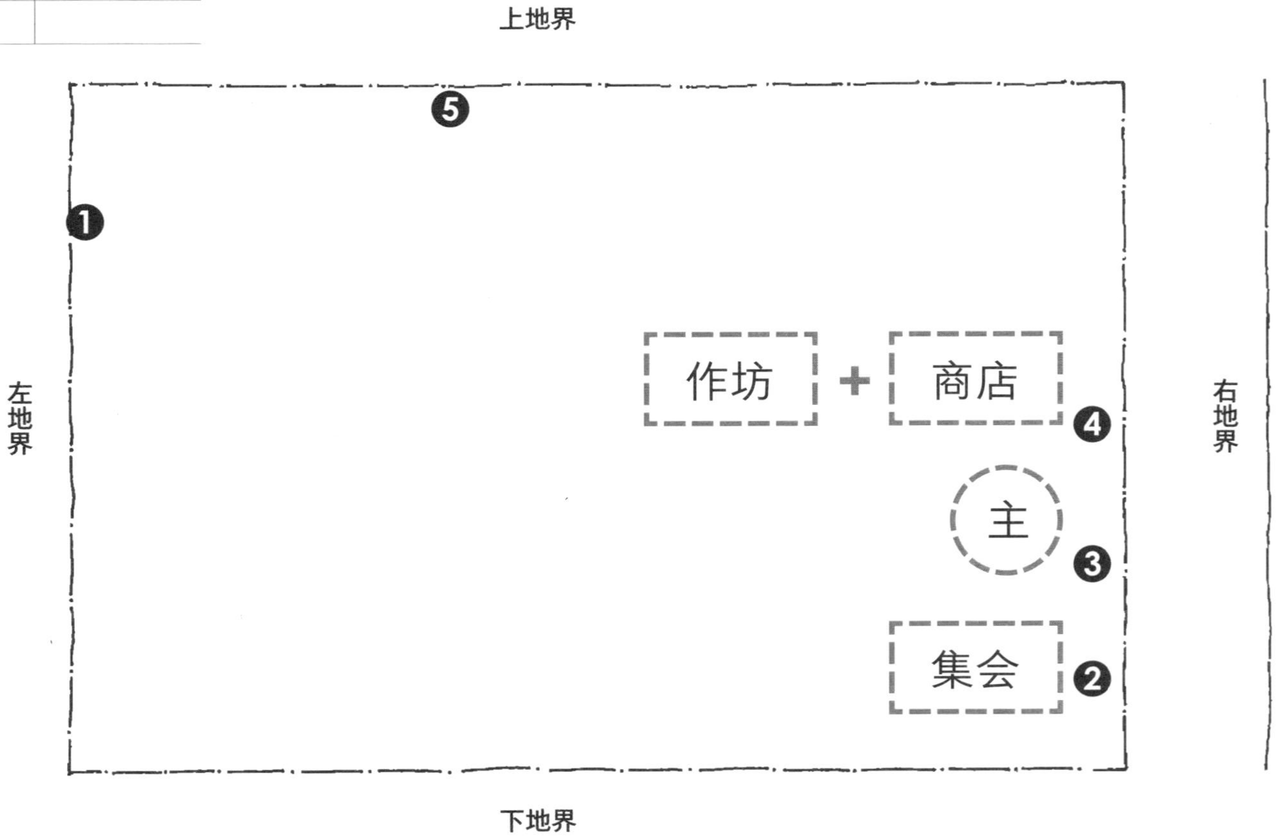

Q 最重要的设计线索在马路对面，要怎样应对？该不该建一座陆桥连接道路两侧的基地？

A：桥梁是迷人的立体空间构造物，但不能每个设计都做桥。

我们要明确建桥的时机。在设计中，我们需要考虑 3 个方向，以打破地域界线、连接区域，并满足被区隔的不同区域的需求。

一、区分被马路或河流分隔开的两个区域。这些区域的用户都是我们要服务的对象。例如，在这个问题中，我们需要为基地对面的科学园区上班族提供服务，解决他们子女入学的问题。因此，我们的设计需要着重考虑服务马路对面的人群。

二、桥梁作为一个迷人的三维结构，最大的特点就是可以在三维空间内展开。也就是说，它可以让你设计的平面图、透视图、立面图和情景小透视图充满空间想象力，并将它们串联起来。如果您的设计中存在具备活动性和吸引力的空间，您可以通过建造一座跨越道路的桥梁，将人流从其他地方引导过来。如果目标基地存在高低差异，那么桥梁这个元素可以用来转换高度。

三、如果这条河流或道路非常宽广，而且没有任何设施可供串联，这时建造桥梁就非常必要了。

环境分析

		关键词	城市设计空间
左地界	❶	12 m 宽道路	
	❷	8 m 宽路口	
	❸	透天低密度社区	
下地界	❹	大型办公园区、科研园区	入
	❺	地势低	建
	❻	无噪声研究园区	绿
右地界	❼	透天低密度社区连接另一侧	建 + 带
	❽	8 m 宽路口	广
	❾	12 m 宽道路	
上地界	❿	水位稳定的河流	
	⓫	20 m 宽河流	生
	⓬	15 m 宽缓冲绿带：应对极端气候	绿 + 带
	⓭	地势高 + 8 m	建

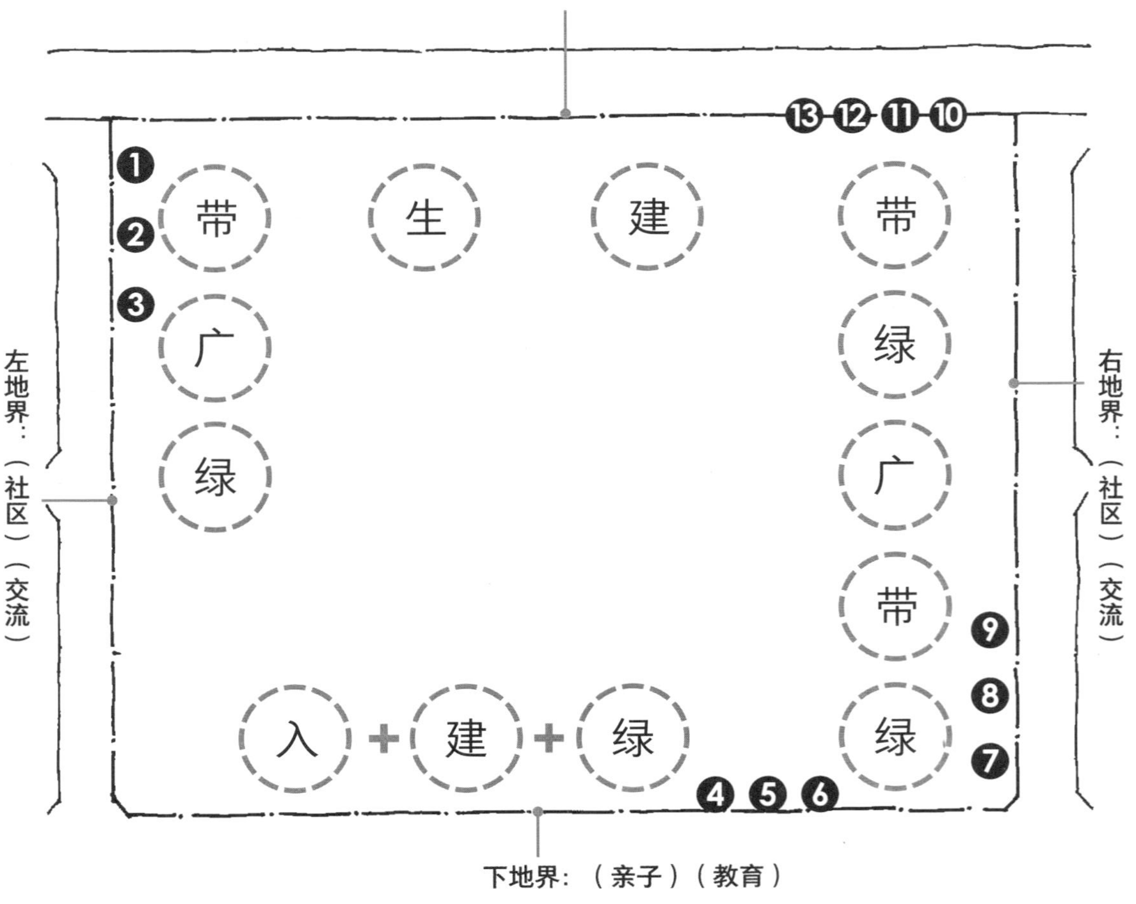

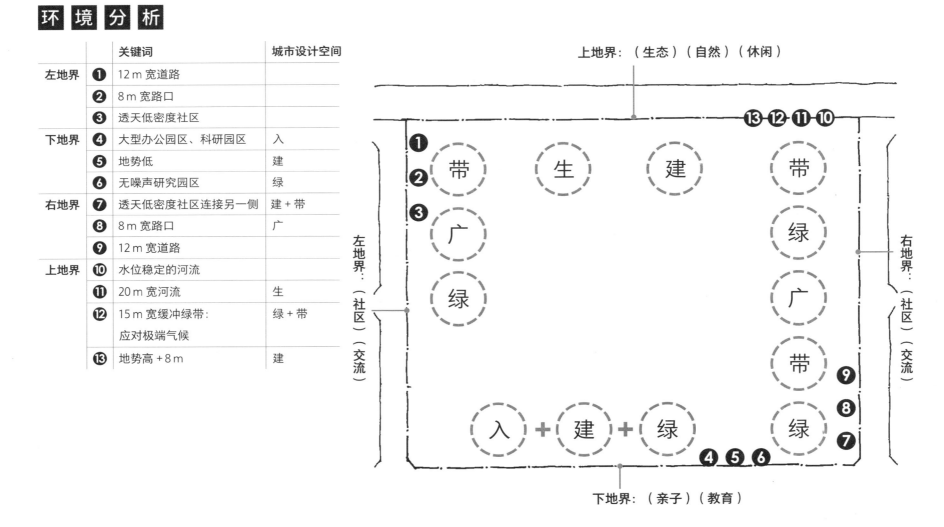

议题分析

		关键词	城市设计空间
左地界	❶	人与社会和谐	
	❷	打造园区与社区	
下地界	❸	不设运动场	
	❹	历史与未来和谐发展	
	❺	安排研究人员子女就学	教室
	❻	人行、自行车为主： 汽车和摩托车禁入	
	❼	无噪声研究园区	
右地界	❽	园区与社区居民和谐发展	
	❾	活动中心：促进社区融洽	
	❿	活动中心：促进民众健康	
	⓫	活动中心：三代皆有空间	
上地界	⓬	应对极端气候 15 m 宽缓冲绿带	
	⓭	人与自然和谐	公园
	⓮	公园：生态、休闲、养生	
计划类 关键词		· 和谐 · 可持续性友好环境规划设计	

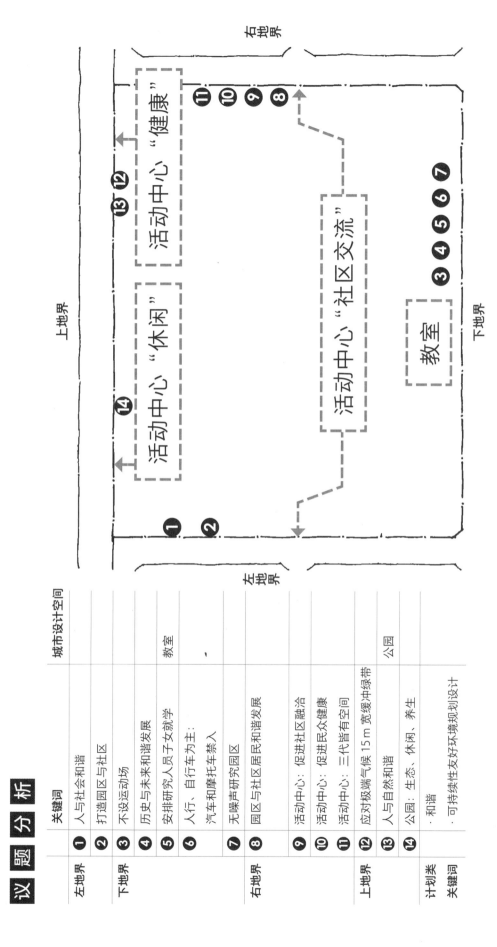

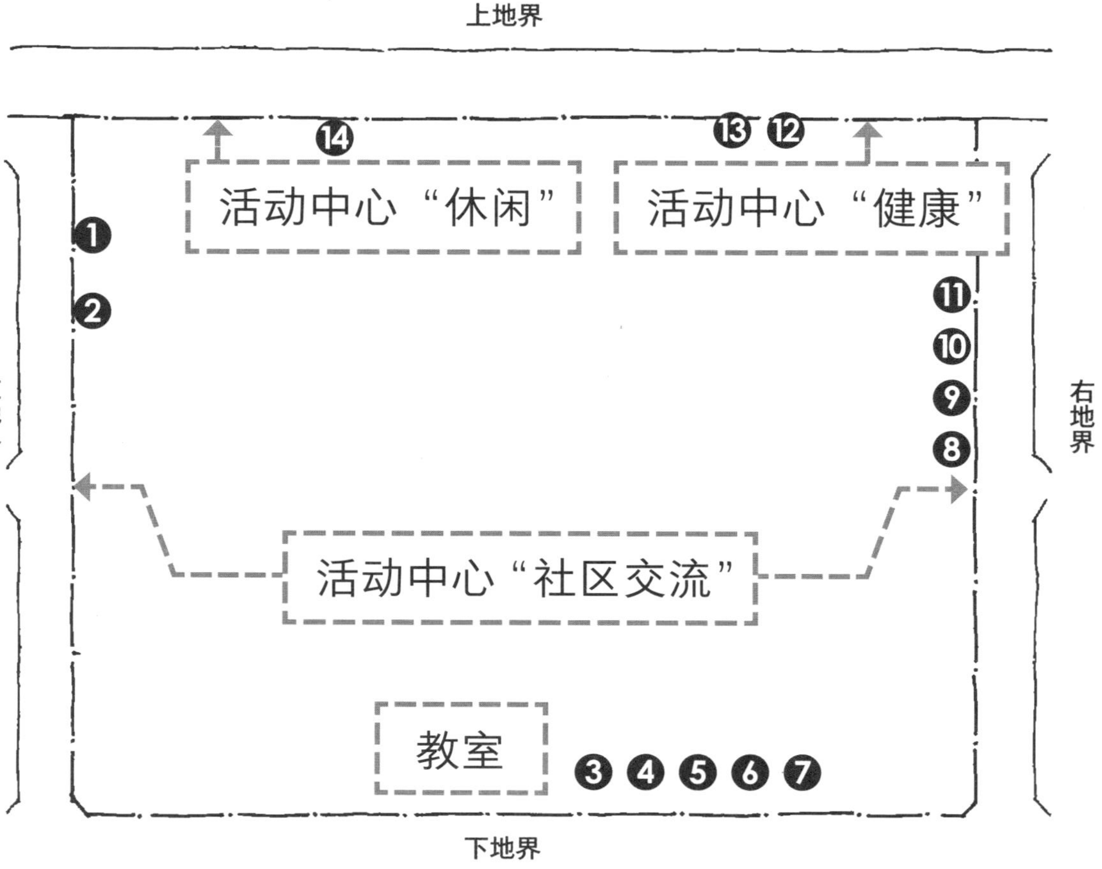

Q 没有建筑要求的题目（甚至没有功能），要怎么画图？

A：单纯为周围环境设定不同功能的开放空间。

从题目来看，这是一个比较特殊的建筑设计题，因为题目并没有提供除了停车空间以外的其他功能要求。可以说，它是一个不带任何地面层结构的建筑设计题目。尽管重点在于地下停车场的设计，但我们不能只画出地下室平面图，因为设计的重点还在于基地本身及其与周围环境的关系。因此，在设计方案中，需要将地下停车场与周围环境相融合，而不仅是呈现出地下停车场的平面布置。

即便在这样的情况下，我们也需要在设计图纸中画出这些空地的配置方案，虽然它们不包含任何建筑物。从设计的角度而言，通过开放空间、入口开放空间、人性化开放空间等主要空间区域，恰当地利用这些不能被用于地面层建筑的基地并不难。

我们需要精确地根据基地周围的环境条件来安排这些关键空间，一旦这些重点区域规划好，剩余的区域就可以根据景观设计原则进行相应的植被系统、铺面系统的布置。

环境分析

		关键词	城市设计空间
左地界	1	40 m 宽道路 + 15 m 宽道路	
	2	停车场作为公共性开放设施	
	3	改为地下二层停车场	
	4	提升停车场空间品质	
	5	15 m 宽道路 + 40 m 宽道路	
下地界	6	绿地	
右地界	7	公共性指标意义	
	8	停车场及公园使用立体化	
	9	缺少广场空间及公园	
	10	居民参与	
	11	商业活动密集	
	12	人口稠密（路窄）	
	13	8 m 宽道路路口	
	14	12 m 宽道路	
上地界	15	死胡同	
	16	12 m 宽道路	

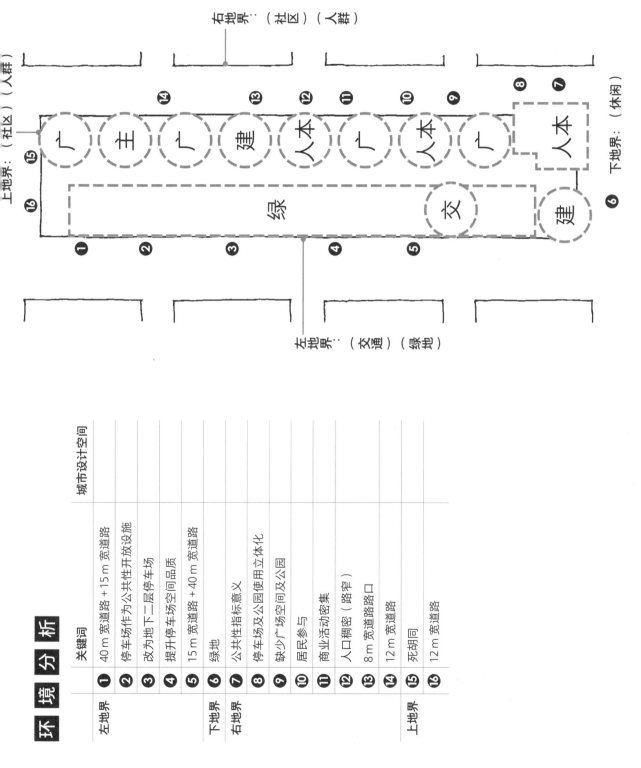

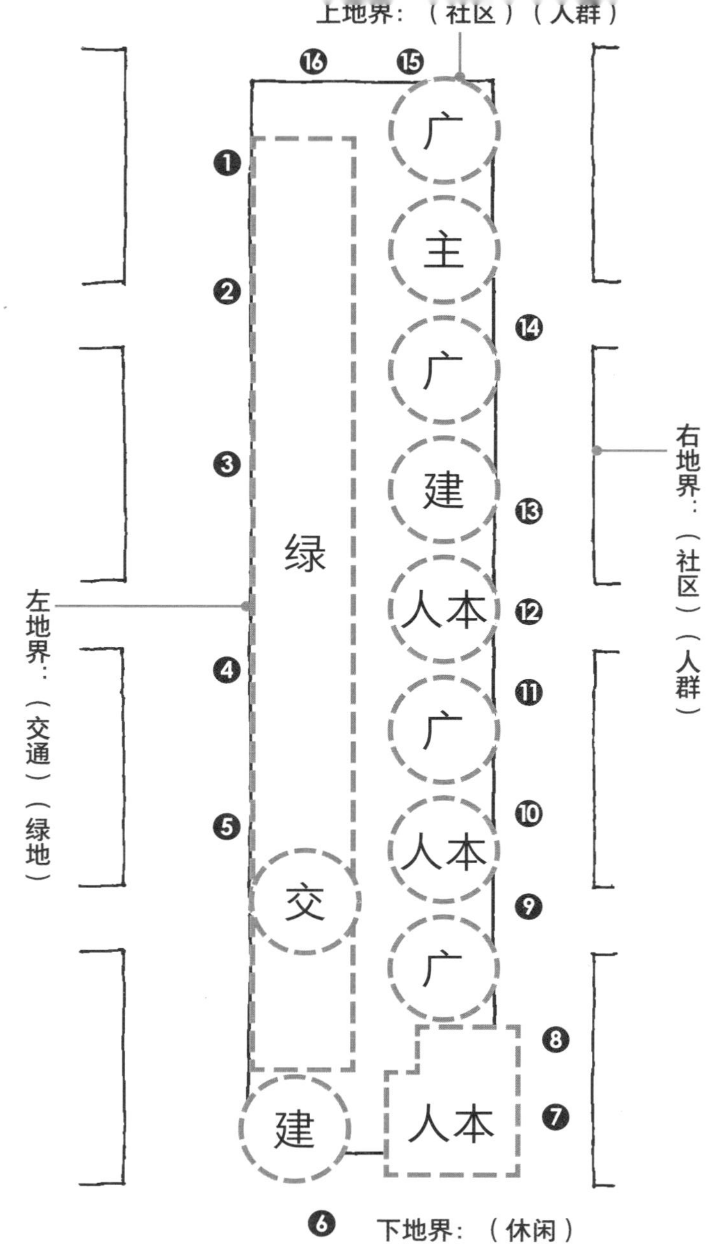

Q 基地中坡地地形的高差很大，画平面图的时候，要像施工图一样画出每一个高程的平面吗？

A：不用规划出不同的高程的平面，将入口或前方区域视为高程标准即可。

我看过一张这道题的练习大图，图纸上有一大片黑压压的区域，我问作者，为何要在图纸最重要的版面上画这么大一个看不懂的东西。他说他是用正确的平面图学要求画图，地面层抬高 150 cm 的高度位置是平面图的剖面高度，因此，基地较高的部分是自然覆土，所以图面上才有一大片土壤的填充线条。当时的我没好意思告诉他我的内心所想：“建筑设计，考验的是建筑师的设计概念提案能力。图学性质的问题还是留给施工图去解决吧！”

麻烦各位准建筑师，做设计的时候，要呈现的是你的想法而不是你的功力。由于考试制度年年调整，变化很快，阅卷老师可能没有太多时间来仔细研究你图面中的图学问题。因此，在设计绘图阶段，找主要配置、透视绘制和清晰度都是非常重要的。

在处理高度变化丰富的题目时，在绘制地面层配置图时，我们可以将基地内每个建筑的地面层入口或前方区域视为基准高程。如果基地内有许多建筑，则会有很多 GL 为 ±0 的区域。其他不是 ±0 的区域即为转换高程的区域。这样，整张图就可以呈现出美好的地面层了。

环境分析

		关键词	城市设计空间
左地界	❶	7.5 m 宽道路	带
	❷	绿地	
	❸	未来住宅	
下地界	❹	缓坡	开
	❺	公园	
	❻	夏季风	
右地界	❼	未来住宅	
	❽	绿地	带
	❾	11 m 宽道路	
	❿	交通便利	交
上地界	⓫	冬季风，东北方向视野佳	
	⓬	未来住宅	带
	⓭	6 m 宽道路	

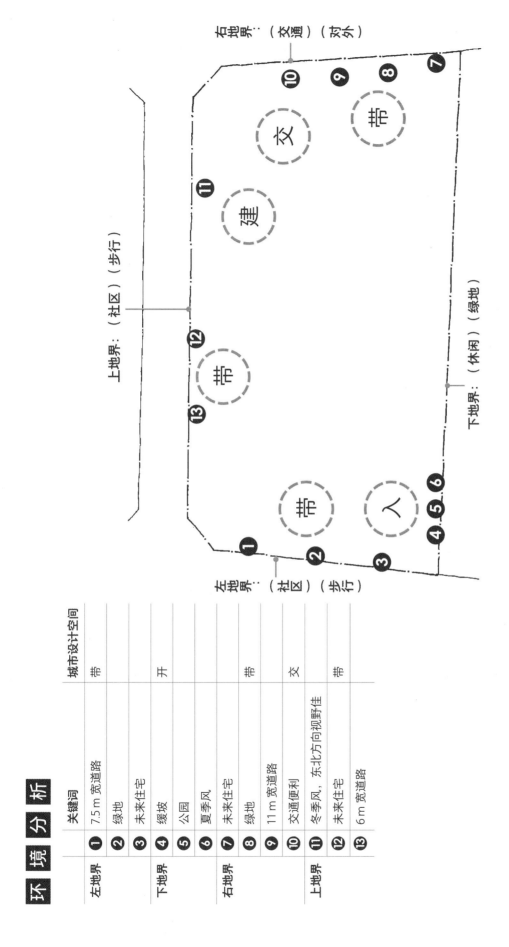

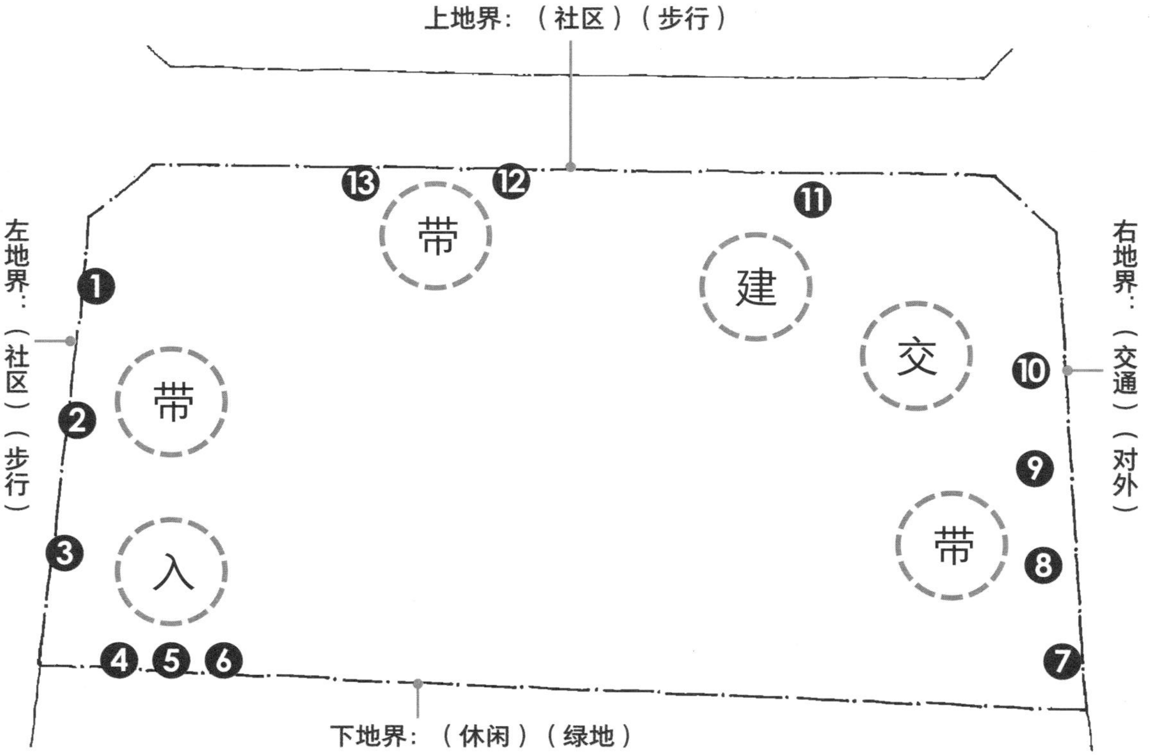

议题分析

		关键词	城市设计空间
下地界	❶	共享大厅	入
	❷	公共设施	主
	❸	每户绿化视野	
	❹	夏日通风	
	❺	绿地集中	
	❻	日照	
右地界	❼	人车分道	交
上地界	❽	冬季风	入
	❾	每户绿化视野	

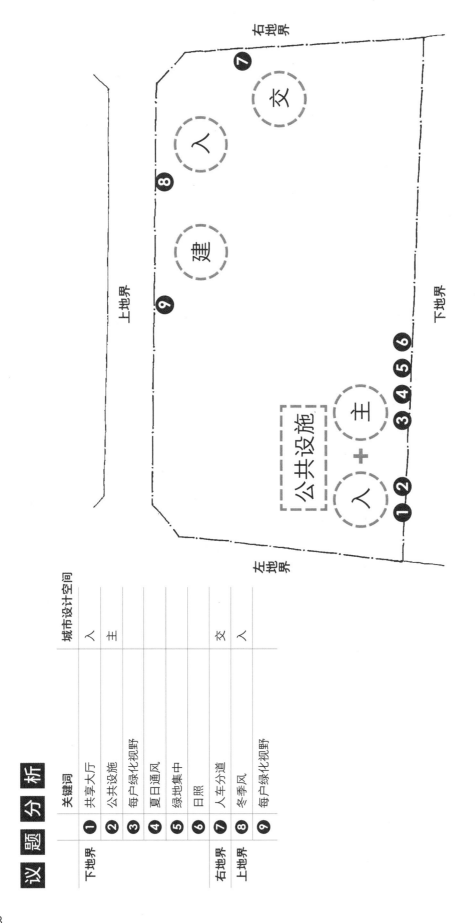

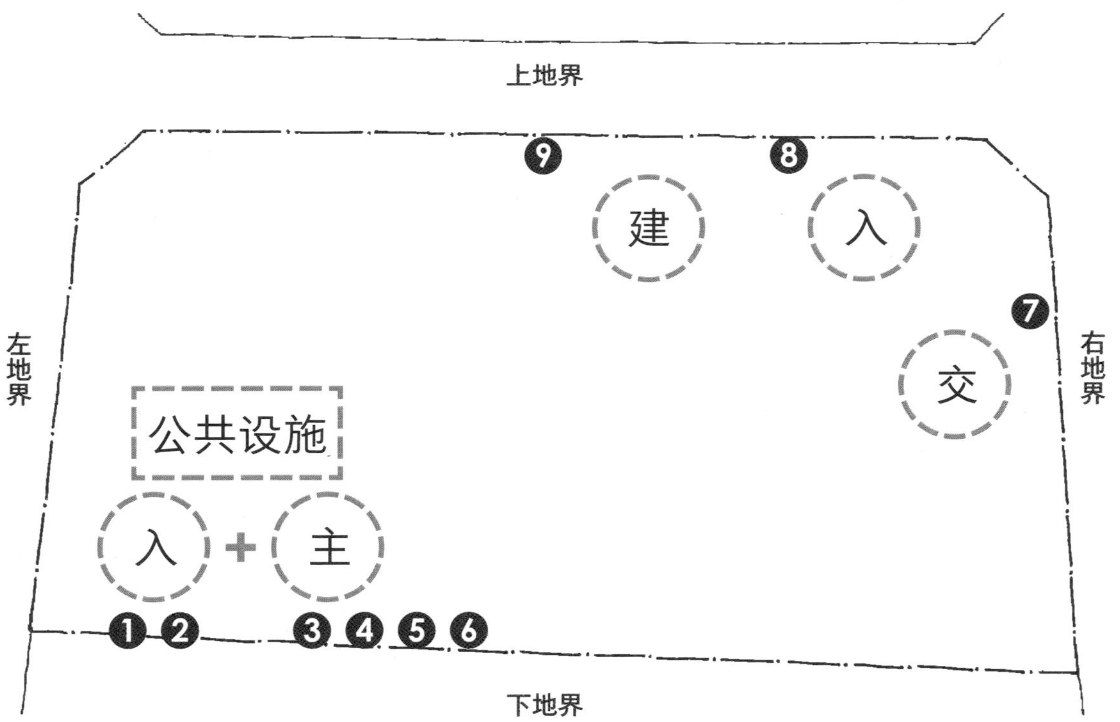

Q 哪一种主题开放空间不能有“活动”的设计？

A：有些活动空间只适合给动物使用，所以不能有“活动”。

我印象中的考题，大部分的设计都是以服务人为目标。无论是小区内的居民、小区外的城乡居民，还是需要被关怀的弱势群体，所有的设计都是为了让人们能够更好地享受。因此，每个主题开放空间的设计都与人类活动有关，希望吸引更多的人进入基地，参与其中的活动。但后来这个规律逐渐被打破，设计故事的主角中出现了生态保护区内受保护的动植物。

题目进一步要求，要尽可能减少人类对环境的干扰和影响，这将最大限度地影响基地内的主题开放空间。作为建筑师，我们很少有机会研究动植物在主题开放空间中的活动，实际上它们并没有活动。因此，主题开放空间的形态应该是一个尽可能维持原有自然环境的区域。在这个区域的周围，应该设置低调的生态观察空间，以保护这个美好的自然环境。

至于游客需要休闲的场所，你可以在基地周围寻找一个离自然环境最远、对环境影响最小的地方，并设立入口开放空间。与其他正常的主题空间不同的是，这个开放空间应该尽可能地藏在建筑物后面，以减少对环境的影响，同时满足游客的休闲需求。

环境与议题分析

		关键词	城市设计空间
左地界	❶	洪泛区	
	❷	考量洪泛	
	❸	缓坡区（落差 2 m）	灾
	❹	视野佳	
	❺	湿地，保护区	生
	❻	赏鸟	建
	❼	环境教育	
下地界	❽	夏季风	绿
右地界	❾	连接滨河自行车道	广
	❿	踏青（休闲）	入
	⓫	滨河绿带	
	⓬	6 m 宽自行车道（服务道路）	交
	⓭	动物侵扰	
	⓮	缓坡商区	建
	⓯	冬季风	
上地界	⓰	生态观测	建
	⓱	3 m 宽道路，可赏鸟、踏青	生
	⓲	湿地，保护区	
	⓳	视野佳	主

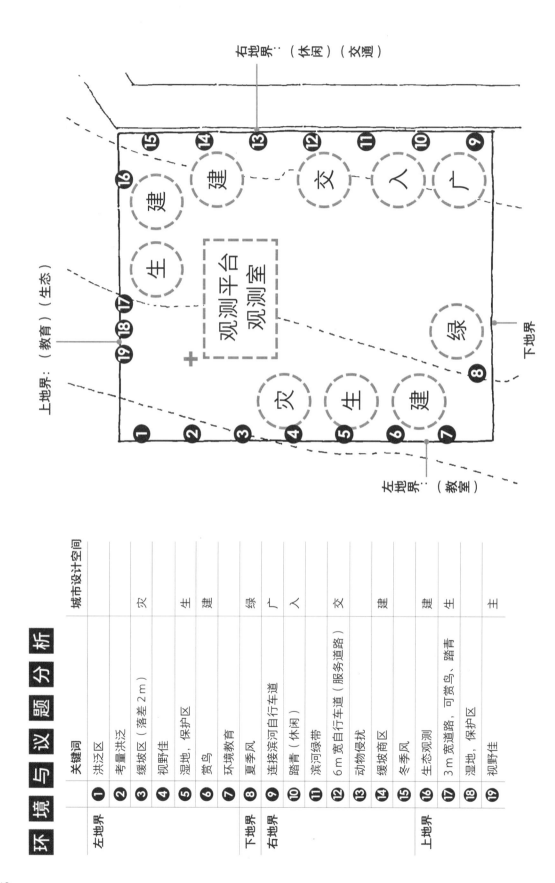

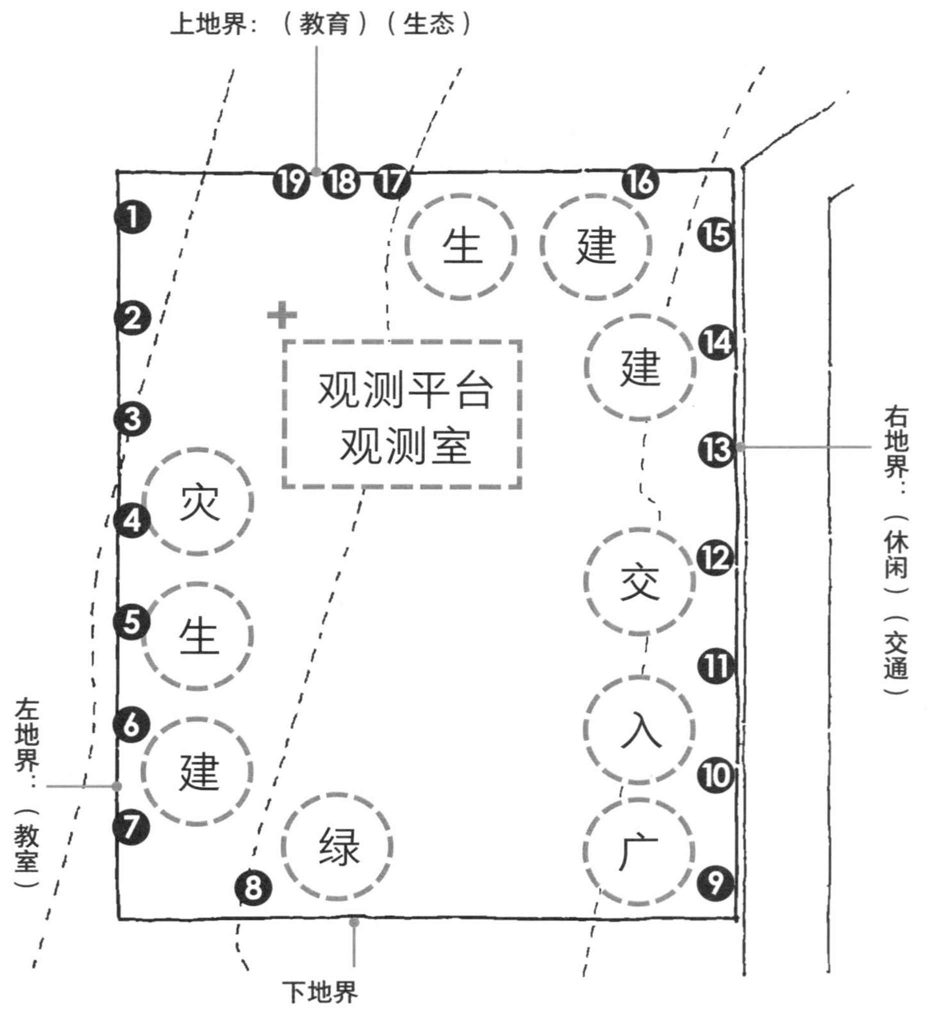

Q 基地的文字说明中，关于环境的描述包含了离基地很远的诸多公共设施，要怎样去表示或说明关系？

A：每个基地都有它存在于城乡环境中的角色，可以用开放空间的手法来定义这个角色。

这个角色与基地所处的位置和大小范围密切相关。因此，在进行设计时，不能仅关注基地内部空间的布局，也不能只考虑周边环境的友好性，还要处理基地所扮演的角色，以及该角色应具备的形态。

根据这道题的内容，该基地周边不同路径和方向上存在着不同功能的机构和建筑。这些设施空间可以通过河川旁的绿带路径串联起来。基地本身位于其中一块绿地旁边，并且靠近一条交通要道，是连接周围所有重要机构的枢纽。因此，最适合的空间形式是人本广场式的开放空间，以“友善对待周围小环境”的方式让城市居民通过留在基地内的美好开放空间转换到其他地方。

如何在大图上表现这样的空间关系？实际上很简单，当进行基地环境分析时，需要将分析范围扩至最大，并善用各种不同的箭头或标识指向各个空间，以说明它们之间的关联性。

环境分析

		关键词	城市设计空间
左地界	❶	6 ~ 10 层高层建筑物	建
	❷	18 m 宽道路	
	❸	32 m 宽道路	绿
	❹	中学大型公园	
	❺	地铁站	入
下地界	❻	夏季风	
	❼	绿带	
	❽	5 m 宽河流、地势低、易淹水	广
右地界	❾	商场、小学、机构	
	❿	既有巷道	广
	⓫	3 ~ 4 层独立低矮建筑	绿
上地界	⓬	冬季风	
	⓭	地势高	

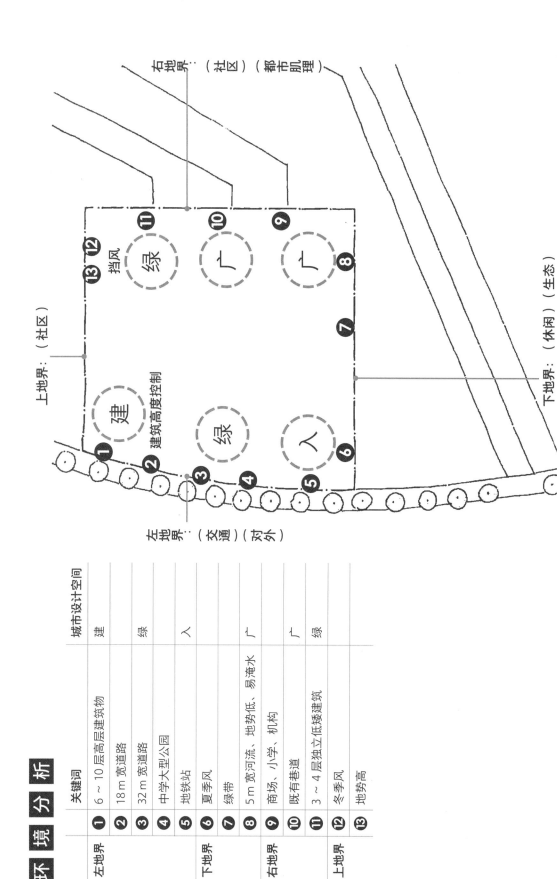

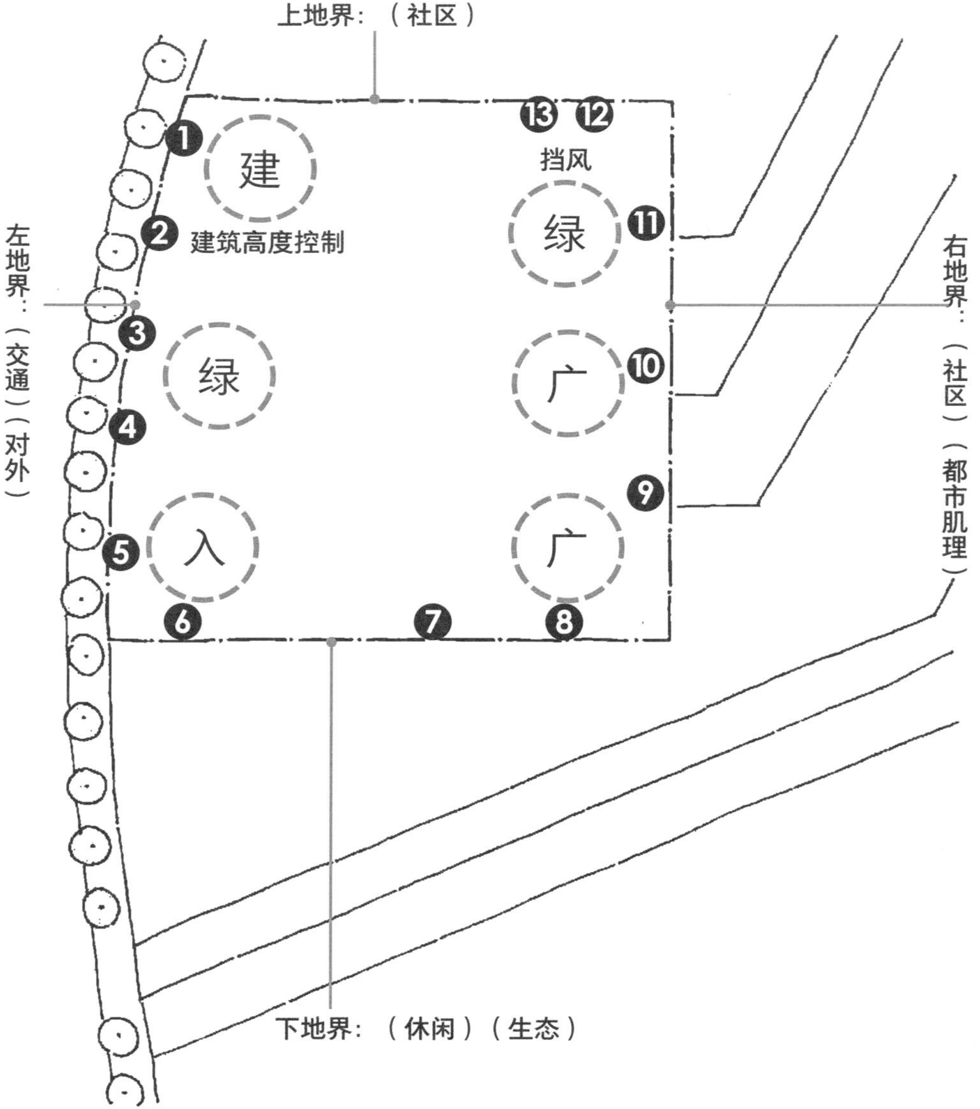

议题分析

		关键词	城市设计空间
左地界	❶	人行道	带
	❷	公共机构	广
下地界	❸	同时规划绿地 B	广
	❹	提出绿地 A、C 的构想（简单维护）	
	❺	绿地 B	
右地界	❻	对周围环境友好	广
上地界	❼	老龄化社会（低矮旧社区）	

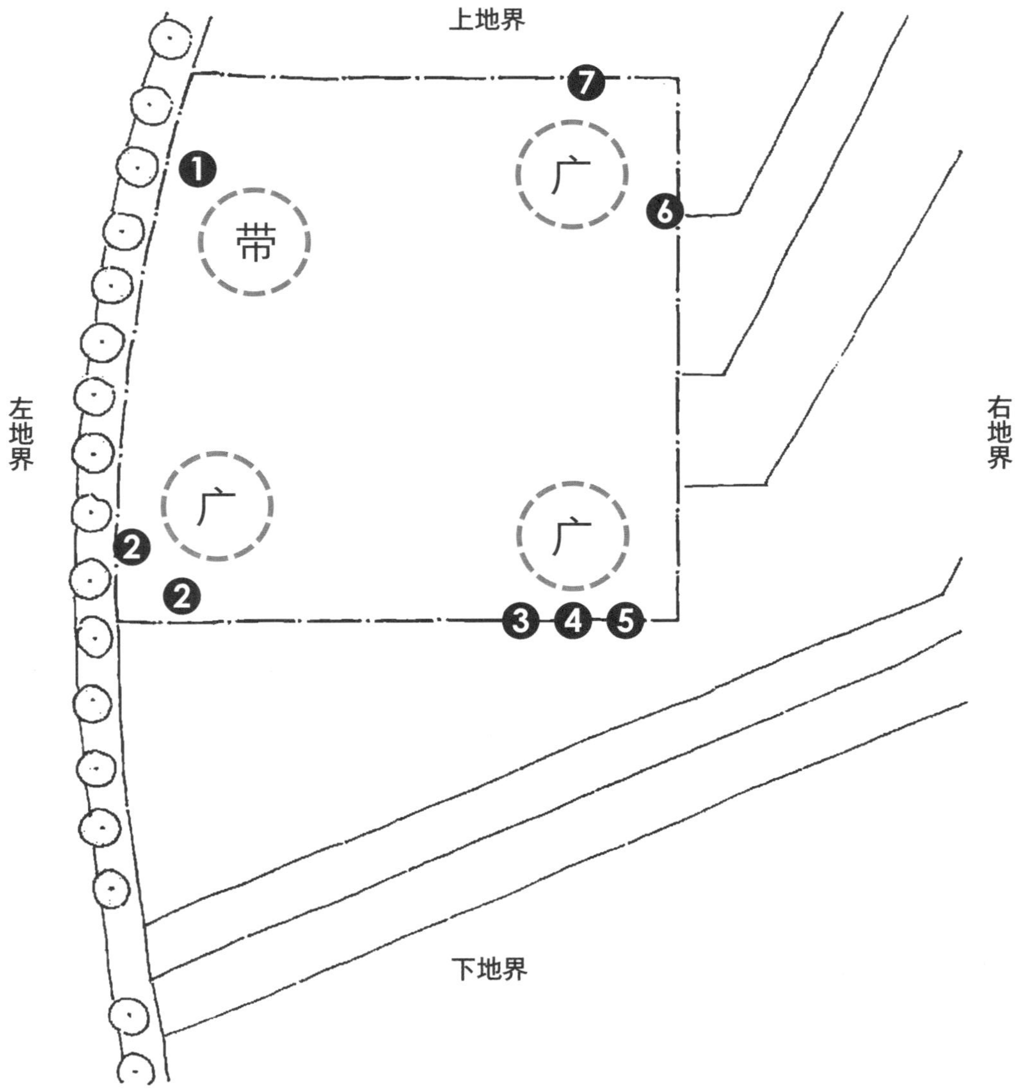

场地设计 | 国际青年文化村

Q 基地周围的设计线索，只有两条一样宽的道路和满满的森林，要怎样产生设计的重点区域？

A：从公共到私密，从户外到半户外。

撇开基地中的两棵既有大型乔木不管，如果整个基地光秃秃的，只剩下 4 个地界，地界又只有道路和树林，那该如何安排基地内的配置？

在面对这个问题时，首先需要回顾一下附录中“儿童图书馆与社区公园的设计思考”一题的要求，找出空间的角色，并排列有序的空间组织。但是，这又引出了新问题：什么是有序的空间组织呢？针对这个问题，我们可以认真审查设计要求。实际上，很多设计题目都会给出一个简单的设计要求，如“从公共到私密”“从户外到半户外，再到室内”。这些貌似平淡无奇的描述，实际上是我们进行设计时必须遵循的原则。

因此，如果基地环境没有明显的设计特征或线索，我们可以自行假设基地周围最可能成为入口开放空间的位置，以及基地中可能是最重要主题开放空间的位置。然后，从入口的开放空间开始安排一系列空间，包括主题开放空间、有趣的半户外空间、建筑物入口空间、重要的室内空间，以及最后不太重要的停车空间。这样就能够形成一个有逻辑的配置序列。也就是说，如果基地周围有一条很长的马路，我们可以自行设定哪个区段适合作为入口，哪个区段远离人群，可以当作停车空间或入口。在设定好这些细节之后，就可以按顺序排列各个空间，并完成整个空间布局的设计。

环境分析

		关键词	城市设计空间
左地界	❶	树林	建
	❷	12 m 宽道路（短）	交
下地界	❸	风景优美	建
	❹	坡地（低）	建
右地界	❺	树林	建
	❻	大树	主
下地界	❼	树林	
	❽	坡地（高）	建
	❾	12 m 宽道路（长） （屋顶平台应用）	入
	❿	风景优美（高处） （外来人士）	

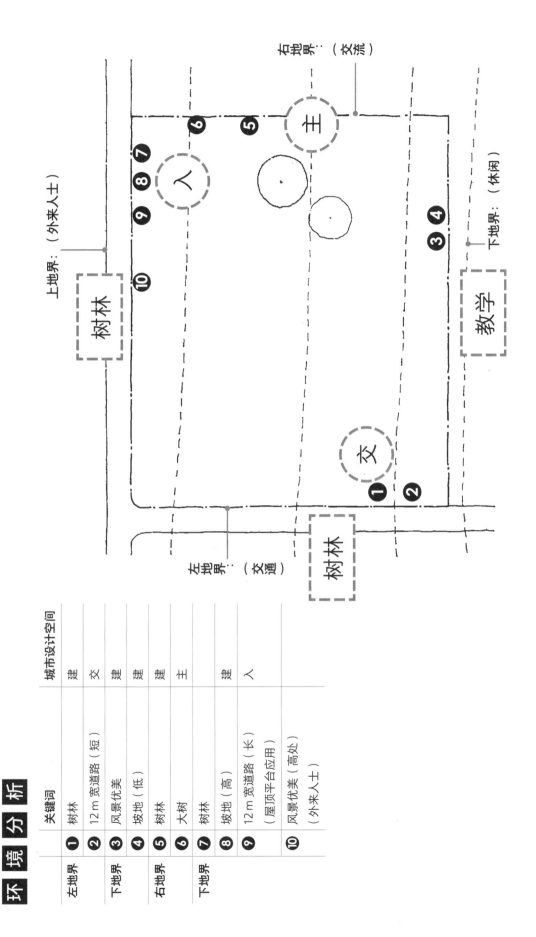

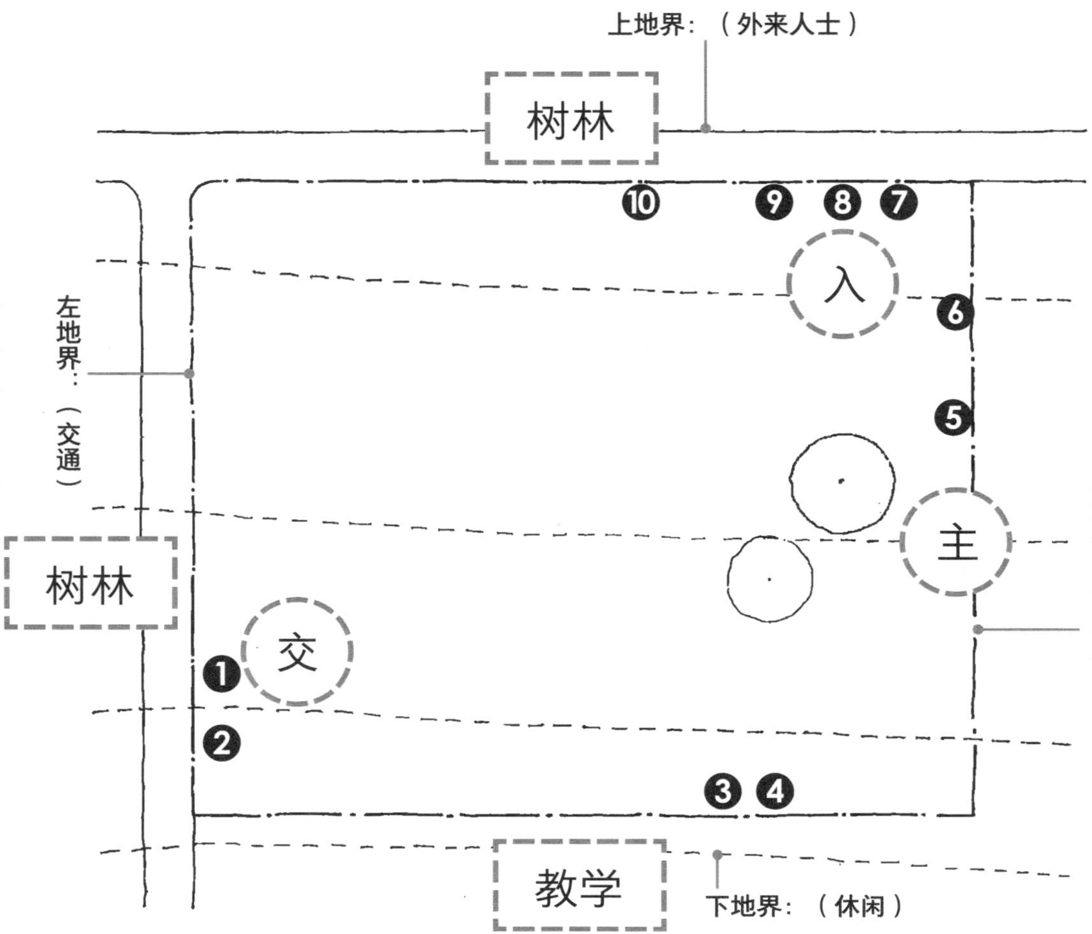

议题分析

		关键词	城市设计空间
下地界	❶	培养青年的视野（教学）	
右地界	❷	定期举办活动（交流）	主
	❸	青年交流（多功能）	
计划类关键词		· 无障碍环境→计 · 户外空间特征→计 · 3 层为限，斜屋顶→剖	

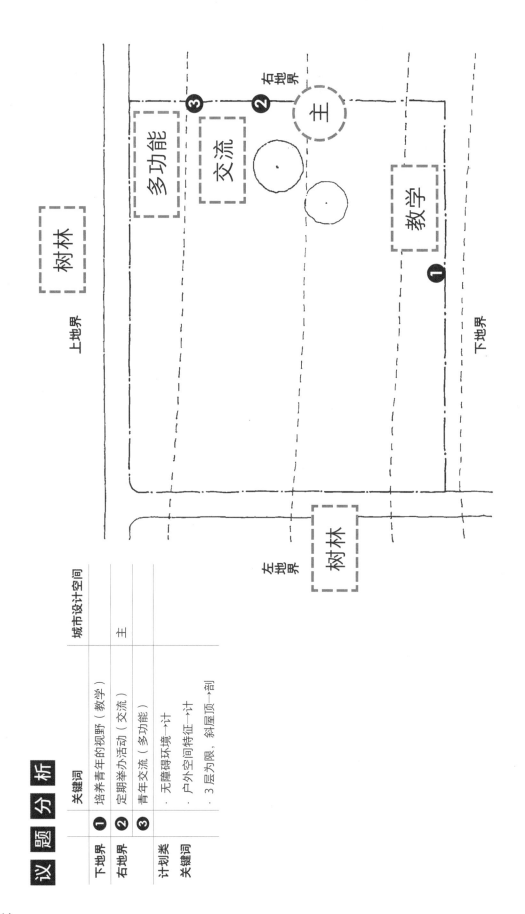

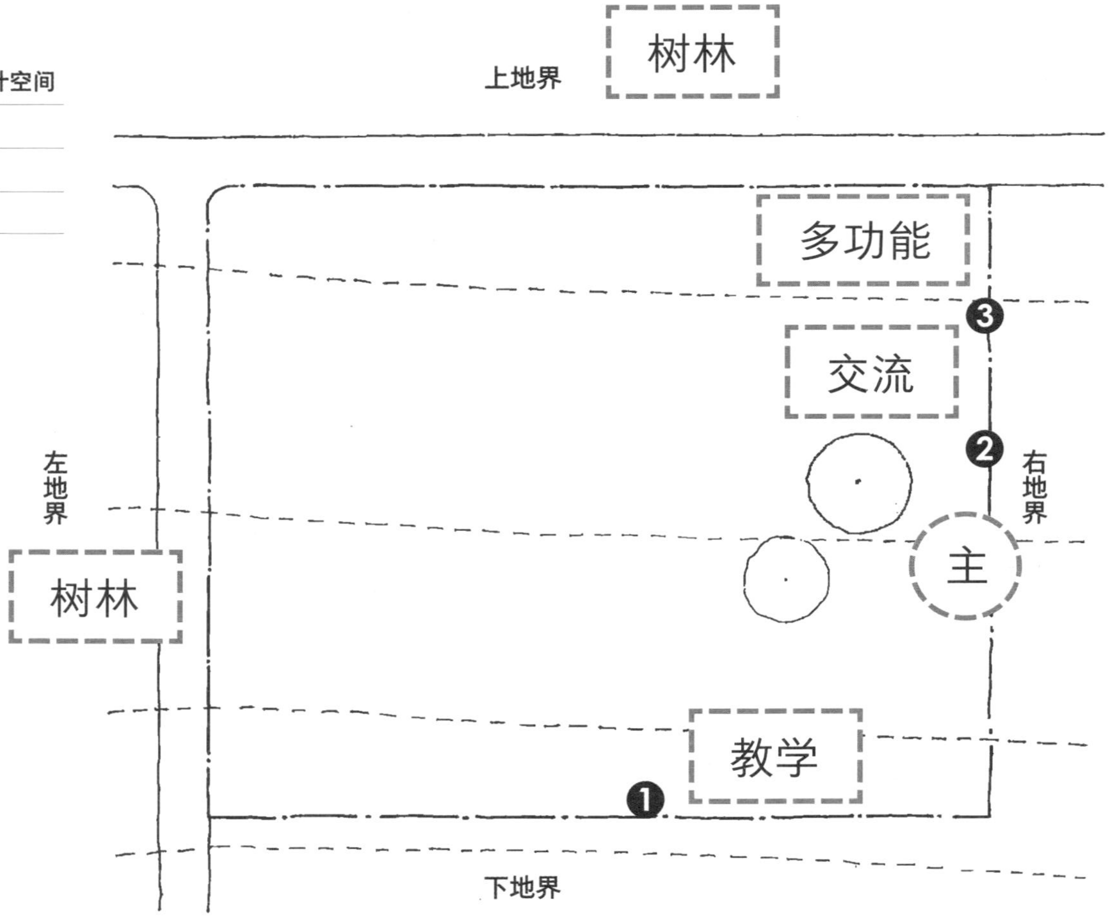

场地设计 | 社区老年大学

Q 没有标示入口和围墙的校园很重要吗?

A：不是所有人都需要被校园服务。

校园的情况需要分成两个方向来考虑。第一个思考方向是设计基地内的建筑功能以及校园教育功能的合并利用可能性。本题目服务于小区中的中老年人群，要求功能以交友与健康为主，较少涉及学习形式的空间。也就是说，学校在基地旁边，其最大的存在价值是“必须被连接的公共机构之一”，而不是需要认真思考如何与设计基地友善结合的项目。

第二个思考方向是基地在校园中的位置。通常情况下，它是校园的入口或侧门。如果这个设计有影响因素，那么在规划基地时需要包含一个可以友好对应的节点——广场空间。无论围墙内的空间有多重要，它也只是一片具有管理功能的区隔内外的围墙。在这种情况下，设计时不需要太过费心处理它，因为这片围墙并不会带来人流和活动。

然而，本题最有趣的地方是，在基地图上，没有出入口和围墙，只有文字。这意味着你的设计需要有效地针对周围的公共机构做出连接，而不需要花太多精力在“校园”这个概念上。

环境分析

		关键词	城市设计空间
左地界	❶	20 m 宽道路	交 + 入
	❷	地势低（ ±0 ）	建
	❸	低洼处淹水	建
	❹	绿地	广 + 历史建筑
	❺	12 m 宽道路	交
右地界	❻	小学	广
上地界	❼	老树，遮阴休闲场所	广
	❽	传统市场	广
	❾	地势（ +0.5 m ）	建
	❿	12 m 宽道路	带

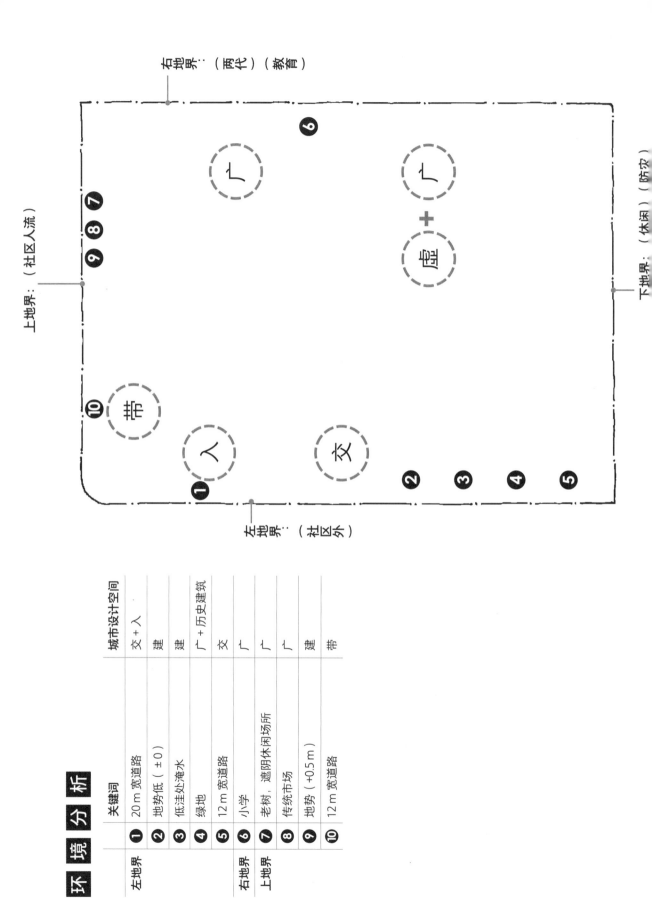

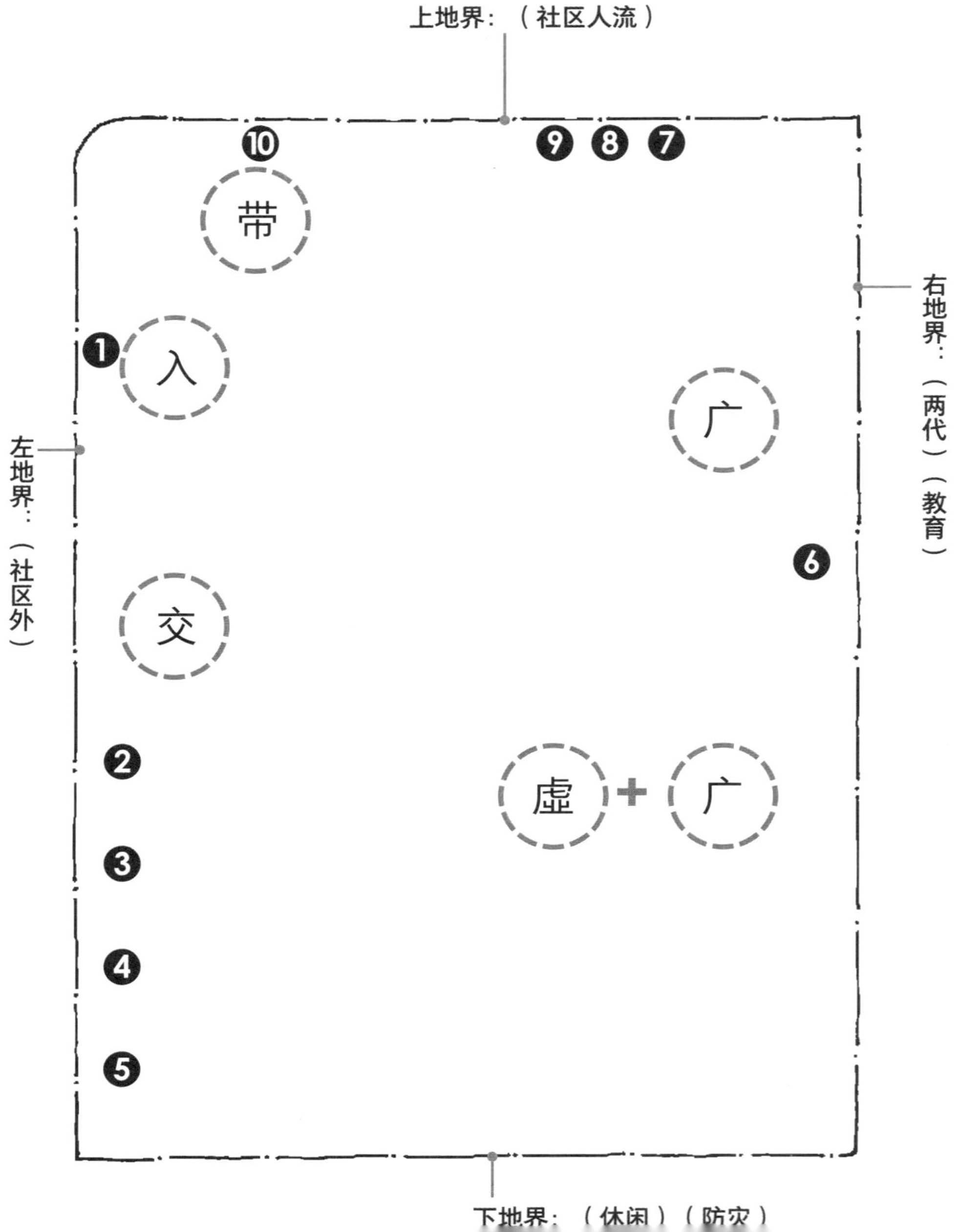

议题分析

		关键词	城市设计空间
左地界	❶	旧社区	
	❷	人车动线	
	❸	绿化	
	❹	低洼处淹水	
下地界	❺	低洼处淹水	
	❻	娱乐	
右地界	❼	学习（阅读）	
上地界	❽	老树遮阴、休闲	
	❾	交流（公共餐厅＋厨房）	
	❿	餐厅	
	⓫	旧社区	
计划类关键词		· 舒适 · 安全 · 卫生 · 适应物理环境：日照、通风、采光、噪声	

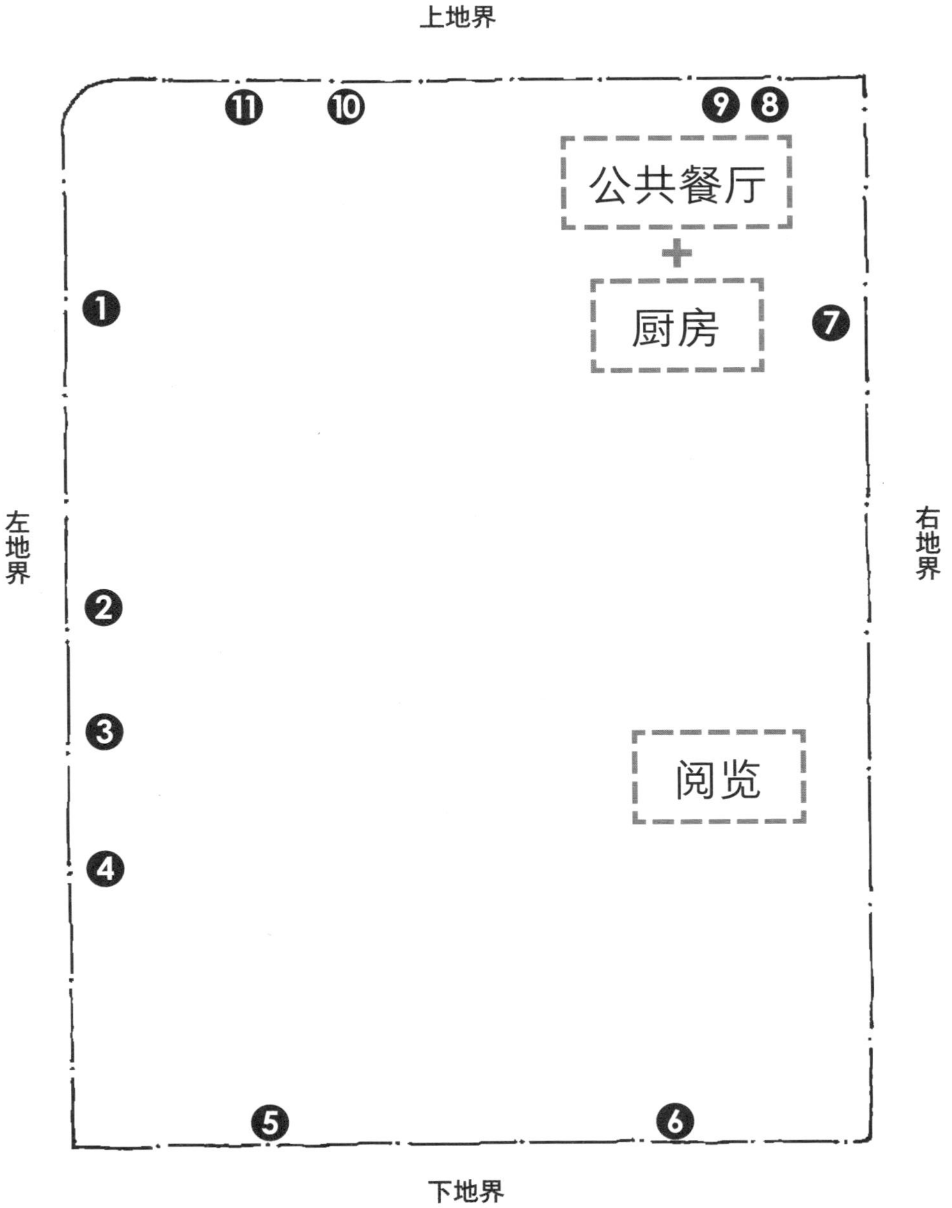

场地设计 | 城市中的文创园区

Q 基地形状很奇怪，还有很多大型树木，要如何做设计？

A：为每个地界设定性质，根据性质匹配空间。

当年考完这道题后，很多人第一时间发信息给我，疯狂地说：阿杰的设计策略被看穿了，出题老师故意针对阿杰出这种怪题目。我必须说，我们做惯了历年试题，从来没有机会拿到最新的题目提前在家练习，再去参加考试。因此，有这种感觉是正常的。面对这种“超级多边形”的题目，应用读书会的解题原则，同样可以找到符合我们设计文化的最佳解题策略。

首先，这个题目的服务对象是文化产业的工作者。也就是说，设计的重点不在于周边基地的居民，而是通过地铁和水岸自行车道，吸引来自整个城市所有对文化产业有兴趣的人。因此，配置的发展会尽可能靠近地铁设施和水岸自行车道，以及古迹建筑。换句话说，基地左侧那个形状特异、种满大树的区域，只要保留其生态环境的原貌或为了建筑调整乔木位置，就很容易满足出题老师对应考者提出的设计要求。

环境分析

		关键词	城市设计空间
左地界	❶	8 m 宽巷道口	
	❷	高层建筑	
	❸	8 m 宽道路	
	❹	4R 建筑	带
	❺	12 m 宽道路	带
下地界	❻	大树	
	❼	既有历史建筑	广
	❽	16 m 宽道路	入
	❾	地铁站出入口	入
	❿	12 ~ 15R 建筑	带
右地界	⓫	12 m 宽道路	带
	⓬	地铁站出入口	入
	⓭	大树	入 + 生
	⓮	12 m 宽道路	带
	⓯	人行道	广
	⓰	绿带	广
	⓱	自行车道	广
	⓲	河岸绿带	广
	⓳	绿带路口	广
上地界	⓴	主量体 10 ~ 15R 建筑	建
	㉑	大树	生

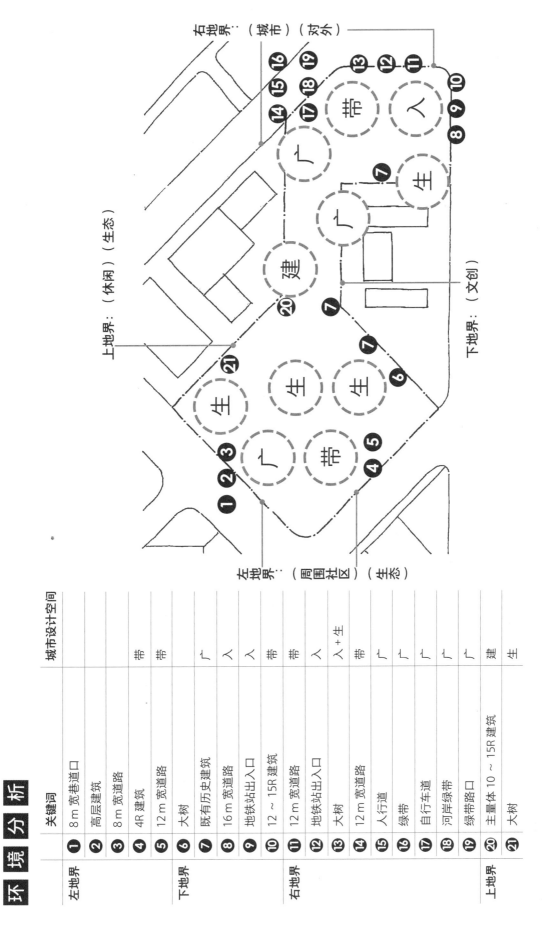

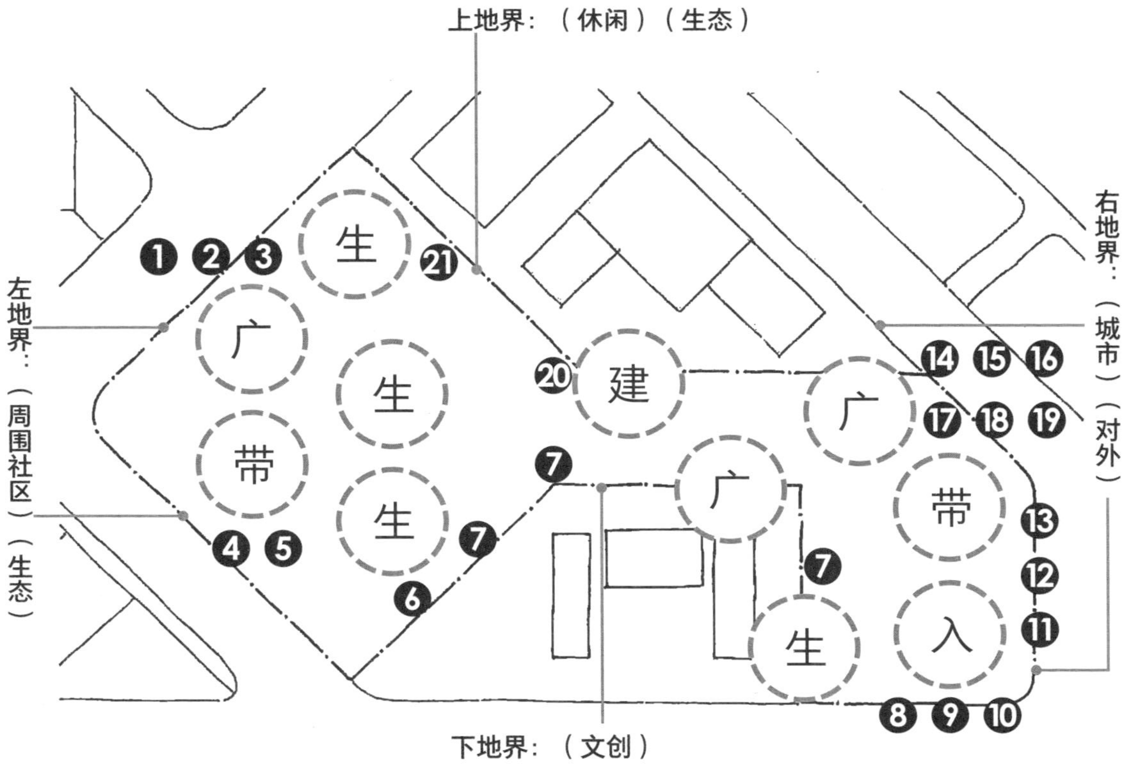

议题分析

		关键词	城市设计空间
下地界	❶	创新产业	主
	❷	多功能展场	
	❸	都市活力（开放式餐厅）	

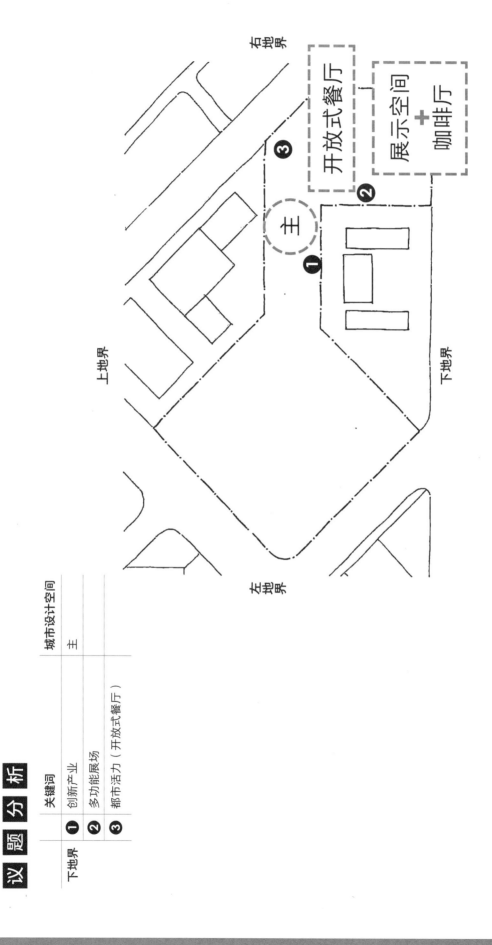

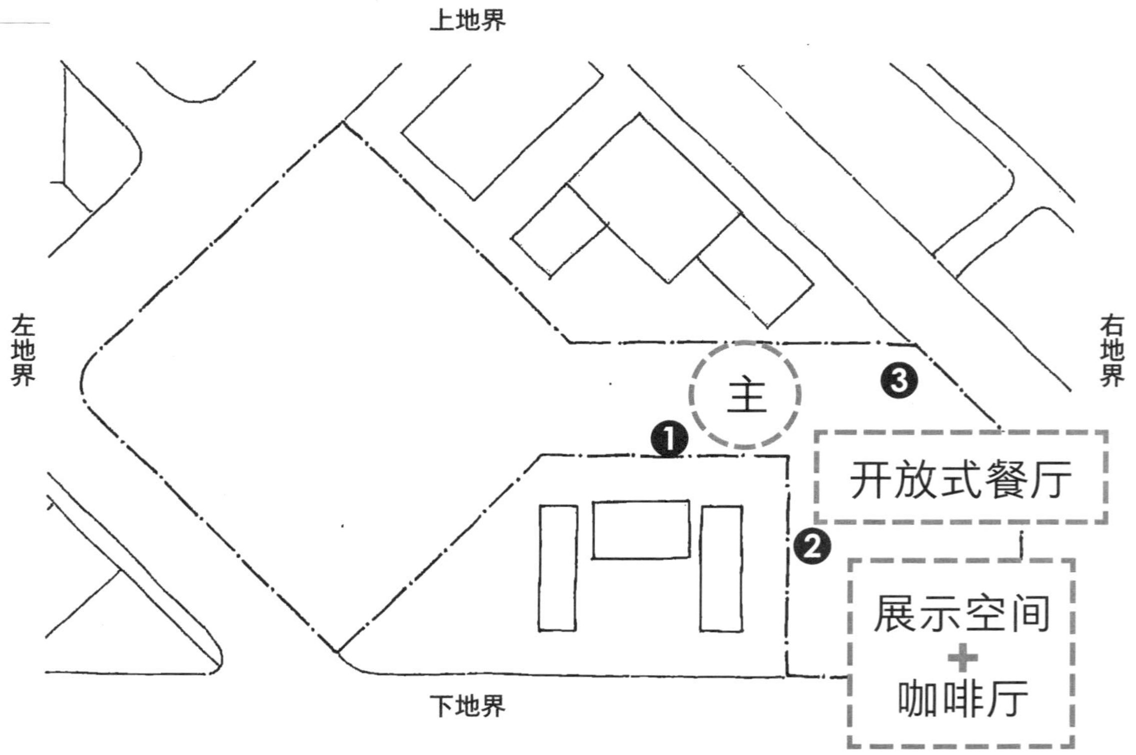

Q 基地周围的社区居民和城市其他居民哪个更重要？

A：如果是针对特定对象的问题，通常不应该只考虑服务于某一范围内的人。

这是我们在阅读题目时做出的初步判断。先确定一个问题所设定的服务对象，是基地周围的居民还是整个城市的居民，这是解决问题关键的第一步，也是影响设计成果的重要因素。

回头想想，这个题目是“新居民文化交流中心”，题目所服务的对象在基地周边区域是否为主要组成部分？建筑完成后，为了能够持续运营，使用者是否需要扩大到整个城市的新居民，而不仅是基地周边的小区居民？思考了这些问题之后，这道题的答案就呼之欲出了。

没错，我想大家的想法是一致的，如果想要维护建筑的基本运营能量，并发挥最大的效果，则服务对象范围必须扩大到整个城市的新居民。

环境分析

		关键词	城市设计空间
左地界	❶	6 m 宽道路	带
	❷	4 ~ 7R	广
下地界	❸	6 m 宽巷道	带
	❹	2 m 宽道路	入
	❺	40 m 宽道路	入
	❻	季风 12R	
	❼	9 m 宽巷道	带
	❽	三角形社区公园	广
右地界	❾	4 ~ 5 层老旧公寓	广
	❿	4R 老旧公寓	
上地界	⓫	4 ~ 5R	广
	⓬	对侧，4 ~ 5 层老旧公寓	广
	⓭	6 m 宽巷道	带

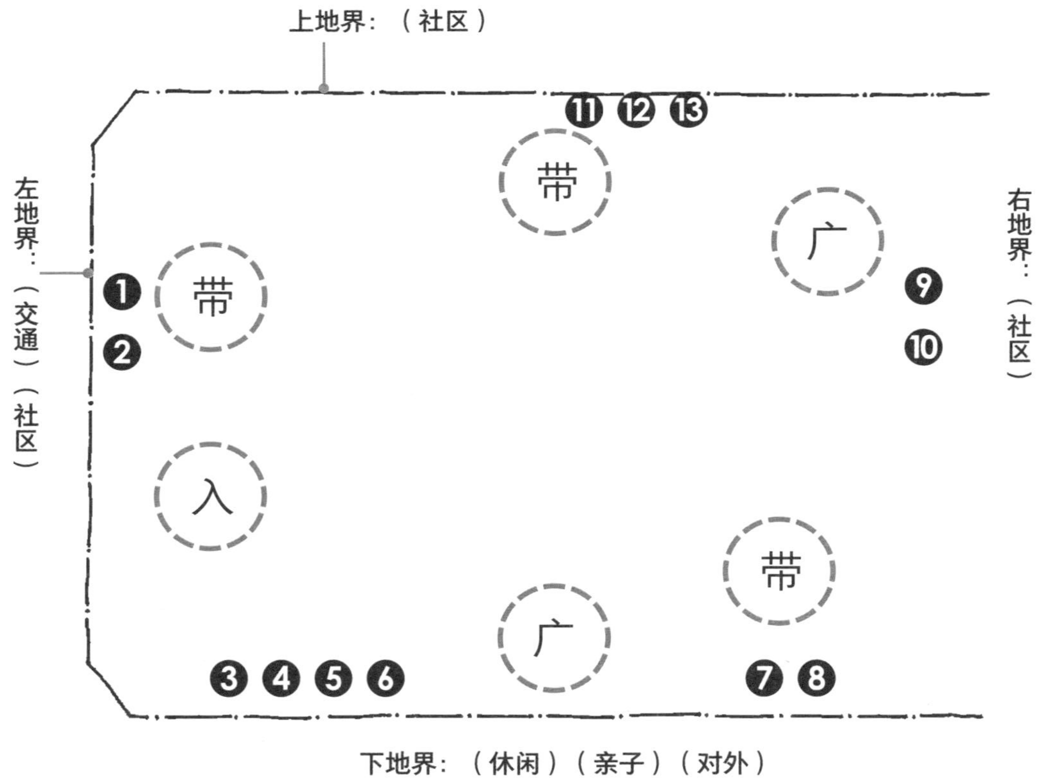

议题分析

		关键词	城市设计空间
下地界	❶	聚会场所	
	❷	交流	
	❸	第二个家	
	❹	法律咨询	
	❺	心理咨询	
	❻	关怀探访	
	❼	紧急安置	
	❽	志愿者培训	
	❾	陪伴生活，与当地生活融合	
	❿	新兴族群与当地生活接轨	
	⓫	社群共享社会资源→ （新居民、亲子共享、餐厅）+ （亲子）	
	⓬	亲子活动	
上地界	⓭	社区宣传	

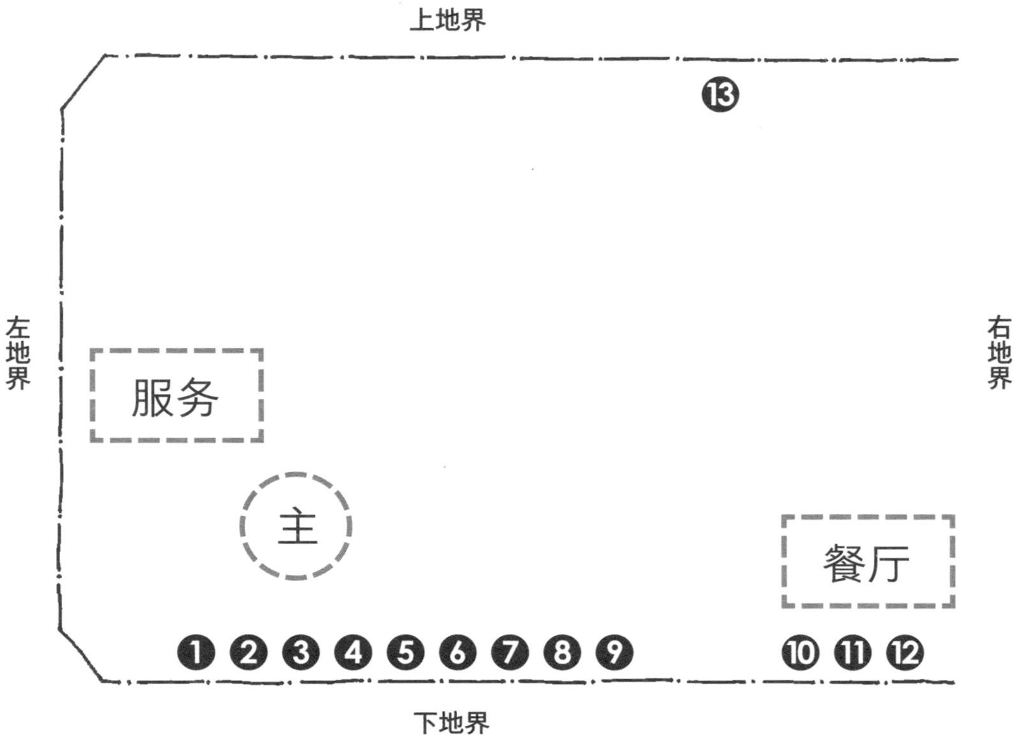

［林煜杰编著；简体中文版由台湾风和文创事业有限公司正式授权］
著作权合同登记号桂图登字：20－2023－238 号

图书在版编目（CIP）数据

建筑师空间思维训练 / 林煜杰编著 .—桂林：广西师范大学出版社，2024.5
ISBN 978-7-5598-6828-2

Ⅰ. ①建… Ⅱ. ①林… Ⅲ. ①建筑学 Ⅳ. ① TU-0

中国国家版本馆 CIP 数据核字 (2024) 第 059167 号

建筑师空间思维训练
JIANZHUSHI KONGJIAN SIWEI XUNLIAN

出 品 人：刘广汉
责任编辑：季　慧
装帧设计：马韵蕾

广西师范大学出版社出版发行
（广西桂林市五里店路 9 号　　邮政编码：541004
网址：http://www.bbtpress.com）
出版人：黄轩庄
全国新华书店经销
销售热线：021-65200318　021-31260822-898
凸版艺彩（东莞）印刷有限公司印刷
（东莞市望牛墩镇朱平沙科技三路　邮政编码：523000）
开本：787 mm × 1 092 mm　1/16
印张：23.5　字数：340 千
2024 年 5 月第 1 版　2024 年 5 月第 1 次印刷
定价：168.00 元